數位航空電子系統

林清一　編著

全華圖書股份有限公司

序言

飛行的細節與知識

　　飛行一直是人類的夢，從1903年以來，短短不到一個世紀間，飛機的發展十分快速，成為現代最重要的交通工具。然而，飛機真是如專家所說的那麼安全嗎？一次安全的飛行要做一些甚麼樣的準備，到底一架747-400型的客機是如何的橫渡太平洋？知道了本文的這些細節，你們就可以判斷飛機是不是個很安全的交通工具。目前國際間大約有15,000架民航客機每年以超過數百萬次的飛行，運輸數億人穿梭於世界各地。利用其中的一架次來敘述飛機如何順利的執行一次越洋飛行。

　　三月十七日中午十二時，一架聯合航空公司(United Airlines)的波音747-400型客機，飛行編號UA845，已經在舊金山國際機場(SFO)的國際航線大廈第99號停機門前停妥，地勤人員正在將旅客行李由貨艙門裝進貨艙。將貨物裝填到飛機上和裝載卡車不同，給卡車上貨只要將貨上滿即可，但是給飛機上貨之前所有的貨物都必須裝在盤架上或裝入小型貨櫃中，並且綁好，然後將整個盤架或貨櫃過磅，再將這些盤架的個別重量輸入電腦，由電腦根據當天飛機所載燃油的數量及客人的多少，來安排盤架在貨艙中的位置，這樣才可以保持飛機在飛行中的平衡。

【二次大戰前後，旅客還必須一個個用磅秤稱過之後才能上飛機的呢！】

在上貨的過程中，一個聯合航空公司的技工也開始為這架聯合的 747 加油，聯合航空公司在舊金山機場有一個相當大的保養工廠，除了有完善的飛機保養設備更有訓練有素的飛機維護技工，可以擔當波音 747 的任何保養及維修工作。聯合航空公司的這個維修工廠也同時協助其他航空公司例如中華航空公司，來做基本的維修檢查。

飛機的加油工作也不是一般人可以想像得到的，因為那輛加油車並沒有油槽，只有一個大幫浦及幾根粗油管，而燃油是由油庫直接經由埋在地下的油管送到停機坪來的。加油時必須先將機身接地，以排除機上的靜電，避免產生火花。因此在停機位附近必須設置好接地點，以便利用。

【飛機停妥後必須先將地線接地，每一個飛機停放區都已經預先埋好了接地點的管線】

有些機場還可能是用油罐車來加油的。加油過程首先將一根油管接上地下油管接頭，在將另一條油管接上飛機翼下的加油口，然後將幫浦啟動將油加入機翼油箱，波音 747 除了雙翼上各有油箱外，機身也有幾個油箱，因此加油時除了由雙翼下將油料加入機翼油箱外，還需將機身內部的油路活門打開，讓機翼油箱的油流入機身油箱。加油技工根據飛航管理室派遣

單上的資料，給那架飛機加了 154 公噸的燃油，約合 338,000 多磅，換算成加侖的話約是 50,000 加侖左右，可以加滿 3200 多輛的本田 2000cc 的轎車！B-747 的起飛重量達 384 公噸(或 84 萬磅)，落地重量則為 290 公噸(64 萬磅)。

【飛機起飛後萬一發生故障必須折返落地時，因為飛機的落地重量有限制的關係，必須先將油料放到落地標準的量，以減輕落地重量。因此飛機起飛後的回航，航空公司會有很大的損失。你估算一下，可能要放掉 100 公噸的油喔！】

下午一時整，那架飛機的 16 位空勤組員(Crew)準時抵達機場，準備執行飛行任務。空勤組員包括飛行員及服務員(或稱空中小姐或空中少爺)。當天的機長，有十年豐富的資歷的飛行員，總共有超過兩萬小時的飛行時間。因為這次越洋飛行需要超過 12 小時以上的飛行時間，所以聯合航空公司安排了三位飛行員在這架飛機上值勤，分別是一位副駕駛及兩位正駕駛。依據民航的規定，每一次飛行勤務不得超過 12 小時。所謂的飛行勤務時間是指飛機引擎啓動到引擎關閉間的時間。因此 12 小時的飛行加上地面上的一些延遲一般計算飛行勤務都會超過 14 小時，所以必須加派飛行員分擔飛行任務。兩位正駕駛與一位副駕駛共同飛行，避免過度勞累。和兩位正駕駛比起來，副駕駛的經驗是比較淺，但是也需經歷在美國飛行學校兩年的嚴格訓練，取得了美國 FAA(聯邦航空署)的商用駕駛員執照(ATPL)後，又必須到西雅圖的波音公司接受 747 的機種訓練後才開始擔任副駕駛。

　　【飛行員每個月的飛行時數為 100 小時，每年為 1000 小時，不執行飛行任務的時間必須不斷的接受訓練、考核，以隨時保持最佳的飛行技術純熟能力】

　　12 位空服員在登機後，馬上在事務長的安排下開始各自的工作，空中廚房也在那時將這一趟航行所需要的餐點送到機上，這一趟長達十二個半鐘頭的航程包括了一頓晚餐、一頓早餐及一些兩餐之間的點心。空服人員除了要將那些餐點的推車放妥鎖好之外，也需要清算一下送來的餐點是否足夠，因為除了每個客人二份之外尚須 3% 的備份，另外也還要注意一些客人的特別餐飲需，如素食、回教式的無豬肉餐等是否也一併送達。

　　【空中餐點是相當複雜的後勤工作，餐點上飛機之後如何讓旅客吃到加熱過的食物，也是飛機系統設計上的一大特色】

　　在空服人員清點餐點及檢查各個客艙時，飛航管理室簽派人員正在給飛行員們做飛行提示，他將當天的航路上的氣候、風速、飛機載重及燃油等資料報告給飛行員，同時詢問機長對所加的 154 公噸燃油有沒有甚麼意見，機長將很快的根據風速及載重的資料算了上下，覺得沒甚麼問題，於是在派遣單上簽字表示對地面人員的作業認可。現代的新型飛機均配備飛行電腦，可以協助飛行員做必要的計算與規劃。每一次加油不一定都要加到滿，簽派員根據飛行的目的地、飛機載重等，來估算油料。

【一般派遣的航路除了依據飛航管制設施條件，由各公司所偏好航路(Preferred Route)來訂定，此外還必須訂出備用的航路，以備當天候不佳時可以由機長來決定選擇變更。】

機長正駕駛在提示完畢後，拿起手電筒到機外開始對這架飛機作360度的機外檢查，雖然整架飛機在下午抵達時已經由聯合航空的技工檢查過一遍，但是在起飛前飛行員仍須再用目視方法將飛機檢查一遍以確保飛行安全。

檢查項目中有一項是一般人不大容易想得到的，那就是駕駛艙外的雨刷，747飛機因為駕駛艙窗戶角度的關係，使得在駕駛艙內的人無法看見雨刷，所以他要站在停機坪抬頭仰視約有三層樓高的駕駛艙窗戶，去確定雨刷在前一趟飛行後是否仍然正常。

機外檢查完畢後，機長回到機內開始檢查客艙後面的貨艙，在那裡他要仔細的檢查每一個盤架是否都已固定鎖好，盤架上的貨品是否都用繩子固定在貨架上。別看這似乎是小事，如果沒注意的話很可能會引起嚴重後果，因為萬一盤架沒鎖妥或貨物沒在盤架上固定住，在飛機爬升或下降時貨物可能會順著飛機傾斜的角度而產生位移，這樣便會造成飛機重心的移動，如果重心移動到可操縱的範圍之外時，飛機就會因無法操縱而墜毀。

檢查完貨物之後，機長又將貨艙之內的每一個救火器的壓力表檢查了一遍，看看它們是否都有足夠的壓力。回到客艙之前，他又將兼有救火任務的空服員找來，將萬一貨艙警示燈亮起時，她(他)將如何由椅上的目視鏡去檢查貨艙火源，以及確認如何在安全的範圍內進行貨艙用滅火器滅火的程序。雖然這些程序她早已熟悉，但每次起飛前擔任檢查的飛行員總會不厭其煩的將程序重複告知一遍。

下午二點整，所有的乘客均已登機，事務長在得到各艙的空服員報告所有的乘客都已經坐妥之後，在地勤人員的協助下將機門關好鎖上。機長也在那時由儀表板的顯示知道所有的客、貨艙門均已鎖妥，於是讓副駕駛通知機場地面交通管理處(Ground Control)該班機已經準備妥當，請求退出停機坪並滑向跑道。

當時是下午時刻，舊金山國際機場十分忙碌，因為依據飛航計畫(Flight Plan)準時關艙門，所以很快的就接到了地面交通管理處的許可，機長於是通知拖車的駕駛，讓他開始將那重達836,440磅(380200公斤、或380.2公噸)的飛機推離97號停機門，飛機後推的時候左右兩個翅膀的翼尖下都各有一個地勤人員跟著，這是為了防止有撞上其他飛機或建築物的意外事件。機場的規劃中登機門與登機門間的距離，必須足夠讓兩波音747飛機相鄰的停靠。

【飛機拖離前，機長會看一下前方停機位上方所標示的座標點，輸入飛行電腦中，飛機上的慣性導航系統將會以座標點爲起點，估算飛機的座標、位置、距離、速度等資訊。】

當飛機被推到滑行道上後，拖車司機將推桿由飛機鼻輪上解下，在與機長道別後，他將與機內通話的電線取下，同時將拖車開走。機長在確定拖車已經離開機前的危險區後，示意副駕駛開始啓動發動機的程序。副駕駛照著清單(check list)上的程序將電門一一打開。四號發動機開始發出一陣低沈的吼聲，儀表板上的指針也像是被吼聲驚醒似的開始向順時鐘方向轉動，駕駛艙內的兩雙眼睛也一直在注意著每個指針的位置，當所有的指示在一定時間內達到標準後，副駕駛再照著同樣的程序將其他的三具發動機一一依序啓動。

【在滑行的過程中，機長會與塔台核對飛航計畫，並且確認所指定的識別密碼。當飛機起飛後，飛機的識別密碼、速度、高度等資料會經過次級雷達(SSR)送到地面的飛航管制中心。當飛機收到次級雷達的追蹤訊號時，飛機上的航電系統會自動的將這些資料對著次級雷達的位置發送出去。】

在那四具通用電氣(General Electric)的CF-6型發動機起動後，機長開始操縱著這架747以本身的動力滑向10號跑道。噴射發動機的最佳性能要在高空才顯示得出來，相對的在低空時，尤其在滑行時，是非常的耗油，由停機坪到跑道頭這不到1哩的路程竟會耗去2000多磅的燃油，大約300多加侖喔！

副駕駛在滑行之際，也照著Check List開始做起飛前檢查工作，他必須將數十個儀表一一檢查過一遍，確定沒有任何誤差之後，機長才可以開始進行起飛的程序。

【在滑行道上，飛機依照塔台地面管制員的指示，依序排隊滑行至跑道頭。在繁忙的機場常常等個40分鐘或一個小時是很正常的。】

正當此時客艙中空服員也正在做起飛前的檢查，不同的是她們檢查的是每個客人是否已經將安全帶扣好、頭頂上的行李艙架是否確實關好。檢查完畢後，事務長再用電話將旅客已經準備妥當的消息通知駕駛艙的正副駕駛。

【塔台上的管制員有三名，一為地面管制員(Ground Controller)，負責地面的動態管制，包括飛機及車輛；一為區域管制員(Local Controller)，負責低空與使用中跑道的動態監視；最後一位是起降許可管制員(Clearance Delivery Controller)，只有他(她)所給的 "Clear to take off"才是有效的許可命令。】

　　下午二時三十分，在10號跑道頭停妥的這架聯合航空UA845次班機，得到了塔台許可起飛的指令。機長正駕駛右手緩緩的將四具油門推桿推向前去，每具可產生60,000磅推力的CF-6發動機開始飛速的運轉。在240,000磅的推力下這架飛機開始在跑道上加速前進，副駕駛坐在右座上目不轉睛的注視著空速表上的指示，並隨時將速度報告給機長參考。

兩個飛行員的職責分配，一位擔任飛行，稱為 PF(Pilot-Flight)，另外一位則擔任協助的任務稱為 PNF(Pilot-Not-Flight)。擔任 PF 的飛行員必須負責操控飛機，而擔任 PNF 的飛行員則必須將儀表上的讀數、管制通話等報告給 PF。正副駕駛可以隨著需要分別擔任 PF 或 PNF。PNF 將數據讀出的主要目的是讓黑盒子的通話記錄器(CVR)能夠記錄所有的飛行過程，萬一失事時可以追蹤相關的事件始末。

　　當空速表指到125哩時，副駕駛報出了V1代號，這是表示在這個速度之前時，如果飛行員覺得飛機有任何不妥，他還可以馬上收油門並用煞車將飛機在剩餘的跑道上安全停下來；超過這個速度以後，飛行員必須讓飛機離地，因為即使那時飛機發生故障，也已經無法安全地在剩餘的跑道上停下來了。而747的設計是，即使有二具發動機故障，剩下的二具發動機也可以安全的將飛機飛起，然後再安全的返場落地。

　　PNF在報告V2後，飛機的速度已經到達起飛臨界速度，PF將飛機的襟翼往下操作，機翼會產生 "白努力"定理的流場變化，使得飛機獲得升空的力量。在飛機的設計上「V1」的速度是會隨著飛機的重量、風速、跑道的長度及當天的溫度而改變，所以每次起飛之前機長必須要先算好當天的V1與V2的速度。飛機繼續的在跑道上加速著，當副駕駛報出飛機已達到V2的起飛速度後，正駕駛，輕輕的拉回駕駛桿，將襟翼控制到最大升力的位置，飛機將迅速獲得升力，這架空中巨無霸將飛進了舊金山(SFO)的上空了。不消幾分鐘，金門大橋已經在飛機的左下方出現了。

　　【飛機起飛時加足最大馬力，引擎的噪音極高。起飛離地後飛機是以 11～15 度的爬升角向高空爬升飛行。這個角度與飛機起飛噪音的影響範圍有關，接近都會區的機場通常都會採用比較大的爬升角。當飛機到達 2,000 呎上空時，噪音的影響才會減除。】

　　飛機離地後，副駕駛在適當的時候將起落架及襟翼收起，而將飛機的阻力減至最小同時升力也漸漸降低，在巨大的推力下飛機昂首向西北方爬升。空服員在飛機起飛沒多久，還沒有改平飛之前就開始忙碌。她們先將晚餐的餐盤由推車中取出放進烤箱中加熱，同時將果汁等飲料由冰箱中取出放在推車上，然後開始了那趟航程中的第一趟餐飲服務。事務長也在那時將起飛前下載特別為聯合航空旅客錄製的當天台視新聞放進放影機中，讓全機的旅客可以由電視螢幕中收看當天發生在台灣的新聞。

　　起飛三十分鐘後，飛機已經達到初段的巡航高度 34,000 呎，正駕駛已將飛機交給自動駕駛(Autopilot, A/P)來控制。讓自動駕駛來控制飛機不單是為了減輕飛行員的工作量，主要的考量且還是為了旅客的舒適，因為電腦的反應不但比人要快，而且也要靈敏得多。在飛行員尚未感覺到飛機向左右傾側時，自動駕駛的電腦不但已經感覺到並且已經加以修改。所以當旅客平平穩穩的坐在30,000多呎以上高空的機艙裡以500浬(約900公里)以上的速度在前進時，氣流平穩當然是原因之一，電腦化的自動駕駛卻也是功不可沒的。

【飛機起飛後的爬升速度初期為每分鐘3000呎，到達20,000呎後稍做平緩控制，但也是保持每分鐘1000呎以上的爬升速率。飛行員將飛機控制往高空爬升，必須分段的獲得地面管制員的許可才可以變換高度。此時的塔台管制員告訴飛行員與舊金山終端管制區的離場管制員聯絡，並互道再見。飛機的管制由原來的台管制交接到終端管制了。】

先進的飛機是採用慣性導航系統(Inertia Navigation System, INS)與全球定位系統(Global Positioning System, GPS)並且配合地面的導航設施共同導引飛航，所以飛行員在起飛之前，要先將飛機的提機位置座標輸入導航系統的電腦內，然後再將航路上每一個檢查點，包括最後終點站的桃園機場，的經緯度輸入電腦，起飛之後，導航系統的電腦將會自動的依照各個檢查點的經緯度，將正確的航向傳給自動駕駛，而自動駕駛也曾很「自動」的順著領航直撥的指示將飛機飛到桃園。

在34,000呎的高空，機外的溫度大約是攝氏零下60度，氣壓更是低到讓人無法呼吸的程度，然而在機艙內的旅客卻非常舒適的坐在椅子上享用著豐富的晚餐，絲毫沒有受到機外酷寒低壓的影響。這是因為飛機上的空調系統不斷的以加壓及加溫過的空氣輸入機艙，讓機艙內始終保持攝氏25到27度的溫度及8,000～10,000呎之間的高度壓力，大約0.8-0.9大氣壓下。將艙壓保持在那個高度而不是海平面是有理由的，因為人在11,000呎的高度以下可以完全正常的呼吸及運作，再高一點就會因缺氧而讓身體感覺疲倦。

每具發動機以每小時三公噸的耗油且在運轉著，起飛三個半小時之後已經燒掉了將近五十公噸的燃油，減輕了那麼多重且之後，正駕駛向航管中心請求爬升到36,000呎的高度，因為飛機飛行的高度越高耗油量就越小。

【飛機起飛後沿著北美大陸的邊緣向西北飛行，漸漸遠離陸地，進入北太平洋。離開溫哥華地區後大約已經是起飛後的三個半小時，已經離開陸地400公里遠了。此時的飛行完全依賴慣性導航與衛星導航來導引。地面管制由終端管制交接給航路管制後，此時也交接給越洋管制中心了。】

旅客在晚餐的時候，事務長將機上的五部放影機，同時放五部不同的電影給旅客看，除了經濟艙的旅客無法選台只能夠看兩部到三部之外，其餘在頭等艙、商務艙的旅客都可以利用座位前的電視機選擇自己喜歡的電影，大約有10-12部電影可以選擇。有些電影還是雙聲道的，旅客可以將耳機調到自己所熟悉的語言頻道來欣賞電影。

　　飛機雖然是在自動駕駛的操控下前進，但是飛行員仍須無時無刻的監控所有的儀表，避免有萬一的情況發生。就是因為這樣，正副駕駛無法同時進餐，除了無法同時用餐之外，機艙內三名飛行員也不能點同一樣的餐點，以防萬一有食物中毒的情況時，不會都受到影響。

　　駕駛艙的儀表板上有幾個像電視螢幕般的顯像器，其中主要的兩個一個為飛機的水平姿態與飛行相關的數據，另一個為導航相關資訊的顯示，這兩個儀表都是經過整合的現代飛行儀表，可以顯示所有與這個飛行任務中所有的資料。每個飛行過程的細節均將由飛行記錄器記憶儲存起來，等到落地後安全無虞再予清除。一般在無特殊情況下，飛行員通常將正前方那個顯像器調到導航系統，那是將飛機的位置及航線顯示在螢幕上，同時

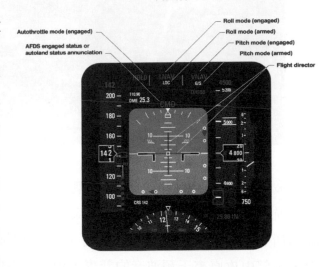

還將航線附近所有可供緊急落地的機場也標在螢幕上；如果真有緊急情況必須前往某一機場落地時，飛行員只需將指標指向那機場，螢幕上就會自動標出飛機距該機場的距離及航行時間，同時自動駕駛也會改變航向，將飛機帶往新的目的地。

　　【本趟飛行大多數的時間都在白天飛行，因此飛行員在調整好自動駕駛系統，並且充分接收新的氣象與航管資訊後，也將窗簾拉下，必要時可以在座椅上稍做休息。三名飛行員當中的一名必須保持清醒來監視飛行儀表以及與地面的通訊。】

　　旅客用完餐後的那段時間是空服員比較輕鬆的一段時間，因為那時客艙的燈已經熄滅，大部分的旅客均已就寢，少數不願意睡覺的旅客不是在看電視上的影片就是在看自己所帶的書或與工作有關的資料，但是空服員的工作並不因為旅客的休息而暫停，每隔一段時間空服員們就要將所有的廁所整理一遍，同時也更不時的將飲水送給那些不想睡覺的旅客。

747-400 CRT/LCD Transition

　　波音公司在1980年代設計新型飛機時，做了一個嶄新的嚐試，那就是將飛機上飛航工程師(Flight Engineer)的職務給取消了，轉而用電腦來執行以前飛航工程師的所有職務。這在當時還惹起了飛航工程師協會的強烈不滿，曾到國會大力遊說，希望由攻府來干預波音的計畫，但是工會的力量究竟還是無法擋住科技時代的趨勢，新式駕駛艙裡到底還是將那飛航工程師的位置取消了。

　　這架747-400雖然比747-200型少了一個飛航工程師，然而公司維護部門卻更容易掌握這架飛機上的機械狀況，這是因為飛機上的電腦一直不停的在注意飛機上的零件，有一個機載建置測試系統(BIT)在工作，如果有任何異常情況發生，那具電腦除了會將故障情況通知飛行員之外，而且會馬上經過衛星無線電資訊網路與公司維修部門的電腦連線將故障情況直接報給公司。如果問題嚴重，公司維修部門的專家們會用無線電與飛行員協商，提供處理的對策，即使問題不嚴重的話，飛機抵達下一站前維修人員就會將新的零件先送到停機坪，等飛機一到馬上進行維修或換件零件。

【新一代的航電系統維修理念，維修人員於飛機落地後先檢查 BIT 內的紀錄數據，並將有問題的裝備作初步的分析或拆下檢修。隨即從倉庫中調出備用零組件換裝上去。新一代航電系統的維修換裝大約一個小時即可完成。】

起飛十個小時之後，飛機的高度已經保持在 38,000 呎，日本的九州島正在其下昏暗的傍晚中通過，再過兩個多小時就可以到台灣了。空服員在那時將客艙的燈打開，並開始分送飲料，讓那些沈睡了多時的旅客，有機會在早餐之前先喝一杯清涼的果汁清醒一下，看著那些空服員甜美的笑容，實在很難相信他們已經工作了十個鐘頭以上了。

【依據飛航管制的建議，從北美洲來的飛機大約是在北海道附近開始接近日本陸地。大約會從東京附近穿越日本領空，隨後從九州進入琉球群島，最後從釣魚台上空進入台北飛航情報區(TPE FIR)。】

正駕駛在駕駛艙的航行電腦上選擇了桃園機場(TPE)並按下了一個按鍵，很快的電腦就將當時桃園機場的天氣情況印了出來，根據印出來的報告，當時桃園的天氣是 3,000 呎疏雲、5,000 呎密雲、雲高 17,000 呎、機場溫度攝氏 12 度、能見度 8 公里，這種天氣狀況是適合目視進場的，但是所有民航機為了安全起見，不管天氣多好都還是使用儀器飛行進場。中正機場配備儀器降落系統(ILS)始於第二類型的助導航機場設施(CAT II)。

距離鞍部 VOR 台(APU)還有 120 浬左右時，副駕駛取得了台北飛航情報區台北區域管制中心的許可，開始將飛機降低高度，同時做降落前的準備，那時發動機已經放到慢車位置，飛機以每分鐘 1,500 呎的下降率緩緩的飄向百浬之外的機場。

747-400型的飛機的自動駕駛，不僅可以自動的將飛機由舊金山飛回台灣，並且有自動對正跑道降落的能力，但是一般天氣好的情況下飛行員都會自己操縱飛機落地，在能見度極差的情形下才會將飛機完全交給自動落地系統去落地。正駕駛可以決定讓副駕駛來操縱落地，以訓練副駕駛的降落能力。此時副駕駛即成為 PF，而正駕駛為 PNF。

　　飛機高度降到 16,000 呎之後，台北航管中心將這架飛機的監管權交給台北終端管制中心的進場台 (Taipei Approach Center)，台北進場台的管制員和這架飛機取得聯絡後，繼續引導飛機下降並在飛機飛到觀音稍南處時，讓飛機左轉並預備攔截(接收)桃園機場的儀器進場(Instrument Landing System, ILS)訊號。

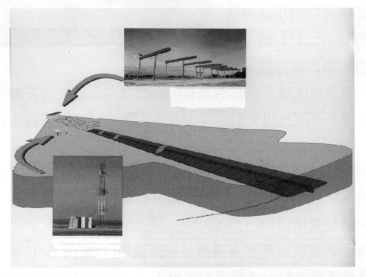

【飛機做最後進場準備時，PNF詢問台北終端管制進場台做高度表撥定的動作。因為飛機的高度是用氣壓來換算的，起飛的舊金山地區氣壓與台灣北部的氣壓不盡相同，利用高度表撥定的程序將高度重新設定。最後將中正機場05跑道端落地點的高度71呎輸入電腦，飛機就能順利的在這個高度落到地面上。】

飛機在 5,000 呎高度時準確的收到了 ILS 的電波訊號，由那時開始飛機自動的隨著ILS的訊號下降前進，在距離機場八公里，副駕駛清楚的看見了正前方桃園機場五號跑道的燈光在黑暗中閃爍著。

副駕駛用無線電通知進場台已經目視跑道，於是進場台在那時將飛機的監控權交給桃園塔台，飛機那時仍然順著ILS的電波緩緩的對著跑道下降。當高度下降到決定高度(Decision Height)在此高度時飛行員對著跑道，要以飛機的狀態很快的作出決定到底是要繼續落地或是開始重飛時，副駕駛將自動駕駛儀關掉，用手抓著駕駛盤操縱著這最後幾百呎的下降。

要將這五十餘萬磅重的飛機以一百多浬的速度輕輕的落在跑道上，是技術也是藝術，副駕駛適時的在飛機離地面只有 30 呎的高度時將駕駛盤拉回，客艙裡的客人只感到一陣些微的震動後，飛機的主輪已經擦上了桃園機場的跑道，這將近六千浬的航程終於安全的告一段落。飛機通從地面管制員的指示，慢慢地將飛機滑入停機位上。

尾　聲

　　自從萊特兄弟於 1903 年開始動力飛行以來，航空技術在這近百年間是以不可思議的速度進展著。在速度上，有些飛機已經超過了三倍音速，在距離上有些太空船已經飛離了太陽星系；在舒適上，人們已經可以像在自己家客廳、店裡一樣的往返大洋兩岸。

　　在有些時候或許因為天氣的突變機件的故障加上人為的過失，會導致飛機失事的慘劇。但是科技的進步讓飛機上的儀器已經能預先探知大多數的天氣情況，可以讓飛行員避開惡劣的氣候，飛機上多份的備用機件也大大的減少了機件故障的情況。最後，人為的因素是要以嚴格的訓練及要求來達到的。航空公司的飛行員們不管是有兩萬小時的資深教官或是只有兩千小時的副駕駛，在值勤時都非常敬業地照著 Check List 去作每一件程序。這種精神，不就是飛行安全的最大保證嗎？

　　你是否估算一下，飛行員從報到上飛機、到離開飛機已經待了多少時間了呢？

林清一

編輯部序

　　「系統編輯」是我們的編輯方針，我們所提供給您的，絕不只是一本書，而是關於這門學問的所有知識，它們由淺入深，循序漸進。

　　航空電子技術的發展，帶動了整個電子、儀器、顯示、控制、通訊、導航、自動化等技術的提升，也順利的應用於民生產業。本書共十五個章節，詳細介紹了數位航空電子系統之技術與理論。主要內容有輔助飛航通信、無線電導航及提供氣象資訊，以達到引導航空器安全飛航之目的；本書除了基礎理論外，也附有「航電重要字彙」及「航電系統相關綜合性試題」，可供參加公務人員升等考試及高考航空駕駛等讀者參考。本書適合大學、科大航空電子系、航空太空工程系之「航空電子」、「航電系統」及「飛機儀電」等課程使用。

　　同時，為了使您能有系統且循序漸進研習相關方面的叢書，我們以流程圖方式，出各有關圖書的閱讀順序，以減少您研習此門學問的摸索時間，並能對這門學問有完整的知識。若您在這方面有任何問題，歡迎來函連繫，我們將竭誠為您服務。

相關叢書介紹

書號：05973017
書名：天線設計－ IE3D 教學手冊
　　　 (第二版)(附範例光碟)
編著：沈昭元
16K/216 頁/400 元

書號：0905403
書名：GPS 定位原理及應用
　　　 (第四版)
編著：安守中
20K/296 頁/370 元

書號：03374
書名：最新天線工程
編譯：卓聖鵬
20K/272 頁/280 元

書號：06312007
書名：衛星通訊(附部分內容光碟)
編著：董光天
16K/184 頁/320 元

書號：06209
書名：衛星導航
編著：莊智清
16K/528 頁/590 元

◎上列書價若有變動，請
　以最新定價為準。

流程圖

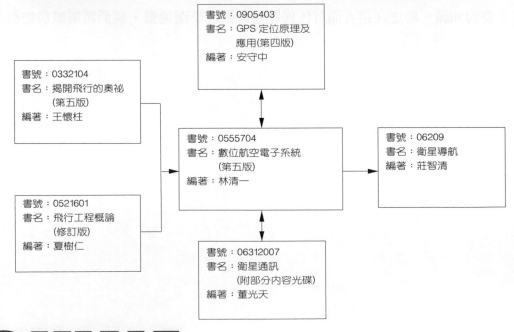

書號：0905403
書名：GPS 定位原理及
　　　 應用(第四版)
編著：安守中

書號：0332104
書名：揭開飛行的奧祕
　　　 (第五版)
編著：王懷柱

書號：0555704
書名：數位航空電子系統
　　　 (第五版)
編著：林清一

書號：06209
書名：衛星導航
編著：莊智清

書號：0521601
書名：飛行工程概論
　　　 (修訂版)
編著：夏樹仁

書號：06312007
書名：衛星通訊
　　　 (附部分內容光碟)
編著：董光天

目 錄

第 5 章　自動駕駛及飛航管理系統　　5-1

第 6 章　航空通訊　　6-1

第 9 章　航空雷達與監視　9-1

第 11 章　航電系統整合概念　　11-1

第 12 章　航電數據匯流排　　12-1

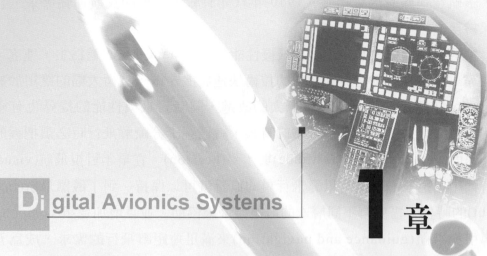

Digital Avionics Systems

1章

航電系統的過去與未來

航電需求與發展

　　飛機的發展自1903年萊特兄弟(Wright Brothers)成功的讓比空氣還重(heavier than air)的飛行器升空飛行以來，短短半個世紀的時間，航太產業以極快速度的突破設計與製造的技術，並且賦予飛機更好的飛航能力與飛行安全。

　　飛機成為全世界的焦點以來，如何設計飛機以及如何利用飛機，成為極熱門的話題。飛機發展的初期立即面臨第一次世界大戰，也因此促使飛機的發展與應用一日千里。第二次世界大戰更可以說是爭奪制空權的戰爭，同盟國以美國的優勢空軍實力贏得了戰爭。早期民航的發展從 1925 年美國的凱力參議員(Kelley)所提出的航空郵政法案(Airmail Act)、墨絡參議員(Morrow)針對軍用、民用分開規範的提案，使得民用航空有發展的空間。1928 年地對空無線電通訊試驗成功，讓飛機有機會與地面取得某種程度的聯繫開始，民航技術進入儀器飛航(Instrument Flight)的領域，航空技術向更快、更遠、更大、更安全來發展，除了機體、引擎等基礎的航空技術外，航電技術逐漸受到重視，在飛機上的比例也逐漸提高。

　　第二次世界大戰以後，利用地面助導航無線電訊號來改善民航飛航的技術已經達到可用(Available)、可靠(Reliable)的程度。更因為大戰時期海運受到極大的威脅，讓航空運輸有機會抬頭。1940 年代才有較大規模的民航運輸需求，且一路成長保持至今。

　　飛機的發展史，基本上是以飛機性能(performance)的改進為主，速度、酬載、續航等，隨著電子電路與計算機的技術快速發展，電子技術大幅的應用於航空電子系統中，在體積與重量上有極驚人的改進，同時對飛機性能的提昇也有極大的貢獻。早在人類飛行累積一些經驗的時候，就已經十分瞭解飛行時必須把握的三大要素：速度(velocity)、高度(altitude)與水平(horizon)。在早年目視飛航(visual flight)的時代中，這三個要素可以靠飛行員的直覺就可以保持。到了儀器飛航(instrument flight)的時代，需要有不同層次的航電裝備來協助，並且增加通訊(communication)及導引與導航(guidance and navigation)來滿足遠距離飛行的需求，成為五大基本要素的飛航時代。

　　飛機系統的發展在性能提升的研究發展上包括：

1. 續航航程(range)的增加。
2. 飛行的速度(speed)的提昇。
3. 飛機的承載(payload)能力的擴充。
4. 導航(navigation)與通訊(communication)能力的改進。
5. 引擎推進(propulsion)系統的改進。
6. 系統操作(operation)功能的提昇。
7. 飛機妥善率(availability)與維修率(maintainability)的改進。

　　能夠達到先進航機設計的標準，基本上都必須如何運用優勢的航電系統技術來支援各主要系統之操控，以達到預期的設計目標。

　　航空電機電子系統(aircraft electric and electronic system)係以廣泛的定義用於飛機上之所有與"電"有關的系統或裝備均涵蓋其中。早期的航電定義比較狹隘，僅包括儀表等電子裝備。漸漸的受到電子技術的發展進步，所有飛機系統或多或少均與電子技術扯上關係，航電的領域才逐漸擴增。航空電機電子系統若集中在操作與控制系統的範圍，即一般所探討的航空電子系統(aviation electronics system)，或簡稱為航電系統(avionics)。廣義而言，航空電機電子系統就是航電系統一個更大的環節。

　　航空電機電子系統更包含兩大飛航上的用途，其一為地面上的飛航管制系統(Air Traffic Control, ATC)儀電裝備，其二為飛機上的機載航電(airborne avionics)。兩系統必須密切的配合在一起，利用互補的程序、統一的調度、協調的管理，才能讓飛機在空中安全的飛行。在飛航管制的技術領域與航電系統的技術領域所探討的問題中，將有極高比例的重疊性，然而相同的技術用在兩個不同的應用中，則有程序上、數據處理上、以及即時處理速度上的重要差異。

　　飛機上的航空電機電子系統，或稱航電系統(avionics system)，主要的是討論提供飛機的電源、電子導航、機載通訊、飛行控制、娛樂電子系統、以及各種次系統，例如引擎、結構等之操控所需的電子裝備。

　　自從飛機設計以來，設計飛機的工程師以及飛行員們都希望有朝一日能夠發展出一種適應於各種天候飛行的飛機。天候的問題包括能見度較差的陰天或起霧、雷雨天、夜間，以及大風大雨的氣候。理想的全天候飛行(all-weather flying)能力，應考慮在零能見度(zero-visibility)下的也能夠做安全的飛行，於是從目視飛航進入儀器飛航，且變成是一種必要的性能條件。利用較精密的航電裝備，來滿足所需的基本設計規範。因此，除了引擎推力(thrust)必須隨時保持之外，航電的支援包含：

1. 必須能夠提供飛行員一個可靠的水平參考線(horizon)。
2. 必須提供可靠的方法來量測飛機的飛行姿態(attitude)。
3. 提供不需藉助地面聯繫就可以達成的飛行導引(guidance)。

　　為了滿足這三個基本規格需求，早期的航空電子領域已經發展出三個基礎的電子裝備：

1. 陀螺儀(gyroscope)，用來產生人工的水平參考線，並且利用週期性的校正與雜訊濾除來提昇它的性能。
2. 氣壓高度計(baro-height meter)，對大氣壓力的變化十分敏感，用來量測飛行高度，精確度可達 100 呎以內。
3. 高低頻無線電收發訊機，能夠接收地面的無線電導引訊號。

　　自從 1920 年代以來，飛機的發展逐漸變成為可行的運輸工具後，這三個航空電子裝備也成為飛機上必須的基礎裝備。引擎監控次系統也於 1970 年代成為航電家族的一個次系統。

　　1961 年甘乃迪總統下令要求聯邦航空署(Federal Aviation Administration, FAA)以科學與工程技術進行飛航系統改進發展計畫，稱為回波計畫(Project Beacon)，從此完整的國家空域系統(National Airspace System, NAS)包括航路管制中心的劃分、飛航資料處理(Flight Data Processing, FDP)、雷達資料處理(Radar Data Processing, RDP)、飛行計畫(Flight Planning)的建構等，均以當時的技術可及性來規劃、設計、建立一套完整的飛航管制服務系統。爾後歷經電晶體與積體電路的發明與發展、進而數位電子技術的廣泛應用，從 1961 年到 1985 年間針對技術能力的變遷，國際民航組織配合美國的聯邦航空署進行無數的修改與提升，雖然從未發生過重大缺陷，但是以國家空域系統爲基礎的飛航管制技術卻面臨重大變革的挑戰，國家空域系統架構不論是硬體架構或軟體架構，都因爲經歷多次的縫縫補補，已經不再是完整的組織系統了，執行上將更依賴管制人員，全面自動化出現嚴重缺陷。

1980年起，美國聯邦航空署投資計畫(Capital Investment Plan)中曾經以發展先進自動化系統(Advanced Automation System, AAS)作爲取代國家空域系統的構想。顧名思義的，先進自動化系統之構想以全面自動化的觀點，加上先進電子技術的大量引進，然而在尚未建立如何取代國家空域系統(NAS)的模糊觀念下，技術發展受到極大的挫敗。我國所執行的「飛航管制系統十年發展計畫」曾於1980年至1986年間受到此一技術發展的影響而耽擱。索性再重新回歸於作業面導向，將作業需求與技術結合後，自動化系統終於成爲目前飛航管制作業之主要依據。

自從1960年代起，飛航系統技術的變遷都隨著航空電子技術的精進而改變，從類比時代進入數位時代，讓龐大的數據得以處理及傳送，奠定了未來航空技術發展與衛星技術結合的基礎。

1-2　航電技術的演進

隨著電機電子技術的日新月異，航電裝備與系統逐漸發展成型。過去百年來航電系統的發展概略可以劃分爲四個階段來討論：

1. **第一階段**爲1937年第二次世界大戰前

    以目視飛航(visual flight)爲主的基本航空需求。在這個期間內只有螺旋槳動力的飛機，飛行員主要依靠目視的地形地物來做飛行，飛行高度在5000呎以下，飛行時速在150浬以下，續航航程在500哩以內。

2. **第二階段**爲二次大戰以後至1980年代以前

    噴射機在1960年代問世後很快的成爲航空技術的主流，航電裝備都是獨立(stand-alone)的機組，每個航電裝備各有它的功能，因此飛行員在飛行期間都非常忙碌，必須要隨時注意各個儀表的讀數。此時的飛機動力系統已有極大的改善，例如配備了四名飛行組員的波音747於1969年起飛後，飛行員可以利用儀器飛航(instrument flight)操控飛機，民航機的飛行高度達30,000呎以上，飛行時速在0.8~0.85馬赫(M0.8~0.85，約500浬)左右，續航航程更可達5,000哩以上。軍機的性能更在這些規格之上。

3.　**第三階段**為 1980 年代至 1995 年間

因為數位技術(digital technique)的發展實用化，微電子技術(micro-electronics)的發展成熟可靠，以及微型電腦(micro-computer)的普及化等，利用數位電腦整合各種航空儀電裝備成為一個大型的航電系統，變成為一種新的航空規格。航電裝備變成了整合系統(integrated system)，讓整合航電模組(Integrated Module Avionics, IMA)功能更強、性能更佳、訊號處理速度更快、資訊傳輸更為可靠等革命性的成就。最重要的，飛行員的負擔大幅的降低了，從一個整合性的航電系統可以綜覽飛行過程中每個階段所需的資訊與數據，不但充份掌握飛行的操控，更能有效地規劃安全的飛航。

在這些階段飛機執行飛航任務中，導引(guidance)與導航(navigation)是最重要的一個系統，因此，導引與導航系統都被認為是航電系統的代表。導引系統(guidance)的內涵係指機載航電(airborne avionics)裝備中的自主性次系統，用來判定飛機的飛行姿態與飛行方向的系統；導航系統(navigation)的內涵係指機載航電裝備，接收地面的無線電訊號，以正確遵循飛航計畫路徑的系統。最常見的導引系統裝備包括慣性導引系統(INS)、磁羅盤系統(magnetic compass)、氣壓高度計(baro-height)等；導航系統則包含三角點定位訊標(dead-reckoning beacon)、特高頻多向導航台訊號(VOR)、太康台訊號(TACAN)、測距儀(DME)、長距離定位台訊號(LORAN、OMEGA)、儀降系統(ILS)、微波降落系統(MLS)、各種信標台訊號(beacon、fix)等。

因此航空電機電子系統之課程內容，考慮一架大型的民航機，將不是狹義的儀電系統而已，應該更廣泛地包含資訊管理系統、飛行管理系統、引擎監控系統、飛機健診系統等等，以充份瞭解飛機系統內與電機電子相關的所有資訊。然而對於一架輕型的飛機，基本的航電需求規範則包括磁羅盤(magnetic compass)、引擎指示儀表(engine indicator)、空速計(airspeed)、高度計(altimeter)、以及緊急標的發訊機(emergency locator transmitter)。

4.　**第四個階段**為 1995 年以後

太空技術普遍應用於航空系統中，最重要的首推全球定位衛星系統(Global Positioning System, GPS)，帶來了長程導航上極有效率的一個單一系統，再搭配同步軌道通訊衛星(Geostationary Orbit, GEO)，讓航空系統與太空系統整合為一體。國際民航組織(ICAO)於 1991 年起發展的未來空中導航系統(Future Air Navigation System, FANS)或 1993 年調整為通訊導航監視與飛航管理系統(Communication, Navigation and Surveillance/Air

Traffic Management, CNS/ATM)，於 2010 年啓用後，以衛星系統技術來提升通訊、導航與監視的技術能力，並且考慮透過飛航管理的方法，以改善空域的使用，提高飛航效率，讓航空系統更便捷、更安全。

隨著飛航技術的演進，航電系統如何提升通訊(communication)、導航(navigation)與監視(surveillance)三個環節仍然是航空系統的重要技術。因此將航電系統與其他飛航相關的系統一起討論，可以簡單的區分爲五個領域：

(1) 通訊系統(communication)。

(2) 導航系統(navigation)。

(3) 監視系統(surveillance)。

(4) 飛行控制系統(flight control)。

(5) 飛航管理系統(flight management)。

這些系統將與地面飛航管制系統保持密切聯繫介面，以確保飛航效率與管理。

1-3　國家空域系統的技術指標

國家空域系統(NAS)以地面助導航的技術、配合機載航電，解決了儀器飛航管制的技術問題。因此基於有效的通訊、導航、監視，讓地面管制人員能提供更具體的飛航資訊，協助飛行員在採用儀器飛航(instrument flight rule, IFR)及目視飛航(visual flight rule, VFR)的條件下均能保持有效的隔離(separation)，保障飛航安全。

國家空域系統(NAS)的技術支援架構包含了下列的主要項目：

1. 通訊(communication)

以視覺直線(line of sight)傳播的 VHF(30～300MHz)通訊系統，或可被電離層反射的HF(3～30MHz)通訊系統，來滿足管制員對飛行員之間語音(voice)通訊的需求。VHF 通訊以針對終端管制區的離到場飛航需求爲主，而HF通訊則可以涵蓋到越洋(oceanic)或廣大陸地(remote area)的飛航。航管語音通訊是以口述的飛航訊息或下達指令爲主。1980 年代中期以後，國際間冷戰趨於緩和，UHF(300M～3GHz)通訊系統用於民航系統也逐漸的爲各國所接受。

2. 導航(navigation)

以建立於地面上的地面助導航設施來協助飛機的導引，例如 VOR、DME、NDB、Fix、Marker、LORAN、OMEGA等，以及機載航電裝備的慣性參考導航系統(inertia reference system, IRS)，建立一套由地面裝備主導的導航程序。飛機的飛航是自起飛機場起，循著地面助導航訊號所建構的航路，飛向目的地。因此在陸地邊緣都儘量裝設助導航訊號設施，以輔助越洋或大陸飛航的不足。

3. 監視(surveillance)

　　由於雷達的發明與利用，可以讓地面人員充分掌握空中的狀況，一次雷達(primary radar)提供搜索性的目標資料，以及二次雷達(secondary radar)與機載航電配合，提供搜索與回報兼備的飛航監視能力。經過多年的演進，長程雷達(LRR)、短程雷達(SRR)的互補功能，加上精確近場雷達(PAR)的搭配運用，使得空中交通狀況可以充分經由雷達的監視獲得掌控。1980 年代以後發展的 Mode-S 也大幅的改善了監視的效率。

4. 航路(airway)

　　由於地面助導航提供充分的訊息，而且這些裝備的分佈都以人口分佈較集中的地區為主，因此以 VOR 台來劃定航路，使得飛航導引與起降機場可以經由適當航路的規劃充分結合為一體。在越洋地區則因為地面助導航設施無法裝設，因此以途中點(waypoint)定時報告的方式，來彌補不足。航路的規劃依飛航需求，配合其他主要項目以高度來劃分。另外對於配備航電裝備較佳的飛機，區域導航(area navigation)也是一種自主性較強的飛航方式，可以自行決定途中點及飛航路徑。

5. 高度(altitude)與管制區域

　　噴射引擎問世後，飛航高度提升到60,000呎，依飛航需求區分為20,000呎以上的航路管制屬於 ARTCC (air route traffic control center)、20,000呎至2,500呎間的終端管制屬於 TACC (terminal area control center)、以及機場附近低空約5哩內2,500呎以下的塔台管制(airport tower control)。2003 年起飛航高度以東、西航向區分，49,000呎以下以單千呎高度隔離。6,000呎以下則由離到場管制彈性充分運用。在飛航上高度的劃分充分顯示高度隔離將是飛航管制中最為有效可行的方法。因為不論是航路、空域、飛航形式之目視(VFR)或儀器(IFR)等都與高度有密切的關係。

6. 空域(airspace)

　　為使通訊、導航、監視能充份掌握，將全球的飛航空間劃分成為特定的空域加以管制。飛航情報區(flight information region, FIR)中再細分為小扇區(sector)、終端近場區等讓飛航管制得以空域的分割賦予特定的管制席位來執行管制任務。空域劃分與航路都保持密切關係，讓管制作業能夠順暢。因為定型化的空域結構，將飛航程序也定型了，使得飛航管制作業單純化。

7. 飛行計畫(flight plan)

依據選定航路相關資訊所決定的飛行計畫，包括飛機機型、編碼、航電裝備、外觀顏色、選擇航路、巡航高度、巡航速度、油料、起飛時間、機組人員及旅客等資料，建立及傳遞至各飛航路徑相關管制中心。飛行計畫必須於起飛前 30 分鐘提出，並向前方的航管中心傳送。從飛行計畫進而產生飛航資料處理(FDP)資料，讓管制單位可以預期航機進入管制區之時間、航路、高度、速度等。因此，記載基本飛航資料的飛航管制條(flight stripe)在飛機進入管制席位範圍 20 分鐘前可送達管制席，以協助帶領飛機飛越管制範圍。

8. 管制程序(air traffic control procedures)

飛機在起飛機場塔台管制、離場終端管制、達到巡航高度之航路管制、途經各地區之航路管制、近場之終端管制、目標機場之塔台管制等順序，依據飛航性能需求、空域使用、航路使用、隔離等基本條件所設計的安全程序，由管制人員透過飛航監視系統，建立標準程序，引導飛機飛行。標準管制程序與標準管制通話規範，都讓管制員與飛行員迅速的建立對話與瞭解。

在國家空域系統(NAS)架構下，由於助導航儀電的性能精確度有限、地面裝備分佈密度不夠、以及監視能力涵蓋不足等，制訂一套嚴謹、且比較不具彈性的飛航管制程序，讓飛航管制人員從有限的彈性中去發揮運用。自 1980 年代以來，國際民航組織(International Civil Aviation Organization, ICAO)及國際航空運輸協會(International Air Transportation Association, IATA)已經逐漸感受到飛航流量需求有增高的趨勢。到了 1990 年代，飛航流量已經使得許多機場及其近場區逐漸感受到飽和的壓力，因此這兩個主要機構提出各種策略以抒解逐漸增高的飛航流量。FANS 或 CNS/ATM 發展計畫都是在衛星系統的應用條件下所訂定的航空技術發展目標，與 1980 年間的先進自動化系統(AAS)發展計畫有極明顯的技術差異性。

1-4　未來空中導航系統的構想

國際民航組織(ICAO)自從在 1991 年代構思並提出未來空中導航系統(future air navigation system, FANS)，期望藉由衛星技術來提升通訊、導航、監視的能力。構想提出後，經歷了許多年、許多專家的討論與實驗的驗證，於 1993 年，對於新一代的先進飛航系統，終於規劃出比較合理、完整的架構。國際民航組織為了將新的技術融入未來的需求中，的確在求變而不造成影響的基礎上不斷的修正，終於使得以衛星應用為基礎的通訊、導航、監視與飛航管理(communication, navigation, surveillance and air traffic management, CNS/ATM)規劃建立比較可行的架構。

以衛星為基礎的應用(satellite-based application)包括了定位衛星與通訊衛星。由於衛星分佈於太空中，我們可以假設訊號接受的有效性必然大大提昇。

CNS/ATM計畫的研究發展，都必須經過提案、規劃、分析、研究、模擬、實驗、測試、認證等繁複的程序。從 1995 年以來，各種技術方案從提出到認證寥寥可數，可見技術層次的難度不似想像中的單純。以 CNS 為核心，可以立即有效的與現實系統相互驗證，使得新技術的研究發展有一個參考的基礎，不至於淪為虛幻不實。

2010 年起的飛航技術涵蓋了航電領域各種層次的技術更新。因為衛星技術，例如全球導航衛星系統(global navigation satellite system, GNSS)以及各種通訊衛星(communication satellites, SATCOM)，廣泛應用於航空領域上，因此衛星技術將是新世代航電系統知識所必須包含的範圍。

因應衛星系統的應用十分成熟，利用全球導航衛星系統(global navigation satellite system, GNSS)概念建構的航空系統，更採用先進的數位式數據鏈(data link)輔助語音通訊，強化飛航系統的監控管理能力，以通訊、導航、監視及飛航管理為技術指標的新技術境界，將使航電系統達到支援無縫隙飛航(seamless flight)、自由飛行(free flight)的目標。

截至 2016 年為止，CNS/ATM 技術的研發仍有許多創作空間讓國際航太電機電子產業有機會一顯身手。CNS/ATM將導致國際航電產業與市場供需的重新排列組合，打破過去超過半世紀被美國掌控國際市場的局面。

1-5　CNS/ATM 新航電技術的影響

CNS/ATM技術的發展將在國家空域系統(NAS)的原有架構下，逐漸的修訂適當的執行方式，例如通訊、導航、監視的運作方式，而基本組織與程序將沒有太大的改變。在建構國家空域系統(NAS)時對飛航管制程序以及必要的資訊都有完整的規劃，經歷近半世紀的使用驗證的確有他們的存在價值，因此縱使技術層次有很大的改變，程序架構應當在原有的範圍內因應各種特殊變革來調整。

　　CNS/ATM技術的發展將促使航電系統作極大幅度的更新轉變，不論是機載航電或是地面飛航服務所使用的硬體與軟體，都將升級。這將使得大部分的作業需配合新技術來修訂其操作方式與程序。自動化的實施對於電腦的依賴程度將越來越高，使得不論是飛行員或管制員適應新系統的訓練必須一再地反覆實施。

　　依據國際民航組織的構想，CNS/ATM 技術的實施將可以提高航空公司的利潤、提高飛航規劃的準確性、飛行員將獲得較大的彈性來選擇航路、降低飛航隔離有效利用空域、提升飛航安全。對於大多數的國家而言，CNS/ATM技術的落實無異是一次全世界飛航系統的大震盪，大量的投資，包括人力與經費的挹注，真的能夠在 2010 年全世界同步進入新的技術領域嗎？若是否定的，那麼無縫隙飛行(Seamless)的夢想是否會成為斷斷續續飛航的噩耗。在全面性的更新計畫尚未完全實現以前，國家空域系統架(NAS)構仍將扮演重要的角色。

1-6　導航性能的提昇

　　衛星系統技術可以用來改變民生科技已經是 1960 年代以來所期待的目標。然而，除了衛星之外，相關的電子技術，包括無線電訊號傳輸的技術、積體化輕薄短小電子技術的廣泛應用，繼而結合蓄電池儲能的技術，使得無線電子技術在短短的1990 年代中突破了相當多的瓶頸。衛星訊號能夠順利的發射出來且能十分有效的被接收，利用衛星系統技術才算是進入全面化的階段。因此，通訊的頻率必須穿越電離層，採用UHF頻率上頻(300MHz～3GHz)或SHF頻率(3GHz～30GHz)的通訊是必然的趨勢。

　　定位衛星包括了以美國所發射的全球定位衛星(global positioning satellite, GPS)所提供的定位基礎，以及可能延伸至使用俄羅斯(Russia)的全球導航衛星系統(global navigation satellite system, GLONASS)、或可能未來由歐洲國家所同發射的伽利略衛星(Galileo Satellite)。從 1986 年 GPS 衛星被偷偷的接收研究以來，短短的 15 年間，已經發展成為相當成熟的技術。2000 年 5 月 2 日美國將干擾訊號關閉後(SA off)，民間通用碼(C/A Code)的精確度大幅的提昇到 20 呎內。

　　衛星技術的成熟，使得衛星訊號的精確性(accuracy)、完整性(integrity)、連續性(continuity)、可用性(availability)，都可以獲得相當高的可靠度。從這四個信心指標來看，衛星系統才算成功的進入民生領域。

　　定位衛星將提供飛機正確的位置，因此將可以獲得精確的導航。以飛機在航路上保持 500 浬的的巡航速度(或每秒 820 呎)，以至於進入下滑道至落地前，飛機在

180 浬以下(或每秒90呎以下)的速度,GPS接收器即時計算每1秒鐘提供一筆位置資料,則其精確度都遠超過每秒飛行的範圍。然而,受到可用性衛星數目、大氣、電離層、雷雲等影響以及飛機的動態行為下,GPS 定位的精確度受到極嚴重的影響。如何增強定位的性能,值得立即的關切。

因此國際民航組織提出增強(augmentation)GPS定位能力的方案,並分別對不同速度、不同高度之飛行做出不同等級的提昇計畫。星基擴增系統(satellite-based augmentation system, S-BAS)係以輔助的同步軌道通訊衛星來提高航路上飛行的定位精確度;陸基擴增系統(ground-based augmentation system, G-BAS)則利用地面的虛擬衛星(pseudolite)提供反射的衛星訊號及參考差分訊號,來提昇進場定位的精確度。依據此一規範,美國率先分別提出對應的廣域擴增系統(wide-area augmentation system, WAAS)及區域擴增系統(local area augmentation system, LAAS)來進行研究與測試,並於2005年發展完成。

廣域擴增系統(WAAS)的進展可以提供飛機大約接近第一類(Cat. I)進場能力的助導航訊號能力,而區域擴增系統(LAAS)則提供大約第二類(Cat. II)進場能力的助導航訊號精確度。日本的MSAS (MTSAT satellite augmentation system)及歐洲的 EGNOS (European geostationary navigation overlay system)均為各自發展的的星基擴增系統。目前全世界各項進行中S-BAS或G-BAS計畫的測試,已於2006年逐步達到設計的規格目標。

當陸基擴增系統(G-BAS或LAAS)能夠支援精確的進場定位訊號時,增加輔助的差分修正訊號,將可用於發展衛星降落系統(satellite landing system, SLS)(或稱 GLS, GPS landing system)以取代傳統的儀器降落系統(instrument landing system, ILS)。1980年代初期所發展的微波降落系統(microwave landing system, MLS)則完全廢止。

定位衛星的利用將改善及提昇地面導航訊號的不足,並且將形式複雜、多點分散的地面助導航訊號,改變成為單一類型的助導航訊號。星基擴增系統(S-BAS)與陸基擴增系統(G-BAS)的整合應用,可以讓飛機從起飛到降落都使用單一個系統來操作,形成一個無縫隙的飛航服務系統(seamless flight service system)。

由於衛星導航提昇飛航的性能,導航性能需求(require navigation performance, RNP)也可以隨著 GPS 定位能力的增強而改善。傳統上在越洋飛行(oceanic flight)所採用的100浬隔離之RNP-50規範,可以降低到合理的範圍。至於航路飛行以及近場飛行均可以降低RNP的規範,例如航路上採用RNP-10、近場區使用RNP-2,甚至於最後進場(final approach)採用 RNP-0.5等方案,都是有可能可以達到的目

CHAPTER 1

標。(註：RNP-10 指側向 10 海里內達 95% 信心度之導航性能)

同樣的針對高度隔離的問題，若高度識別的精確程度可以有效增強，高度隔離下限需求(reduced vertical separation minimum, RVSM)的規範，也可以將巡航飛行的高度隔離從目前的 2000 呎降低到 1000 呎以下。縮小隔離，增加空域的使用能力，以應付未來高流量的需求，都將是導航性能提昇必然的成果。

1-7　監視性能的提升

雷達技術始於第二次世界大戰，由於一次雷達需要極大的發射功率，對於民航飛行而言，的確是一大負擔，且徒增對空的干擾。於是為民航使用的二次雷達發展出來，以詢答(interrogation)的方式，飛機上裝設自動回報器(transponder)的方式，建立航機位置的搜索監視(surveillance)。由於從地面監控的方式，受到障礙物及雷雲的遮蔽影響極大，衛星定位的應用的確可以大幅改進缺點。

在導航與通訊極高的可靠度下，利用通訊回報的依賴性監視技術(dependent surveillance)來取代以雷達搜索為主的獨立性監視(independent surveillance)所發展的自動回報監視(automatic dependent surveillance, ADS)，將成為新的監視技術指標。自動回報監視(ADS)系統的發展，從單純的對地傳訊到多路徑的傳訊，目前都已經做過基本的測試。受到通訊系統性能的支援，不論 HF、VHF、UHF、SHF 均能產生監視數據的傳送。針對配合防撞系統(traffic alert and collision avoidance system, TCAS)的設計需求，廣播式自動回報監視(ADS-B)系統已經發展成為對非特定方向資訊的廣播傳送，在空中飛行的航機可以獲得附近飛航航機的即時位置資料，以啟動防撞系統(TCAS)的偵測功能。

防撞系統(TCAS)的技術研發，已經從雛形進展到第四代(TCAS-IV)。然而技術的驗證，以及對飛行員與管制員等使用者層次的測試，對於第三代(TCAS-III)的接受程度最高。因此可能防撞系統的技術將會以第三代為核心進行改善。地面動態監視系統(ground movement surveillance system)、或是機場平面偵測裝備(airport surface detection equipment, ASDE)也將是新一代防撞系統的另一種需求指標，如何利用雷達以外的技術建構，當是新的研究課題。

1-8　通訊性能的提昇

在太空軌道上的衛星，依據其功能分類，其中特定用途之同步軌道衛星(geostationary Earth orbit, GEO)或低軌道衛星(low Earth orbit, LEO)數量相當多。衛星通訊因為受到障礙的影響程度極低，可以提供高品質的陸空通訊中繼(communication relaying)，可以保障飛行員與管制員間無間斷的通訊能力。因為電離層反射或阻隔特定頻率的電波，因此衛星通訊必須採用適當的穿透頻率，例如UHF上頻至SHF(900MHz～30GHz)範圍。

同步軌道上的衛星群(satellite constellation)以世界海事衛星系統(International Marine Satellite System, INMARSAT)為代表，它們提供衛星通訊(satellite communication, SATCOM)的基本功能。截至目前為止，有許多類型的通訊衛星都可以支援飛航上的應用。

傳統的航空通訊，因為語音(voice)通訊的缺憾，造成許多的空難。因此國際民航組織積極推動數據鏈通訊(data link communication)來彌補語音通訊的不足。數據通訊必須以數位(Digital)通訊訊號的傳播為基礎。自從 1990 年代以來，數位通訊的技術已經陸續驗證了HF、VHF、UHF、SHF等各頻率均能夠有效的建立數位通訊的通訊協定，提供作為多重的數據通訊平台。因此，飛航系統仍可以參照傳統的方式來應用。使得對國家空域系統(NAS)所發展建立的通訊機制並不產生太大的影響，反倒是通訊能力的大幅提昇。

由於多重通訊系統都能同時提供數據與語音的傳訊服務，如何建立一套有效的通訊協定(Protocol)與通訊架構，讓通訊互補而不是互相干擾，因此建立航空通訊網路(aeronautical telecommunication network, ATN)的構想，有相當的急迫性，以提供完整的航空通訊機制，來解決飛航通訊上的種種問題。

數據通訊的主要目的乃將管制員與飛行員之間的通話，改變成為以簡單的數據來傳達請求(request)與許可(clearance)，必須建立一套精簡的通訊協定、程序、方式，以降低管制員與飛行員之工作負擔。數據通訊的確可以降低管制員與飛行員間冗長的對話或爭執所造成頻道壅塞(frequency congestion)，更可以提高相互間所傳遞訊息的精確性，降低誤會、誤解及錯誤資訊的機率。

由於管制員對飛行員間的數據通訊(controller pilot data link communication, CPDLC)的迫切需求，CPDLC已經成為數據通訊首要的發展項目。CPDLC是利用簡單的輸入方式，讓管制員與飛行員建立數據對話的機制，解決對話的摸索。隨之而來的如果能夠讓飛行員在後推(push-back)至起飛前，能夠先獲得某種程度的起飛許可，將可以降低機場平面的管理問題，降低滑行等待的時間與油料的消耗。因此起飛前許可(pre-departure clearance, PDC)將是利用數據通訊應用，改善機場運作效率的有效技術。

利用 VHF 頻率所建立的數據通訊系統(VHF data link, VDL)，從發展至今已經有幾個受測試成功的實例，並在進一步的改進中，使得 VDL Mode 4 成為成熟的技術產品。為了增加 VHF 通訊頻道(channel)，VDL 的發展中同時將每一個頻道的頻寬縮減為 1/3，從原來的 25MHz 降低為 8.33MHz，提供了 3 倍的通訊頻道。VDL Mode 4 也即將成為可及的方案，將與 Mode S 併存使用。

未來的通訊能力將是多元的。越洋飛行(oceanic flight)或偏遠大陸飛行(remote flight)可以透過傳統的 HF 通訊，或透過通訊衛星的數據及語音通訊，確實保障飛航數據的安全傳遞。

通訊性能的提昇，讓地面管制員可以隨時的傳送重要訊息給飛行員，同時即時氣象數據的上傳(Up-Link)以及飛航資料、機載測試數據(built-in test data, BIT Data)的下傳(downlink)到各航空公司簽派中心(airline operation center, AOC)，隨時保持聯繫。

由於通訊性能的提昇，GPS 定位數據才可以精確地回報到地面管制中心。因此航空通訊系統是 CNS/ATM 整體技術發展成敗的關鍵。

1-9　自動化與管理的挑戰

飛航服務系統與飛航安全有相當程度的關連性。航電系統優越、便利可以減輕飛行員的負擔，同時也降低管制員的工作壓力。自動化系統在 CNS/ATM 技術發展中扮演極大的影響力。

由於預估國際航空市場將持續成長，2000 年空中巴士(Air Bus Industries)公司提出高運量飛機、超大型轉運機場(Hub)的發展概念，相對於波音(Boeing)公司所擬定的中長程、中運量客機、多點運輸的新發展策略，都將激勵便捷的航空運輸服務。有限的空域中如何容納無限的飛航需求，對於空域的規劃運用、航路的規劃運用等，都將考驗航空管理人員的智慧。於是飛航管理(air traffic management, ATM)的理念與架構逐漸形成。相較於國家空域系統(NAS)下的飛航管制(ATC)，飛航管理(ATM)必須挹注自動化的能力來解決空域規劃與重整(airspace management and reconfiguration)、流量管制(flow control)、以及降低標準的隔離管制(separation control)等問題的必要解決方案。

　　由於國家空域系統(NAS)所規劃的航路將不敷使用，廣大、人口稀疏地區的空域如何利用，值得探討。自由飛行(free flight)的觀念將建立在精確的導航、有效的通訊、確實的回報等基本的航電功能下，讓航機有較大的自主權力，選擇偏好航路(Prefer Route)、有利的飛航氣象條件、最短的航程、最低的流量等因素，使得飛航時間、耗油更能充分掌握。在自由飛行的架構下，航電系統與航管系統必須高度的自動化，能隨時提供即時的資訊(real time information)，讓飛行員掌握飛航的未來，讓管制員知道飛機的動向。

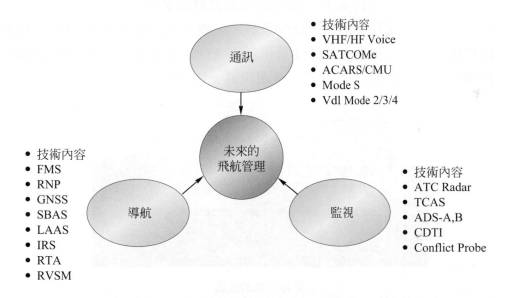

圖 1-1　CNS/ATM 技術核心架構

　　從以上的討論可以瞭解 CNS/ATM 將是一個飛航系統的大革新計畫。如圖 1-1 所示，我們將通訊、導航、監視分別規劃，進行技術的研發，最後凝聚成為飛航管理的實務需求。為了讓所有的構想能夠實現，航空電子技術的更新與新科技的支援，都在 2010 年完成啟用。由於國家空域系統(NAS)已經滿足了飛航管理上的許多基本需求，CNS/ATM 的發展業將在國家空域系統的主架構下，以全新的系統架構來逐步的取代。

習　題

1. 在飛行時為了掌握飛行的狀況，必須把握的三大要素，請問是那三大要素，為什麼？

2. 飛機上的航空電機電子系統有非常多，請簡略舉出三個次系統，並簡略說明其功能為何？

3. 常見的導引系統裝備試舉三個，並簡略說明其導引原理？

4. 利用較精密的航電裝備，來滿足飛機所需的基本設計規範，提供水平參考線、飛行姿態、飛行導引，請問需增加甚麼設備？

5. 如下圖所示，萊特兄弟所設計的飛機，一直是不穩定的，飛行時，必須靠飛行員極度小心的操縱，才能使飛機穩定飛行，請由本章所學到的儀器設備，幫萊特兄弟增加簡單的導引及量測設備，使飛機性能提升。

萊特兄弟的首航

6. 請敘述國家空域系統(NAS)的技術支援架構所包含的主要項目。

7. 在NAS架構下的通訊系統中，分配了各種頻道的功用，請舉三個頻道說明。

8. 在 NAS 架構下的高度與管制區域中，請說明高度隔離的管制方式，請試著以圖作答。

9. 衛星技術的成熟是有目共睹的，但在這個成熟的技術下，其可靠度包含了精確性、可用性等參考指標，請敘述一下這些參考指標有何意義？

10. 在導航性能的提生下，隔離方式有分 RNP 以及 RVSM，請說明其意義。

11. 在導航與通訊極高的可靠度下，飛行的航機尚須掌握附近飛航區域的狀況，以保證飛行的安全，因此利用廣播式自動回報監視可以獲得附近飛航航機的即時位置資料，請問如何偵測附近航機以保證航機之安全呢？

12. 傳統的航空通訊，為了增加通訊的可靠度。因此國際民航組織推動數據鏈通訊(Data Link Communication)來彌補語音通訊的不足。請問要如何達到數據通訊的目標呢？

13. 試敘述一下自由飛行(Free Flight)的意義，以及有何盲點？

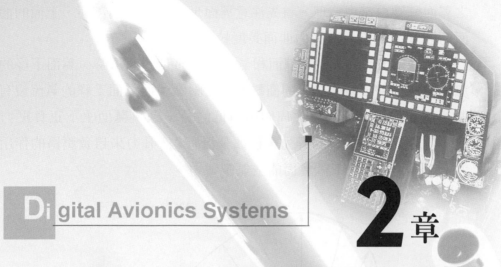

Digital Avionics Systems

2章
飛行動力與控制原理

　　大氣層內的飛行器有兩大類型，第一類型為比空氣輕(lighter than air, LTA)的飛行器，例如氣球、熱氣球或飛船等；第二類型為比空氣重(heavier than air)的飛行器，例如各型的飛機與直昇機。當萊特兄弟(Wright Brothers)以白弩力定理(Bernoulli Theory)驗證空氣動力學可以實現人類飛行的夢想以來，幾乎在一個世紀內，飛機的設計全部擺脫幾項基本的理論觀念。飛行原理可以說是從空氣動力學的角度來探討所產生飛行力學的效應，以及經過飛行控制所獲得較佳的飛行性能。當飛機要離開地面時，飛機必須獲得適當的升力(lift)，以克服地心引力(gravity)產生的重力(weight)，瞭解機翼與空氣的交互作用，最為重要。

2-1　飛機翼面的作用力

1. 升力

　　　　流動空氣，或通稱為流體，對於一個特定翼形具有非對稱的剖面時，翼面上方與下方流過的氣流，會對機翼產生作用力。白弩力定理的描述，對曲度較大的上翼面，因為氣體流速較快，表面的空氣壓力較小；反之，曲度較平緩的下翼面，氣體流速較低，表面的空氣壓力較大。因此非對稱剖面機翼之上方與下方將獲得不同的空氣作用力，這是基本的升力來源。參考圖 2-1

之翼面解釋白努力定理。首先注意翼面是一個非對稱剖面，上面的曲度比下面的曲度大，因此上面的曲面長度較下面為長。

　　如圖 2-1 所示，當翼剖面和氣流的方向有一仰角時，翼面下緣的氣流與翼面直接衝擊，產生向上的衝擊力與正壓區；而翼面上緣的氣流沒有受到阻礙，速度加快，而產生比周圍壓力低的負壓區。翼面上下正負壓力區的形成，使得機翼所獲得的升力，根據分析有 2/3 升力來自負壓區的作用力，另外 1/3 的升力來自下緣翼面的空氣衝擊力。

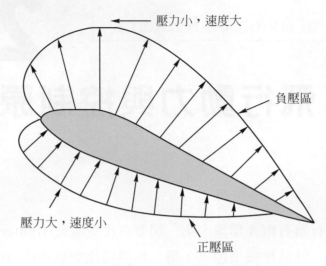

圖 2-1　白努力定理描述作用力的分佈

　　升力的產生也可用氣流動量的改變來解釋，參考圖 2-2 所示，遠方的氣流從左方水平進來，經過仰角的翼面之後，氣流被帶往右下方。所多出來的向下氣流方向稱為下洗(down wash)，所產生的合力即是沿著速度變化量的方向。將氣流作用在機翼上的合力拆成兩個分量：(1)沿著入射氣流的方向者：稱為阻力(drag)；(2)垂直於入射氣流的方向者：稱為升力(lift)。

　　攻角的定義為翼弦和相對風向的夾角。美國系統稱攻角為 Angle of Attack (AOA)，歐洲系統稱攻角為 Angle of Incidence(AOI)。當攻角越大時，上下翼面間的壓力差也越大，因此可以產生較大的升力。不過當攻角大到某一極值時，上翼面的流程會與表面分離(separation)，作用力消失升力急速下降，且阻力急速變大而，產生所謂失速(Stall)的現象，最後升力喪失，會造成飛機墜毀。空氣動力的效應產生作用力主要成因有兩個：

(1)　當氣流通過機翼上方翼面時，會導致壓力的降低。

(2)　當氣流流經機翼下方翼面時，因為機翼的角度，而使得機翼下半部承受部分氣流的衝擊，導致機翼下的壓力增加。

　　這兩項壓力變化主要是因為機翼上半部的曲面長度較長，所以當氣流經過機翼上半部時，流速會增加，而由白努力理論知道速度變大會導致壓力減小，反之流經翼面下半部時，曲面長度變小壓力就會增加。而這兩部分的力量構成了機翼上的升力，當機翼的攻角越大時，由空氣動力所成的升力也隨之增加。機翼的厚度對升力也有不小的影響，因此在飛機的設計中，翼形(airfoil)的選擇與飛機性能有極密切的關係。

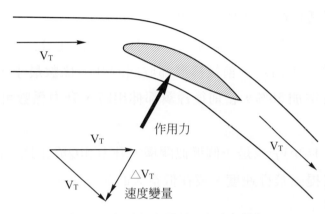

圖 2-2　氣流經過翼剖面之速度變化

　　然而考慮引擎及翼面特性，攻角並不是可以無限增加的。民航機的設計攻角都在 15～20 度以內，軍機則因性能考量可能以 25 度以上的高攻角來飛行。

　　當空氣以 V_T 的速度衝擊到翼面上，其速度瞬間變為零，由於速度變化所產生的衝擊壓力稱為動壓(dynamic pressure)，若假設空氣為不可壓縮(飛行時速小於 300km)，則動壓可近似表成

$$Q = 1/2\rho V_T^2 \tag{2-1}$$

若將動壓乘以翼面面積 S，即得

$$衝擊力 = QS \tag{2-2}$$

其中為 ρ 空氣密度。我們可以定義升力係數(lift coefficient) C_L 為：

$$C_L = 升力/衝擊力 = L_w/QS \tag{2-3}$$

因此升力可表成

$$L_w = (1/2\rho V_T^2 S)C_L \tag{2-4}$$

影響升力大小的因素有三個：

(1)　升力係數C_L：

　　　　C_L決定於翼剖面的形狀，提高翼面的弧度有助於C_L的增加，增加翼面弧度可利用後緣襟翼(flap)和前緣縫翼(slat)。後緣襟翼和前緣縫翼不用時是收縮在主翼之內以減少阻力，在起飛或降落時則延伸出來，以增加飛機之升力。此乃因升力$L=C_LQS$，在起飛或降落時，因速度低動壓Q很小，只能透過C_L的增加來增加L。當飛機起飛後速度提高，動壓Q已足夠大，此時前後襟翼即可縮回去，也可避免在高速飛行下，襟翼所產生的阻力。如圖 2-4 所示，前後襟翼都收回時升力係數最小，伸出後緣襟翼之後，C_L可增加50%，當前後襟翼都伸出時，升力係數可增加100%。

(2)　動壓：

　　　　$Q = 1/2\rho V_T^2$只是一個近似關係，升力和Q成正比，而大的動壓Q的獲得，必需提高飛行速度、或在低空大的氣壓下飛行。

(3)　機翼面積：

　　　　機翼面積越大，升力也成線性比例增加。例如超輕航機，速度慢，翼面也無襟翼設計，因此只能增加翼面積來獲得足夠升力。因為機翼的面積並非為一個定值，它隨著飛機的攻角而變化，當攻角越大時，機翼面積也會因為攻角的影響變的較大，反之攻角變小時，機翼面積也隨之變小。

　　　　另一方面氣流對機翼與平行機身也產生明顯的阻力(drag)，對飛機的飛行產生一個負面的作用。當飛機的攻角變大時，則飛機大部分的阻力將是由機翼所產生，如圖 2-3 所示。

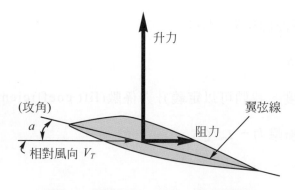

圖 2-3　機翼攻角、升力、阻力的關係

　　　　所以無因次函數可視為攻角的函數，如圖 2-4 所示，呈現出一個幾乎線性的關係。

　　當襟翼前後緣操作伸展出來時，能夠有效的改變升力的大小，其相對於攻角的關係如圖 2-4 所示。

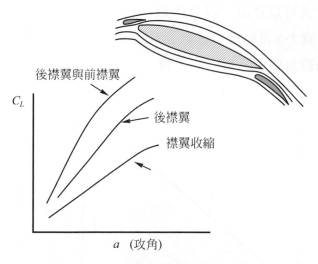

圖 2-4　襟翼前後緣之升力效果

　　動壓作用在機翼上的力，可分為兩個分量，垂直於相對風向的為升力，以及沿著相對風向的則為阻力。因此動壓越大或翼面積越大，不僅升力變大，也伴隨著阻力變大。阻力可表成：

$$D_w = QSC_D \tag{2-5}$$

升力係數與阻力係數間有下列近似關係：

$$C_D = C_{D0} + KC_L{}^2 \tag{2-6}$$

　　其中 C_{D0} 和 K 為常數，但對不同翼剖面有不同的值。

　　由上式可知 C_D 和 $C_L{}^2$ 成正比，故當 C_L 小時，平方會更小；但 C_L 大於 1 時，其平方會快速增加，此現象如圖 2-5 所示。對大多數攻角而言，阻力係數都很小，只有在接近失速角時，阻力係數才會迅速增加，因此攻角的增加大部分是升力增加的正面效益，阻力增加的負面效益較小。

　　動壓除了造成飛機的升力與阻力外，也會產生俯仰力矩使得機頭上仰或下俯。俯仰力矩一部份由升力造成，另一部份則和升力無關。與升力無關的俯仰力矩稱為零升力俯仰力矩，以 M_0 表示如下：

$$M_0 = 1/2\rho V_T{}^2 C_{M0} S C_R \tag{2-7}$$

其中C_R表平均弦長(chord)，因機翼上不同的機翼設計時，翼剖面不同，其弦長也不盡相同，故取總弦長之平均值C_R。

從上式可以看出，阻力係數將會隨著升力係數的增加而有急促的變化，而由圖 2-5 可知升力係數與攻角呈一線性變化關係，所以攻角增加時對阻力係數也會造成相同的影響。

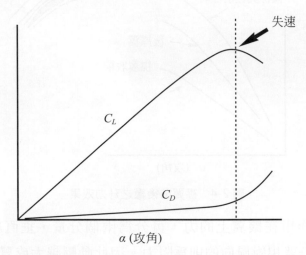

圖2-5　升力係數、阻力係數與攻角之關係

升力、阻力等等各種的力量會對機體作用成一個力矩，而在機體上力矩為零的那一個點我們稱為壓力中心(center of pressure)，但在其它位置的點，其力矩將不會是零，我們稱此力矩為俯仰力矩(pitch moment)，並給予一個參數定義：

$$C_{M0} = M_0 / (1/2 \rho V_T^2 S C_R) \tag{2-8}$$

2-2　飛行控制與穩定

飛行安全及舒適是民航飛機設計最重要的考量因素之一。飛機的操作與控制恰是主導安全性與舒適性的主要因素，其餘的種種設計功能皆變得微不足道。飛行操作與控制所關心的是一架飛機如何隨時保持穩定的狀態，維持飛機的穩定性成為飛機設計的重要課題之一。

從系統的觀點來看，什麼是穩定的機制？如果一個系統，受到外力的影響，隨著時間逐漸回復到原來的狀態，或影響的效應越來越小，即稱之為穩定系統(stable system)。反之，若這個外力的作用，使系統受到的影響無法回復，或越變越大，則稱之為不穩定的系統(unstable system)。圖 2-6 為穩定與不穩定的簡單說明。對飛機而言，也是一樣的，當飛機突然受到一個外力的影響時，若不需經駕駛員的操控，就能回復到原來的狀態，此架飛機就是屬於一個穩定的系統設計。目前大多數的民航機均是採用穩定系統的觀念來設計的。然而穩定的系統可能使得操控的性能難以表現，因此犧牲飛機系統的穩定特性，獲得較佳的飛行操控性能，並以更好的控制方法來滿足飛行操作與控制的目的，即為現代飛機的一種新的設計概念。

假若飛機想要保持固定高度平衡的飛行，其外力對重心的總力矩必須為零，而且升力必須剛好等於飛機的重量，但是飛機會隨著攻角的變化，使得力矩也產生變化，這時 C_M 對於飛機穩定性能影響極大。

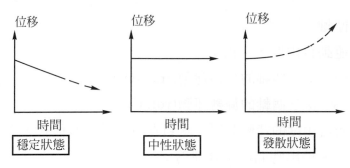

圖 2-6　系統穩定與否之位移與時間的關係

與 C_M 對飛機穩定性有關的一個特殊的角度稱為攻角修正角(trim angle of incidence)，α_T。當 C_M 為零時的攻角定義為攻角修正角 α_T。若飛機處在一個穩定的狀態之下，當飛機的攻角大於時，將會小於零，而對重心產生正向的力矩使飛機回復到平衡飛行的狀態，反之若 α_T 小於零，C_M 大於零，一個逆向的力矩會產生，其作用也是使飛機回復到角度為 α_T 的平衡飛行，如圖 2-7 所示。

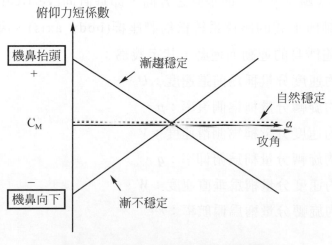

圖 2-7　攻角修正角對飛行穩定的關係

　　但是在相反的情形下，若C_M值的變化使得飛機更加偏離原來狀態，也就是力矩與飛機偏離恰是相同方向時，除非再施以一個外力，否則飛機將會一直失去平衡。例如戰鬥機在閃避飛彈時的控制，必須讓飛機獲得較佳的操控性能，以作急速的迴轉，這時飛機若是處在一個不穩定的狀態下，將會很容易達到這個操控的目地。因此現代的飛機發展出線傳飛控(fly-by-wire)的技術，以不穩定的系統設計換取較高的操控性能，但是必須佐以反應更快的控制系統，以克服不穩定的問題。

2-3　飛機運動的六個自由度(degree of freedom)

1.　飛機的座標軸

飛機有六個運動自由度，包括：

(1)　沿著x，y，z三個軸的平移運動(translation)。

(2)　繞著x，y，z三個軸的旋轉運動(rotation)。

　　　六個自由度的運動分別對應到六個常微分方程式，這六個常微分方程式的輸入、輸出時間函數分別為：

(3)　輸入函數：陣風或控制翼面的偏轉角度。

(4)　輸出函數：三個移動及三個轉動對時間的響應函數。

　　　飛機的六個自由度運動如圖2-8所示。三個互相垂直的軸x、y、z的定義如下：

(1)　x軸：沿著機身的方向，即縱向(longitudinal)，機首或向前方向為正。

(2)　y軸：沿著主翼方向，即側向(lateral)，以駕駛員的右手邊為正。

(3)　z軸：和x軸與y軸平面垂直之方向，即垂直向(vertical)，向下為正。

　　　此三軸所形成的座標系統稱為體座標(body axis)，因為此三軸是固定在機身上隨機身的運動而運動，其定義為：

(1)　沿x軸的速度分量稱為前進速度：U。

(2)　繞x軸的旋轉分量稱為側滾率：p。

(3)　沿y軸的速度分量稱為側滑速度：V。

(4)　繞y軸的旋轉分量稱為俯仰率：q。

(5)　沿z軸的速度分量稱為垂直速度：W。

(6)　繞z軸的旋轉分量稱為偏航率：r。

飛機六個自由度運動又可分成兩大部分：

爲達到飛行控制的效果，飛機設計了許多各自獨立的控制翼面，計有三個用途。

(1)　副翼的轉動角：ζ，做橫向運動的控制。

(2)　升降舵的轉動角：η，做縱向運動的控制。

(3)　方向舵的轉動角：ς，做橫向運動的控制。

對飛機的運動來說，其除了三個軸向的線性運動之外，它還包括了對於三個軸的角速度運動，如圖 2-8 所示。在這個非常複雜的運動狀態下，各軸向的作用力會發生耦合效應(coupling effect)，若飛機對某一個軸產生小角度的旋轉，將不會只對其軸向的運動產生影響，對另外兩個軸向的運動也會產生變化。

表 2-1　飛機六個自由度向量符號

軸向(axis)	線性速度(linear velocity)	角速度(angular velocity)
前向或滾軸 OX(forward or roll axis)	前向速度 U(forward velocity)	側滾率 p(roll rate)
側向或俯仰軸 OY(sideslip or pitch axis)	側向速度 V(sideslip velocity)	俯仰率 q(pitch rate)
垂直向或偏航軸 OZ(vertical or yaw axis)	垂直速度 W(vertical velocity)	偏航率 r(yaw rate)

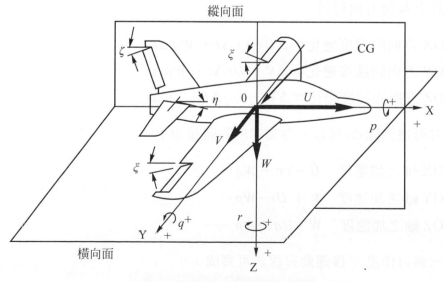

圖 2-8　飛機的六個自由度示意圖

線性加速度

　　　　如圖2-9所示，三個軸向OX、OY、OZ之速度與角速度分別為U、V、W及p、q、r，這時候三軸速度、加速度的產生有兩個來源：

1. 速度大小的變化：ΔU、ΔV、ΔW，速度方向的變化：

　(1)　U因q、r的旋轉，所產生的速度變化為：

$$U \cdot q \cdot \Delta t \quad (\text{負 z 方向})$$
$$U \cdot r \cdot \Delta t \quad (\text{正 y 方向})$$

　(2)　V因p、r的旋轉，所產生的速度變化為：

$$V \cdot p \cdot \Delta t \quad (\text{正 z 方向})$$
$$V \cdot r \cdot \Delta t \quad (\text{負 x 方向})$$

　(3)　W因p、q的旋轉，所產生的速度變化為：

$$W \cdot q \cdot \Delta t \quad (\text{正 x 方向})$$
$$W \cdot p \cdot \Delta t \quad (\text{負 y 方向})$$

綜合以上各個方向可得：

$$\text{OX 方向的速度變化} = \Delta U - Vr\Delta t + Wq\Delta t$$
$$\text{OY 方向的速度變化} = \Delta V + Ur\Delta t - Wp\Delta t$$
$$\text{OZ 方向的速度變化} = \Delta W - Uq\Delta t + Vp\Delta t$$

將左右兩邊同除Δt可以獲得加速度的關係如下：

$$\text{OX 軸之加速度} \quad \dot{U} - Vr + Wq$$
$$\text{OY 軸之加速度} \quad \dot{V} + Ur - Wp$$
$$\text{OZ 軸之加速度} \quad \dot{W} - Uq + Vp$$

因此三個自由度平移運動方程式可寫成：

$$m(U - Vr + Wq) = x\text{方向所受到的外力}F_x$$
$$m(V + Ur - Wp) = y\text{方向所受到的外力}F_y$$
$$m(W - Uq + Vp) = z\text{方向所受到的外力}F_z$$

　　式中彼此耦合效應非常明顯，因此飛機在三度空間運動時，各方向的力彼此間呈現一個非線性的變化關係。圖 2-10 表示飛機的主要受力，可以簡單的區分為機翼升力(lift)、飛行阻力(drag)、引擎推力(thrust)以及飛機重力(weight)等四個部分，而這四個力都對飛機的運動狀態都有很大的影響。更詳細點，重力與升力並不在同一條線上，升力中心落在機翼前緣的 1/3 處，而重力中心則落在機翼前緣的 1/4 處。

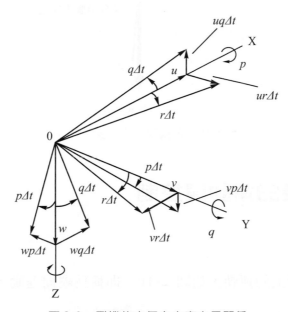

圖 2-9　飛機的六個自由度向量關係

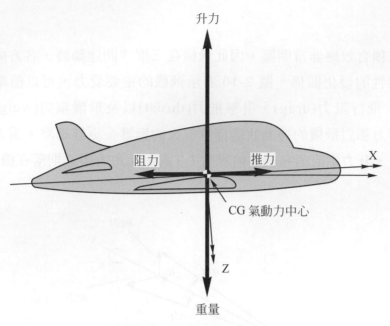

升力

阻力　　　　　　　推力　　　　　　　X

CG 氣動力中心

Z

重量

圖 2-10　飛機的四個主要作用力

2-4　飛機的運動與控制

縱向運動

　　飛機在縱向平面上的運動，如圖 2-10，即稱為縱向運動，此運動含有三個自由度：

1.　沿 x 軸的平移運動：U。
2.　沿 z 軸的平移運動：W。
3.　繞 y 軸的俯仰運動：q。

　　飛機在飛行時，機身與流線是保持一個固定的角度，所以一旦機翼的角度以及引擎推力改變時，將對飛機前向速度(forward velocity)和垂直速度(vertical velocity)造成變化。從升力及阻力係數的定義中，可以知道這將對飛機的阻力及升力帶來極大的影響。當垂直速度產生變化時，會對OY軸產生一個力矩，這將影響飛機的穩定性。雖然前向速度改變也會對飛機造成一個力矩的作用，但是它的影響不大，通常不予考慮。

　　前向速度和垂直速度的變化對尾翼影響也十分明顯。因為尾翼的升力是由力臂乘上尾翼表面上的垂直力而來，速度改變的時候，尾翼表面所得到的垂直力將會改變。如圖 2-11 所示當攻角增加時，垂直力也會增加，而產生一個力矩，使飛機回復到原來的狀態，從這裡我們可以看出尾翼的升力會對OY軸的角速度有抑制的效應，對於維持飛機的穩定有極大的貢獻。圖 2-11 中當尾翼之相對風速發生變化時，尾翼所受的作用力與尾翼中心對飛機重心間的力臂所產生的力矩對飛機的縱向穩定有相當的貢獻。適當的尾翼控制，將獲得縱向飛行的穩定效果。

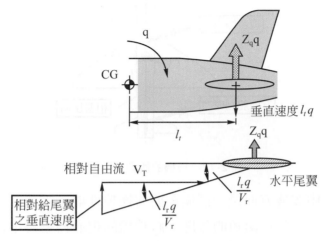

圖 2-11　飛機尾翼的縱向運動效應

橫向運動

　　飛機在橫向面的運動稱為橫向運動，也包含三個自由度：

1. 沿 y 軸的平移運動：V。
2. 繞 x 軸的側滾運動：p。
3. 繞 z 軸的偏航運動：r。

　　然而飛機在飛行中也會受到側風的影響，使航向受到偏移。因此，飛機的飛行控制，必須將目的地的航線規劃出來，在考慮氣象因素的側風，改變飛機偏航角度，使得飛機與原來的行進方向產生一個角度變化，如圖 2-12 所示。由圖中可以看出角度的變化會給機身一個側向的速度分量，而這個側向速度分量可以抵消側風的效應，使飛機對地的飛行方向保持飛航計畫的路徑。飛機的側向效應(lateral effect)主要由飛機的垂直尾翼來控制，如圖 2-12 中所示，當垂直尾翼偏移時，流線氣體將對尾翼產生一個明顯的作用力。此一作用力與垂直尾翼至飛機重心間的力臂間所產生的力矩，使飛機維持一個側滑角(sideslip angle)β角度。

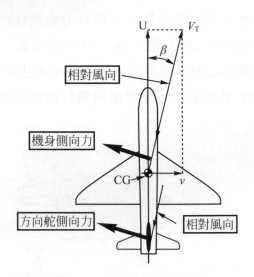

圖 2-12　飛機的側向作用力

　　飛機飛行過程中改變方向是一個極重要的操控性能。飛機的飛行控制性能中，改變飛行方向的機制是利用滾角的效應，將飛機的重心向迴轉半徑內的一個較低的虛擬中心傾斜，造成一個向心力，使得飛機向這個虛擬的中心滾過去。這個側向滾動的作用力，當然必須由機翼來造成。如圖 2-13 所示，飛機左、右機翼升力相同時，飛機本身使以水平的姿態在飛行。因此當需要側向或滾向的速度時，如果飛機的左翼提高升力，而飛機的右翼減低升力，則將對機身的姿態產生逆時針方向的滾動力矩，使得飛機對於OX軸產生滾動。這個滾動的行為對飛機的阻力及升力都會產生變化。圖 2-13 上方左、右翼面因控制面變化的效應，產生分別向上及向下的作用力。飛機左、右翼的改變，形成滾角(roll angle)角度。飛機由於側滑角的維持，將改變航向。因為旋轉的虛擬中心較原來飛行高度為低，因此，飛機必須稍微提升推力，以維持原來的飛行高度。

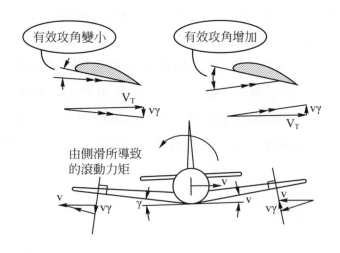

圖 2-13　飛機的滾動與側滑效應

　　圖 2-14 可以明顯看出控制左、右翼面產生升力遞減或遞升所能獲得的滾向力矩，獲得滾向變率p(roll rate)。

　　從以上飛行的基本原理以及飛行力學的觀念性說明，深入探討航電系統，必須隨時掌握飛行力學所必須滿足的基本條件，如此航電系統才能發揮必要的功能。有關空氣動力學及飛行力學相關數學式之推導不在本課程範圍內，請選修相關課程，以獲得更紮實的學理基礎。機載航電的基本任務是提供飛行員必要的飛行相關資訊，其中如何保持空氣對各控制面的作用力，隨時知道飛機的速度、姿態，使得飛行操作與控制能符合飛航性能需求。

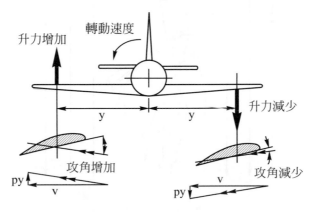

圖 2-14　翼面控制所產生的滾向力矩

習　題

1.　解釋名詞：
　　⑴　翼剖面(airfoil)
　　⑵　攻角(angle of attack)
　　⑶　升力(Lift)
　　⑷　阻力(Drag)
　　⑸　壓力中心(center of pressure)
　　⑹　自由流(Free Stream)與相對風(Relative Wind)
2.　美國NACA作一系列翼型剖面的研究，試描述NACA 1412、NACA 23012、NACA 64-212的意義？
3.　請描述下圖，壓力與速度的變化？

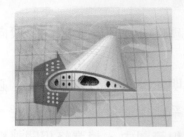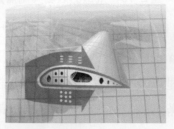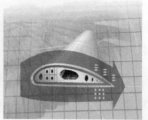

4. 請描述下圖，如何應用白努力定理進行轉彎？

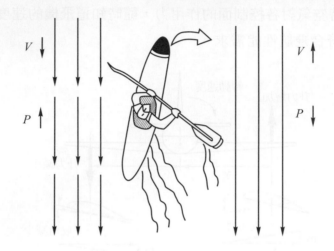

5. 在 1950 年代，一架 Northrop YB-49，翼面積爲 206 m² ，翼的 span effectiveness factor ＝ 0.95，翼型爲NACA 4412，重量爲 7.5×10^5 N，如果飛行高度爲3km，飛行速度100m/s，請計算 L、D、C_L、C_D？(高度3km，$\rho_\infty = 0.909$ kg/m³)

6. 一架 Gulf-stream IV 雙渦輪風扇的飛機，請計算畫出其阻力相對於推力的關係圖。$W = 73{,}000$ lb，$S = 950$ ft²，$AR = 5.92$，$C_{D,0} = 0.015$，$K = 0.08$ ($K = K1 + K2 + K3$，$K1$：parasite drag，$K2$：wave drag，$K3$：induced drag)

7. 請描述攻角相對於 的關係圖，對於穩定性有何影響？

8. 如果有一架飛機在穩定狀態下，然後突然加速作右轉，接著作翻滾動作，請問飛機的三個方向的線性速度以及角速度如何變化？

9. 一架飛機的機翼爲high-wing，一架爲low-wing，請描述機翼的裝置對飛機的穩定性影響？

3章

大氣數據系統

3-1　大氣數據系統的架構

　　飛行員在飛行時基本上必須能夠了解飛機的狀況，需要知道一些基本的飛行資料，飛機的速度、高度與水平姿態等為最基本的資訊，才能掌握飛行的狀況。大氣數據系統(air data system)之設計為提供飛行員與大氣有關的所有資訊。早期的航電系統係由許多獨立的儀表(stand-alone instruments)組合而成，每一個儀表必須各自具備擷取相關資料數據的感測裝置。經過1980年代電子技術的數位化(digital)、積體化(integrated)、精緻化(delicate)與小型化(compact)，電腦系統的速度提高、容量大增、且廣泛使用，大氣數據系統屬於早期的典型轉變，將與大氣有關資料一次擷取後，經過介面匯流排(interfacing bus)分佈至各儀表與次系統來使用。

　　大氣相關資料包含了壓力高度(pressure altitude)、垂直速度(vertical speed)、校正空速(calibrated airspeed)、真實空速(true airspeed)、空氣密度比(air density ratio)、馬赫數(mach number)、靜溫(static air temperature)等。從理論上來分析，這七個數據有相互的關聯性，例如溫度的變化影響馬赫數、高度影響溫度與空氣密度、校正空速與真實空速之關係等等，可以從空氣動力學中逐一去推導。大氣數據系統所得到的七項輸出參數，基本上是由飛機上的感測器所量得的三組輸入數據來作爲計算基礎。

1.　全壓(total Pressure)，P_T。

2.　靜壓(static Pressure)，P_S。

3.　大氣全溫(total air temperature)，T_m。

　　圖 3-1 所示爲大氣數據系統的方塊圖示，包括裝置於飛機機身的前緣、不受到機翼擾流影響的位置的大氣探測器(pitot-static probe)，以及裝置於機身前方側邊的溫度探測器(total temperature probe)。由於大氣數據的特性，大氣探測器的構造爲正對飛行方向的全壓感測口，以及於其側邊與飛行方向平行的靜壓感測口。全壓與衝壓(impact pressure)相當，又稱爲動態壓力(dynamic pressure)。在航電設計與裝置上，壓力感測口的外緣必須十分圓滑、且能夠隨時保持乾淨，其口徑大小則無絕對的關係或影響。

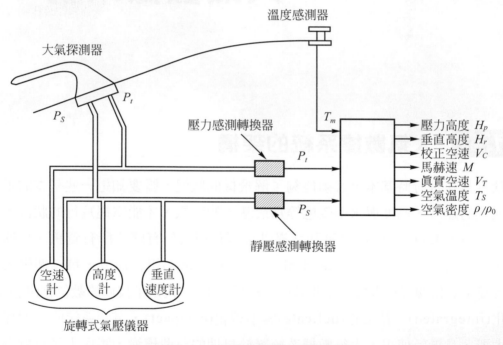

圖 3-1　大氣數據系統之基礎架構

　　圖 3-2 所示爲兩種探測器元件的透視圖。一般民用航空運輸的飛機可能裝置 2 組以上的大氣探測器，至於在鼻錐罩(nose cone)附近，而軍用戰鬥機則典型的裝置於突出的機首前。

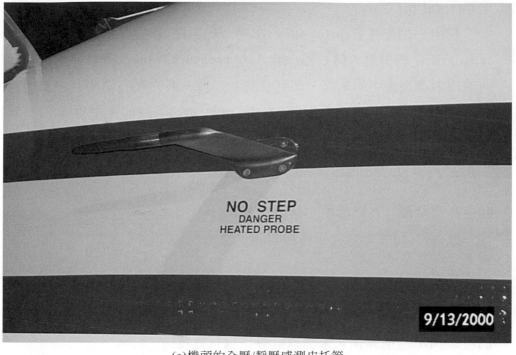

(a)機頭的全壓/靜壓感測皮托管

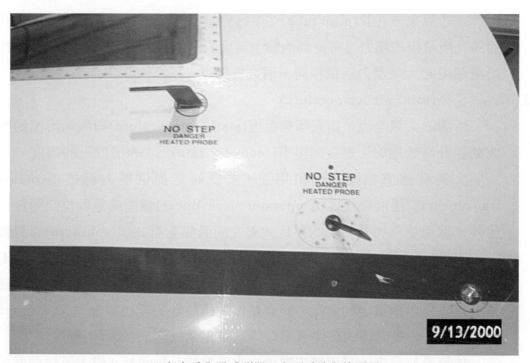

(b)左上為全溫感測器，右下為攻角偵測器

圖 3-2　飛機機頭之飛航感測元件

1.   全壓(total pressure)

利用一個皮托管(pitot tube)連接一絕對壓力感測器(absolute pressure sensor)或是絕對壓力轉換器(absolute pressure transducer)，並且將皮托管的管口對準運動中的氣流，即可量測到二種不同的壓力值，其中之一為全壓(total pressure)，另一為靜壓(static pressure)。然而全壓並不等於靜壓，因為二者之間還相差一個衝壓(impact pressure)，其關係式如下：

$$P_T = P_S + Q_C \tag{3-1a}$$

其中P_T為全壓、P_S為靜壓、Q_C為衝壓。

此外(3-1)式還有另一種相同的寫法

$$P_T = P_S + (1/2)\rho v^2 \tag{3-1b}$$

也就是說在(3-1a)式中的Q_C與(3-1b)式中的$(1/2)\rho v^2$是相等的，因此我們可以利用這個關係式來加以計算出飛行速度。

2.   靜壓(static pressure)

一般說來皮托管(pitot tube)在平行於氣流的側邊方向上有另外的小孔，而該孔所量得的壓力沒有受到流動中氣流的衝壓的影響，此壓力值與皮托管所處環境之大氣壓力近似相同，稱之為靜壓。

3.   大氣全溫(total air temperature)

所謂的大氣全溫是指在靜態溫度(static temperature)與因氣流流動所造成動能升高效應的影響在回復率(recovery rate)為1的情形下的溫度。

大氣數據感測後有兩項用途，主要的是提供壓力轉換器(pressure transducer)與溫度轉換器(temperature transducer)轉換成為數位訊號數據，另外一個用途為啟動傳統的類比式獨立的鼓膜胎壓式(diaphragm)旋轉儀表上。如圖3-1左下所示的旋轉式氣動儀表之空速計(air speed indicator, ASI)、壓力高度計(ALT)以及垂直速度計(VSI)。傳統類比儀表在現代航電系統中是備用系統中極重要的裝置。根據航電系統設計的非相似性理念(dissimilar concept)，裝置傳統的類比儀表以降低航電系統全面故障的機率。

依據飛航需求，民用航空飛機之大氣數據系統包括4組大氣探測器、一組溫度探測器於機體外部，經過數位轉換後由一個中央型大氣數據電腦來執行計算的工作。為了可靠度因素，大氣數據電腦也設計有一組備用系統(redundant system)，以防範電腦系統故障。經過適當的計算後產生七組輸出數據。每組輸出數據均依據一定的格式製作編碼，例如 ARINC429 的匯流排(data bus)規格，系統編碼64位元組當作一筆數據資料，每筆資料並賦予一個資料來源的位址(address)與預備傳送出去的位址，依飛行管理電腦(flight management computer, FMC)所下達的時序指令，將每筆大氣數據傳送至ARINC429數據匯流排上提供公共使用。如圖3-3所示，大氣數據電腦控制匯流排上數據的時序，並接受飛行控制電腦的指揮，提供所擷取的數據。

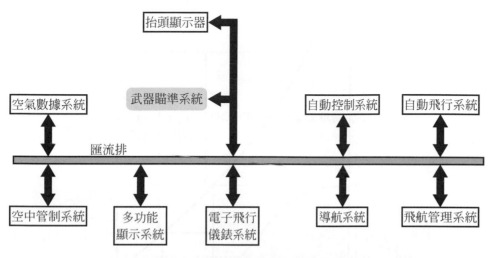

圖 3-3　大氣數據的輸出迴路架構

3-2　推導大氣相關數據之關係方程式

1. 壓力高度(pressure altitude)

　　壓力高度係指飛機從平均海平面高度(mean sea level，MSL)的氣壓所換算的高度，提供非常重要的訊息，幫助飛行員判斷高度並保持高度。然而因為地面上有地形的起伏，在起飛及降落的階段中，飛行員必須利用雷達高度計(radar altimeter)、或無線電高度計(radio altimeter)獲得地表面高度(above ground level，AGL)了解地形狀況，以便確切保持飛機與地面之間適當的距離。飛機在巡航過程中垂直隔離(vertical separation)也是靠壓力高度計的讀數來保持，因為氣壓隨時隨地會發生變化，所有的飛機採用相同的壓力高度，則將感受到相同的變異，飛機間的垂直隔離即可保持。飛機降低高度至近場階段，於5000呎時高度計會自動切入雷達高度計，以精確量到飛機確實的對地高度。

　　若飛行高度係參考平均海平面(MSL)氣壓數據建立的資料通常以 QNH (question of normal height)縮寫來代表，而參考地表面高度(AGL)氣壓所建立的資料通常以 QFE (question of field elevation)縮寫來代表。QNH 與 QFE 之間的關係為陸地的海拔高度所影響的氣壓值。濱海地區或海島國家通常使用 QNH 系統，而高原地區或內陸地區則必須採用 QFE 系統。如圖 3-4 所示。

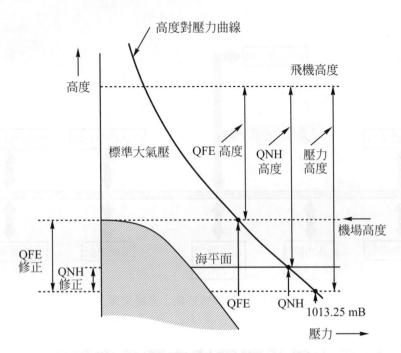

圖 3-4　地球表面壓力與高度變化的關係

　　壓力高度的變化由下列三個因素決定，包括真實高度、濕度及溫度。真實高度、濕度或溫度任何一個量的增加，都會使得空氣密度減少(即壓力高度較高)。在另一方面，因為動態壓力和密度成正比，因此，空氣密度小的地方，能夠產生的升力也較小。

　　依據大氣物理的劃分，地球的大氣層分成三個大氣區域，包括對流層 (troposphere)、同溫層(stratosphere)與光化層(chemosphere)，依據各大氣層的分布，推導壓力和高度之間的關係。

　　在大氣中，壓力變化(dp)與空氣密度(ρ)的變化是取決於高度的微小變化dH，因此我們可以由壓力作用在單位空氣體積垂直面上的力，使其平衡而推導出壓力高度，或稱為靜壓。

$$-dp = \rho g dH \qquad (3\text{-}2a)$$

其中 g 爲萬有引力常數。若接下再搭配氣體方程式：

$$P = \rho R_a T \tag{3-2b}$$

R_a 爲單位質量乾燥空氣之標準大氣壓氣體常數，爲空氣溫度值(°K)將 (3-2a)式與(3-2b)式合併推導後可得：

$$-\frac{dp}{P} = \frac{g}{R_a T}\,dH \tag{3-3}$$

在上式中的溫度 T 藉著下列的假設可轉換成高度 H 的函數：

⑴ 在海平面上的溫度值(T_o)與壓力值(P_{So})皆假設爲常數值。

⑵ 在大氣中當高度在對流層(troposphere)以內時，則高度上升時溫度會依高度的上升而呈現線性的下降關係，其關係式如下：

$$T = T_o - LH \tag{3-4}$$

L 爲溫度變率(temperature change rate)。

⑶ 當高度超過對流層頂(tropopause)之大氣溫度會保持一定值($T_T{}^*$)，直到高度超過同溫層頂之後才會另有變化，而在對流層頂與同溫層頂之間的區域稱之爲同溫層(stratosphere)。

⑷ 當高度超過同溫層頂(stratopause)之後，溫度便會隨著高度的上升而呈現線性的上升，而該區域稱之爲光化層(chemosphere)。而大氣溫度在該區域中的變化情形如下式：

$$T = T_{T^*} + L(H - H_s) \tag{3-5}$$

H_S 爲同溫層頂高度

高度-壓力關係定律(Altitude-Pressure Law)是分別由對流層、同溫層與光化層等高度所組成。重力加速度值隨著高度的變化而與地球表面的值有所改變：

$$g = R^2 g_o / (R + H)^2 \tag{3-6}$$

其中 R 爲地球半徑，$(R + H)$ 爲飛機飛行高度至地心的距離。

因爲在一般的飛行高度下，壓力高度的誤差非常小，所以一般說來我們都將 g_o 假設爲一常數值，即在海平面上之重力加速度值。因此我們開始分別以前述之六個方程式與對流層、同溫層與光化層三個區域來作壓力高度的分析與推導。

① 對流層(troposphere)$T = T_o - LH$

　　將 T 代入(3-3)式中並假設g值為g_0，再對(3-3)式的二邊同時作積分，因此我們得到

$$-\int_{P_{S0}}^{P_S} \frac{1}{p} \, dp = \frac{g_0}{R_a} \int_0^H \frac{1}{(T_0 - LH)} \, dH \tag{3-7}$$

其中P_{S0}為海平面之壓力值，而P_S為高度H時之壓力值。

　　上式積分後得

$$\log_e \frac{P_S}{P_{S0}} = \frac{g_0}{LR_a} \log_e \frac{(T_0 - LH)}{T_0}$$

因此我們可得下列二式

$$P_S = P_{S0}\left(1 - \frac{L}{T_0} H\right)^{\frac{g_0}{LR_a}} \qquad H = \frac{T_0}{L}\left[1 - \left(\frac{P_S}{P_{S0}}\right)^{\frac{LR_a}{g_0}}\right] \tag{3-8}$$

② 同溫層(stratosphere)$T = T_T{}^*$

　　將$T_T{}^*$及g_0代入(3-3)是中，並將二邊同時作積分動作，可得到：

$$-\int_{P_{S0}}^{P_S} \frac{1}{p} \, dp = \frac{g_0}{R_a T_{T^*}} \int_{H_T}^H dH$$

其中P_{ST}為對流層頂之壓力值。因此可得下列二關係式

$$P_S = P_{ST} \cdot e^{-\left(\frac{g_0}{R_a T_{T^*}}\right)(H - H_T)}$$

$$H = H_T + \frac{R_a T_{T^*}}{g_0} \log_e \frac{P_{ST}}{P_S} \tag{3-9}$$

③ 光化層(chemosphere)$T = T_T{}^* + L(H - H_S)$

　　在光化層終將T及g_0代入(3-3)式，並同時作積分後可得：

$$P_S = P_{SS}\left[1 + \frac{L}{T_{T^*}}(H - H_S)\right]^{\frac{-g_0}{R_a L}}$$

$$H = H_S + \frac{T_{T^*}}{L}\left[\left(\frac{P_{SS}}{P_S}\right)^{\frac{R_a L}{g_0}} - 1\right] \tag{3-10}$$

其中為H_S與P_{SS}分別為同溫層頂之高度與壓力。

　　上述各式所用的常數值在表 3-1 中有詳細的紀錄，而且我們將(3-8)、(3-9)、(3-10)三式中相對應的常數值代入後可得到各溫度層之壓力與高度之關係，如表 3-2 所示。

表 3-1　壓力-高度定律之常數值

海平面壓力P_{SO}	101.325kPa(1013.25mb)
海平面溫度T_o	288.15°K
對流層溫度變化率L	6.5×10^{-3}°C/m
對流層頂高度H_T	11,000m(36,089feet)
對流層溫度T_T*	216.65°K
同溫層頂高度H_S	20,000m(65,617feet)
光化層溫度變化率L	1.0×10^{-3}°C/m
光化層高度極限	32,004m(105,000feet)
地表重力加速度g_o	9.80665m/sec^2
地表氣體常數R_a	287.0529 Joules/°K/Kg
對流層之g_o/LR_a	5.255879
光化層之g_o/LR_a	34.163215
g_o/R_aT	1.576888×10^{-4}m^{-1}

表 3-2　各溫度層之高度與壓力關係

(1)對流層區域：
高度範圍：-914.4m to 11,000m 　($-3000 \sim 36,000$ feet) 　$P_S = 1013.25(1 - 2.25577 \times 10^{-5}H_P)^{5.255879}mb$
(2)同溫層區域：
高度範圍：11,000m to 20,000m 　($+36,000 \sim 66,000$ feet) 　$P_S = 22.632 \exp(-1.576885 \times 10^{-4}(H_P - 11000))mb$
(3)光化層區域：
高度範圍：20,000m to 32,004m 　($+66,000 \sim 105,000$ feet) 　$P_S = 54.7482[1 + 4.61574 \times 10^{-6}(H_P - 20000)]^{-34.163215}mb$

　　　　從這些數學式子的關係，可以看出靜壓(static pressure)與高度(altitude)的關係約略呈現拋物線函數。在航電系統中，可以用簡單的運算程式將大氣數據系統所擷取的數據計算即時飛行高度。

　　　　壓力高度(pressure altitude)是為使飛機能夠了解本身所處高度的一種表示方法，它所代表並非是飛機與地表的距離，而是依飛機所處之環境下的大氣壓力值轉換成飛機所處位置之高度值，當然地表並非全是與海平面等高的地面，因此會有一假設之地面壓力值以用來提供換算飛機飛行時的高度參考值。此時所標示的高度為平均海平面高度(MSL)。如圖 3-4 所示。

2. 垂直速率(vertical speed)

　　　　飛機在爬升或下降時，因為攻角大小與飛機升力的關係，垂直速率影響到飛機的操控。另外飛機在起飛和降落時垂直高度的變化必須受到嚴格的飛航管制導引，以確保飛機間的高度隔離。因此機上必須配備有高度變化率的指示表，使飛行員能明瞭掌握飛機的爬升率或下降率是否達到飛航管制的要求。垂直速變指示表也可以指示飛行員在飛機作轉彎的動作時是否伴隨高度的損失。

3. 空氣密度比(air density ratio)

　　　　空氣密度與高度是有著相當重要的關係式存在的，因此我們要討論空氣密度比的關係就必須從空氣密度與高度來著手，並使用氣體方程式：$P_S = \rho R_a T$。在對流層裏

$$P_S = P_{S0} \left(1 - \frac{L}{T_0} H\right)^{\frac{g_0}{LR_a}}$$

因此

$$\frac{\rho}{\rho_0} = \left(1 - \frac{L}{T_0} H\right)^{\left(\frac{g_0}{LR_a}\right)-1} \tag{3-11}$$

其中在海平面情況下 $\rho_0 = \dfrac{P_{S0}}{R_a T_0}$。

　　　　空氣密度比值(ρ/ρ_0)是代表著飛機所處高度的大氣密度值與海平面位置之空氣密度值的比值，其物理意義代表可由密度來換算高度值，而且 ρ/ρ_0 的比值是代表著空氣密度下降的重要因素與指標，可以用它來判斷預測飛機高度的變化傾向。

4. 音速(speed of sound)

　　　　在推導馬赫數(Mach number)、校正空速(CAS)、眞實空速(TAS)及靜溫之前，必須瞭解音速的定義及其作用。假設一空心圓管，其圓管截面積爲 $a = 1$ 並且假設在圓管的二點 A 和 B 之截面上有著壓力與速度分別爲 P，V 及 $\rho + d\rho$，$V + dV$。然後對截面 A、B 作質量守恆定律：

$$\rho a V = (\rho + d\rho)a(V + dV) \tag{3-12}$$

將上式二階部分忽略，則可得：

$$-V d\rho = \rho dV \tag{3-13}$$

若考慮在截面 A、B 之間空氣所受的力等於每秒所改變的動量，則可以得到：

$$pa - (p + dp)a = \rho a V dV，因此 dp = -\rho V dV$$

將兩式合併後可推出

$$dp/d\rho = V^2 \tag{3-14}$$

　　　　壓力波的傳遞是一個絕熱過程(adiabatic process)，因爲壓力的變化是在極短的時間內完成的，所以並沒有足夠的時間來完成熱交換的動作。

　　　　空氣在絕熱過程中的壓力與密度之關係式爲：$p = K\rho^\gamma$，K 爲常數，$\gamma = C_P / C_v$。經微分處理及運算：

$$dp/d\rho = K\gamma\rho^{\gamma-1} = \gamma p/\rho \tag{3-15}$$

可以獲得音速 A 與壓力等之計算關係：

$$A = \sqrt{\frac{\gamma p}{\rho}} \tag{3-16}$$

將 $p = \rho R_a T$ 代入可推得：

$$A = \sqrt{\gamma R_a T}$$

因此在對流層中音速的變化情形如下式：

$$A = A_0 \sqrt{1 - \frac{L}{T_0} H} \tag{3-17}$$

A_0 爲海平面上之音速。

從海平面至高度 65,617 英呎間的溫度變化下表所示。

高度(feet)(H)	音速(m/s)(A)	相當浬數(knots)
0	340.3	661.5
10,000	328.4	637.4
20,000	316.0	614.3
30,000	303.2	589.4
36,089	295.1	573.6
65,617	295.1	573.6

5.　壓力與速度之關係(pressure-speed relationship)

　　　壓力與速度之間的關係應先考慮可壓縮與不可壓縮流體。

(1)　次音速(subsonic speed)

　　　在次音速(subsonic speed)的狀態來，馬赫數＝ 0.3 以下時，空氣考慮為不可壓縮流體。因此空氣密度可視為一常數值。此條件下空氣之動量方程式為：

$$dp + \rho V dV = 0 \tag{3-18}$$

假設在流體中 $P = P_S$ 且 $V = V_T$，簡單的兩端開口壓力管，其中一端之量測孔口處，$P = P_T$ 以及 $V = 0$。將動量方程式二邊作積分：

$$\int_{P_S}^{P_T} dp + \rho \int_{V_T}^{0} V dV = 0 \tag{3-19}$$

因此 $P_T - P_S = \dfrac{1}{2}\rho V_T^2$

$$V_T = \sqrt{\frac{2}{\rho}}\sqrt{P_T - P_S} \tag{3-20}$$

　　　但是空氣是一種可壓縮流體，且高速時所造成空氣密度變化的情形必須加以考慮。假設空氣為一絕熱流體，其壓力與密度的關係式為：

$p = K\rho^{\gamma}$　亦即是　$\rho = p^{1/\gamma}/K^{1/\gamma}$

將此式代入動量方程式中可得

$$dp + (p^{1/\gamma}/K^{1/\gamma})V dV = 0 \tag{3-21}$$

帶入 P 及 V 的條件，重新整理且積分，

$$\int_{P_S}^{P_T} P^{-\frac{1}{\gamma}} dp + \frac{1}{K^{\frac{1}{\gamma}}} \int_{V_T}^{0} V dV = 0 \tag{3-22}$$

$$\frac{\gamma}{\gamma-1} \left[P_T^{\frac{(\gamma-1)}{\gamma}} - P_S^{\frac{(\gamma-1)}{\gamma}} \right] = \frac{1}{K^{\frac{1}{\gamma}}} \cdot \frac{V_T^2}{2} \tag{3-23}$$

整理後可得

$$\frac{P_T}{P_S} = \left[1 + \frac{(\gamma-1)}{2} \cdot \frac{\rho}{\gamma P_S} \cdot V_T^2 \right]^{\frac{\gamma}{(\gamma-1)}} \tag{3-24}$$

將 $\gamma p_s / \rho = A^2$ 及 $\gamma = 1.4$ 代入上式可得

$$\frac{P_T}{P_S} = \left[1 + 0.2 \frac{V_T^2}{A^2} \right]^{3.5} \tag{3-25}$$

以及衝壓

$$Q_C = P_S \left[\left(1 + 0.2 \frac{V_T^2}{A^2} \right)^{3.5} - 1 \right] \tag{3-26}$$

(2)　超音速(supersonic speed)

在超音速(supersonic speed)的情況下，必須從全壓與靜壓比(P_T/P_S)以及馬赫數(V_T/A)的關係式著手分析：

$$\frac{P_T}{P_S} = \frac{\left[\frac{(\gamma+1)}{2} \left(\frac{V_T}{A} \right)^2 \right]^{\frac{\gamma}{(\gamma-1)}}}{\left[\frac{2\gamma}{(\gamma+1)} \left(\frac{V_T}{A} \right)^2 - \frac{(\gamma-1)}{\gamma+1} \right]^{\frac{1}{(\gamma-1)}}}$$

再將 $\gamma = 1.4$ 代入式中，則可得下式

$$\frac{P_T}{P_S} = \frac{166.92 \left(\frac{V_T}{A} \right)^7}{\left[7 \left(\frac{V_T}{A} \right)^2 - 1 \right]^{2.5}} \tag{3-27}$$

以及衝壓

$$Q_C = P_S \left[\frac{166.92 \left(\frac{V_T}{A} \right)^7}{\left[7 \left(\frac{V_T}{A} \right)^2 - 1 \right]^{2.5} - 1} \right] \tag{3-28}$$

由以上的推導，可以建立全壓、靜壓與眞實空速、音速間的關係式，以及衝壓的表示式，由此大氣數據系統可以計算出所需的飛行數據。

6. 馬赫數(Mach number)

馬赫數的關係式可以分別以次音速(subsonic speed)與超音速(supersonic speed)二個部分，分別將$M = V_T/A$代入(3-25)式及(3-27)式可得：

(1) 次音速範圍：

$$\frac{P_T}{P_S} = (1 + 0.2M^2)^{3.5} \tag{3-29}$$

(2) 超音速範圍：

$$\frac{P_T}{P_S} = \frac{166.92M^7}{(7M^2 - 1)^{2.5}} \tag{3-30}$$

將P_T/P_S與馬赫數M在超音速與次音速的情況下，由(3-29)式及(3-30)式的非線性最小平方法湊合成爲近似指數函數的曲線，從次音速範圍過渡到超音速範圍形成近似平滑曲線。

馬赫數是用來表示速度大小的一種無因次參數值，其最基本的定義是：流體的流動速度與流體所處環境下之音速的比值，而在此環境下的音速又與當時環境的溫度高低、大小成正比。另一方面馬赫數之物理意義可以看成是流體流動時所造成之慣性力與壓縮力的比值。

7. 校正空速(calibrated airspeed, CAS)

在次音速與超音速的狀態下，校正空速可分別由該速度範圍之衝壓(3-26)式及(3-28)式推導而來，並且將海平面狀態，$P_S = P_{S0}$及$V_T = V_C$代入式子中。

(1) 次音速範圍：

因此，(3-26)式變爲：

$$Q_C = P_{S0} \left\{ \left[1 + 0.2 \left(\frac{V_C}{A_0} \right)^2 \right]^{3.5} - 1 \right\} \tag{3-31}$$

對於此式簡化的近似表示法，將 $\left[1 + 0.2\left(\dfrac{V_C}{A_0}\right)^2\right]^{3.5}$ 作二項式展開，並且加

入 $A_0{}^2 = \dfrac{\gamma P_{S0}}{\rho_0}$，即可獲得：

$$Q_C \approx \frac{1}{2}\rho_0 V_C{}^2 \left[1 + \frac{1}{4}\left(\frac{V_C}{A_0}\right)^2\right] \tag{3-32}$$

在 $V_C = A_0$ 的狀態下，會產生約 1.25% 的誤差值。而且在低速度的狀態

下可更簡化為 $Q_C \approx \dfrac{1}{2}\rho_0 V_C{}^2$。

(2)　超音速範圍：

以相同的條件與方式對 (3-28) 式重新作整理可獲得：

$$Q_C = P_{S0}\left[\frac{166.92\left(\dfrac{V_C}{A_0}\right)^7}{\left[7\left(\dfrac{V_C}{A_0}\right)^2 - 1\right]^{2.5}} - 1\right] \tag{3-33}$$

(3-32) 與 (3-33) 二式的結果，也會獲得近似於指數函數的關係。

所謂的校正空速 (calibrated airspeed) 是以皮托管所量得的衝壓 (impact pressure) 來換算速度值，然而在換算的公式中所用的全壓值與音速大小皆是以在標準狀態下 (即海平面狀態) 的數值代入，因此也就是說校正空速的意義主要是在於衝壓的量測上。校正空速係針對相對於海平面的條件來校正的，提供飛行員對地相對運動的參考。

8.　靜溫 (static air temperature)

對於流場中溫度探針所量得的溫度是靜溫值加上由流體流動所產生動能的溫度值。然而針對動能這一部份所產生的溫度升高，可以從可壓縮流在白努力方程式 (Bernoulli equation) 上之應用，並假設壓力變化是一個絕熱過程，因此對於單位質量的空氣而言：

$$\frac{P_1}{\rho_1} + \frac{1}{2}V_1{}^2 + E_1 = \frac{P_2}{\rho_2} + \frac{1}{2}V_2{}^2 + E_2 \tag{3-34}$$

其中 E_1 及 E_2 分別代表一流線上之任二點的內能。若搭配氣體方程式 $\dfrac{P_1}{\rho_1} = R_a T_1$

及 $\dfrac{P_2}{\rho_2} = R_a T_2$，在流體中 $V_1 = V_T$ 及 $T_1 = T_S$ 在停滯點上則 $V_2 = 0$ 且 $T_2 = T_T$。

將這些假設值代入(3-34)中可獲得：

$$\frac{1}{2}V_T^2 = (E_2 - E_1) + R_a(T_T - T_S) \tag{3-35}$$

將內能的變化量轉換成熱能可得到下式：

$$E_2 - E_1 = JC_V(T_T - T_S) \tag{3-36}$$

其中J為熱機械平衡之焦耳常數，C_V為定容比熱。

　　因此(3-35)式可推導成：

$$\frac{1}{2}V_T^2 = (JC_V + R_a)(T_T - T_S) \tag{3-37}$$

由熱力學定律來看，當

$$R_a = J(C_P - C_V) \tag{3-38}$$

其中C_P為等壓比熱。將(3-37)與(3-38)合併，可得到

$$\frac{1}{2}V_T^2 = \frac{R_a C_P}{(C_P - C_V)}(T_T - T_S) \tag{3-39}$$

將$\gamma = \dfrac{C_P}{C_V}$代入並重新整理可得

$$T_T - T_S = \frac{(\gamma - 1)}{2}\frac{1}{\gamma R_a}V_T^2 \tag{3-40}$$

接下來利用(3-16)式將A_2/T_S轉換成γR_a並且將$\gamma = 1.4$代入(3-40)式內，即可推得下式

$$T_S = \frac{T_T}{(1 + 0.2M^2)} \tag{3-41}$$

若考慮回復因素(recovery factor)，則T_S與T_m的關係式為

$$T_S = \frac{T_m}{1 + r0.2M^2} \tag{3-42}$$

　　因此在溫度探針的停滯點上時，因為$r = 1$，所以此時的$T_m = T_T$。而且因高度的變化而造成熱傳現象，對r值是沒有太大的影響，不過當飛機在雨中飛行或是在飛越雲層時，r值便會有比較顯著的變化量。

　　　　當量測溫度的探針孔口面是與流體之流動方向呈現平行的狀態時，此時探針所量測到的溫度是流體的靜溫值(static air temperature)，也可以說是當時探針所處位置之大氣溫度值。然而若探針孔口面與流體之流動方向呈現垂直的狀態，則此時必須考慮因流體流動所產生的動能所造成的溫度變化。因此我們可以知道大氣數據系統(Air Data System)中所輸出的的空氣靜溫是指探針所處高度環境下之大氣溫度值。靜溫顯示出與地面環境因素的差異數據，可以用它來換算高度或飛行狀態條件。

9. 眞實空速(true airspeed, TAS)

　　　　藉由靜溫(static temperature)的計算，我們可以得知在該區域的音速值 $A = \sqrt{\gamma R_a T_S}$，而眞實空速可以藉由馬赫數而求得：

$$V_T = MA = M\sqrt{\gamma T_a T}$$

$$V_T = \sqrt{\gamma R_a}\, M\, \sqrt{\frac{T_m}{(1 + 0.2rM^2)}} \tag{3-43}$$

所以由(3-43)推得

$$V_T = 20.0468M\, \sqrt{\frac{T_m}{(1 + r0.2M^2)}}\ \text{m/sec} \tag{3-44}$$

　　　　因爲馬赫數的定義是一種無因次的參數，而且馬赫數是流體速度與當時環境之大氣溫度下之音速的比值，因此飛機的飛行馬赫數並不能代表其眞實的速度大小，而是必須將其馬赫數乘上飛機飛行當時所處位置之大氣溫度下的音速大小，此結果之速度值才能眞正代表飛機的飛行速度大小。因此眞實空速給予飛行員如何建立飛機升力的重要依據。

　　　　以上將大氣數據系統所量測得到的基本物理量轉換成爲航空數據的數學關係式，大氣數據系統電腦程式可以將即時數據轉換成即時飛行數據(real time flight data)，提供飛行員重要的參考。

3-3 壓力感測器(pressure sensor)

　　　　感測元件基本上有三種原理，其一爲電阻性變化，其二爲電容性變化，其三爲電感性變化。每一種特性顧名思義的會產生電阻、電容、電感的敏感反應，使得對應的感測電路容易偵測，並且直接轉換成電的訊號。電的訊號也有三種，其一爲電壓，其二爲電流，其三爲頻率，無論如何都將機械性的質量變化轉換成爲電特性的物理量。

CHAPTER

3

　　固態壓力感測器(solid state sensor)與傳統的樹脂鼓膜(diaphragm)感測器使用相同的原理。壓力感測器的原理是利用一個密閉的眞空槽(vacuum)與開放至偵測端的感測室(chamber)間相對壓力的不同，使薄膜或鼓膜變形，我們將薄膜變形量的大小來轉換成數據。傳統的鼓膜壓力既是驅動一組極爲精密的機械齒輪組，並以旋轉指針的方式輸出。固態壓力感測器將應力規(strain gage)置於可變形的薄膜上，以量測薄膜的變形，並經由精細的設計與校正，薄膜變形造成應力規的變化，使得應力規的電阻隨之變化。因此可以將壓力的變化值轉換成數據的大小來顯示壓力值。固態壓力感測器之薄膜使用石英或矽爲材料，因爲他們有很好的機械性質，且不被腐蝕，對溫度的敏感性也很小，並直接將應力規所用的電阻敏感材料塗敷在薄膜上，成爲精巧的感測器元件。應力規的材料爲壓電式電阻(piezo-resistive)材料，此材料之特性爲受到壓力將產生電阻性的變化，壓電材料也屬於石英晶系的材料，溫度變異性極佳且特性穩定。

　　圖3-5爲固態壓電式壓力感測器的解剖圖。薄膜內爲眞空槽，感測室以硬管連接至圖3-5之壓力連通管出口，不論動壓或靜壓均使用相同的壓力感測器。

　　圖3-6爲金屬電容式壓力感測器的結構。基本上，感測器的活性薄膜上鍍上一層導電金屬，感測器內部也有相對的導電金屬膜，兩片金屬膜構成一組電容器。當壓力變化時，金屬薄膜間的距離會發生變化使得電容值發生變化。當金屬薄膜之面積固定時，且感測器內充入的介質在其物理特性也是十分穩定下，電容值爲薄膜間距的反比值：

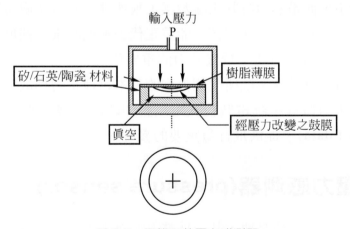

圖 3-5　固態石英壓力感測器

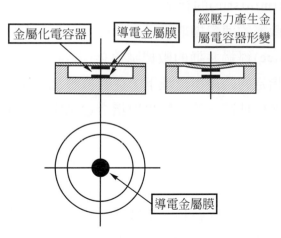

圖 3-6　金屬電容式壓力感測器

$$C = \varepsilon_r \varepsilon_0 A / d \tag{3-45}$$

ε_r為介質之介電係數，ε_0空氣之介電係數。

　　當壓力變化使得薄膜間距改變時，值隨著改變，因此可以轉換出壓力值。

　　為使壓電電阻變化轉換成電壓訊號，電阻性壓力感測器使用傳統的惠斯頓電橋(Wheatstone Bridge)為轉換器。惠斯頓電橋極為穩定且可靠，此種特性是航電系統中所需要的特質。電容性壓力感測元件則直接將電容值的變化與匹配的震盪電路轉換成頻率值，以方便數位系統的擷取。

3-4　數據轉換與應用

　　現代飛機上的電腦為了分工合作，全部設計為階層式架構(hierarchical structure)，分為低階、中階與高階等層次。

1.　低階電腦規劃為單一功能的數據擷取感測器(sensor)、計算分析或輸出控制致動器(actuator)。為方便起見，可以採用單晶片微處理器或微型計算機來擔任，使用低階組合語言將執行程式燒錄於唯讀記憶體(read-only memory, ROM)中，依序循環啟動執行單純的指派工作。

2.　中階電腦規劃為區域性的協調功能，負責本區內各低階電腦之工作指派與監視、區域內的計算傳遞等。可能採用低階語言或高階語言建構軟體，執行較單純、具有選擇性的工作指令，必要時具備計算、決策功能。

3.　高階電腦負責掌理決策管理的功能，或者高速的計算與協調。高階電腦必須負責多功能之分許管理，下達指令至各中階電腦，執行規劃中(scheduled)

或決定的(deterministic)的指令。

　　大氣數據以每秒數筆的速率擷取獲得。數據產生後各賦予一個位址(address)，並且依據時序(sequence)經過共通的數據匯流排(data bus)中交換數據。需要特定數據的各層級電腦在指定的時序與位址下，從數據匯流排中讀取所需的數據，同時也將依據特定的時序與位址將計算的結果與指令送至數據匯流排，傳遞到需求單元中。

　　如圖 3-1 所示的大氣數據系統屬於低階的電腦系統，單純的提供數據給非特定對象的需求單元。因此，數據依序產生後，經由數據匯流排輸送出去。數據需求單元依照其需求，每次一筆數據、每秒一筆數據、或數秒一筆數據、甚至於數分鐘一筆數據等不同的方式，從數據匯流排中擷取數據。

　　從圖 3-7 中可以清楚瞭解大氣數據系統必須產生壓力高度、垂直速度、校正空速、真實空速、空氣密度、馬赫數、大氣全溫等七組數據，並送到數據匯流排(data bus)中。數據必須依據一定的格式(format)與通訊協定(protocol)的時序(clock)來傳送。

　　在飛航系統中需要用到大氣數據的幾個次系統及其用途，由於各應用系統所需大氣數據的頻率不同，各應用條件如下。

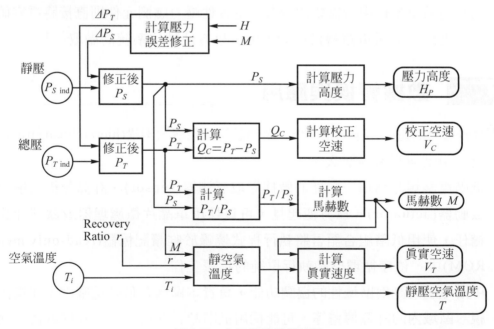

圖 3-7　大氣數據計算流程

1.　飛航管制系統(air traffic control system, ATC)

　　　大氣數據電腦要提供飛航管制詢答器關於壓力高度的資料，以便地面管制站在徵詢飛機的高度時，飛航管制系統能自動回應壓力高度表的讀數給地面管制中心。飛航管制需求為數分鐘一筆資料即可，因此，屬於低頻率擷取需求。

2.　飛行控制系統(flight control system, FCS)

　　　控制迴路中，依據飛機設計的性能有許多迴路增益常數之設計與飛行的速度和高度有關，才能達到最佳控制與效率。因此，大氣數據系統需不間斷地提供飛行系統有關的速度和高度的訊息。大氣數據系統必須每一筆數據，大約每秒 3 至 10 筆，均需送至飛行控制系統中，以確保飛機獲得最完整的空氣動力相關資料，並且下達正確的飛行控制操作。

3.　自動駕駛系統(auto-pilot system, A/P)

　　　飛機要能達到固定高度、定速度的自動駕駛性能，大氣數據系統自然必須提供自動駕駛系統在每一時刻下飛機的高度和速度。如果大氣數據系統所測量到的實際速度和高度和飛行員下的指令不同時，自動駕駛系統即會根據兩者之間的誤差，做出適當的判斷，一直到飛機的速度和高度維持在指定的數值上。自動駕駛中包含高頻率(大約每秒一筆)與低頻率(大約數秒到分鐘一筆)的需求，分別與穩定控制及飛行導航應用有關。

4.　導航系統(navigation system, NAV)

　　　導航的任務在決定飛機所在的位置，這工作需要大氣數據提供飛機的真實速度和高度。將真實速度積分即得飛機相對於最近的一個地面某一參考點的位移，在指定的航路上此參考點多為特高頻多向導航台(VHF omni-directional range, VOR)或極高頻戰略導航台(TACAN)。飛行導航使用較低頻率之數據，因此大約數秒到分鐘間擷取一筆大氣數據即可滿足。

5.　飛航管理系統(flight management system, FMS)

　　　飛航管理此系統為座艙對飛機持續作自我監控及自我診斷的系統，對飛機上各次系統功能是否正常，必須參考當時的飛航資料與大氣數據系統的每一筆資訊。採用自動檢視功能(go-no-go)將有問題的大氣數據篩選後記錄於機載內建測試裝備(Built-In Test Equipment, BITE)中。

6.　引擎控制系統(engine control system)

　　　引擎的控制設計在不同高度與速度下將採用不同的控制參數，因此需要用到氣壓高度和校正空速，以便引擎的控制更有效率。此部分與飛航管理系統之機載內建測試裝備(BITE)功能相同。

習 題

1.　大氣探測器量測到的壓力，如何計算得到飛行速度？

2.　壓力高度的變化由哪三個因素決定？以及說明壓力感測元件應用到的三種基本原理？

3.　有一台低速的 Cessna 150 私人飛機，高度在 5000 英呎，飛機外的溫度為 505°K，如果在翼尖上有皮氏管，測得壓力為 1818 lb/ft^2，請問飛機真實的速度？請問換算成在海平面的速度為多少？(在 5000 英呎，壓力為 1761 lb/ft^2)

4.　一台高速的次音速飛機 McDonnel-Douglas DC-10，飛在高度為 10km 上空，在翼尖上有個皮氏管測得的壓力為 4.24×10^4 N/m^2，請計算飛機的馬赫數？如果周遭的空氣溫度為 230°K，請計算真實速度以及量測到的飛機速度？

5.　有架實驗型的 rocket-powered aircraft，飛行速度 3000 mi/hr，飛機外的壓力以及溫度分別為 151 lb/ft^2 及 390°K，如果皮氏管位於飛機的機鼻，則量測到的壓力為多少？

6.　如果讓你設計一個超音速風洞，風洞的馬赫數需要在標準大氣壓的海平面測試達到 M2.0，請問風洞的出口面積與風洞的 Nozzle 的面積比值為多少？

7.　如果在機翼上測得壓力為 7.58×10^4 N/m^2，飛機速度為 70 m/s，飛行高度為 2000m，請計算機翼上的壓力係數？

4章
飛行控制系統

　　從飛機的基本性能來看，當飛機起飛離地以後，飛機就以本身的質量中心(center of gravity)為基準點來操作。不論是X、Y或Z方向的操控，以尤拉運動方程式(Euler Equation)所描述的俯仰(pitch)、傾斜(bank)、偏航(yaw)等角度的動態平衡關係。

　　自動駕駛的飛行控制系統中均以大氣的外在環境為一個虛擬控制系統(control plant)，飛機在空間與大氣所產生的相互作用，必須要從適當的感測器(sensor)與轉換器(transducer)將實際環境(real world)的訊息迴授(feedback)到控制系統中，以形成一個閉迴路系統(closed loop system)。當飛機由飛行員操作下，飛行員本身的感覺即為一個重要的感測與迴授系統，因此，飛行員可以直接下達操作指令，並且感受到飛行是否在自己所期望的條件下來執行。飛行員操作的方式可以是飛行控制的開路系統(open loop system)的概念，當一個指令操作後，進入閉迴路控制條件下，從飛行控制系統來完成並保持操作目標。

　　飛行控制系統將分成為資訊迴授輸入單元、飛行控制電腦單元、控制輸出致動器單元。傳統的飛行控制利用很多傳動的鋼纜、機械連桿等來傳遞訊息。新一代的飛控系統以電子裝置及電機系統來取代笨重、遲鈍的機械系統，大幅改善了飛行操作的性能，稱之為線傳飛控系統(fly-by-wire system, FBW)。

　　　飛行控制系統主要將決定飛行的穩定效應，在包含導航訊號時，更可以提升於自動駕駛(auto pilot)的狀況。因此，飛行控制系統必須依據性能需求，編撰一套適用於各層次的基本控制律。

4-1　縱向控制(longitudinal control)

　　　傳統的飛機上飛行員(pilot)要控制俯仰(pitch)的動作主要是經由鋼索或機械連桿將駕駛桿所要控制的角度傳給伺服傳動裝置(servo actuator)，再由伺服傳動裝置改變控制翼面角度，飛機受力及力矩改變飛行方向及姿態。

　　　圖 4-1 所示爲飛機的俯仰動作控制，(a)在平衡狀態下，飛機縱向操作的合力爲零，合力矩亦爲零。(b)當升降舵向下偏打一角度時，氣流衝擊在升降舵上，產生向下的壓力，此壓力對機身的質量中心(center of gravity, CG)產生作用形成使機頭上仰的力矩，因此機頭上揚，攻角增加。在飛行性能上，攻角增加升力隨即增加。(c)攻角增加後，因$\partial M/\partial \alpha < 0$，會伴隨一相反力矩的產生，使機頭下俯，當此一伴隨力矩和升降舵所產生的力矩達到平衡時，飛機的攻角即不再增加，而飛機的姿態則保持在新的攻角上。

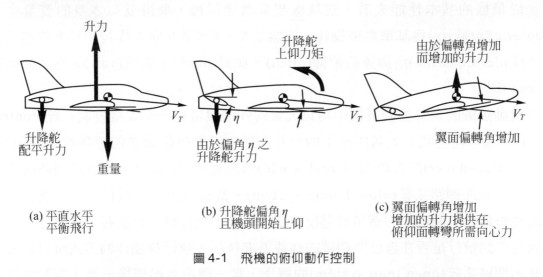

(a) 平直水平
　　平衡飛行

(b) 升降舵偏角 η
　　且機頭開始上仰

(c) 翼面偏轉角增加
　　增加的升力提供在
　　俯仰面轉彎所需向心力

圖 4-1　飛機的俯仰動作控制

4-1-1　駕駛的推桿力(stick force)

控制翼面所能產生的力與力矩，決定於兩個因素：(1)翼面的偏轉角大小(wing incidence)；(2)空氣的動壓(dynamic pressure)，和高度(height)及飛行速度(speed)有關。因此，在高動壓的情況下，只要一點點翼面的偏轉角，即可產生足夠的力或力矩；但在低動壓的情況下，卻要很大的翼面偏轉角才能產生相同的力或力矩。對於高性能的戰機而言，在高動壓及低動壓兩種情況下，其翼面角度數可能達到 1：40 的差異。

在高動壓的情形下，控制翼面受到較大的衝擊力，此力會藉由連桿傳回到飛行員的操作桿上，因此推桿雖然只要移動一點，但飛行員所要施的力卻也不小。但是對於線傳飛控(FBW)的飛機，氣動力對控制面的作用力不會直接傳回到推桿。

反之，在低動壓的情形下，翼面所受到的氣動力回傳到推桿的部分較小，因此推桿容易；但因翼面要偏轉較大的角度，所要推桿的距離也大，飛行員所要施的力，仍然不算小。

因此，不管是在高動壓或低動壓的飛行條件下，飛行員所需要施加到推桿的力量相差不多。一套好的飛行控制系統設計，也必須要考慮在不同的飛行狀況下，讓飛行員有一致性的操作，所要施的推桿力保持固定。

圖 4-2 為飛機中的俯仰控制系統，從升降舵與副翼控制電腦(elevator and aileron computer, ELAC)、擾流器與升降舵控制電腦(spoiler and elevator computer, SEC)來操作可微控的水平安定器(trimmable horizontal stabilizer, THS)。圖中傳動的部分為傳統的機械鋼索、連桿、液壓或馬達的組合。在飛機系統的設計過程中，必須決定每一片可控制翼面的功能，才能將控制面與控制電腦結合為一組次系統。當飛行員下的控制指令時，僅對該指令相關的控制面去操作。事實上，許多可控制翼面的效應都是相關聯的或稱為耦合效應(coupling effect)，飛行控制系統必須將互相耦合的部分加以解耦(decoupling)，以降低相互間的干擾。相對的，當一個控制失效時，可藉由其他相關的控制翼面達到相同的效果。圖 4-2 中標示為 Y、B、G (以顏色來區分)或 1、2、3(以數字來區分)等分別為特定目的所區分出來的控制單元。

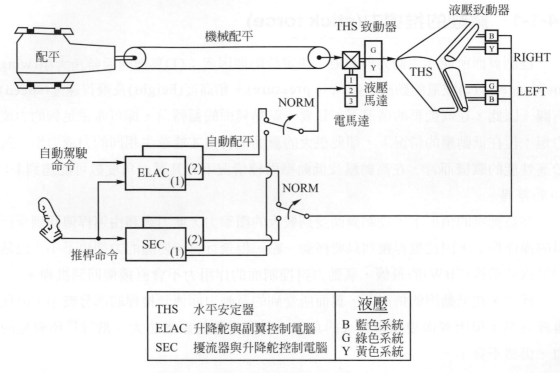

圖 4-2　俯仰控制系統

　　傳統的大型民航飛機或戰鬥機其控制翼面所受到的氣動力完全由液壓系統來承受，而不會回傳至飛行員的推桿上，這個設計固然減輕飛行員操作飛機的負荷，也由於如此飛行員感受不到其與控制面間力之交互作用，與傳統用鋼索或連桿操作的飛機比起來，少了那一份身歷其境的感覺(feeling)。為了讓飛行員也能感受到氣動力回傳的效應，推桿上則加上適當的彈簧，用來模擬。當推桿位移越大時，所受到的氣動力回授的力也越大。先進的飛機則在推桿上裝有虛擬感覺器(artificial feel unit)，能更逼真地反應出推桿與控制翼面間的交互關係。虛擬感覺器有助於避免飛行員施加過度的操作力，而使飛機進入致命的操作範圍，例如是高攻角而連帶產生的失速(stall)狀況。

　　從圖 4-3 中可以看到從大氣數據系統與感知電腦(feel computer)的連線，以偵測飛機的動態條件。虛擬感覺器包括彈簧構件式或液壓構件式等不同元件。

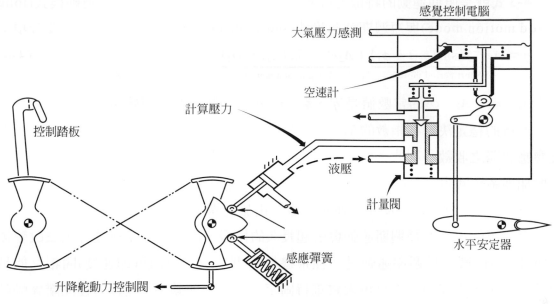

感覺控制電腦

大氣壓力感測

空速計

計算壓力

控制踏板

液壓

計量閥

感應彈簧

水平安定器

升降舵動力控制閥

圖 4-3　虛擬感覺系統

4-1-2　俯仰率(pitch rate)對升降舵的響應

　　分析飛機的響應與自動飛行控制系統的修正控制要訣在決定飛機基本控制轉移函數(transfer function)。飛機的俯仰率與升降舵角度間之轉移函數可以寫成為：

$$\frac{q}{\eta} = \frac{K(D^3 + b_2 + b_1 D + b_0)}{(D^4 + a_3 D^3 + a_2 D^2 + a_1 D + a_0)} \tag{4-1}$$

其中$D = d/dt$為微分運算子，K、b_2、b_1、b_0、a_3、a_2、a_1、a_0為氣動力係數的函數。暫態響應靠微分方程$(D^4 + a_3 D^3 + a_2 D^2 + a_1 D + a_0)q = 0$ 的解來決定俯仰運動是否穩定。其解可設為$q(t) = Ce^{2\lambda t}$，代入上面式子中而得：

$$(\lambda^4 + a_3 \lambda^3 + a_2 \lambda^2 + a_1 \lambda + a_0)Ce^{\lambda t} = 0 \tag{4-2}$$

其中　　$(\lambda^4 + a_3 \lambda^3 + a_2 \lambda^2 + a_1 \lambda + a_0) = 0$

可以分解成

$$(\lambda + \alpha_1 + j\omega_1)(\lambda + \alpha_1 - j\omega_1)(\lambda + \alpha_2 + j\omega_2)(\lambda + \alpha_2 - j\omega_2) = 0 \tag{4-3}$$

CHAPTER 4

　　4-3 式就是俯仰運動的特徵方程式。因此這個解可寫成為長週期運動模式(long period motion mode)與短週期運動模式(short period motion mode)兩個主要分項：

$$q = \underbrace{A_1 e^{-\alpha_1 t} \sin(\omega_1 t + \phi_1)}_{\text{Short period motion}} + \underbrace{A_2 e^{-\alpha_2 t} \sin(\omega_2 t + \phi_2)}_{\text{Long period motion}} \tag{4-4}$$

其中A_1、ϕ_1、A_2、ϕ_2的常數值是$\ddot{q}$、$\ddot{q}$、$\dot{q}$、q在時間$t = 0$的初始值。

　　系統的穩定決定在指數的部分，若指數冪次為負的值，指數會隨時間遞減，系統響應也隨之收斂，則此為穩定系統；反之，若指數冪次為正的值，指數會隨時間的增加而系統響應隨著發散，也就是不穩定的響應。這個解的兩部分是長週期(long period)和短週期(short period)運動函數。由於短週期運動一下子就消失，對飛機的動態響應較小；而長週期運動會引起長久的振盪，因此控制系統要介入去改變極點(pole)的位置。長週期運動是一種飛機位能(即高度)和動能(即速度)間相互能量轉換的結果，但在過程中攻角大致維持固定。短週期運動中，α_1較大極點離虛軸較近，阻尼效應較強，週期較短，約在 1～10 秒之間。長週期運動α_2較小極點近實軸，阻尼效應較弱，週期較長，約在 40～60 秒間。

4-1-3　俯仰運動方塊圖的建立

　　從運動方程式的推導，我們可以瞭解飛行控制的基本條件，並藉以分析系統的穩定邊限(stability margin)。運動方程式都與尤拉方程式有關，定義方式也大致一致。假設飛機的縱向運動：

沿 OX 軸方向的速度＝U(常數)

沿 OZ 軸方向的速度＝w(微擾量)

沿 OY 軸方向的速度＝0

在俯仰軸 OY 上的俯仰率＝q

攻角的為擾量＝α

飛機的質量＝m

飛機對 OY 軸的慣性距＝I_y

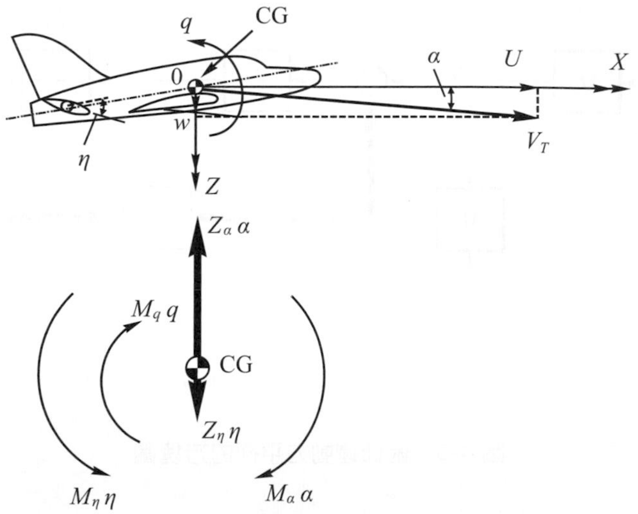

圖 4-4　俯仰運動力與力矩的平衡

　　從圖 4-4 中，考慮在 OZ 方向上力的平衡，則：

1.　攻角變化，產生的升力改變量 $= Z_\alpha \alpha$。

2.　設升降舵向下打 η 度，其所產生的正向力 $= Z_\eta \eta$

3.　沿 Z 軸方向的加速度為 $\dot{w} - Uq$(向下為正)。

4.　沿 Z 方向的運動方程式為 $Z_\alpha \alpha + Z_\eta \eta = m(\dot{w} - Uq)$。

　　再則考慮俯仰力矩作用在質量中心(CG)上的平衡：

1.　升降舵所造成的俯仰力矩 $= M_\eta \eta$。

2.　攻角變化所造成的俯仰力矩 $= M_\alpha \alpha$。

3.　俯仰率 q 變化所造成的俯仰力矩 $= M_q q$。

4.　繞 OY 軸的力矩平衡為 $M_\eta \eta + M_\alpha \alpha + M_q q = I_y \dot{q}$。

　　將作用力方程式和力矩方程式的合併，利用關係式：

$$\alpha = W/U \rightarrow \dot{W} = \dot{\alpha}U$$

可以獲得

$$\alpha = \int \left(q + \frac{Z_\alpha}{mU}\alpha + \frac{Z_\eta}{mU}\eta \right) dt \tag{4-5}$$

將式 4-5 代入到圖 4-5 中的 α 項，即可獲得如圖 4-6 的縱向操作聯合方塊圖。圖 4-6 包含 q 及 α 二個內層迴路，每個內迴路的轉移函數都可以由圖 4-7 之閉迴路流程與公式獲得。以方塊流程圖的形式如圖 4-5 所示，可見穩定飛機的本身即具有負迴授 (negative feedback)的本質，此種本質可以讓飛機趨於穩定的性能反應。

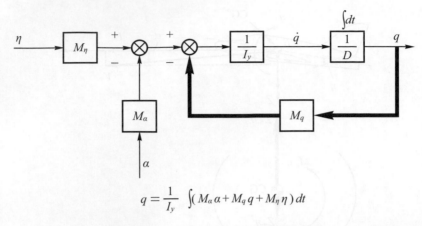

$$q = \frac{1}{I_y} \int (M_a\,a + M_q\,q + M_\eta\,\eta)\,dt$$

圖 4-5　俯仰運動力平衡的方塊圖

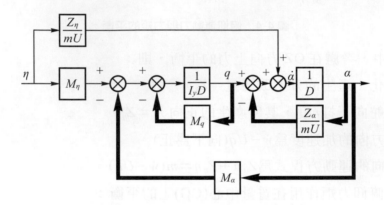

圖 4-6　力與力矩平衡的聯合方塊圖

在圖 4-6 中，q 內層迴路的轉移函數為

$$\frac{q}{M_\eta\,\eta - M_a\,a} = \frac{\dfrac{1}{I_Y D}}{1 + \dfrac{1}{I_Y D} \cdot M_q} = \frac{1}{M_q}\,\frac{1}{1 + T_1 D} \tag{4-6}$$

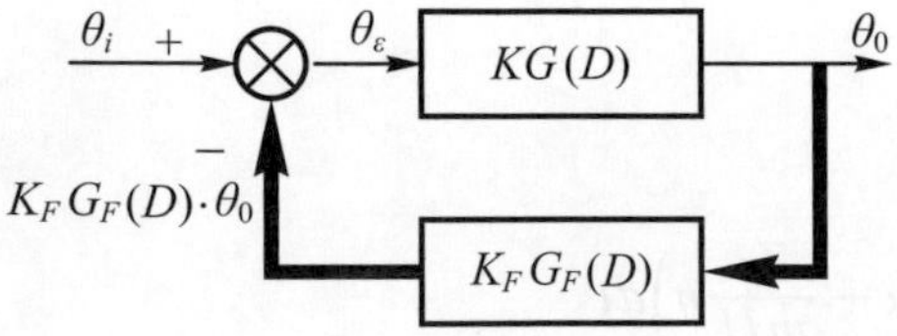

θ_i　+

θ_ε ⟶ $KG(D)$ ⟶ θ_0

$-$

$K_F G_F(D)\cdot\theta_0$

$K_F G_F(D)$

$$\theta_\varepsilon = \theta_i - K_F G_F(D)\cdot\theta_0$$
$$\theta_0 = KG(D)\cdot\theta_\varepsilon$$
$$Hence \quad \frac{\theta_0}{\theta_i} = \frac{KG(D)}{1 + KG(D)K_F G_F(D)}$$

圖 4-7　閉迴路轉移函數

其中 $T_1 = I_y / M_q$，而 α 內層迴路的轉移函數為

$$\frac{\alpha}{q} = T_2 \cdot \frac{1}{(1 + T_2 D)} \tag{4-7}$$

其中 $T_2 = mU/Z_\alpha$

在圖 4-7 中，η 到 q 之間的轉移函數為：

$$\frac{q}{\eta} = M_\eta \cdot \frac{\dfrac{1/M_q}{(1 + T_1 D)}}{1 + \dfrac{1/M_q}{(1 + T_1 D)} \cdot \dfrac{T_2}{(1 + T_2 D)} M_\alpha} \tag{4-8}$$

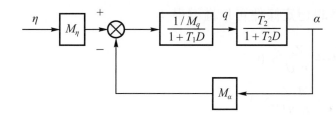

可以簡化為：

$$\frac{q}{\eta} = \frac{K(1 + T_2 D)}{(D^2 + A_1 D + A_2)} \tag{4-9}$$

其中

$$\left. \begin{aligned} K &= \frac{M_\eta}{I_y T_2} = \frac{M_\eta Z_\alpha}{I_y mU} \\ A_1 &= \frac{1}{T_1} + \frac{1}{T_2} = \frac{M_q}{I_y} + \frac{Z_\alpha}{mU} \\ A_2 &= \frac{M_\alpha}{I_y} + \frac{1}{T_1 T_2} = \frac{M_\alpha}{I_y} + \frac{M_q Z_\alpha}{I_y mU} \end{aligned} \right\} \tag{4-10}$$

這些係數都是氣動力偏導數的函數。

從 η 到 α 的轉移函數可以寫成為：

$$\frac{\alpha}{\eta} = \frac{q}{\eta} \cdot \frac{\alpha}{q} = \frac{K(1 + T_2 D)}{(D^2 + A_1 D + A_2)} \cdot \frac{T_2}{1 + T_2 D} - \frac{K T_2}{D^2 + A_1 D + A_2}$$

因此，升降舵η到俯仰率q的響應可以更加簡化：

$$(D^2 + A_1 D + A_2)q = K(1 + T_2 D \eta) \tag{4-11}$$

$$\xrightarrow{\eta} \boxed{\dfrac{K(1+T_1 D)}{D_1 + A_1 D + A_2}} \xrightarrow{q} \boxed{\dfrac{T_2}{1 + T_2 D}} \xrightarrow{\alpha}$$

變成為極為精簡的俯仰控制迴路。假設俯仰控制的特徵方程式為

$$\lambda^2 + A_1 \lambda + A_2 = 0 \Rightarrow \lambda = -\frac{1}{2}A_1 \pm \sqrt{A_1^2 - 4A_2}/2$$

因此俯仰動作迴路的穩定條件可以推導得：

$$\begin{cases} A_1 = \dfrac{M_q}{I_y} + \dfrac{Z_\alpha}{mU} > 0 \\ A_2 = \dfrac{M_\alpha}{I_y} + \dfrac{M_q Z_\alpha}{I_y mU} > 0 \end{cases} \tag{4-12}$$

此兩條件的滿足，決定於飛機的外型設計。我們也可以反過來，由動態的分析先決定指定值後，再反過來設計飛機的外型，使其動態響應滿足原先的指定值。若上式條件滿足，則暫態響應可寫成：

$$q(t) = Ae^{-\alpha_1 t} \sin(\omega t + \phi)$$

其中$\alpha_1 = A_1/2$，$\omega = \sqrt{4A_2 - A_1^2}/2$而$A$，$\phi$則由初始條件所決定。可見由升降舵角度變化所產生的俯仰率的$q(t)$響應，其衰減率(decay rate)α和ω振盪頻率的快慢，仍然是唯一決定於機身的氣動力導數。

4-2　側向控制(lateral control)

飛機的側向控制包括飛行時的偏航(yaw)與傾斜(bank)兩項與飛行方向有關的操作與控制。

4-2-1　副翼(aileron)的控制

飛機得以轉彎主要來自副翼(aileron)的幫助。副翼左右兩側打的方向恆為相反，藉由左右兩側升力的不同，而使機身繞著 X 軸自旋，而產生如圖 4-8 之傾斜

角Φ(bank angle)；原先在垂直方向的升力，則也傾斜了Φ角。升力的垂直分量用以抵抗重力：$Z \sin \Phi = mg$；升力的水平分量用以提供轉彎所需的向心力：$Z \sin \Phi = mV_T \dot{\psi}$；將這兩式相除得：$\tan \Phi = \dfrac{V_T \dot{\psi}}{g}$，或可寫成爲：轉彎向心加速度 $= V_T \dot{\psi} = g \tan \Phi$。例如機身傾斜角 60°時，可以產生的向心加速度爲 1.73g(g：爲重力加速度)。又如戰鬥機可產生9個g的轉彎加速度，即 $\tan \Phi = 9 \rightarrow \Phi = 83°40'$。

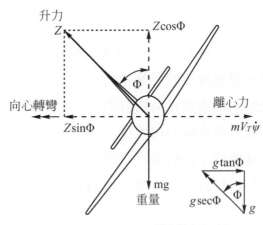

圖 4-8　飛機側滾而轉彎

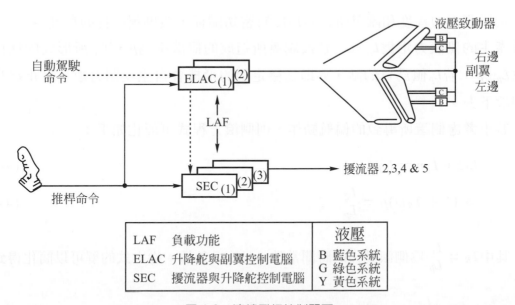

圖 4-9　滾轉飛行控制翼面

　　機身傾角越大，所能產生的向心加速度越大，轉彎的半徑也就越小。這種讓機身傾斜而達到轉彎的目的，稱爲傾斜轉彎(bank to turn)。傾斜(bank)造成姿態的改變，也使得飛行產生路徑的改變。但若機身傾斜太大時，則升力的垂直分量可能不足以支撐重量，即 $Z \cos \Phi < mg$，或造成飛機的高度則會下降。因此爲確保轉彎

時，高度不變，傾斜角Φ有一定的限制。要增加最大允許的傾斜角，又要維持高度不變，唯一的方法就是增加垂直方向上的升力。而升力的增加，有兩種方法：(1)增加速度；(2)增加攻角。因此當飛機飛得很慢時，或攻角很小，轉彎一定要和緩(Φ角要小)，以免高度降低。在軍機作高性能的轉彎時，都是先增加推力、獲得速度、拉起機頭後，作急遽的轉彎，以閃躲飛彈的攻擊。

4-2-2　傾斜轉彎的程序

為使飛行控制順利，傾斜轉彎有一定的執行程序：

1.　局部的操作油門，增加飛機的引擎推力。
2.　操作升降舵使機頭上揚產生足夠的升力。
3.　操作副翼使機身傾斜產生向心加速度。
4.　操作方向舵使機身保持不偏航及沒有側滑角。

當飛機達到所選定的目標方位後，飛機回到正常的巡航速度與攻角。

4-2-3　側滾率對副翼的響應

飛機側滾的程度和副翼所打的角度有密切關係，設副翼所打的角度為ξ，則副翼所產生的側滾力矩為$L_\xi \cdot \xi$。假設副翼所造成的側滾率為p，則p所形成的恢復力矩為$L_p \cdot p$。若L_p值為負的話，亦即為穩定型的飛機會自生反制力矩，阻止機身持續側滾下去。

若不考慮側滾所導致的偏航動作，則側滾方程式可簡化如下：

$$L_\xi \xi + L_p p = I_X \dot{p} \tag{4-13}$$

$$\Rightarrow (1 + T_R D)p = \frac{L_\xi}{L_p} \cdot \xi \tag{4-14}$$

其中$T_R = \dfrac{I_X}{L_p}$為側滾動作的時間常數，且L_p為負值。從上式的解可以簡化得到：

$$p(t) = \frac{L_\xi}{L_p}(1 - e^{-t/T_R})\xi_i \tag{4-15}$$

(與實際方向相反)

(與實際方向相反)

(與實際方向相反)

此一系統屬於一階的系統，其響應特性如圖 4-10 所示。

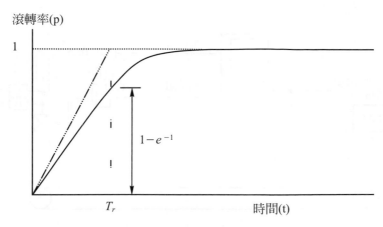

圖 4-10　典型的一階動態響應

　　由以上的簡化公式可知，側滾迴路的時間常數即副翼的增益值是由二個氣動力導數 L_ξ，L_p 所決定的，但是這兩個值會隨著不同的飛行狀況而有所不同。

4-2-4　方向舵的控制

　　轉彎運動時，方向舵(rudder)的地位雖不如副翼，但仍有其必要的地方。其中：

1. 方向舵可以用來抵制側滾時，所伴隨的偏航動作。

2. 抵消側滑運動。

3. 當偶數引擎(雙引擎)飛機的一側引擎失效時，飛機會產生很大的偏航，方向舵可以產生制衡的力量。

4. 利用方向舵也可以產生水平面上的轉彎，即沒有伴隨側滾動作，純粹的偏航(yawing)。

5. 方向舵常用的時機是降落時，又有與跑道垂直的橫向側風吹來時，方向舵可用來保持機身與跑道的平行。

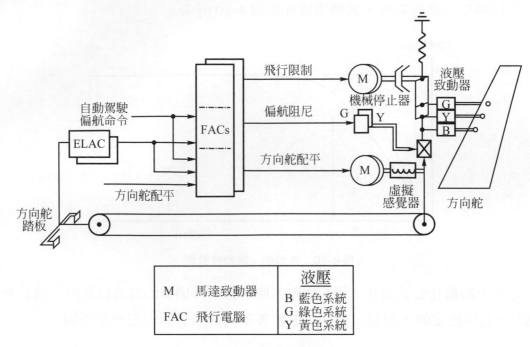

圖 4-11　偏航控制系統

　　機身傾斜轉彎(bank to turn)即機身水平的轉彎，正如賽車場內傾斜的彎道及一般平面道路上轉彎。在斜坡上可快速轉彎，但在平面道路上，若車速太快，轉彎時離心力大過輪胎與地面上的摩擦力，車子會往外側滑動甚至翻覆。純粹的偏航，會使得乘客或飛行員會承受離心力的作用，感覺較不舒服。

4-2-5　短週期的偏航運動

　　假設暫不考慮偏航所引起的側滾現象，則偏航可分為二階動態系統，其對應的方程式可推導如下：側滑速度 $v = V_T \sin\beta \cong V_T\beta$(假設 β 不大，在偏航的過程中，飛行速度方向不變，則側滑角 β＝偏航角 Ψ)。側滑角是定義在動座標上，是速度方向與機身縱軸間之夾角；偏航角 Ψ 則是定義在固定座標上，是機身縱軸與某一固定參考水平線間之夾角。

　　側滑速度所產生的恢復偏航力矩＝$N_v V_T \psi$；偏航速率所產生的恢復偏航力矩＝$N_r r = N_r \dot\psi$；偏航力矩的平衡：

$$N_v V_T \psi + N_r \dot\psi = I_Z \ddot\psi$$

$$\Rightarrow \left(D^2 + \frac{-N_r}{I_Z}D + \frac{-N_v}{I_Z}V_T \right)\psi = 0 \tag{4-16}$$

注意N_r和N_v皆爲負值。因此偏航迴路中包括：

自然頻率：$\omega_0 = \sqrt{\dfrac{N_v V_T}{I_Z}}$

阻尼比　：$\zeta = 1/2 \dfrac{N_r}{\sqrt{N_v V_T I_Z}}$

週期　　：$T = 2\pi/w_0$　　　　　　　　　　　　　　　　　(4-17)

可知偏航的振盪響應，其週期和阻尼比均和速度的平方根成反比。速度$\sqrt{V_T}$越快，雖然振盪週期短，但因阻尼也不小，其偏航的振幅也可能較大。當振盪的週期或阻尼或自然頻率不能滿足規格時，就要透過飛行控制系統的自然穩定器(auto-sta-bilization)，來改善其響應特性。

　　通常偏航動作都會伴隨 90 度相位角的滾轉運動，因爲偏航所造成的滾轉，特別稱爲 Dutch roll。Dutch roll 一詞係起因於荷蘭人設計帆船時因爲會行駛於陸地內的河道，因此將船底的防止側向運動的水底翼切短，但卻造成船身比較容易晃動的問題。因此荷蘭的造船業特別必須另外設計防止傾斜的船身機構。由單位偏航的振幅所造成的滾轉的振幅稱爲「Dutch roll ratio」這個比值有可能大於 1，尤其對於有大後掠角的飛機而言，小小的振盪可能會激發大的側滾振盪。

4-2-6　滾轉－偏航－側滑的綜合響應

　　比較精確的橫向運動分析，需要滾轉、偏航及側滑三者同時的考慮，而其所牽涉的變數共有五個：$x = [v, p, r, \beta, \psi]^T$(通常$\beta \neq \Psi$)。其所構成的方程式爲五個一階的微分方程式的聯立，其解可寫成通式如下：

$$\left(D^2 + 2\zeta\omega_0 D + \omega_0^2\right)\left(D + \frac{1}{T_R}\right)\left(D + \frac{1}{T_Y}\right)\left(D + \frac{1}{T_{Sp}}\right)x = 0 \qquad (4\text{-}18)$$

$$\Rightarrow x(t) = A_1 e^{-\zeta\omega_0 t} \sin\left(\sqrt{1-\zeta^2} \cdot \omega_0 t + \phi\right) + A_2 e^{-t/T_R}$$

$$+ A_3 e^{-t/T_Y} + A_4 e^{-t/T_{Sp}}$$

其中A_1，A_2，A_3，A_4，ϕ是由初始條件所決定的，其中：

1. $e^{-\zeta\omega_0 t} \sin\left(\sqrt{1-\mu^2} \cdot \omega_0 t + \phi\right)$：爲 Dutch roll 的二階響應。

2. e^{-t/T_R}：爲純粹滾轉的一階動態模式。

3. e^{-t/T_Y}：爲純粹偏航的一階動態模式。

4.　$e^{-t/T_{sp}}$：爲慢速螺旋發散運動(slow spiral divergence)，其時間約在 0.5～1 分鐘，故飛行員有足夠的時間處置這個發散模式。

由此可以瞭解飛機的側向操作，抵達到飛行方向變化的目的。

從本章有關飛行控制的機本操作，可以當作發展線傳飛控(fly-by-wire, FBW)與自動駕駛(auto-pilot, A/P)飛行的一項操作方法。

4-3　線傳飛控系統

在傳統飛機的設計條件下，飛機的速度、高度、水平都能保持時，飛機將會回到一個穩定的控制條件。因此，傳統飛機飛行員的訓練對於飛機受到臨界條件影響時，飛行員不必再去理會控制的問題，而僅需關照速度、高度與水平，讓飛機回到自然穩定的飛行性能。新一代軍機的設計爲了大幅提高操控性能，以提供高攻角(high angle of attack)飛行、垂直爬升與急遽的轉彎或滾轉、低空飛掠等性能，機翼的形狀、結構、組織有很大的不同，犧牲了自然穩定的條件，使得飛機變成爲一個不穩定系統，飛行控制的操作變得複雜，飛行員很難用傳統的操作能力來解決飛行穩定的問題。

在此前提下，飛行穩定控制必須利用高性能的電腦硬體與軟體，協助飛行員隨時監控飛機的動態條件，操作飛機上的控制翼面，讓飛機保持穩定控制。線傳飛控系統(fly-by-wire, FBW)乃在飛機性能提昇之後，隨即產生飛行穩定控制問題，所發展的的解決方案。

線傳飛控(FBW)的飛行控制系統早在七十年代已經廣泛的應用在軍事飛機上，用以增加飛機飛行控制穩定度。民航機脫離穩定邊限(stability margin)的範圍，也是採用線傳飛控來提昇相關特性，包括：(1)增強飛機的空氣動力特性的監測與反應，(2)從有效的助導航訊號，以較小能量來操作飛機達到導航的目的，(3)減輕了飛機的重量，(4)簡化操作，提高效率，能夠更有效的來操控飛機的俯仰(Pitch)、滾轉(Roll)、偏航(Yaw)等飛行性能。

線傳飛控系統採用了大量的電機電子技術，並引進了充分的軟體資源，使得傳統飛機上的機械部分大幅的減少了。將機械式的大型連桿驅動器(大約十幾噸重)以區域式的馬達(每個數公斤)來取代驅動，產生了幾個積極效應：(1)訊號的傳輸更快、更精確，(2)驅動的效率更高，(3)時間的延遲縮短了，(4)操作點的迴授更爲確實，(5)整體控制的結果經過電腦處理，完全透明化了，(6)可以有效的建置備援系統，防止故障或失效，(7)所有的操作可以經過各層次的電腦，來紀錄並且分析。

　　一個線傳飛控系統最重要的基本特質是能夠重視它的機械交換訊號以及其與生俱來的限制。例如圖 4-12 所指示的系統方塊圖，能夠用簡單的自動穩定系統列出基本特質，然後飛行員用操縱桿施予控制期望，讓控制面產生必要的操作力矩。因此，不論飛機的飛行包絡線(Envelop)受到如何的限制，飛機的自動控制系統會自動偵測出系統狀態，顯現出所要的內容，並根據所需要的變化作微調變化去掌握飛機的穩定性。而在飛機的重心與氣動力中心間，自動控制電腦會根據飛行員所給的控制需求去做符合的要求的調整與控制。在軍機上，線傳飛控大幅提高飛行員的制御能力，充分利用提高的操作性能；在民航運輸飛機方面，飛機可以在要求的時間內，去完成所需的操作，降低飛行員的負擔完成執行的任務。

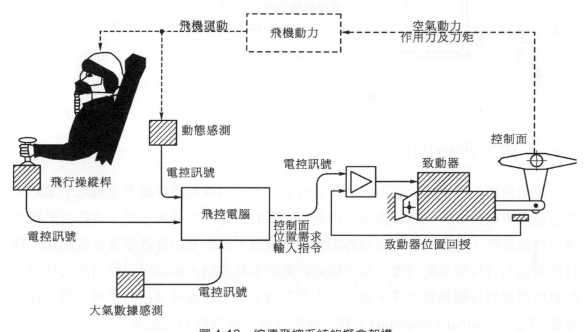

圖 4-12　線傳飛控系統的概念架構

　　圖 4-13 為傳統的飛行控制系統特徵，經過自動控制電腦系統，可以用適當的感測器自動監控出所需要的力矩，以及多餘殘存的錯誤指令。接下來列出飛機的運動感測器：

1.　用陀螺儀量測山飛機的飛機滾轉、俯仰、左右旋轉的速率。
2.　用線性加速器測量出正向加速度與側向加速度。
3.　大氣數據系統量測出高度和空速。
4.　高層氣流感測器量出縱向、橫向翼面的裝置角。

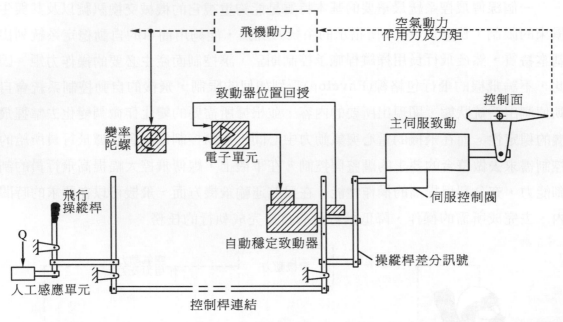

圖 4-13　傳統飛控系統的架構

4-3-1 線傳飛控的概念

　　線傳飛控系統主要以電子訊號傳輸為主，傳統的機械連桿幾乎全被電子電路、馬達驅動所取代，只剩下致動器與控制面之間的連桿。藉著傳送電子或數位訊號到飛行控制電腦，電腦下達指令到控制面的致動器，然後做出應該要修正的動作。飛行控制電腦可以極高的速度、及正確的判斷做系統偵錯、敘述與記錄錯誤的狀況、計算所需要的控制訊號大小、適當的出現在顯示器上。線傳飛控的主角是飛行控制電腦(flight control computer)，有三個訊號進入飛行控制電腦：

1.　飛行員的操縱桿角度(電子訊號)。
2.　感測器所量測到的機體動態訊號。
3.　大氣數據訊號(如：高度、角度、攻角等)。

　　為了建立恰當的飛行操作，根據飛機設計的氣動力參數在飛控電腦內建立一套控制律(control law)的演算法則(algorithm)，飛行員下達的指令與實際機體姿態間之誤差，將計算出操作控制翼面所要的輸出力矩，以決定控制馬達操作的角度指令，並從迴授訊號確定操作是正確的。

　　在線傳飛控系統中，各致動器(actuator)具有內迴授迴路，埋入感測器以量測翼面的實際角度，將此角度訊號迴授後，與飛控電腦所指定的角度作比較，若有誤差，則伺服器會繼續送出修正訊號給致動器、伺服馬達等，直到所操控的翼面動到與飛行控制電腦所指定的角度完全一致爲止。致動器操作單元如圖 4-14 所示，在下達指令後，經由放大器的訊號放大，一級一級的透過致動器拉動傳輸到控制面。在傳統上的實行，在 1 Hz 的操作頻率之下，需要有小的延遲控制(phase-lag)，以降低馬達發生震盪的可能。

　　飛行員手握控制操縱桿(control stick)，實際上是不需要「用力」的，操縱桿並沒有推出什麼「力」，操縱桿位置的角度會被轉換成數位訊號，以電子訊號傳送至飛控電腦中，操縱桿的角度訊號將被規劃爲特定的輸入訊息，以對照飛行所需的指令，透過飛控電腦來識別與轉化。飛行員的操縱桿，操縱桿只是提供一種感覺、也是一種介面，使得一些飛慣傳統型的飛行員，也可以用「相同的感覺」，「相同的經驗」去飛線傳飛控系統的飛機，實際上在推動飛機翼面控制的「力」，並不是飛行員的手，而是飛行控制電腦送至致動器的輸出。當傳統飛機的飛行員飛行線傳飛控的飛機時，會錯誤的施予極限的飽和力量造成飛機翼面太大的轉動量，因此操縱桿會產生一個虛擬力量(virtual force)，讓飛行員有施予「推力」與系統「反作用力」的感覺。

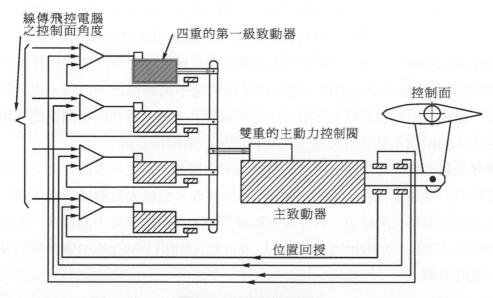

圖 4-14　致動器操作單元

　　因此線傳飛控系統在飛機設計之始，就從空氣動力、引擎推力、各控制翼面耦合關係，建立一套嚴謹的控制率，飛行時飛控系統具有整合自動穩定、自動飛行控制、撓性控制等能力，讓飛機在沒有接受到飛行員指令時，會回復到傳統飛機的穩定性能。因此線傳飛控系統是一套好的自動迴路控制系統，它的操作性能：

CHAPTER

4

1. 輸進與輸出的關係與系統的增益(gain)無關。
2. 系統的頻寬(bandwidth)由延遲控制器所控制。
3. 加入適當的阻尼(damping)反應。

飛控電腦將執行下列工作：

1. 失效(failure)偵測。
2. 錯誤隔離(isolation)，與當機後的系統重建工作。
3. 計算做想要的動作時，翼面所需要打動的角度。
4. 監控飛機狀態是否在安全的範圍。
5. 執行內建測試(built-in test)。

電子系統雖然比機械小巧且響應速度快，但是電子系統的失效通常沒有可觀察的預兆，不像機械系統失效前會伴隨不安的震動、過度的摩擦產生熱量或異常的聲響，以致於產生一些雜訊。因此線傳飛控飛機內的電子系統需準備三個或四個以上的備援系統(redundant system)，包含飛行控制電腦也要同時準備好幾台，如此方可保障飛機的安全性。在系統可靠度指標下，通常 1 小時內發生系統失效的機率，民航機必須小於10^{-9}以下，或軍機必須小於10^{-7}以下。如圖 4-14，說明致動器的四重驅動迴路，一個、兩個或三個電路的失效，翼面仍可正常的操作。

內建測試(built-in test, BIT)也是線傳飛控系統保障可靠度的一種技術。執行內建測試(BIT)系統在飛行過程中將各次系統的電子訊號都逐一偵測，比對訊號是否正常、是否超出可接受的上下限，並將所有異常訊號紀錄在內建測試電腦中。從飛行電腦去判斷次系統是否失效，並切換到另一個備援系統。

飛行控制電腦的功能是由內建的軟體程式所操控，因此更改設定非常的容易，控制迴路中的增益值(gain)可藉由邏輯運算而更改，根據大氣數據系統所提供的高度、速度資訊調整至最佳值。另外因為線傳飛控系統是數位電子的特性，非常容易與自動穩定系統(auto-stabilization)，以及自動駕駛儀(auto-pilot)做串聯的整合，簡化系統的組織。

4-3-2　線傳飛控系統的特點

飛機的飛行是根據飛行導引做上下、左右的極低頻的包絡線(envelop)搖晃漂移，飛機的穩定性藉著線傳飛控系統來降低包絡線的幅度，達到穩定的飛行狀態。在數位航電系統中，線傳飛控系統與自動駕駛穩定系統很容易的透過飛控電腦的結合，而整合為一體。使得各種飛機飛行的操控品質在不同的飛行狀況下，例如氣候、高度、速度,均可維持不變。

　　一般的控制系統都設計為多層次的架構,以外迴路及內迴路來區分,外迴路處理較低頻率的工作,而內迴路則處理較高頻率的工作。例如飛行控制的外迴路為目標與航路的導航,幾分鐘處理一次數據的擷取與操作,它將操作較外緣的副翼(Aileron)來改變航向、高度,調整引擎推力。外迴路的自動駕駛的飛行操作,依據自動駕駛啟動後(autopilot engage)所給的指令,包括速度(speed)、高度(altitude)及航向(heading),每幾秒鐘操作一次,以保持飛機滿足設定值。內迴路是飛行穩定控制的閉迴路,從姿態感測的數據,如陀螺儀(gyroscope)、加速儀(accelerometer)送來的空間向量訊息,快速操作飛行穩定控制翼面,都是小於 1 秒的響應,以保持飛機的姿態穩定、並且盡量的維持在飛行包絡線範圍內。

　　飛行控制系統中,線傳飛控正是這個內迴路的典型裝置,大幅改善傳統的飛行穩定控制系統,從飛行員操縱桿所給的指令,並參考飛機的氣動力參數,去調整飛機的姿態維持穩定飛行。高性能飛機的系統響應速度極快,飛行員的大腦、四肢無法跟得上反應,所以線傳飛控系統會自動的監控飛機所存在的狀況,知道飛行與控制邊限(control margin)的距離,進而過濾掉危險指令的部分,讓飛機保持必要的穩定效果。線傳飛控亦可執行其它自動化控制系統,例如:戰鬥機前襟翼與後襟翼等升力角度的變化、向量引擎推力方向的變化。

　　在線傳飛控系統的操作下,戰鬥機飛行員可以使飛機飛行時沿著飛行包絡線的邊緣飛,也就是沿著飛機的極限狀態來飛行,充分使用飛機的空氣動力效應提高性能。但是另一方面,飛機在極限狀態時飛行,在空氣動力學方面,若攻角與速度所提供的升力已經到達一個臨界值,只要再有一點點的擾動(disturbance),就可能使飛機失速(stall)或產生高重力加速度值(high G value)的反應,會挑戰飛機結構的強度、撓性、彈性,機體所承受的壓力、震波也可能造成隱性的損害,對飛機的安全性產生負面效應。

　　線傳飛控系統將必須與自動駕駛整合,經由自動駕駛系統,將高頻訊號經由內迴路到外迴路去,且必須具備較快的響應速度、較好的阻尼效應,讓自動駕駛系統可以有更好的效果。線傳飛控可以整合一些自動控制系統,包含:

1. 尾翼(tail plane)、水平翼(elevator)的自動控制操作。
2. 機翼前緣翼縫(slat)、後緣襟翼(flap)的延伸操作,讓它在落地或起飛之外,可以產生足夠的升力。
3. 產生後掠,延遲臨界馬赫數(critical Mach number)。
4. 向量噴嘴擴大器(增快氣體速度的裝置)以及引擎推力。

　　線傳飛控系統透過操縱桿與飛行員的致動器控制指令結合，如圖 4-15 所示，將大幅減少機械連桿的活動次數，減少透過這些巨型的機械複雜操縱桿來操控，使得飛行交換系統更有效率。因為飛行控制系統都是以電子訊號傳遞，小控制操縱桿力量就可以獲得需要的控制量，但是在實際飛行的狀態中，操縱桿卻是可以使飛行更為快速，更可以不必使用一些規定訂動作執行套招式的操作。在飛行時，由超音速至次音速時，空氣動力中心的位置由前往後移，因此使得飛機在縱向穩定度較不穩定，所以需要使用操縱桿做快速的補救，避免產生失速的危機。飛行時因為一些動作的需要，所以必須推動連桿或操作，使致動器(actuators)操作，但是在這一個過程中，會發生死亡帶(dead zone)，就是推動的過程中，有一點的操縱桿位移會使得飛機產生至大的力量，因此使得飛機的控制翼瞬間產生很大的變化，如果是在縱向運動方面則會有突然的上升或下降，就像受到低空風切一樣，產生瞬間的提升或下降。但是如果在縱向運動方面，在突然向左轉、或是向右轉的動作，飛行員身體內部或腦部的血液會集中到一邊，致使另一邊缺氧，會使得飛機上的飛行員或乘客產生瞬間的昏迷現象，無法思考與判斷。

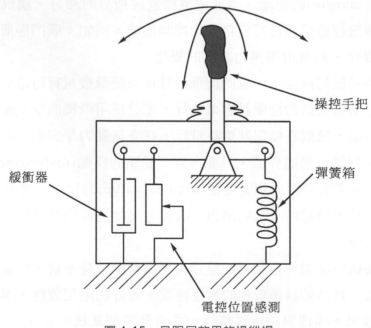

圖 4-15　具阻尼效果的操縱桿

4-3-3　線傳飛控閉迴路系統

　　線傳飛控系統是一個閉迴路系統，從飛機的陀螺儀、加速儀等感測到飛機的姿態訊息，傳回到飛控電腦，並與飛行原操縱桿的輸入做比較，決定新的輸出值。在閉迴路系統的設計下，如果迴路增益夠大，則輸出的訊號不會受到內部參數值的強制反應，即不會受到改變。閉迴路系統的頻寬比開迴路大，而且可以追蹤動態輸入值，減少相位落後。閉迴路系統阻尼比與自然頻率可藉由增益值的調整而任意改變，可以增加操控性能。

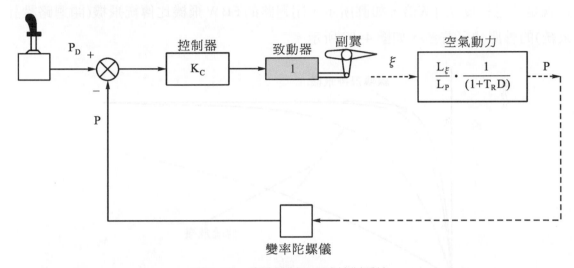

圖 4-16　滾轉控制閉迴路控制系統

　　以滾轉方向的控制系統為例，如圖 4-16 所示，從氣動力參數的風洞實驗，以及飛機試飛的即時數據，可以建立滾轉控制的閉迴路數學模式，並寫成飛行員操縱桿至副翼之間的開迴路轉移函數為：

$$\frac{P}{\xi} = \frac{L_\xi}{L_P} \frac{1}{1 + T_R D} \tag{4-19}$$

　　在飛控系統加入後，成為一個閉迴路系統，飛行員的角色則為最左邊的輸入值，從操縱桿輸入訊號，提供下達命令，接下來採取一個比例控制器，其增益效應值為，則閉迴路的轉移函數為：

$$\frac{P}{P_D} = \frac{\dfrac{\dfrac{K_C L_\xi}{L_P}}{1 + T_R D}}{1 + \dfrac{\dfrac{K_C L_\xi}{L_P}}{1 + T_R D}} = \frac{K}{1 + K} \cdot \frac{1}{1 + \dfrac{T_R}{1 + K} D} \tag{4-20}$$

其中$K = \dfrac{K_C L_\xi}{L_P}$為開迴路的增益值。

因為飛機的參數會隨著高度、壓力、速度而變化，當$K \geq 1$

$$\frac{P}{P_D} \approx \frac{1}{1 + \dfrac{T_R D}{K}} \approx 1 \tag{4-21}$$

也就是說開迴路增益只要夠大，則縱使參數值產生變化，飛機的真實滾轉率仍可追循著飛行員所下達的指令。

另外由方程式，知道開迴路的時間常數為T_R，而閉迴路的時間常數為T_R/K，也就是響應速度快了K倍，如圖所示，閉迴路的FBW飛機比傳統飛機(開迴路設計系統)的響應快了許多，如圖4-17所示。

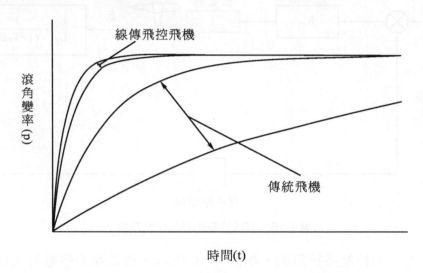

圖4-17　傳統飛機的控制響應對照線傳飛控的響應速度

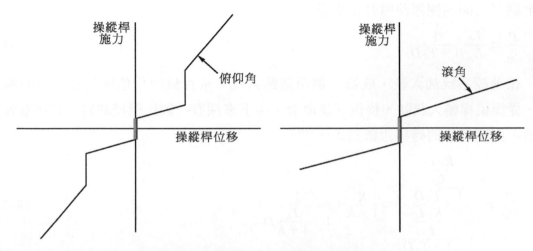

圖4-18　操縱桿輸入與滾轉力的增益關係

　　雖然只要迴路增益夠大，飛機性能即可以在相當大的飛行區域內保持固定，但是增益太大會使飛機的操控十分敏感，甚至變得不穩定，因此最合理的增益值，應該是隨著飛機狀態而隨時改變，此即增益規劃控制律(gain scheduling control law)，飛行控制的增益值可以隨著飛機的操作範圍，藉由軟體隨時更改設定值，如圖 4-18 所示。一般的迴路增益規劃控制將從起飛開始，低空低速到高空高速間劃分出幾個區段，每個區段先經由測試飛行來量測系統參數、建立精確的動態數學模式，並規劃適當的控制參數，以達到最佳的控制效果。當飛機起飛後，進入特定的高度，參照其速度與周邊狀況，立即從資料庫內選擇適當的控制參數，讓飛機穩定操作。

4-3-4　線傳飛控設計例

　　假設一架戰鬥機為了提升其纏鬥的性能，整個系統變成為先天不穩定的機型狀態，靜態穩定邊界值為 12%，即重心在氣動力中心的後方 0.12 的地方，必須藉由線傳飛控系統來輔助飛行員操控飛機。以下則列出此架飛機的動力參數數據：(1)質量 m = 16000 (kg)、(2)總長度＝ 14.5(m)、(3)翼展＝ 11(m)、(4)翼面積＝ 50(m^2)、(5)對俯仰軸的轉動慣量，I_y = 2.5 × 10^5(kgm^2)、(6)空速 V_T = 300m/s(約 600 節)、(7)在 V_T = 300m/s 的情況下，攻角增加 2/3 度，可得到一個 g 的正向加速度、(8)M_η = 5 × 10^6 Nm/rad、(9)M_q = 5 × 10^5 Nm/rad/s，等參數為參考，設計線傳飛控系統的控制律。參考本章 4-1-3 俯仰運動方程式之推演。

　　步驟一：推導 T_1 T_2 M_α

$$T_1 = \frac{I_Y}{M_q} = \frac{2.5 \times 10^5}{5 \times 10^5} = 0.5 \text{ (s)}$$

由已知條件(7)，

$$Z_\alpha \cdot \frac{2}{3} \times \frac{1}{60} = ma = 16000 \times 10$$

$$\Rightarrow Z_\alpha \cong 1.44 \times 10^7 \text{ N/rad}$$

$$\Rightarrow T_2 = \frac{mU}{Z_\alpha} = \frac{16000 \times 300}{1.44 \times 10^7} = 0.33 \text{ (s)}$$

推導 M_α：

$$平均弦長＝C＝\frac{翼面積}{翼展}＝\frac{50}{11}＝4.5 \text{ (m)}$$

$$靜態邊界 = \frac{CG 與 AC 之間的距離}{平均弦長} = -0.12$$

　　獲得：CG 與 AC 之間的距離 $= -0.12 \times 4.5 = -0.54(m)$，代表 CG 在 AC 的後方 0.54m。

　　根據 M_α 和 Z_α 的定義知：

$$M_\alpha \approx Z\alpha \times (CG 到 AC 的距離)$$
$$= 1.44 \times 0^7 \times 0.54$$
$$= -7.8 \times 10^6 \text{ Nm/raidan}$$

　　將以上所得各個參數代入本章俯仰迴路的公式，(4-8)式中得到：

$$\frac{q}{\eta} = 5 \times 10^6 \frac{\dfrac{1/5 \times 10^5}{1 + 0.5D}}{1 + \dfrac{1/5 \times 10^5}{1 + 0.5D} \cdot \dfrac{0.33}{1 + 0.33D} \cdot (-7.8 \times 10^6)}$$

$$= \frac{60(1 + 0.33D)}{(D + 8.14)(D - 3.1)}$$

因為此架飛機為先天不穩定的飛機，所以所求出來的根有一個在右半平面。所以發散的時間常數為 $1/3.2 \doteqdot 0.32$，$e^{3.1t} = e^{t/0.32}$，預估發散振幅變為二倍所需要的時間為：

$$e^{t/0.32} = 2$$
$$\Rightarrow t/0.32 = 0.7$$
$$\Rightarrow t = 0.22 \text{ (sec)}$$

　　所以這架飛機的發散速度很快，0.22 秒內，其振幅就變為兩倍。如此，這種快速的發散速度，飛行員無法控制，所以必須由線傳飛控系統來協助。

　　這架飛機的迴授控制如圖 4-19 所示，所設計控制律將採用比例積分控制 (Proportional Integral Controller, PI Controller)：

$$\eta = G_q (1 + \frac{1}{TD}) q_E \tag{4-22}$$

　　其中：η＝升降舵所要打的角度，q_E＝俯仰角的誤差，T＝積分常數，$1/D$＝積分運算。

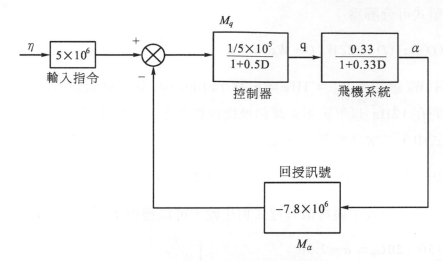

圖 4-19 俯仰控制的比例積分控制器

加控制器後如圖 4-20 所示，其中 q_E 到 q 之間的轉移函數為：

$$\frac{q}{q_E} = \frac{60G_q(1+TD)(1+0.33D)}{TD(D+8.1)(D-3.1)} = KG(D) \tag{4-23}$$

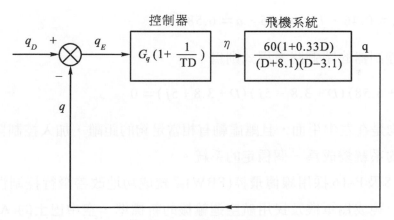

圖 4-20 迴授的俯仰控制

使得閉迴路轉移函數成為：

$$\frac{q}{q_D} = \frac{KG(D)}{1+KG(D)} \tag{4-24}$$

其中的特徵方程式(分子部分)為：

$$(1+KG(D))q = \left[1 + \frac{60G_q(1+TD)(1+0.33D)}{TD(D+8.1)(D-3.1)}\right]q = 0$$

$$\Rightarrow \left[D^3 + (5+20G_q)D^2 + \left(60G_q + 20\frac{G_q}{T} - 25\right)D + 60\frac{G_q}{T}\right]q = 0 \tag{4-25}$$

此三階多項式可分解爲

$$(D+a)(D^2+2\xi W_\Delta D+W_\Delta^2)q=0 \tag{4-26}$$

將自然頻率 W_Δ 選擇爲 $W_\Delta = 1Hz = 6.28$ radian/sec 時，這個頻率在結構體第一個震動頻率約在 12Hz 以下，不會激起飛機自然共振。若將阻尼比選擇在 0.6，因此三階多項式中，二次式的部分會變成爲：

$$D^2+7.56D+39.7=(D+3.8-5j)(D+3.8+5j) \tag{4-27}$$

帶進三階多項式中與特徵方程式相比較，可以獲得：

$$\begin{cases} 50+20G_q=a+7.56 \\ 60G_q+20\dfrac{G_q}{T}-25=39.7+7.56a \\ 60\dfrac{G_q}{T}=39.7a \end{cases} \tag{4-28}$$

從此式，可以將上面三個方程式解得到三個未知數，其結果爲：

$$\{G_q=0.46, T=0.105, a=6.58\} \tag{4-29}$$

因此加入的控制器的閉迴路方程式則爲：

$$(D+6.58)(D+3.8-5j)(D+3.8+5j)=0 \tag{4-30}$$

其極點均是在左半平面，且離虛軸有相當足夠的距離，加入控制器後，讓原來先天不穩定的系統變成爲一個穩定的系統。

自從F-18及F-16採用線傳飛控(FBW)系統成功地改善飛行控制性能之後，線傳飛控系統已經成爲軍機及民用航空運輸機的新標準，空中巴士的 A-320 是全球第一種100%全線傳飛控系統，隨後的A-330、A-340、A-350、A-380的客機機型系列及波音公司的B-777、B-787等機型系列設計也都採用了線傳飛控系統，讓飛行員可以更有效的與飛機的航電系統來執行勤務、達成任務。

線傳飛控系統將飛行操作與控制帶入新的領域，讓飛行員與飛機可以更密切的融合爲一體。早期線傳飛控系統剛開始啓用時，許多飛習慣了傳統駕駛盤的飛行員需要經過長期的轉換訓練與適應。經歷近半世紀的轉變，線傳飛控系統的操縱桿已經成爲新的飛行控制操作標準。新開發的附加技術更能夠提供充分的資訊，讓飛行員的操作更有信心。

習　題

1. 飛行員要控制俯仰的動作，透過推桿力(stick force)如何去控制翼面呢？

2. 請簡單繪出飛機的俯仰控制系統方塊圖。

3. 大型民航飛機或戰鬥機其控制翼面所受到的氣動力完全由液壓系統來承受，請問爲何使用液壓系統，爲何不使用氣壓或是早期的連桿或鋼索系統呢？

4. 俯仰運動的特徵方程式，解開會分作兩部分，請問這兩部分的根與長週期運動與短週期運動有甚麼關係？另外以摩托車爲例，摩托車本身爲一 neutral stable 系統，請用短週期運動來描述摩托車的運動。

5. 分析系統的穩定邊限(stability margin)與 neutral point 有甚麼關係？

6. 請說明飛機如何進行傾斜轉彎的程序。

7. 在飛機的橫向運動中，有三種模式，Dutch、roll、spiral，說明三種模式的運動以及在根軌跡中的位置關係？

8. 比較線傳飛控系統與傳統飛控系統在哪些部分的改變，獲得什麼效益的提升？

9. 從線傳飛控的設計例子來看，是否嘗試找到一架飛機的參數，模擬計算一下該飛機線傳飛控的設計估算。

10. 線傳飛控特性是解決長週期控制模式還是短週期控制模式的效益？

11. 採用控制的方法，圖 4-18 所產生的操縱桿非線性的現象，如何平滑化？以達到更平順的操作控制。

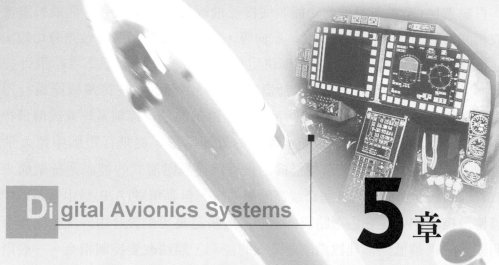

Digital Avionics Systems

5章

自動駕駛及飛航管理系統

　　當飛機的基礎性能越來越高、操控的特性越來越精密，飛航的速度、高度、里程都大幅提昇下，飛行員的負擔也越來越大，因此飛機系統的設計，趨向於如何減輕飛行員操作上的負擔，簡化操作的程序，提升飛行控制的能力。1975 年代以前的 B-747 需要正副駕駛外，另外配得導航及通訊的專業人員，因此飛行組員為 4 名；1980 年代，因為航電儀表的更新簡化、通訊程序與能力改善、以及自動駕駛功能的裝置，使得飛行組員降低到 2 名。飛機續航能力增加，飛航里程大幅增進，使得單一任務的飛行時間從原來的 10 小時以內變成為 12 小時(5000～6000 哩)、甚至 16 小時(6000～7000 哩)，由於飛行員每一次值勤時間有 10 小時的規定，因此會配備第三名或第四名飛行組員來協助較長時間的飛行操作。目前長途飛行的飛行組員有兩名正駕駛、一名副駕駛，或兩組飛行組員(兩名正駕駛、兩名副駕駛)的簽派。

　　飛行控制系統除了前述的內置系統(built-in system)不需經由特殊設定(set)或啟動(start)就可以提供飛機必要的飛行穩定性控制外，自動駕駛(auto-pilot)及飛航管理系統(flight management system, FMS)為經由飛行員，依據飛航計畫(flight plan)所設定的飛行操作與控制系統。因此自動駕駛及飛航管理系統(A/P-FMS)為飛航系統整合的重要應用，已經在現代化的飛行載具上扮演一個極為重要的角色，特別在它們相對個別控制律的規劃與設計上。

　　自動駕駛(A/P)所具備的功能，從接受飛行員的設定指令，從飛航儀電系統中讀取相關數據，例如速度、高度、航向等，經過迴授控制系統做差分比較，決定修正之操作控制值，從其中的控制率決定控制指令後，自動下指令給飛行控制系統(flight control system)，啟動致動器來操作控制翼面，使得飛機能執行預先建置的飛行計畫。此處所指的飛行控制系統涵蓋傳統的飛行控制系統或線傳飛控系統。

　　飛航管理系統(FMS)係飛航規劃上的管理階層，從飛行電腦中讀入飛航計畫書，透過自動駕駛(A/P)來掌控飛機的飛行路徑以階層式的控制系統架構來說明，飛航管理系統(FMS)是在外迴路或高階層系統，自動駕駛(A/P)是中迴路或中階層，而線傳飛控(FBW)是在內迴路或低階層。層級越高規劃設計由外部輸入指令的功能越明顯，層級越低則都建置為閉迴路式的控制，無法改變控制指令。一般階層式控制(hierarchical control)高階層可能是較精密快速的小型電腦(mini computer)、中階層可能是功能單純的微型電腦(micro-computer)、低階層可能為單晶片微處理機系統(micro-computer)。

　　飛航管理系統幫助飛航駕駛，採用最佳化模式(optimal mode)來支配管理飛行所需的操作，以減輕飛行員所需的負擔，飛航管理系統主要執行下列自動功能：

1. 依據飛航計畫所做的飛行路徑規劃。
2. 導航的管理(包含 4D 的導航)以確保飛機在正確位置，保持速度、高度、航向，尤其是在進場降落時。
3. 飛機各部分次系統的管理。
4. 引擎控制(如確保定速飛行等)。
5. 油料消耗管理與監控。
6. 飛行包絡線(flight envelope)的監視(註：飛行包絡線指飛行時三維各軸向的偏移量，此與導航系統誤差及飛控系統誤差有關)。
7. 選擇最佳飛行路徑，控制飛行時間與油料消耗。

5-1　自動駕駛(auto-pilot, A/P)

5-1-1　基本原理

　　自動駕駛控制飛機飛行路徑的基本迴路如圖 5-1 所示，圖中飛行控制迴路(flight control loop)是控制飛機的姿態，而自動駕駛(A/P)是控制飛機的路徑，它在內迴路作用一個導引功能，並下達指令給內迴路中的飛行控制迴路。這些指令通常是高度變換指令使其可操作飛機的控制面，透過閉迴路控制系統可以控制飛機做俯仰及滾轉的動作，直到迴授的俯仰角及側傾角等於下達的指令相當為止。由飛行路徑運動學來看，俯仰角及側傾角的改變可導致飛機飛行路徑的改變；即要改變飛機的飛行路徑，先要改變飛機的姿態。

　　姿態改變是主動的(active)，而路徑的改變是被動的(passive)，如同內迴路是姿態控制，其動作後，外迴路的路徑控制才會跟著動。內迴路的響應越快，即頻寬越大，外迴路的路徑修正也越快。通常內迴路的頻寬比外迴路大很多，大概在 10 比 1 左右，也就是在內迴路動作比外迴路快 10 倍。如前述線傳飛控(FBW)是內迴路低階層的系統，利用單晶片微處理機來設計，自動駕駛(A/P)是中迴路中階層，可能以功能單純的微型電腦來設計，飛航管理系統(FMS)是在外迴路高階層系統，規劃設計由外部輸入指令的功能可能採用較精密快速的小型電腦來設計。

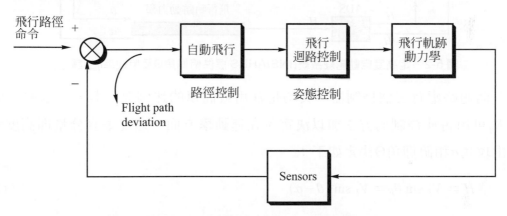

圖 5-1　自動駕駛與飛控系統的迴路關係

5-1-2　高度控制(altitude control)

　　高度控制自動駕駛中的一個重要迴路，如圖 5-2 所示，內迴路俯仰角變化率指令由俯仰角變化率陀螺儀所提供，藉由自動駕駛迴路俯仰高度指令來達到使其產生快速及良好阻尼的響應。俯仰高度指令迴路響應一般比高度迴路的響應快的多。高度誤差增益K_H的選擇是以開迴路增益為 0 dB 時之頻率低於俯仰高度迴路，以確定此迴路滿足一個穩定及良好阻尼的響應。因此，俯仰高度迴路頻寬決定了高度迴路的頻寬，其達到快速俯仰高度響應的重要性可見一斑。

　　在圖 5-2 為定高度自動駕駛系統，其中可以看到典型的階層式控制的執行法則：

1. 高度的誤差(外迴路)由俯仰角Θ來修正，飛航管理系統決定高度，並檢驗設定值與實際值之誤差。

2. 俯仰角的誤差(中迴路)由俯仰率q來修正，自動駕駛決定控制率及操作量的大小。

3. 俯仰率的誤差(內迴路)由升降舵角η來控制，由飛行控制系統保持任何一個時間內的穩定控制與安全。

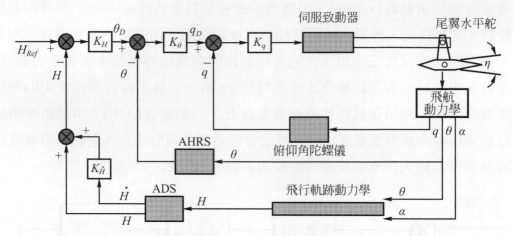

圖 5-2　定高度自動駕駛系統(INS/AHRS 提供俯仰角Θ及俯仰率q的輸出)

三個迴路應有三個控制器，其均是採用最簡單的比例放大器，三個增益K_H、K_Θ、K_q可用古典控制的方法加以決定。在運動學方面，速度垂直分量即高度變化率可由攻角α和俯仰角Θ決定如下：

$$\dot{H} = V_T \sin \theta_F = V_T \sin (\theta - \alpha) \tag{5-1}$$

其中Θ_F為路徑角，即速度方向對水平軸之傾角，其值為$\Theta_F = \Theta - \alpha$。又因為$V_T \approx U$，U 為沿軸的前進速度，以及$\Theta_F$很小，故 5-1 式可以簡化如下：

$$\dot{H} \approx U(\theta - \alpha) \Rightarrow H = \int U(\theta - \alpha)dt \tag{5-2}$$

5-1-3　方向控制(heading control)

飛機藉由傾斜角(bank angle)的改變來使飛機轉彎以改變飛行方向，而機身的傾斜需先打動副翼，才會使機身產生側滾(rolling)。副翼兩側打的方向恆為相反，藉由左右兩側升力的不同，而使機身繞著x軸自旋，而產生如圖 5-3 的之傾斜角Φ。所以原先在垂直方向的升力也傾斜了Φ角。升力的垂直分力用以抵抗重力：

$$Z \sin \Phi = mg \tag{5-3}$$

而升力的水平分量用以提供轉彎所需的向心力：

$$Z \sin \Phi = m V_T \dot{\Psi} \qquad (5\text{-}4)$$

將上式兩項相除得：

$$\tan \Phi = \frac{V_T \dot{\Psi}}{g} \Rightarrow \dot{\Psi} = \frac{g}{U} \Phi \quad (5\text{-}5)$$

當 Φ 很小時，又 $V_T \approx U$ 時，其中 Φ 是傾斜角，U 為沿 x 軸的前進速度，$\dot{\Psi}$ 為方向角(偏航角)變化率。

圖 5-4 為定方向自動駕駛系統的控制迴路，此系統仍為外、中、內三個迴路的階層式結構，以區分操作控制的執行責任歸屬。

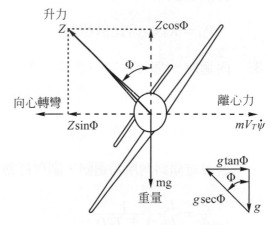

圖 5-3　飛機傾斜滾轉示意圖

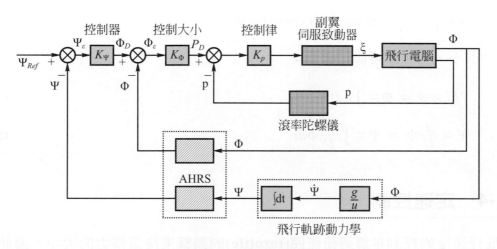

圖 5-4　階層迴路控制

在圖 5-4 中，同樣是三個階層的迴路結構：

1. 外迴路：迴授信號是方向角 Ψ。

　　關係式如 5-5 式所示

$$\dot{\Psi} = \frac{g}{U} \Phi$$

　　若設方向角的誤差為 Ψ_E，則傾斜角 Φ_D 正比於方向角誤差 Ψ_E，其關係式如下：

$$\Phi_D = K_\Psi \Psi_E \quad (比例控制) \tag{5-6}$$

2. 中迴路：迴授信號是傾斜角Φ。

　　機身傾斜角的誤差Φ_E由側滾率P來修正，即側滾率P正比於傾斜角Φ_E，其關係式爲：

$$P_D = K_\Phi \Phi_E \quad \text{(比例控制)} \tag{5-7}$$

3. 內迴路：迴授信號是側滾率P。

　　側滾率的誤差P_E由副翼角度(aileron angle)ζ來修正，其關係式爲：

$$\zeta = K_P P_E \quad \text{(比例控制)} \tag{5-8}$$

　　若考慮傾斜角所需迴圈，副翼打動以後，飛機的動態行爲其簡化的關係如下：

$$\frac{P}{\zeta} = \frac{L_\zeta}{L_P} \frac{1}{1 + T_R D} \tag{5-9}$$

其中T_R是側滾的時間常數，ζ是副翼打的角度，P是側滾率。

　　由角度與角速度(p、q、r)或線速度(μ、v、ω)間的關係可知：

$$\Phi = p + q \sin\Phi \tan\theta + r\cos\Phi \tan\theta \tag{5-10}$$

若Φ與θ很小，則上式可簡化如下：

$$\text{P}hi \approx p \Rightarrow \Phi = \int p\, dt \tag{5-11}$$

$$\dot{\Psi} \approx \frac{g}{U}\Phi \Rightarrow \Psi = \int \frac{g}{U}\Phi\, dt \tag{5-12}$$

5-1-4　定速控制

　　飛行速度的控制是透過節流閥(throttle)的調整來決定推力的大小，因此需要有一個致動器(actuator)來控制節流閥的開啓的大小，其控制迴路如圖 5-5 所示。

　　通常引擎對節流閥的變化無法做瞬間的反應，會有 0.3～1.5 秒的延遲。引擎的數學模式可以近似爲一階$\frac{1}{1 + T_S}$，其中$T = 0.3 \sim 1.5 \text{sec}$。 圖 5-5 中可知以裝在跟飛機前進軸向(longitudinal axis)機體上的加速儀所量得的前進速度變化量可提供適當的穩定迴授訊號。此外，比例加積分的誤差控制(PI controller)用來消除空速的穩態誤差。

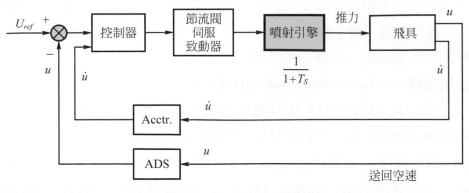

圖 5-5　定速自動駕駛迴路

5-2　自動駕駛與儀降系統導引

　　1960 年代起，一般的客機均配備儀器降落系統(instrument landing system, ILS)以協助自動導引降落，尤其在能見度差的氣候條件下，儀器降落系統更扮演重要的角色。1980 年代另外發展出更精確的微波降落系統(microwave landing system, MLS)，以及近代所發展的衛星導航降落系統(GPS landing system, GLS)。微波降落系統價格昂貴，且與儀器降落系統不相容，在衛星導航降落系統具備導航資訊完整性(integrity)及無縫隙飛航(seamless flight)的特性壓力下，已經無法如預期的取代儀器降落系統，成為降落導引的主流。到 2010 年為止，儀器降落系統仍為全世界使用比率最高的系統。儀器降落系統之自動導引包含地面設備(ground equipment)及機載設備(airborne equipment)兩部分，在地面設備方面有航向信標發射機(localizer transmitter)提供左右定位的功能，下滑信標發射機(glide slope transmitter)提供高度定位的功能，以及指點信標發射機(marker beacon transmitter)提供距離機跑道頭的距離參考訊號。而在機上設備方面包含三種不同的接收機，其功能如圖 5-6。

1. 航向信標(localizer transmission)

　　此信號為頻率 VHF(108.10MHz～111.95 MHz)之無線電訊號，提供跑道中心線向左右各 3°～6°之扇形角範圍之導引。當飛機接收到此信號時，即知道飛機的飛行方向和機場跑道中心線的夾角γ_L為多少。γ_L的值再輸入給自動駕駛儀，將飛機的航向加以修正，使得γ_L為零，亦即機頭正對跑道正中心線。

2. 下滑信標(glide slope transmission)

　　此信號為頻率 UHF(329.3MHz～335.0MHz)之無線電訊號，提供飛機下降的高度導引。下滑信標的中心線仰角約 2.5°～3.0°，且上下各 0.7°，即 1.4°幅角範圍。機上的接收器接到下滑信標後，即可知飛機有沒有對應到所要求的下滑路徑，以正確的下滑進入跑道。

3. 指點信標(marker beacon transmission)

此信號爲頻率在 75 MHz 處，並安裝在三個不同的位置。外信標(outer marker, OM)安裝在距跑道 4500-7500 公尺(約 3～7 哩)的地方，而中信標 (middle marker, MM)安裝在距跑道 1000-2000 公尺(約 3000～5000 呎)的地方，而內信標(inner marker, IM)安裝在距跑道 305 公尺(約 1000 呎)處。當飛機接收到這些指點信標的訊號後，即可知飛機距跑道頭的參考距離。(附註：各信標距離跑道頭之位置由各機場實際需求來決定。)

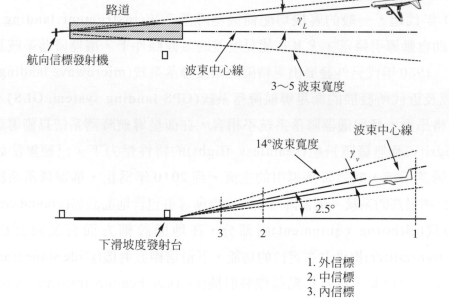

圖 5-6 航向信標與下滑信標示意圖

以上三個信標是導航信號，航向信號告訴飛機航向的誤差，下滑信標告訴飛機高度誤差，而指點信標則告訴飛機與跑道的距離。但是以上三個導航信號只負責將飛機導引到跑道頭正上方約 100 呎的高度，此點稱爲決定高度(decision height, DH)。在第一、二類(Cat I, II)儀器降落系統性能中，飛行員在通過決定高度時必須能用目視看到跑道的燈光。再接下來的工作，則要靠飛行員必須使用目視將飛機落地。第三類(Cat III)儀器降落系統性能則能以精密的導航設備協助自動駕駛做全程自動化的降落。國際民航組織將機場天候的能見度好壞分爲 I、II、 III 三個等級，如表 5-1 所示。

表 5-1　能見度等級的定義

種類 Category	能見度下限 Minimum Visibility (Decision Height, DH)	跑道能見度 Runway Visual Range (RVR)
I	200ft	800m
II	100ft	400m
IIIa	12～35ft	100～300m
	Depending on aircraft type and size	
IIIb	12ft	100m
IIIc	0ft	0m

　　Cat I 的高度能見度下限爲 200 ft，跑道能見度 800 m，也就是飛機要飛到距跑道上方 200ft 的上空，駕駛才能看到下面的跑道狀況，因此自動駕駛系統在此 Cat I 下，飛機通過決定高度之 200 ft 後，飛行員必須接手以目視將飛機帶到落地。飛行員從自動駕駛系統接手目視飛行之高度稱爲決定高度(decision height, DH)。決定亮度越小代表自動駕駛系統的自動化程度越高，且地面的裝備配合也必須能夠滿足機載裝備的精確度需求。

　　Cat III 下的高度能見度下限爲 35 ft (10m) 以下，跑道距離能見度在 300m 以內，此三分類之功能分別爲：

1. Cat IIIa：自動駕駛要負責完全自動落地包括自動拉平(auto flare)，到鼻輪觸地後的滑行才交由駕駛以目視操控離開跑道。此類型之自動駕駛系統必須具備災難性失效機率達 10^{-7} 以下。飛行員可以讓飛行控制到落地。

2. Cat IIIb：因爲距離能見度已小於 100m，飛機落地後，駕駛也無法完全看清跑道前方的路況，因此自動駕駛不僅要負責將飛機降落，還要降落後透過適當的地面導引系統滑行離開，才交由駕駛接管。

3. Cat IIIc：這是最惡劣的情形，距離能見度及高度能見度同時爲零，駕駛完全看不到窗外的任何東西，因此要降落後透過適當的地面導引系統滑行離開，並且一直滑行到停機坪上，所有動作都要自動駕駛系統來完成。目前世界上還沒有一套自動駕駛系統能通過 Cat IIIc 的認證標準。

CHAPTER
5

5-2-1　下滑導引迴路

如圖5-7所示之幾何關係可獲得：

$$\dot{\gamma} = U(\theta_B - \theta_F)/R \Rightarrow \gamma = \frac{U}{R} \int (\theta_B - \theta_F)dt \tag{5-13}$$

其中θ_B表示無線電訊號的中心線與跑道的夾角；θ_F表示飛機飛行方向和跑道夾角；γ_V而是指飛機的質量中心(CG)到發射器的連線與訊號波束中心線間的夾角。若假設＝2.5°＝0.044rad，又$\theta_F = \theta - \alpha$($\theta$表示俯仰角，$\alpha$表攻角)代入上式得：

$$\gamma_V = \frac{U}{R} \int (0.044 - \theta + \alpha)dt \tag{5-14}$$

γ_V是下滑路徑誤差，自動駕駛根據γ_V的大小，而決定俯仰角的指令θ_D，θ_D再輸入俯仰角姿態控制迴路，其下滑導引迴路如圖5-8所示。

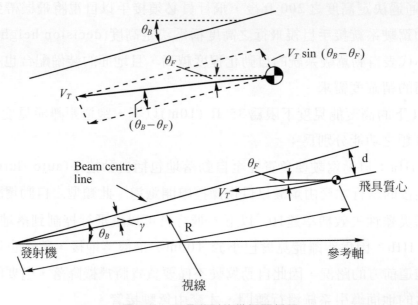

圖 5-7　下滑導引的幾何關係圖

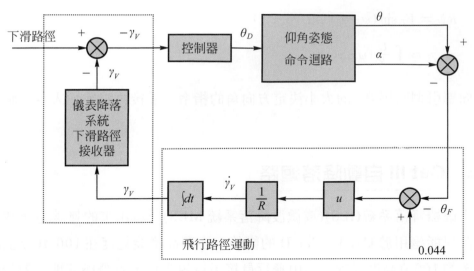

圖 5-8　下滑導引迴路

下滑道 γ_V 和 θ_D 之間的控制率採用比例＋積分＋相位超前補償器：

$$\theta_D = K_C\left(1 + \frac{1}{T_1 D}\right)\left(\frac{1 + T_2 D}{1 + \frac{T_2}{n}D}\right) \tag{5-15}$$

其中 n 稱為相位超前增益，n 越大，相位超前量越多，越接近微分器。

5-2-2　航向導引迴路

　　航向導引迴路的目的是要使得航向 γ_L 誤差降到為零，亦即使飛行方向正對跑道，其中航向誤差 γ_L 是由航向信標接收器所量得。如圖 5-9 所示：

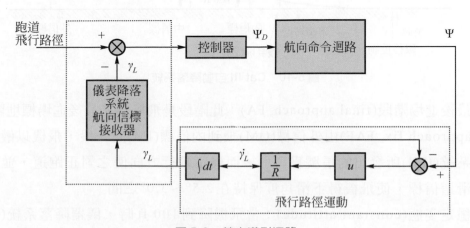

圖 5-9　航向導引迴路

$$R\dot{\gamma}_L = V_T \sin(\psi - \gamma_L) \cong U(\psi - \gamma_L)$$

$$\Rightarrow \gamma_L \approx \int \frac{U}{R}(\psi - \gamma_L)dt \tag{5-16}$$

航向導引迴路根據γ_L的大小決定方向角的指令，然後再將其輸入至自動駕駛迴路中。

5-2-3　Cat III 自動降落迴路

利用儀器降落系統(ILS)(或微波降落系統 MLS)所發出來的無線電訊號來導引飛機降落只能適用於 Cat I、Cat II 的條件，亦即高度能見度在 100 ft 以上時，而且在最後的 100 ft 高度以內必須由飛行員接手目視操作，將飛機落地。對於 Cat III 的能見度非常差，自動駕駛系統必須將飛機操控到完全降落到地面為止，並且能自行滑出跑道進入滑行道，如圖 5-10 所示，其過程如下所示。

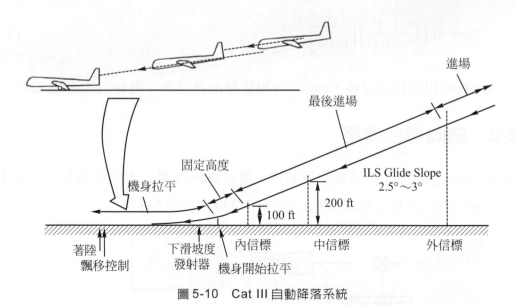

圖 5-10　Cat III 自動降落系統

1. 最後進場階段(final approach, FA)：此階段是飛機通過最後進場標地點(final approach fix, FAF)由外信標(OM)飛到內信標(IM)的一段，飛機以儀器降落系統(ILS)所發出的信號為導引，而修正飛行方向使之對正跑道，並追隨下滑道信標，使飛機得下滑角度保持在 2.5°～3.0°之間。

2. 穩定姿態(constant attitude)：當飛機降到 100 ft 時，儀器降落系統(ILS)訊號不再導引自動駕駛系統，自動駕駛保持機身在 final approach 時的航向與下滑角度。

3. 機身拉平(flare)：當飛機下降到 30 ft 高度時，開始將機身拉平(flare)，此時無線電高度計(radio altimeter)提供精確的高度迴授信號給自動駕駛，以便高度的自動控制。在拉平動作開始前，飛機的路徑角約在 2.5°～3.0°之間，到拉平結束前，飛機的路徑角有一點點正的角度以方便落地。(附註：無線電高度計於低空 2500 呎以下時提供精確的高度訊息。)

4. 漂移控制(kick off drift)：當機輪落地後，輪子的旋轉面有可能爲完全對準跑道中心線，以致機身滑行時，受到側向力作用，逐漸偏離航道，此時要及時打動方向舵，以修正滑行方向，使機輪都能平行於跑道中心線滑行。

5-2-4　自動機身拉平(flare)控制

機身拉平控制主要在調整高度的下降率。飛機在 30 ft 高度逐漸下降時，其變化係遵循指數型態的操作，其控制迴路如圖 5-11 所示：

$$\dot{H} = -KH \tag{5-17}$$

其中 K 爲常數，H 爲飛機離地高度。

$$\Rightarrow H = H_O e^{-t/T} \quad (T = 1/K) \tag{5-18}$$

但因 $t \to \infty$ 時，H 才會趨近於零，故高度變化率修正爲：

$$\dot{H} + KH = H_{ref} \tag{5-19}$$

其中 H_{ref} 爲一微小的負值，以保證落地時，飛機是微小的下降速度(附註：落地前各型飛機的下降速度大約每分鐘 720 呎以內)。其中高度的微分項 $\dot{H}$，需先將無線電高度計的輸出訊號 H 加以濾波，去掉雜訊後才能進行微分的步驟，以避免微分雜訊放大。

從以上的說明可知，自動駕駛若要能做到將飛機自動落地的動作，主要關鍵在於要有一個很精確的測量高度的感測器，例如無線電高度計(radio altimeter)、慣性導航系統(INS)、差分式全球定位系統(DGPS)、或者以三種的混合系統。

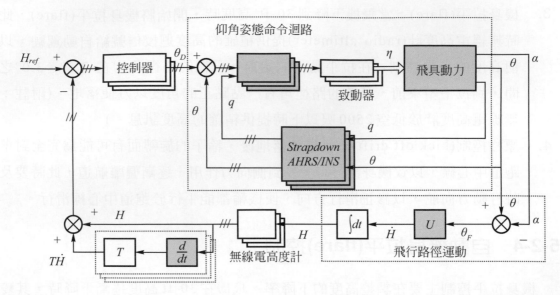

圖 5-11　機身拉平控制迴路

5-3　飛航管理系統(Flight Management System, FMS)

如前述的階層式飛航控制系統線傳飛控(FBW)、自動駕駛(A/P)、以至於飛航管理(FMS)的飛行操作，依其管理的性能與範圍不同而異。飛航管理系統直機與飛行員形成一個互動的介面，已決定自動駕駛與飛行控制的操作準則。現代飛機中飛航管理系統的迫切需求主要來自下列五點原因。

1.　經濟效益的提升與保障

　　飛航管理系統能夠提供機載自動導引(guidance)與地面導航(navigation)的訊號整合，以展現飛機的最佳性能，減少飛行成本。

2.　空中交通管制的聯絡協調

　　隨著空中交通的頻繁，機場起降的密度越來越高，地面塔台對每一架飛機進場或離場的順序，時間、高度、方位、路徑都定有非常嚴格的限制。飛航管理系統可以主動協助飛行員在最適切的時間與地面的飛航管制員取得資訊的聯繫，飛行員以人工方式操作很難達到這些限制的標準。

3. 精確的助導航系統

　　藉由目前可用的精確助導航系統的幫助，如結合GPS/INS，OMEGA的無線電導航設備像 VOR、DME、VORTAC、TACAN及儀降系統跟微波降落系統等。

4. 極強的計算能力

　　微處理器及記憶體的價格越來越便宜，而計算速度越來越快，可儲存資料也越來越大量，使得 FMS 的功能增強，價格卻減少。

5. 資料匯流(data bus)系統的整合能力

　　透過資料匯流，飛航管理系統可連接各個次系統，具有管理協調各次系統的能力。

　　飛航管理系統的運作方塊圖如圖 5-12 所示。圖 5-12 左方是資料的輸入單元，從各種感測器(sensors)所量到的資料訊號經過匯流排傳輸到中心電腦。VHF Navigation Receiver 是接收地面導航的訊號，GPS Receiver 是接收全球定位衛星系統(GPS)的定位訊號，INS/AHRS 是機載的航電所提供飛行姿態與方位訊號，ADC是機載航電大氣數據電腦所提供的七組數據，Engine Data是機載航電所提供的引擎相關數據。

　　圖 5-12 右方是自動駕駛的部分，上方是各種顯示儀表，包括主飛航顯示器(primary flight display, PFD)，或稱為電子式飛航資訊系統(electronic flight indication system, EFIS)，與導航資訊顯示系統(navigation display, ND)。而下方是儲存及輸入飛航管理的基本資料的多功能控制與顯示單元(multi-purpose control display unit, MCDU)，或稱為控制與顯示單元(control and display unit, CDU)，飛航計畫及簽派資料均由此輸入，包括航線的起點及終點站，各航站的空中交通限制如高度、速度、方位等。這些資料有些是內定的，儲存在記憶單元中，有些是可由駕駛即時輸入的，隨每一趟飛行任務不同可能的變更。圖 5-12 的中心是飛航管理電腦(flight management computer, FMC)，可以說是飛機航電系統的主控者，它接收來自各種感測器的訊號，加以分析整理後，一方面顯示出來給飛行員知道，一方面又下達命令給自動駕駛及引擎，使飛機自動遵循內定的軌跡飛行。

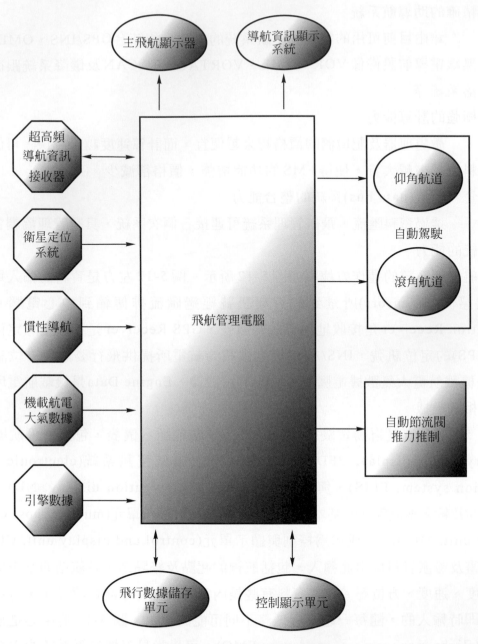

圖 5-12　飛航管理系統方塊圖

　　總而言之，藉由飛航管理系統執行的工作項目有下列事項：

1. 提供飛機飛行路徑上的導引及側向與垂直的控制：飛航管理系統藉由精確助導航系統的幫助，如結合 GPS/INS、OMEGA 的無線電導航設備像 VOR、DME、VORTAC、TACAN 及儀降系統跟微波降落系統，演算出最佳的位置估測。飛航管理系統提供側向及垂直的訊號給自動駕駛來控制飛機飛行路徑。在側向方面，飛航管理系統計算飛機相對於飛行計畫的位置跟側向導引訊號去捕捉跟追循飛行計畫所指定的飛行路徑，它也同時計算地面速度、路徑、風向跟速度。

2. 監視飛機飛行包絡線及計算最佳的飛行速度以確保在包絡線上飛行速度安全區間是介於最大及最小速度之間。其所要考慮的因素有下列幾點：

   ⑴ 飛機重量(包含起飛重量的油料的消耗)。
   ⑵ 飛機質量中心(CG)的位置。
   ⑶ 飛航的高度及飛航計畫的限制。
   ⑷ 風與溫度的模式。
   ⑸ 導航性能需求(required navigation performance, RNP)。
   ⑹ 公司偏好航路(prefer route)所需飛行費用參考。

3. 運用自動控制引擎的節流閥來達到控制速度的目的。

　　圖 5-13 飛航管理系統在現代航機如 Airbus A330、A340 上的自動飛行系統架構圖。如圖中所示飛行導航管理與飛行包絡電腦(flight management guidance and envelop computer, FMGEC)，從多功能控制與顯示單元(MCDU)中的多工控制顯示幕(multi-function CDU)顯示文字訊息來讀取資料與指令。圖中有三套的多功能控制與顯示單元(MCDU)以供裕度備份使用(redundancy)，其中可靠度的架構(redundant bus/structure)可容忍一或兩套的 FMGEC 故障，或一套的 MCDU 的故障。

　　在先進的飛航電子系統中以 Boeing 公司及 Airbus 公司兩大集團為核心，互相較勁，因此很多航電儀表的慣用名詞，兩大集團使用不盡相同，請稍加注意。

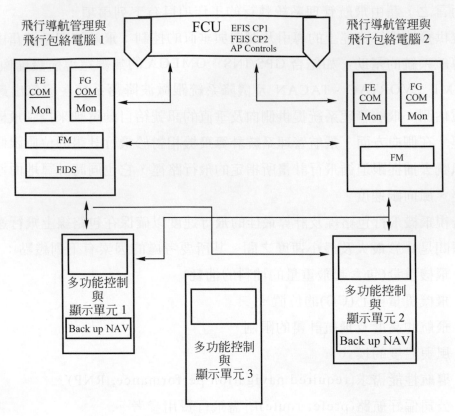

圖 5-13　Airbus A330、A340 自動飛航系統架構圖

圖 5-13 所示為空中巴士飛航系統架構圖 Airbus A330、A340 自動飛航系統。組成包含了二套飛行導航管理與飛行包絡電腦 (Flight management, guidance and envelope computer，FMGEC) 與三套多功能控制與顯示單元 (MCDU，MCDU 為 Multi-function control and display unit)。圖中標示之 FE COM 為飛行包絡電腦 (Flight envelope computer)，FG COM 為飛行導航電腦 (Flight guidance computer)，FM 為飛行管理電腦 (Flight management computer)。此種具冗餘架構 (redundant bus structure) 之設計，可增加 FMGEC 之可靠度。

在飛航的流程都是由波音及 Boeing 737 及 Airbus 空中巴士都會以飛行管理電腦為中心控制，執行各項任務，因此飛行管理電腦相當於飛行的指揮所。

習 題

1. 請繪出自動駕駛與飛控系統的迴路關係,並說明之。

2. 當飛機要進場落地時,塔台管制員會告訴飛行員本場的天氣狀況、使用跑道以及高度表撥定值,就是機場跑道的大氣壓力,供飛行員校正高度之用。美國丹佛機場,全世界所在位置最高的機場,如果沒有修正高度,那就至少會有 5000 呎誤差,所以飛行中想要自動駕駛的定高度飛行控制(altitude control),其階層式控制的執行法則大致是如何呢?

3. 飛行中想要定速自動駕駛,請問如何經由一個致動器來控制節流閥呢?

4. 一般的客機均配備儀器降落系統以協助自動導引降落,在地面設備方面有航向、下滑、指點信標發射機,機上有三種不同的接收機,請問這三種發射機有甚麼功能以及特性。

5. AUTOLAND流程(以立榮航空的MD-90 飛機為例),設定ILS頻率及跑道方向,設定自動煞車、SPOILER等,導航模式選擇ILS、自動駕駛ON,設定落地速度、自動油門 ON、自動降落 ON,在雷達高度(RA)150呎時,自動駕駛會開始操作,其中在 RA 50呎時,自動油門收回,減低下降速率,飛機開始拉平落地,觸地後自動煞車及SPOILER作用。但其中是靠著三個導航信標發射機負責將飛機導引到跑道頭正上方約100呎的高度,接著利用國際民航組織訂定的三類機場天候的能見度好壞進行降落, 請問此三類等級區別。

6. 請問飛機如何拉平(flare)控制,以使機輪能平行於跑道中心線滑行,請用方塊圖說明。

Digital Avionics Systems

6章
航空通訊

6-1 航空電訊的發展

　　無線通訊技術的研究發展，馬可尼(Marconi)於 1897 獲得第一個通訊專利，開啓了無線通訊的新里程碑。事實上，實現通訊的理論與技術應該推溯到特斯拉(Tesla)於 1893 年發表的研究成果。1920 年以前電子技術還不甚發達，飛行員必須依賴個人技術從有限的儀表目視飛行。從開放的座艙去感受風速、目視機外的景物判斷高度及飛機水平姿態，因此飛行的範圍稍大，冒險性都非常高。漸漸的可用的航空儀表被發展出來，提供了飛行員重要的參考，到了 1930 年代才能夠嘗試夜間飛行。長途飛行的飛機起飛後必須依賴無線通訊機跟地面聯繫，也因爲無線電的技術，機載接收器可以收到地面的助導航訊息，讓飛行更爲可靠。航空電訊便成爲研究發展的主流。

　　因此，廣義的航空電訊包含了空對地、地對空的無線通訊聯繫，以及地面發射的助導航訊號，一直到 1950 年代，通訊也成爲地面監視必要的媒介。2010 年以後，透過廣播式自動回報監視(ADS-B)的技術，實現了空對空的數據鏈廣播通訊，至此，航空電訊才算是完全透明。

　　航空通訊的發展受限於電子技術與使用頻率，一直到二次大戰期間，人類才有效的建立 VHF、UHF 的通訊頻率，更到冷戰時期才發展到更高頻的 EHF、SHF 通訊能力。VHF 係指頻率 30～300MHz，UHF 則是 300MHz～3GHz，SHF 在 3～30GHz、EHF為 30～300GHz。GHz以上則進入了雷達的頻率範圍，更高頻率更屬於輻射的範圍，這些頻率對人體都有傷害性。摘錄交通部郵電資訊網的頻譜資料說明，如表 6-1。

表 6-1　頻譜分布，各波段電波之傳播特性及用途(摘錄自交通部郵電資訊網)

頻率分類	頻率範圍	傳播特性	代表性用途
特低頻 (VLF)	3 ～ 30 kHz	電波沿地球表面行進，可達長距離通信，終年衰減小，可靠性高，利用電離層與地表面形成的導層傳至遠距離。地波與天波並存。使用垂直天線。	極長距離點與點間之通信，航海及助航，感應式室內呼叫系統
低頻 (LF)	30 ～300 kHz		長距離點與點間之通信，航海及助航，感應式室內呼叫系統
中頻 (MF)	300 ～ 3000 kHz	電波於日間沿地球表面行進達較短距離，夜間若干電能靠電離層反射達較長距離，天波、地波並存，日間及夏季衰減較夜間及冬季為大。使用垂直天線。	中波廣播，航空及航海通信，無線電定位，固定行動業務，海洋浮標，業餘通信
高頻 (HF)	3 ～30 MHz	電波利用電離層反射一次或多次以達遠距離，傳播情況隨季節及每日時間變化頗大，利用指向天線，可收小功率長距離通信效果，通達距離隨頻率及發射角之不同而異。太陽黑子數越多，電離層密度越大，位置較高，最高可用頻率亦加高，通信距離越長，反之相反。地波距發射機不遠即消失，使用水平天線。	長距離點與點間通信及廣播，業餘通信，無線電天文，標準頻時信號，航空行動，短波廣播，民用無線電
特高頻 (VHF)	30 ～ 300 MHz	穿越電離層，較不受其影響，以空間波作視距(Line of sight)通信，20～65MHz間利用電離層散射達視距外通信。可使用垂直及水平天線，接近直線傳輸。	中距離通信、雷達、調頻廣播、電視、導航、業餘無線電、陸地行動通信
超高頻 (UHF)	300 ～ 3000 MHz	視距通信，以空間波接近直線傳輸。1GHz 以上微波：使用定向反射面、反射網、喇叭型、拋物面反射式及平面天線等，恆向地面彎曲進行，使用線上保護、熱待接保護及分集式保護等鏈路保護方式。方向性極高，波束極狹，發射功率小。如光波性質，遇阻礙即被吸取，10GHz以上頻率愈高，受雨點、霧、雪、電及空氣中氣體之吸收愈大。利用對流層散射可達遠距離。	短距離通信、中繼系統、電視、衛星氣象、天文、業餘無線電定位、助航太空研究、地球探測、公眾行動電話、有線電話無線主副機、
極高頻 (SHF)	3 ～ 30 GHz		微波中繼、各種雷達、衛星通信、衛星廣播、無線電天文。
至高頻 (EHF)	30 ～300 GHz		

　　無線通訊的頻率，都是透過大氣為媒介。早在馬可尼首度測試無線通訊的年代，因為使用頻率為 kHz 等級，當時成功的讓紐約及巴黎建立無電通訊，一直到數十年後，科學家才證實當時的傳播是靠大地而非空氣。頻率越高、波長越短，無線電的穿透性越強。在近代的通訊頻率，可以再切開為三個類型，其一為視覺直線(或視距)的傳播(Line of Sight, LOS)，意指頻率夠高(VHF、UHF 或 65MHz 以上)看得到的目標就傳播得到；其二是電離層反射的傳播，較低頻率(HF或20～65MHz)的無線電訊號往天空傳播出去會被電離層反射回大地，再被大地反射，可以來回幾次達數千公里遠；其三為更低的頻率(MF 或 300kHz 以下)就往大地竄入，藉由大地來傳播，傳播距離也相當的遠，可達數千公里。

　　因此，在建立衛星通訊之前，依賴HF的電離層反射功能，每次反射可達 1500 公里，經過4～6次的反射，最遠可傳播到數千公里外，成為越洋通訊的重要機制。VHF 及 UHF 的視覺直線通訊，可涵蓋範圍大約是 150 英里，一般是做為終端管制(terminal control) 或塔台管制(tower control)的通訊機制。VHF 及 UHF 通訊效果及通訊品質甚佳，相對於HF的通訊效果就差很多了。但是頻率較低的HF或MF，透過電離層反射或透過大地傳播，都可以傳輸得非常遠，適合長距離的航空通訊。

　　直到 1970 年代，有了衛星通訊後，必要的時候，通訊衛星涵蓋無遠弗屆，通訊能力大增，但是非必要時還是避免使用，因為使用的價錢太昂貴了。通訊衛星的以 1973 年起開始不屬於同步軌道(geostationary Earth orbit, GEO)的國際海事衛星(International Marine Satellites, Inmarsat)為代表。

　　直到 1997 年以前，航空通訊還以語音通訊為主，建立飛行員與管制員間的通話。新的航空通訊技術，語音通話的諸多問題都等待數據通訊來解決。

6-2　航空數據通訊的發展

　　CNS/ATM 為國際間在 2010 年起全面實施的先進通訊、導航、監視與飛航管理系統，對於過去飛航管制員與航機間使用類比式通訊系統，因頻道嚴重不足、功能受限於語音及其服務限於高密度終端區的所引發的種種問題，使用數位 VHF 資料鏈路(VHF data link, VDL)作為通訊傳輸是一種解決方案。透過數位編碼(digital coding)技術，VDL可將資料或語音傳遞於空對空(air to air)、空對地(air to ground)，並透過地面網路的連接，在兩個使用端做點對點的數據鏈結。有了快速的傳遞速率及承載的高容量，VDL 進一步確保航空通訊的品質及整體飛航安全。這種兼顧全球性、整合性、高準確性與高可靠性的數據鏈結(data link)系統，依據發展的演變有四種模式，依其主要特性如：電路需求問題、媒體存取控制法(例如 CSMA、TDMA)，與航空通信網路(aeronautical telecommunication network, ATN)的相容性以及其他重要特性來探討。

目前飛機的陸空通訊方式，爲地面管制員使用類比式無線電直接與駕駛員以語音進行雙向的訊息傳遞，有地面站的陸地區域或近場區，在視覺直線(line of sight, LOS)的範圍內，使用較高通話品質的特高頻(VHF)傳遞；在偏遠地區以及海洋地區，則利用電離層與地表反射的特性，使用高頻(HF)語音通訊；另外軍用的超高頻(UHF)無線電通訊也可以作爲備用系統。在地面連結方面，爲航空固定通信網路(aeronautical fixed telecommunication network, AFTN)、SITA 公司及 ARINC 公司提供的電傳打字線路服務。然而在全球進入先進航管系統CNS/ATM的概念後，傳統的「通訊」一詞即將演變爲具有廣泛的含意，包含飛機與空中、地面進行的數據鏈結、語音通訊，透過地面站的接收或經由通訊衛星，將廣播或定址的資訊，傳送到另一個接收端，即稱爲數據鏈(data link)。

2010 年以前飛航管制(ATC)通訊皆爲類比語音通訊方式，不僅因爲類比的通訊品質容易模糊不清，更遭遇航運量急速成長，通話量大導致的頻帶不足、頻道擁擠，造成班機排隊等候通訊服務，形成必要的航班隔離管制。在過去半世紀，因爲語音通話的誤解，造成飛安事件也層出不窮，使得管制通話程序的設計變得十分繁瑣複雜。因此在 1970 年初，國際間開始著手研擬新的飛航管制觀念，將駕駛員與管制員「口語與聽覺」上的傳輸任務，交由以「電腦連結的陸空通訊爲主，語音通訊爲輔」的數位化數據鏈結，藉由精確性與傳送效率的提升，與更不容易產生失誤的人機介面，使航管的服務能夠切合未來民航通訊服務急速發展的需求。

過去飛機取得離場許可的作業方式，是人工以語音進行，不僅容易產生錯誤，增加航管人員工作負擔，同時航機與旅客必須再等待，浪費時間，消耗燃料，造成服務品質下降，營運成本升高。現代CNS/ATM架構下使用數位VHF資料鏈路(VHF data link, VDL)，飛機可以進入自動化離場許可前置作業(pre-departure clearance, PDC)，可以使用數據鏈結將許可指令，快速的經由媒體路徑(如ACARS)傳送至機上電腦，駕駛員確認無誤後直接將指示於機載電腦上執行或列印。國際上各地區機場雖然 PDC 實施方式略有不同，但自動化與數據化的 PDC 作業方式會帶來同樣巨大便利與效益。在陸空通訊發展方面，除了傳統的以人工以語音進行位置報告外，各航機航路資料可以同時發送數據鏈資料各不同單位，交換及分享資訊。數位化的 VHF 數據鏈可以達成這種使用目標，藉由 VHF 地面站台或是通訊衛星的傳播，航管訊息以及飛航資料可以快速的傳送至接收的對象，此對象可以爲動態的附近航機、地面補給車，或為固定的航管單位、航空公司等。

使用 VDL 做資料或語音的傳輸，以符合航空通信網(ATN)所制訂的數據鏈規範以及 FAA 所推動希望具有語音通訊功能的數據鏈，至兼具導航能力的數據鏈，數據鏈第四模式(Mode 4)已成為國際間一致的採用協議。

6-3　飛航管制通訊

目前飛航管制(ATC)所使用的通訊方式，為航管員使用VHF與HF的無線電通訊設備，以標準化英語或當地母語，直接做陸空通訊提供飛航指引。每個飛航管制區係分割成的飛航情報區(FIR)、其中的小區段(Sector)以及終端管制區(TCA)；在偏遠地區，則以遙控陸空通訊站(ACARS)銜接廣大地區航路上的通訊聯絡。每個管制區有其固定使用的通訊頻道，進入或穿越不同的管制區需調整至該區頻道。

傳統陸空通訊最大的限制在於航機與地面交換資訊只能透過語音服務，導致由於干擾或通訊品質不良致使語音重傳的情形，佔用通訊時間更嚴重影響飛航安全。隨著航運量的成長，陸空通訊的頻帶已無法負荷，2003 年起歐洲航管系統將通訊頻率頻寬從原來的25kHz 切為三個頻道，成為 8.33kHz 頻寬。2010 年起，啓用國際標準化ATN 架構的數據鏈結技術，讓數據鏈通訊成為航空通訊主力。

傳統航空通訊的層面區分為下列幾種：

1. 內部通訊面 (intra-facility communication)

    指在特定設施內的通訊網，將語音、資料、影像等資訊傳送給使用者的架構。透過通訊介面，內部通訊面可將資訊傳送給其他設施的使用者，或是行動通訊面的使用者。目前的AFTN，和SITA、ARINC公司提供的電傳打字通信服務屬之。

2. 動態通訊面 (mobile communication)

    動態的使用者(如航機或機場內的補給車)的通訊網，傳送語音、資料等資訊。透過通訊介面，動態使用者可將資訊傳送給其他行動使用端以及內部使用者。兩種最重要的行動通訊網路為：支援航管的陸空通訊(SATCOM、VHF、HF、Mode S 或 ADS-B、Gatelink 等)，以及支援維修的地面通訊。

3. 系統間通訊介面 (inter-facility communication)

    在民航局設施內的通訊網，傳送語音、資料、影像等資訊，並與內部、行動通訊網互連。

　　幾種現階段的通訊服務，有(1)自動氣象觀測系統(automatic weather observation system, AWOS)，由電腦語音自動監測並連續播報的氣象變動資料；(2)終端資料自動廣播服務(air terminal information service, ATIS)，由電腦播報錄製好的帶子，向機場終端航機廣播氣象資料、和場站運作資訊等；和(3)飛航管制訊息，以及發展中飛航情報業務(Flight Information Service, FIS)。VDL系統架構乃屬於第二類之行動通訊面，屬於陸空雙向、空對空廣播通訊的次網路之一。

6-3-1　CNS/ATM 的通訊需求

　　在1980年初期，國際民用航空界開始注意到現行設施和飛航管制程序對於處理日益增加航空量的限制，因此ICAO在1991年成立了FANS(Future Air Navigation System)委員會，負責建議與評定新導航方式的概念。1993年調整為以通訊、導航、監視與自動化為核心的技術，稱為 CNS/ATM (Communication, Navigation and Surveillance in Air Traffic Management)。因此2010年啟用的新的飛航管制技術就以FANS 或 CNS/ATM 為概略的核心技術，主要是將 GPS 衛星定位與同步軌道與低軌道通訊衛星群(communication satellite constellation)所建立的衛星通訊(satellite communication, SATCOM)兩種衛星資源來提升飛航技術。

　　經歷多年的討論與發展後，先進導航系統 CNS/ATM，如圖6-1所示的觀念便應運而生，最顯著的兩項改進就是使用數據通訊與衛星導航。

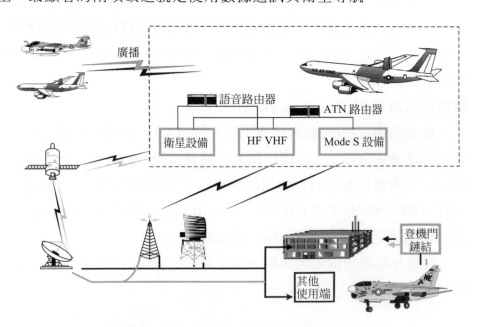

圖6-1　CNS/ATM 觀念下的通訊需求

　　新一代通訊系統將更新為兼用「數位」與「類比」，廣泛的提供包含通訊衛星(SATCOM)、VHF、HF 數據鏈、次級監視雷達 Mode S 與登機門鏈結(Gate Link)等，作為陸空通訊的次網路系統，這些行動次系統整合於全球性的整體航空通信網路(Aeronautical Telecommunication Network, ATN)內，以期達到新一代通訊系統預期任務需求(MNS)。

新一代通訊系統任務需求論述

1. **系統需求**
   (1) 陸空語音資料數據鏈及資料廣播功能。
   (2) 電路堵塞(即"stuck microphone")發生機率最小化。
   (3) 增加安全性，防止未被授權的使用者侵入電路。
   (4) 提高無線電互擾(RFI)保護。
   (5) 降低機員工作負荷，減少"head-down time"螢幕注意時間。
   (6) 易於進行過渡期升級與汰換。
   (7) 提供自動通訊電路管理，具人員操作優先權。
   (8) 支援選擇性位址。
   (9) 支援錯誤偵測和修復功能。

2. **語音鏈路需求**
   (1) 任何新通訊系統皆能相容現有類比式無線電系統的能力。
   (2) 保留即時及非定期的語音通訊功能，支援語音訊息優先權。
   (3) 提升現有語音的電路容量至少兩倍以上，減少語音通訊間斷。
   (4) 賦予每個管制員及其負責航機群專用的通訊電路。
   (5) 使用現行"push-to-talk"以及"listen before push-to-talk"的通話操作方式。
   (6) 每個通訊電路不設廣播式接收航機的上限，但定址式的航機群每個電路依其性能規範上限容量。

3. **資料鏈路需求**
   (1) 提供資料鏈給所有的使用者。
   (2) 支援資料訊息優先權。
   (3) 相容於 ATN。
   (4) 資料鏈路應具有錯誤偵測和更正能力，以及必要時信號重傳功能。
   (5) 錯誤率 10^{-8} 以下，亦即每一億次訊息中只能出現一次未被偵測到的錯誤。

4.　預期特性

(1)　全面數位化的陸空通訊系統。

(2)　單一航電設備、和無線電頻道可同時傳送語音/資料的架構。

(3)　使管制員和特定對象能強制優先使用的功能。

(4)　端對端延遲時間(end-to-end delay)不超過 250 ms。

(5)　語音的可用性 (availability)達到 0.99999，資料的可用性達到 0.999。

註：(1)"circuit blockage"表無線電發報機產生不當或意外操作，導致頻道被佔用而其他等待中航機無法取得通訊的情形。

(2)"push to talk" (PTT)表駕駛員及管制員需按下通話鍵方能通話。

(3)"listen before push to talk"表駕駛員在切換至新頻道時先監聽頻道是否被佔用。

(4)端對端延遲時間定義為：語音輸入發報站到語音輸出接收站的傳輸時間。

在行動次網路方面，提供的媒體有下列幾種。

1.　衛星通訊(SATCOM)

航空繞行衛星通訊系統(aeronautical mobile satellite system, AMSS)使用國際海事衛星組織(International Marine Satellite, INMARSAT)的衛星，作為與航機、地面站間做上傳與下傳資料的服務。AMSS 為主力衛星群，但由於裝置及使用價格過高，和只有 85%的全球涵蓋範圍，因此除了 INMARSAT 同步軌道衛星(geostationary Earth orbit, GEO)外，需積極的考慮使用其他較便宜的衛星服務，如低軌道衛星(low Earth orbit, LEO)與中軌道衛星(medium Earth orbits, MEO)。

2.　特高頻數據鏈(VHF)

使用 VHF 頻道，目前有四種 VDL 模式被定義：Mode 1 與 Mode 2 提供較低風險的服務但受限於 CSMA 技術，可行性亦受限。Mode 3 兼具語音與資料的功能，Mode 4 更擴充了空對空的通訊能力。Mode 4 兼具監視功能的 ADS-B 將為 CNS/ATM 的主力系統。

3.　高頻數據鏈(HFDL)

使用 HF 通訊頻帶，可以透過衛星提供數位式的資料鏈路。具有高可接收性，不需架設太多地面站，以做為費用低廉的長程、和極地部分的數據鏈結。

4.　次級監視雷達 Mode S

選擇模式二次監視雷達(secondary surveillance radar, SSR Mode S)為一完全數位化的系統，可以兼具導航與資料鏈路的功能。其監視方式具有廣播與定址兩項特性，將資料帶至航機，為 ATN 所應用的功能。其作用為在每次地面的次級雷達掃描時，諮詢器將資料位元透過地面處理器(ground data link processor, GDLP)以及機載處理器(airborne data link processor, ADLP)上鏈或接收下鏈。目前Mode S的技術使用ESCAN的天線傳輸技術，將與VDL-4成為CNS/ATM下陸空通訊的傳輸速度可及mega-bite的高速能力。

5. **登機門鏈結(Gatelink)**

　　當飛機停置於機場的登機門前，藉由臍帶式電纜線或紅外線提供高速的資料鏈路，透過以上的數據鏈，可進行廣播式與定址式的資料傳遞，其應用對象列於表6-1中，使飛航管理(air traffic management, ATM)系統掌握各項終端或巡航中的飛航情報、流量資訊、航空氣象、防撞隔離與避撞諮詢等措施。

表6-1　數據鏈提供的應用項目暨實現目標

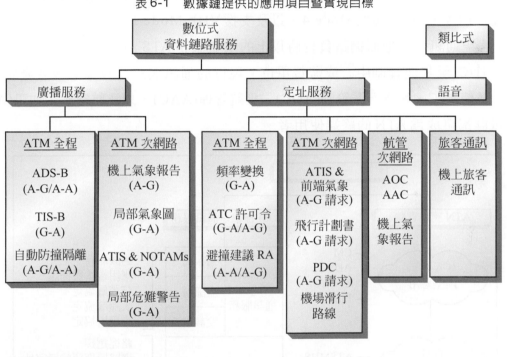

6-4　航空通訊網路(ATN)的需求

6-4-1　ATN 架構

　　在 ICAO 的統籌下，助航委員會 ANC (Air Navigation Commission)於 1993 年二月設立 ATNP (Aeronautical Telecommunication Network Panel) 小組，發展 ATN 的標準與建議規範 (SARPs)，將區域性的通訊管制，整合為全球性採用一致

通訊協定的航空通信網。ICAO 更採用的衛星通訊 SARPs；以及研擬 VDL 前兩個模式的版本，完成 VDL 四個模式的定義，此外並規劃 HF 數據鏈的 SARPs 以及研擬可支援導航與監視功能的 VHF 數據鏈的 SARPs。其整體特性如下：

1. 橫跨組織性與國際性的範圍。
2. 使用一致的通訊協定(ISO-OSI)以保證資料傳輸的共同操作性。
3. 使用位元導向的通訊協定，提高頻帶的使用效率。
4. 由 ICAO 主導發展與標準化，以統合各國標準。
5. 定址式的資料封包，可以傳遞至指定的使用端。

　　與傳統航空固定通訊網路(AFTN)不同的是，ATN 整合了行動通訊次網路(mobile subnetwork)，圖 6-2 所示，使陸空通訊及地面網路建立在各系統一致的通訊協定上，提供由 ADS-B 支援的 Mode 4、以及支援 VDL Mode 1 至 Mode 4 的 CPDLC、FIS 等陸空通訊；而地面網路負責將以上的飛航服務 ATS 訊息，處理 ATSMHS 並傳遞 AIDC 至其他管制中心或監督單位。現行的通訊網路及設備應被考慮整合進 ATN，並使 ATC、航空簽派管制(AOC)、飛航管理(AAC)，以及航空旅客通訊(APC)等通訊群都可成為 ATN 的終端使用者。

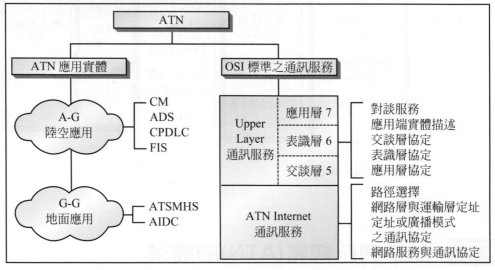

註：AIDC (ATS Inter-facility Data Communication)
CM (Context Management)
ATSMHS (ATS Message Handling Service)

圖 6-2　ATN 整體架構與應用端

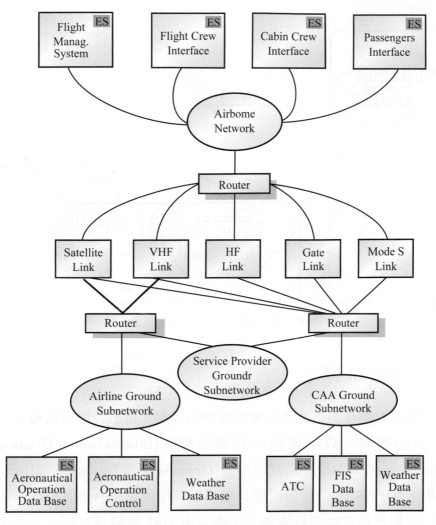

圖 6-3　ATN 的路徑選擇與端對端服務

　　如圖 6-3 的行動次網路架構，分為機載終端與地面終端兩大群組，藉由路由器 (Router)與指定的傳輸媒體連接，將 ATN 系統內的所有使用者，可將欲傳遞的訊息經過不同的路徑，傳到另一個終端(end system, ES)。在陸空通訊的部分有五項傳送媒體，其媒體的選定可以直接指定某一項，或是經由順序設定，來決定下一個可供傳輸媒體順序(如登機門鏈結→VHF 數據鏈→HF 數據鏈→衛星鏈結)。

　　機載的資訊傳遞至地面使用者(如民航局或航管單位)所屬的路由器，可以再透過網路提供者所架設的地面次網路，將定址的資料傳遞至另一個路由器，轉進不同用途的資料庫，以及航管單位、航空公司簽派等單位。圖 6-4 說明 ATN 使用者的領域特性，每個路徑領域(routing domain)含有一個或數個內部領域(inter domain)，由一或數個陸空、地對地路由器或終端構成，而兩個相鄰的路徑領域可以結合成一個聯合路徑領域，使用串聯的外圍介面系統與其他領域互連。

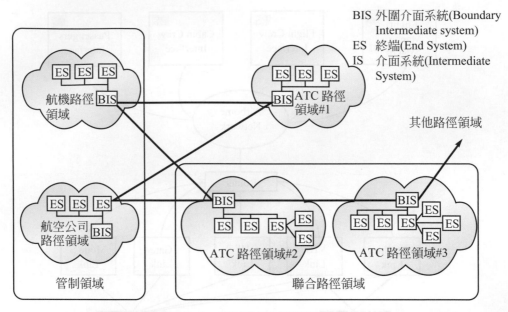

圖 6-4　ATN 的領域連結關係圖

6-4-2　ISO-OSI 標準

　　原使用無線電語音通訊並不受國際標準的限制，但數位數據傳輸服務則需要一個公開一致的標準，ATN 使用國際標準組織(International Organization for Standardization, IOS)開放式系統間連接(Open System Interconnection, OSI)作為通訊的架構，"OPEN"表示任何兩個系統只要採用所建議的通訊架構與規定，則該兩系統可以互相連接且做資料傳遞之工作。由 OSI 七層協定模式來看，下面四層主要針對通訊服務，至於上三層則著重於網路服務的應用如表 6-2 所示，系統架構可以以圖 6-5 表示。藉由 ATN 整合各次系統一致性的系統與需求，以達成資料定址、優先權提供、端對端的資料傳遞目的，以達成快速的網路傳遞需求。

表6-2 OSI的七層網路式架構

層別	主要任務
實體層 (Physical)	本層負責將資料傳遞於實際線路上。考慮到電壓高低與位元期間等參數,會處理有關機械、電子、功能與程序等項目,以建立、維護或終止線路之連接。
資料鏈層 (Data Link)	負責資料傳遞於實際線路時之可靠性。本層在傳遞資料時,一般會以資料框(Frame)為傳輸單位,每個框內部,除了擁有所欲傳送的資料外,尚有同步控制、錯誤控制與流量控制等訊息,以確保每個資料框的可靠性。
網路層 (Network)	負責兩站之間連接的建立、維護與終止工作,使第四層可以不用考慮到資料傳輸速率或所使用交換技術類別等細部問題。
運輸層 (Transport)	當甲乙兩站在互相傳送資料時,本層負責資料傳遞的可靠性與使用之透明性,且提供兩端點間的錯誤控制與流量控制。
交談層 (Session)	控制使用者之間的交談,並為表識層實體提供安排、同步及鑑定的服務。它的功能包括了交談連接的建立及終止、交談控制及交談連接同步。
表識層 (Presentation)	提供一些使用者所需要的通訊服務,一般而言,包含加密、解密、內文濃縮或重新規格化等功能。
應用層 (Application)	提供服務給 ISO 架構之使用者。如提供交易性服務、檔案傳輸、或網路管理等服務。

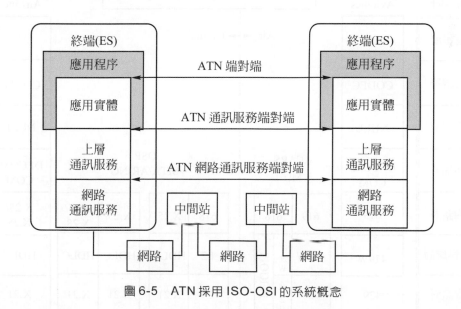

圖6-5 ATN 採用 ISO-OSI 的系統概念

6-4-3　通訊協定

　　ATS 中心內的通訊網路可以使用以下方式：(a)區域網路(LAN)：乙太網路(Ethernet)、信物環流(token ring)、光纖分佈資料介面(FDDI)；(b)廣域網路：X.25 協定、時框傳遞、非同步傳輸模式(ATM)，以及整合式數位服務網路(ISDN)。ICAO目前使用的資料交換網路(CIDIN)，也可以考慮成為ATN次網路。圖6-6說明機載航電系統與地面網路系統的協定對等關係，在此以已發展的ACARS為例。以下為建議使用做為ACARS航電設備的通訊協定：

1.　ACARS(字元導向) ARINC 618, 619 and 623。
2.　ACARS(位元導向) ARINC 618, 619, and 622。
3.　ARINC 429(Williamsburg)。
4.　CCITT 所發展位於實體層的標準協定 X.21。
5.　位於網路層的標準協定 X.25 (封包層協定)。

註：HDLC：ISO 所發展的高階資料鏈控制
　　API：OSI-related Application Program Interfaces

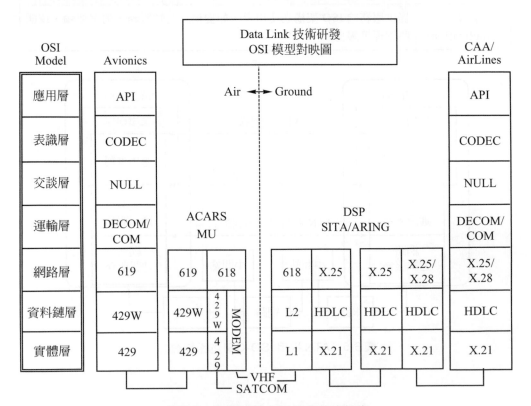

圖 6-6　數據鏈與 OSI 通訊協定技術

6-4-4　ATN 系統層級要求

根據 ATN SARPs 系統層級的要求具有以下特性：

1. 升級相容性
   ⑴ ATN 應使現有的 AFTN 使用者和系統可轉移至 ATN。
   ⑵ ATN 應提供順利轉移至未來應用實體及通訊服務的功能。
2. 媒體指定功能
   ⑴ ATN 應基於預先劃定(pre-defined)的路徑中傳遞訊息。
   ⑵ 提供使用者所指定，只有在經授權的通路中傳遞數據的能力。
3. 優先權功能

ATN 必須在相容於表 6-3 的優先權排列下操作。

表 6-3　ATN 的通訊訊息的優先權規劃

訊息種類	ATN 應用	相關通訊協定優先權		相關行動次網路系統優先權		
		運輸層優先權	網路層優先權	VDL Mode1 Mode2	SSR Mode S	AMSS
系統與網路管理		0	14	不提供	High	14
危急通訊		1	13	不提供	High	14
緊急通訊		2	12	不提供	High	14
高度優先飛航安全訊息	CPDLC, ADS	3	11	不提供	High	11
中度優先飛航安全訊息	AIDC	4	10	不提供	High	11
氣象通訊		5	9	不提供	Low	8
例行飛航通訊	CM,ATSMHS	6	8	不提供	Low	7
航空資料服務	ATIS	7	7	不提供	Low	6
系統與網路管理		8	6	不提供	Low	5
以上為 ATN 與飛航安全和例行飛航通訊相關的優先權規劃以下為與旅客相關之通訊優先權規劃						

表 6-3　ATN 的通訊訊息的優先權規劃(續)

訊息種類	ATN 應用	相關通訊協定優先權		相關行動次網路系統優先權		
		運輸層優先權	網路層優先權	VDL Mode1 Mode2	SSR Mode S	AMSS
航空管理訊息		9	5	不提供	不允許	5
＜未指定＞		10	4	不提供	不允許	不適用
緊急優先管理及聯合國特許通訊		11	3	不提供	不允許	3
高度優先管理及國家政府通訊		12	2	不提供	不允許	2
中度優先管理		13	1	不提供	不允許	1
低度優先管理		14	0	不提供	不允許	0

4.　資料定址功能

(1)　ATN 應使所有使用者和介面具有可區別的地址。

(2)　使訊息的接收端可指定出傳送源。

根據第三項的優先權功能，VDL Mode 1 與 Mode 2 不支援即時傳送功能，應放入未來陸空通訊需求中對優先權需求的考量中。

在 ATN 架構確立下，各種依據 CNS/ATM 整題需求規劃之通訊相關次系統才能逐一落實。

6-5　無線電電路需求問題

在過去數年的發展中，通訊、導航與監視的發展一直有著廣泛性的爭議，而大部分的專家同意 VDL 數據鏈的選定策略是極重要的關鍵。自從 1972 年因通訊頻道電路需求問題，將 ATC 每個航管電路的頻寬由 50 kHz 切割為 25 kHz，於 1992 年後，ICAO 的 AMCP 小組業已評估目前通訊頻寬再次不足的問題，並同意於頻寬嚴重不足的歐洲地區，將目前的頻寬分割為 8.33 kHz。於長期的解決計畫，則是基於分時多工多重傳輸(time division multi access, TDMA)的概念，規劃可傳遞語音與資料的方案，最多可提升電路容量至目前容量的四倍，如圖 6-7 所示。

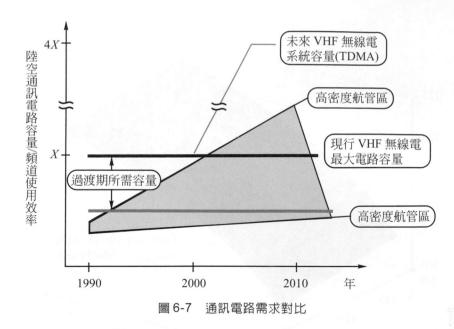

圖 6-7　通訊電路需求對比

目前的航空用 VHF 頻道配置，為 108～117.975 MHz 由 VOR、ILS 等用作導航用途，122～124MHz 作為其他用途，以及 129～132、136～137 MHz 作為 AOC 用途之外，其餘 118～137 MHz 皆做航空通訊之用。為了拓展頻寬需求，未來 VOR/DME 等傳統導航儀器廢除之後該段頻帶可望支援航空通訊使用。

除了受限於頻帶切割造成的性能問題，另一項重要的 VHF 傳遞特性 — 由於地形地障造成了回波反射以及氣象等影響因子，造成 VHF 無線電在傳遞上造成自然損失，連帶決定了所能涵蓋的空域範圍，圖 6-8 所示即為 108～137 MHz 的頻帶，與傳遞距離對 VHF 無線電造成的自然損失強度。採用的一般公式為：

$$L_{fs} = 32.4 + 20 \log F + 20 \log R$$

由圖中看出，在一般的情形之下，一個 VHF 地面站所能提供的涵蓋範圍為 200 nm，隨著距離增大與信號越弱，無線電發生干擾以致收訊不良情形越嚴重。

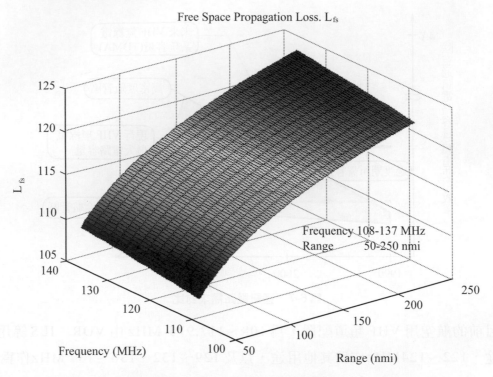

Free Space Propagation Loss. L_{fs}

Frequency 108-137 MHz
Range　　 50-250 nmi

圖 6-8　VHF 無線電傳遞自然損失特性

6-5-1　VHF 頻道互擾分析

「全國電路容量」(Nationwide Circuit Capacity)可被定義為：頻道彼此間不產生互擾的原則下，系統資源內所能提供的最大電路數目。由於每個航管區使用各自的管制頻道，相鄰航管區管制範圍(service volume, SV)容易重疊、大型航管區(tailored SV, TSV)甚至完全涵蓋小管制區(cylindrical SV, CSV)，當航機飛越這類型管制區域時需防範無線電頻道互擾(radio frequency interference, RFI)的問題。RFI 可分為兩類，若無線電 SV 內受影響的路徑在 0.33 浬 (nm) (約 2000 feet)內，可視為發出干擾的信號源在同一個 SV 內，此時稱為同域互擾(co-site Interference)；而影響的範圍超過 0.33 nm 的情形，可視為跨域互擾(Inter-site Interference)。在跨域互擾，也就是兩個相鄰管制區所屬情形，則可分為干擾信號(undesired signal, US)使用與原 SV(Desired Signal, DS)相同頻道的共同頻道干擾(co-channel interference, CCI)；與干擾信號使用相鄰於原 SV 頻道的相鄰頻道干擾(adjacent-channel interference, ACI)。由於 VHF 具有視覺直線傳播(radio line of sight, RLOS)的特性，在圖 6-9 中的三個管制區，SV2 會受到來自 SV1 的部分干擾，而 SV3 位於被地表完全遮蔽的地方，完全不受干擾。

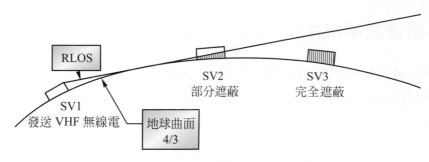

圖 6-9　VHF 的傳播特性 RLOS 示意圖

在兩個鄰近無線電頻道之間，主無線電具有原頻道/干擾頻道(DS/US)的一個保護比值P(14 dB)，其接收端具有一個相鄰頻道阻抗A (adjacent-channel rejection factor, ACR)，其大小為 60 dB，以稀釋來自相鄰的頻道信號。令S_d/S_u表示無線電所接受到來自原頻道與相鄰頻道的信號強度比值。如果$S_d/S_u > P-A$，則干擾頻道為相鄰頻道時，RFI將不會發生。如果$S_d/S_u > P$，則即使相鄰頻道與原頻道共頻，RFI 也不會發生。

　　為了避免頻道互擾的必要措施限制了無線電頻道的劃分，與可提供電路的數目。下面提供了避免互擾的方法：令D_d與D_u為兩個頻道可傳遞的距離，則它們相對於距離的信號強度為－20logD。令$(D_u/D_d)_{min}$表示D_d/D_u最小的可能性，可得：

1.　CCI 避免法則：當兩個給定的陸空通訊電路具有

　　　$(D_u/D_d)_{min} <$ antilog $(P/20)$的情形，必須使其至少間隔一個頻道寬，以避免 CCI 發生。

2.　ACI 避免法則：當兩個給定的陸空通訊電路具有

　　　$(D_u/D_d)_{min} <$ antilog$[(P-A)/20]$的情形，必須使其至少間隔兩個頻道寬，以避免 ACI 發生。

　　除了 CCI 與 ACI，還有一些因素易導致頻道間隔必須妥善隔離保護。在同域的發送設備間也有無線電發報機雜訊、接收機敏感降低、與發報機之間相互調制(inter-modulation, IM)等問題。為避免這類型 RFI 的產生，在同域內的無線電頻道之間隔離至少需要 500 kHz 的頻帶寬度。尤其 IM 問題的產生，將會在無線電設備增加後，成為一急速攀升的問題，因此基於長久陸空通訊的電路成長需求，若隨著服務航機的增加去等量增加所需求的電路，基於頻道間隔的無線電互擾問題、或基於需求的無線電設備數目，都有其發展的限制。因此，將同一個頻道以時間劃分為四個服務群的調制法 TDMA，提供較可行的電路規劃方案。

6-5-2　新通訊架構中電路需求分析

　　本節中討論三種頻道配置政策，如圖6-10所示：(1)目前的頻道政策，並以此作為比較的基值(baseline)；(2)歐洲暫時的解決方案FDMA；(3)TDMA的分時多工方案。在方案一中，ATC使用頻寬為25kHz，由航管員透過一個無線電電路，在同一時間內供給一個使用者。方案二中，分頻多工的方式可將現有頻寬切割為三份，以8.33 kHz操作，在同一時間內由三倍的無線電系統服務三倍的使用者。方案三的TDMA以分時多工的技術，在同一個頻道由一個無線電設備，透過切割的四個時槽，將語音或資料依序傳遞給最多四倍的使用者，充分節省了VHF的頻道資源。

　　依據上節中的避免RFI等指示原則，可以採用美國地區以1992年為基準的全國電路使用情形，模擬計算出採用三種預設方案後的性能表現。表6-1中列出在1992年美國地區的ATC電路使用總數為5492個，在118～137 MHz的VHF頻帶範圍內，扣掉必要的隔離保護頻帶(Guard Band)與其他用途，實際可供使用的頻寬為16-105MHz，以每年電路增加容量的平均值4%計算出的結果。若每年的變動情形均使用以上假設，在2015年以後，前兩個方案的容量都不再滿足系統成長需求。

表6-4　美國地區頻道容量分析

系統特性	方案一 基值	方案二 FDMA	方案三 TDMA
1992年度全美地區使用電路數目	5,492		
系統的電路數目的上限容量	6,895	13,832	27,580
上限與1992年基值百分比	126%	252%	502%
上限容量(電路數目)與基值的比值	1.00	2.01	4.00
頻帶需求每年增加速度[1]	5.0%	4.8%	2.2%
達到飽和年度	1998	2015	2033

註：以每年電路增加容量的平均值4%計。

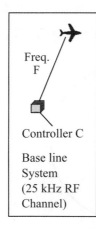 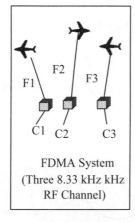 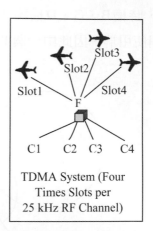

圖 6-10　三種電路規劃方案的系統資源比較

　　這個結果也可以從圖 6-11 中顯示出來：圖(a)顯示了在 VHF16-05 MHz 的限制下，方案一的電路最大數量爲 6,859，方案二的電路最大數量爲 13,832，方案三則具有最大的電路數量爲 27,530。圖(b)說明圖(a)的可得電路差異。圖(c)說明 1992 年到 2010 年的需求頻譜，方案三最節省頻道資源，容易產生 RFI 干擾的可能性也最小，因此於接下來的論述中，皆側重於 TDMA 所能提供的服務性能。

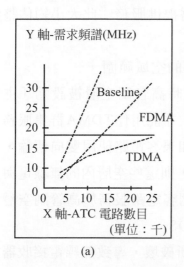 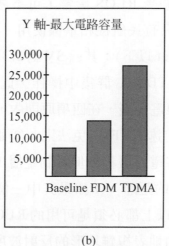 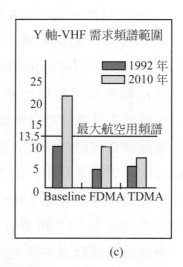

圖 6-11　三種方案頻譜需求與電路需求示意圖

6-5-3　使用 TDMA 的管制空層

　　由於 TDMA 在一個電路中具有四個時槽(A、B、C、D)，依採用四個語音時槽(4V)或兩個語音、兩個資料(2V2D)的時槽配置方式，達到形同四倍電路性能或兩倍電路性能的服務。由於它們共享一個無線電提供的電路資源，因此將稱時槽 A 爲

「主電路」，時槽B、C、D稱為「客電路」，如圖6-12所示。這些時槽可以單獨支援至多四個使用群，因此由一個TDMA無線電所提供的服務稱為「TDMA群集」。

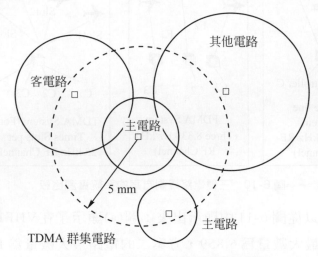

圖6-12　TDMA主客電路群集示意圖

為符合TDMA的性能，將空層劃分為TDMA式的管制空層：

1. 高管制空層(30,000 feet 以上)：空層上限高於 30,000feet，下限於 23,000 feet AGL，以下的範圍受 RLOS 影響，可不需提供服務。此大小約佔整個 SV 的 1/3 範圍，通常只有民航機和軍機使用。

2. 低管制空層(30,000 feet 以下)：其餘 SV 約 2/3 的空域範圍。

這兩種空層可於同一個 TDMA 群集中操作，此時高管制空層被設為「主電路」，所有電路應該避免無線電互擾，在四項原則內，才能用作TDMA群集服務：⑴主電路與客電路仍須符合前述的RFI避免法則；⑵如果客電路使用雙向傳輸，主電路亦同；⑶如果其中一個客電路服務於低管制空層，則這些空層內的無線電與主電路的地面站不應超過 5 nm 的距離；⑷如果其中一個客電路服務於高管制空層，須使這些空層在23,000 feet 以上都必須是可用的RLOS。

無線電訊號衰退主要是由地表複雜地形的反射波所破壞，導致無線電接收器收到不可靠的訊號，目前FAA制訂的航空無線電接收器即使在SV邊緣，也要能收到95%的可靠信號，因此使用的地面天線高度置於 50 feet AGL 以避開地面回波干擾，在此架設下的無線電傳播能力在以上的可靠度下，最大可達到 160 nm 的距離，這也是可用的 RLOS 最小距離，因此在 TDMA 群集的客電路，最遠不應置於 160 nm 之外。

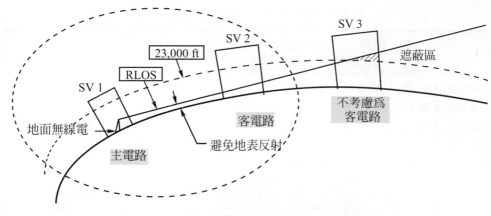

圖6-13　TDMA主客電路SV與RLOS構成原理

　　圖6-13解釋了高管制空層的主客SV關係，由於23,000 feet以下不在服務範圍內，又RLOS以上才為可得的服務範圍，因此位於此角度內的SV無線電不能被納入左端的TDMA主電路。

6-5-4　次頻道規劃

　　未來的系統必須符合目前的頻道配置，也就是於航空用、行動通訊用118～137 MHz的範圍。FAA於1998年指出，在過去的測試中發現，目前的DSB-AM系統容易受到新的數位系統的干擾，因此在兩套系統的過渡期當中，必須在118～137 MHz範圍內設置次頻道加以輔助，使符合新的數位系統。目前缺乏可調整至此頻道的無線電設備，136～137 MHz被考慮為次頻道規劃，為數位式無線電設備，需要解決此一設備功能的問題。136～137 MHz只應用於數位通訊，是DSB-AM舊系統過渡到數位式新系統的輔助方案。

　　在系統更新為全面數位化的過渡期，舊有的類比語音系統仍將保持運作，隨時間增加，將漸漸增加TDMA運作的比例，使舊系統逐漸淘汰。在舊系統完全除役後，用於新系統的頻率配置才能獲得重新分配，目前FAA的數位電路頻道配置如表6-5。

表 6-5　FAA 建議在次頻道內的頻率配置

頻率 136～137 (MHz)	使用者	用途
136.000, 136.025, 136.050, 136.075 136.100, 136.125, 136.150, 136.175 136.200, 136.225, 136.250, 136.275 136.300, 136.325, 136.350, 136.375 136.400, 136.425, 136.450, 136.475	ATC	VDL Mode 3
136.500	AOC	VDL Mode 2
136.525	ATC	FIS
136.550, 136.575, 136.600	AOC	VDL Mode 2
136.625	ATC	FIS
136.750, 136.775, 136.800	AOC	VDL Mode 2
136.825	ATC	FIS
136.850, 136.875, 136.900 136.925, 136.950, 136.975	AOC	VDL Mode 2

6-6　VDL 四個選擇的模式

如表 6-6 所示，RTCA SC-172 與 ICAO AMCP 提出了七個 VHF 數據鏈方案，每個都可以語音或資料模式操作。

以上的方案⑴至⑸必須使用不同的頻道傳遞語音與數據資料，耗費無線電頻帶且易造成干擾，故由 ICAO 認證研擬了四個數位 VHF 數據鏈(VDL)，其中 Mode1 與 Mode2 已經獲得 ICAO 認證，Mode 3 由 FAA 推動，於 ICAO 的 AMCP 小組評估中；Mode 4 為兼具監視性能的數據鏈。經過多年討論及測試 Mode 4 已經為 ICAO 採納使用，它們的特性如表 6-7。

表 6-6　早期 VHF 數據鏈方案

語音(Voice)	資料(Data)
⑴ 12.5 kHz　DSB-AM	25 kHz　CSMA
⑵ 8.33 kHz	25 kHz　CSMA
⑶ 5 kHz　AME	25 kHz　CSMA
⑹ 5 kHz　(數位)	25 kHz　CSMA
⑹ 5 kHz　(數位)	5 kHz　　CSMA
⑹ 25 kHz　TDMA (語音與資料共頻道)	
⑺ 25 kHz　DRMA (語音與資料共頻道)	

表 6-7　新一代 VHF 數據鏈四個模式

模式	調變方式	頻道速度	存取控制(MAC)
VDL Mode 1 (ACARS)	AM/MSK	2,400 bps	CSMA
VDL Mode 2	D8PSK	31,500 bps	CSMA
VDL Mode 3	D8PSK	31,500 bps	TDMA 30 ms/slot, 4 slots/frame
VDL Mode 4	FM/GFSK	19,200 bps	STDMA 6.67 ms/slot, 9000 slots/frame

　　在介紹數位資料傳遞格式以前，先簡介封包資料數據傳輸，圖 6-8 顯示出分封時框的單位劃分名詞所屬層級。

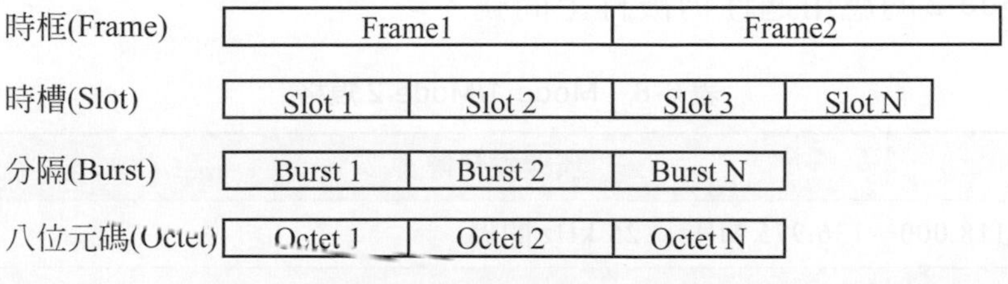

時框(Frame)

Frame1	Frame2

時槽(Slot)

Slot 1	Slot 2	Slot 3	Slot N

分隔(Burst)

Burst 1	Burst 2	Burst N

八位元碼(Octet)

Octet 1	Octet 2	Octet N

圖 6-14　分封時框示意

6-6-1　VDL Mode 1

　　Mode 1 原本是以提供 AOC 服務為導向的藍本，使其符合 FANS-1 架構。機載通訊定址與回報系統(ACARS)是主要的應用，擔任 CNS/ATM 過渡期的任務。其使用CSMA操作，傳輸速率為2400 bites，舊系統使用字元導向，將更改為位元導向的編碼方式。Mode 1雖然運作的風險低，但負載容量亦差。它使用現有的ACARS無線電技術，也因此在SARPs能很快獲得認證、其產品也能直接推行。自從1977年開始發展經過2003年的修訂至今，因為頻道速率低(600 bps)，且使用CSMA將產生未定的存取所需時間，容易造成傳輸的延遲、需求頻道太多且不支援即時傳輸、再加上缺少在鏈結層及其次網路提供可靠之資料傳輸通訊協定，導致與 ATN不相容等問題。因此在有其他模式的選擇之下，Mode 1不被認為獲得操作性的採用，已被宣告為不適合作為ATC服務，可能導致停止發展。

6-6-2　VDL Mode 2

Mode 2為Mode 1的延伸發展，為位元導向、且符合ATN的設計，為ARINC目前所推動的架構，並已取得 ICAO 標準與建議規範的正式定案。與 Mode 1 採用相同的頻寬，但使用傳輸速率為31500 bits的D8PSK編碼技術，Mode 2在AEEC架構下又稱為 AVPAC，只具備資料傳輸功能。由於 Mode 1 採用 MSK 之調變技術，因而2.4 kbps沒有壓縮下，每秒鐘可傳遞0.3 message，但Mode 2利用D8PSK，在 31.5 kbps下，資料沒壓縮時，每秒鐘可傳遞5.5 message，幾乎是Mode 1之18倍，如具有4：1之資料壓縮時，其速度可高達43倍，如此單位時間內之資料傳輸量及正確性即可大幅提高，這是 Mode 1 提升至 Mode 2 的原因。然而媒體存取方式仍採用CSMA技術，沒有即時功能以及優先權的能力。然而多數的ATM應用，都需要即時通訊服務。Mode 2 或可滿足在低層級的應用性能，但是當通信網負載越大時，存取時間將會以冪次(exp function)提升，傳遞延遲將不再符合操作要求，因此目前 Mode 2 的應用適性仍被打上問號。

表6-8　Mode 1/Mode 2規格

無線電頻帶
頻帶：118.000～136.975 MHz　25 kHz 間隔
實體層
Mode 1-Amplitude-Modulated Minimum Shift Keying (AM-MSK) Mode 2-D8PSK 調變：採用數位波形合成的變動相位法，容易對干擾敏感。
鏈路層服務與協定
CSMA-載體檢出多重傳輸

6-6-3　VDL Mode 3

Mode 3 由 FAA 推動，並獲得 AMCP 與 RTCA SC-172 的建議，進行標準與建議規範的草案研擬，ICAO 已保證按照合適的時程推行。相較於 Mode 1 與 2，是為 ATS 飛航管理的目的所設計，擁有更重大的意義。由於整合了語音與資料的通訊功能，使用 TDMA 頻道存取方式，其頻道的利用比 Mode 2 進展許多，亦可確知傳遞延遲時間。然而，支援語音的 VDL 目前尚有技術上的風險，且目前尚無語音編譯器可以完全符合 Mode 3 的操作需求，因此應用期應置於 Mode 2 之後。

表 6-9　Mode 3 規格

無線電頻帶
頻帶：118-137 MHz　25 kHz 間隔
實體層服務與協定
調變法：D8PSK。 Symbol Rate：10.5 kbaud (Data Rate：31.5 kbps) 無線電範圍：200 nm 內提供四個頻道的容量 頻道結構：單一頻道用於上鏈與下鏈 語音：編碼速率 4.8 kbps，250 ms 端對端傳遞時間
鏈路層服務與協定
時槽：TDMA 的每個時槽長度為 30 或 40 ms，視地面站使用的系統組態而定。每個時槽皆可被指派為傳送語音或資料。分隔：每個時槽含有以下三種分隔情形：(1)一個管理分隔，一個語音或資料分隔(1M ＋ 1(V/D))；(2)四個管理分隔(4M)；(3)一個管理分隔，一個交接(handoff)檢查訊息(1M+1H)
語音服務
(1)專用電路：透過單獨的電路服務特定使用群，電路不另外分享，基於"listen before push to talk"的原則傳送。 (2)指派電路：地面站接收到航機請求後，准許指派的電路。 (3)未保護電路：由許多鄰近使用共同頻道的地面站分享電路，基於"listen before push to talk"的原則傳送。

Mode 3 採用 TDMA 做為媒體存取控制方式，使用單一頻道分割的四個時槽，達成傳遞不同的語音及資料鏈路結構的要求。

6-6-4　VDL Mode 4

Mode 4 與其他模式都有著極不同的差異，最大的服務特色在於增加了空對空數據傳播服務。Mode 4 使用與 Mode 3 相同的 D8PSK 技術使其以 31.5(kbps)的速率操作，和相同的 TDMA 分頻多工存取方式，但因為加入了自組性的功能(STDMA)，使 Mode 4 可以不需透過地面站的信號同步操作支援，而在沒有地面站的支援下達成空對空的傳播。

目前國際間 VDL Mode 4 標準化的研究機構包括：

1. ICAO：AMCP 小組依其通訊協定制訂 SARPs，並不預先指定 Mode 4 的相關應用。

2. EUROCAE：專責使儀器製造與航電設備標準化的歐洲機構，已制訂 ADS-B 的最小操作性能標準(Minimum Operation Performance Standards, MOPS)。

3. ETSI：(European Telecommunications Standards Institute, ETSI)先制訂 Mode 4 的監視功能的標準，再使其他相關應用標準化。

表 6-10　Mode 4 規格

無線電頻帶
機載無線電：25 kHz channels 發報於 112.000 － 136.975 MHz；接收於 108.000 － 136.975 MHz。 地面無線電：108.000 － 136.975 MHz
實體層服務與協定
GFSK 調變：是一種具有連續相位、使用變動頻率法並結合高斯脈波濾波器的一種協定。
鏈路層服務與協定
時槽：時序被切割成許多時槽，其時槽可被機載、地面的無線電詢答機使用，同時在時序中的使用者彼此互相知道使用計畫，以避免某個時槽被同時佔用。 分隔：其結構應包含(1)Start flag，(2)Source address，(3)Reservation field，(4)Message field，(5)CRC，(6)End flag。

表 6-10　Mode 4 規格(續)

Mode 4 應用
廣播式自動回報監視系統(ADS-B, Automatic Dependent Surveillance System with Broadcast)： ADS-B 可使航機透過其機載設備，將位置、航速、方向、飛行氣象等資訊傳遞到空中航機或地面接收端。整合座艙流量資訊顯示系統(CDTI)的應用，ADS-B 可以提供其他更多的應用。 地面移動物導引與控制： A-SMGCS (A-SMGCS, Advanced Surface Movement Guidance and Control)可以要求機場內地面相關移動物體(如油水補給車)，互相報告交換其監視資料；此項應用亦可以 ADS-B 達成，可以提供相當高的精確度。 上鏈廣播訊息(FIS-B, TIS-B, DGNSS)： Mode 4 可以於地面同時廣播資訊給空中的許多航機，這種服務可用於傳遞氣象資料、飛航情報業務廣播(FIS-B, Flight Information Services Broadcast)、飛航情報業務廣播(TIS Broadcast)與差分修正 GNSS 資料等。 CPDLC： CPDLC(Controller Pilot Data Link Communications)提供駕駛員與地面管制員之間，做雙向資料資料傳遞的功能，例如離場前許可(PDC, Pre-departure Clearance)。 GNSS 上鏈： GNSS 區域擴增系統(GRAS, GNSS Regional Augmentation System)進一步增加GNSS 導航與監視能力，VDL Mode4 可用來提供 GRAS 的信號。

Mode 4 的重要應用

1. ADS-B

    (1) 重要特性描述

    　　機載 ADS-B 系統應包含 CDTI 控制面，和鏈結及顯示處理單元(link and display processor unit, LDPU)，LDPU 可以接收三種數據鏈技術：Mode S 詢答機 (1090 MHz)；universal access transceiver (UAT) (發送於 966MHz，接收於 1090MHz)；和 VDL Mode 4 (136～137 MHz)。

    (2) 機載系統架設

    　　與座艙顯示器整合的話，便可允許監視資料以及其他資訊呈現給駕駛員。一般而言在機載增設數位VHF無線電系統(VHF digital radio, VDR)，並與其他航電設備相整合，即可提供 Mode 4 的功能。

    (3) 地面站架設

    　　如果只應用空對空通訊時，無須任何地面站的資源。但在做陸空通訊的時候則需要VHF的地面站台。現有ATC的服務區域已提供基礎架構，只需再投資新一代 VHF 無線電及網路設備；即使在其他地區另外增設地面站，所需費用也比雷達系統便宜。

2. CDTI(cockpit display of traffic information)

　　CDTI 可以顯示鄰近航機與本機的相對位置，交通狀況資訊來自 ADS-B、TIS、以及航情警告及防撞系統(traffic alert and collision avoidance system, TCAS)，顯示介面可為專用螢幕或使用多功能共用顯示(multi-function display, MDU)。經過三個發展時程為，先後完成了以CDTI使用 ADS-B 技術操作效益發展 CDTI 使用三種數據鏈技術的的人機介面，發展碰撞偵測(Collision Detection)演算軟體，與ADS-B系統整合，並完成期應具有碰撞偵測與衝突解決的演算能力。最後完成機載測試及推廣建置。

6-6-5　初步評析

　　綜合VDL之各項特性，可以獲得一個簡單的結論。

1. Mode 1 傳輸速率最低，不相容於 ATN，將被淘汰。

2. Mode 2 速率提升約16倍，為 ATN 相容之模式，缺乏語音、沒有優先權、不支援即時傳輸，長久以往，仍會面臨頻道擁擠的問題，亦不適用於ATC。

3. Mode 3 即整合性語音資料系統(IVAD)，由 FAA 推動，系統運作需由地面站控制時間，因此在世界上 70 ％的地方不能運作，只能在陸地區域操作，越洋航線需輔以 HFDL 及衛星數據鏈。

4. Mode 4 有較高的運作容量，採用強健的數據編碼方式，頻道較不易受到干擾，由於不能與語音同頻道操作，主要用於監視功能。

　　因為使用CSMA的技術，處理速度低，無法滿足終端之高密度航空通訊要求，且有無法決定傳輸延遲時間的困難，因此Mode 1 與 Mode 2 可能有無法符合CNS/ATM 要求的困難。而 Mode 3 與 Mode 4 可以提供可決定的延遲時間，Mode 3 只在有地面站的地方，可以接收語音與資料的通訊，而Mode 4 則可以在缺乏地面站之區域，依然可以進行其操作，和空對空傳遞功能。Mode 4 能與 ATN 良好的整合，藉由 CPDLC 進行 ADS-B，Mode 3 與 Mode 4 應是駕駛員接受度較高的數據鏈結方式。

習　題

1. 何謂數據鏈(Data Link)，以及如何透過數據鏈(Data Link)達到廣播的目的？

2. 現行陸空通訊最大的限制在於航機與地面交換資訊只能透過語音服務，請問在數據通訊系統建立下，敘述傳統舊有系統的缺點以及在新系統建立有何優點？

3. 請說明新一代通訊系統，其中所包含的語音鏈路以及資料鏈路的需求？

4. 行動次網路提供的媒體有包含 Mode S，請說明 Mode S 的內容。

5. 請利用圖表說明航空通訊網路(ATN)的架構以及路徑選擇與端對端服務。

6. 請由 OSI 七層協定模式來描述 ATN 系統的通訊服務與網路服務。

7. 何謂無線電頻道互擾(RFI)，其中並分為哪兩類，並試著使用圖說明？

8. 請說明 TDMA 主客電路相鄰航管區管制範圍(SV)與 RLOS 構成原理。

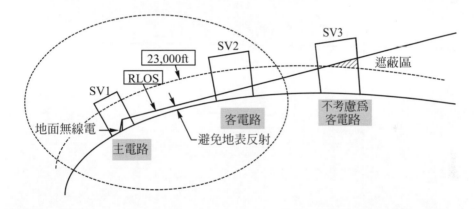

9. 在數據鏈(VDL) Mode 3 中，使用何者方式作為媒體存取控制方式以及頻道的劃分，並簡答其服務特性。

10. 請比較數據鏈(VDL) Mode 1～4 中，彼此之間的差異特性。

11. 何謂 CDTI，並請說明其特性優點。

Digital Avionics Systems

7章

慣性導航系統

7-1　慣性導航系統發展背景

　　飛機在空中運動，必須精確地掌握現在的位置與方向，才能夠保持飛航的路徑，達到航運經濟效益、保障飛航安全。從1930年代以前，因為飛行速度與高度較低，目視飛航(visual flight)為當時的主流，使得利用地標、自然景物、地理地貌作為目視導航的方法既方便又可靠。為此，飛航的第一規則是必須隨時看見外界、也必須隨時能被看見的 "see and be seen rule"。

　　當飛機的速度、高度快速提升之後，目視飛航被儀器飛航(instrument flight)所取代，依賴儀器飛航成為保障飛航安全的主要方法。1930年代起至第二次世界大戰結束的這段期間，戰爭促使技術的發展極為快速，導航與監視很快的建立一些有效、便利的技術。在1950年代發展使用Decca導航與低頻長程導航(long range navigation, LORAN)來確認飛機的位置，十分實用。但是Decca導航與低頻導航(LORAN-C)均容易受到天候、位置、環境等因素的影響，使得使用的精確度無法提昇。這兩種裝置都是由飛機機載裝備追蹤地面訊號所獲得的導航數據，通稱為依存式(dependent)導航系統。

　　民間飛機在 1960 年左右開始運用都卜勒(Doppler)導航裝置，這是最初的獨立式(independent)導航裝置。但是都卜勒導航裝置有下列的問題，例如：

1. 導航的裝置受到羅盤系統與地磁的精度所影響。

2. 飛行在平穩的海面或沙漠等地方時，電波的反射會變微弱，因而必須經常使用推測導航(stochastic navigation)及濾波器(filter)來消除干擾問題。

3. 飛機的方位、距離等數據的誤差會隨著時間增長而累積越來越多，一段時間以內仍須靠地面的助導航設施來修正。

　　因此，航電系統之研究期盼能夠研發更安定且精度更高的獨立式導航裝置。

　　1960 年代以來民航飛機的導航系統就包括兩種類型，一種是機載獨立性的慣性導航系統，另一種為利用地面設施為主的相依式導航系統。至 1990 年代起，因為全球衛星定位系統(global positioning system，GPS)逐漸實用化，飛機上的導航方式增加了第三種稱為全球導航衛星系統(global navigation satellite system，GNSS)。根據國際民航組織(ICAO)之規劃，衛星導航系統將於 2010 年全面取代地面為主的導航系統，改變飛行導航的技術。未來的飛行將全面靠機載航電系統來定位。由於近半世紀以來慣性導航系統已經十分進步，精確度也已經超越地面助導航設施的標準，成為極可靠的導航系統，過渡時期並將繼續沿用下去。

7-2　慣性系統的原理

　　從人體的大腦感覺來發展，如何感覺到運動、加速、轉彎等動態特性，這些都是由於大腦對慣性的反應所建立的經驗。因此模擬大腦設計的慣性感測器，裝置於動態的飛機上，將可以建立獨立式(independent)的導航系統。

　　慣性(inertia)原理做飛行體控制早已應用於二次大戰末期德國所開發的 V-2 火箭上。慣性導航的裝置首先發展量測飛行體運動加速度的加速儀，以及維持飛行體正確姿勢的陀螺儀(gyroscope)所構成。所謂慣性導航就是利用陀螺儀與加速儀等裝置的組合，將加速度、速度、位置等資料經由一連串的積分計算與校正來獲得，最後融合姿態資料將飛機動態方程式所需的六個自由度數據建立起來。

　　慣性導航裝置比其他導航裝置較優的特點概略可得知如下：

1. 由於完全的自立導航系統，所以不需要地上的援助設施。

2. 可連續獲得導航資料，如位置、方位、姿態等。

3. 可由駕駛員操作，而不必有導航專門的領航者。

因此，慣性導航系統的發明與啟用，大幅提高飛航操作的效率，並精簡座艙飛行組員(flight crew)。

發展成熟的慣性導航系統包括的組件有：

1. 導航單元(navigation unit)，即各種慣性感測元件的硬體組合。

2. 控制與顯示單元(control display unit，CDU)，即數據轉換、傳送及顯示在飛行儀表板面的軟體處理程序。

3. 電池單元(battery unit)為慣性系統的獨立備用電源提供緊急備用需求。

4. 模式選擇單元(mode select unit)為慣性系統數據應用模式的選擇軟體與硬體。

慣性系統(incrtia system)主要包括了陀螺儀(gyroscope)和加速儀(accelerator)兩種感測元件。陀螺儀是感測出角運動的改變量，它們提供了飛機的姿態與運動資訊給飛行控制系統導引飛機的飛行。加速儀則是飛機在空中各方向的加速度數據，它們提供動力與控制所需的資訊，協助飛機的操作。飛機在空中飛行，運動的動力平衡包括六個自由度的數據，因此三個陀螺儀及三個加速儀分別置於飛機的三個軸方向，以同時偵測六個自由度所需的數據。在飛行上，飛機的姿態對飛行員而言極為重要，陀螺儀和加速儀也是空間指示系統 (spatial reference system) 或姿態與方位參考系統 (attitude/heading reference system，AHRS)。三個陀螺儀及三個加速儀所獲得的慣性數據將送入慣性參考導航系統(inertia reference system，IRS)計算飛機的航向、高度與位置，如圖 7-1 所示。

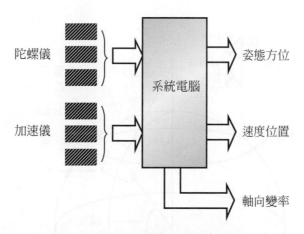

圖 7-1　慣性參考導航系統輸入與輸出

7-3　地球與空間運動之加速度

飛機的加速度儀上所累積移動數據，是飛機在慣性空間運動時的加速度。由於地球以一小時約 15 度的固定角速度在進行自轉，所以飛機上加速儀的輸出資料，除了飛機在地球上飛行運動的加速度外，還包括有地球自轉的加速度成分。由於慣性導航是以飛機在地球上的移動為基本的航法，所以必須先去除地球自轉的加速度分量，並求出地球上移動的三方向線性加速度，才能開始進行導航計算。

　　地球是一顆橢圓形的行星，其南北極方向的形狀比較扁平，所以從地球上看的緯度(geocentric latitude)、與從地球表面垂線上所看到的地理學上緯度(geographic latitude)不同。在地球表面上吊重物所測知的重力方向，是地球引力與地球自轉離心力的合成方向，在地理學上稱為局部垂直(local vertical)。實際上兩者之間的差只有1/120度，所以可以視為相等。在導航上由於是使用地理學上的緯度，所以後面就簡單稱緯度來涵蓋地理學緯度。

　　從圖7-2中可以觀察到空間運動體受到地球引力，在不同經緯度位置時所產生的作用力。在飛機上累積移動距離的加速度儀，含有下列式子表示的加速度成分。慣性導航的基本表示式為：

$$A = [dV/dt]g + 2\Omega \times V - g \tag{7-1}$$

其中：　A為加速度儀的輸出值

　　　　$[dV/dt]g$為飛機移動時產生的加速度

　　　　$2\Omega \times V$為地球自轉所產生的加速度(動向加速度)

　　　　V為飛機的移動速度(m/s)

　　　　Ω為地球的自轉速率(rad/s)

　　　　g為重力加速度

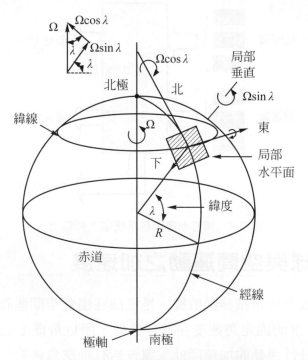

圖 7-2　地球上的運動向量與經緯度關係

　　若要只取出飛機對地球的加速度，必須要使用萬向環(gimble)隨時將加速度儀保持局部水平，以減少重力加速度的影響，稱為萬向環慣性裝置，或稱穩定平台(stable platform)裝置。在飛行過程中，慣性系統數據為即時資料，從飛機的動態加速度值來推算飛機的速度與位置，並與地面為主的導航訊號比較誤差，然後隨時校正加速儀的輸出。

　　如果將地球的自轉向量分解成 E 軸、N 軸、A_z 軸等方向，可以建立任意空間位置運動時對各軸方向的運動速度 V_E、V_N、h，獲得求取動向加速度的關係式：

$$2\Omega \times V = 2\Omega \begin{vmatrix} \overline{i}_E & \overline{i}_N & \overline{i}_{AZ} \\ 0 & \cos\lambda & \sin\lambda \\ V_E & V_N & h \end{vmatrix} \tag{7-2}$$

其中 i 為方向性向量，h、$\dot{h}$ 分別為飛機的高度與高度變率。因此指北至動向系統的慣性導航基本式子，可以利用上式改寫如下：

1. 指東加速儀

$$A_E = \frac{dV_E}{dt} + 2\Omega \cos\lambda \dot{h} - 2\Omega \sin\lambda V_N$$

2. 指北加速儀

$$A_N = \frac{dV_N}{dt} + 2\Omega \sin\lambda V_E$$

3. 垂直加速儀

$$A_{AZ} = \ddot{h} + 2\Omega \cos\lambda \dot{h} - g \tag{7-3}$$

其中指東加速儀含有因飛機上下運動和南北飛行而產生的加速度成分，而指北加速儀含有因東西飛行而產生的加速度成分，至於垂直加速儀則含有因東西飛行而產生的加速度成分及重力加速度成分等。向著北緯 45 度以每小時 900 公里的速度飛行的飛機，其動向加速度約 2.6×10^1 g。雖然這個數值平常並不需特別注意，但是慣性導航系統所使用的加速儀卻會仔細的將其檢出，並且進行校正。

　　若指東加速儀的輸出保持為零，並以一定高度向北飛行時，飛機會產生向西的動向加速度。若要修正的話可以使飛機漸靠向東方飛行。若將指北加速儀的輸出保持為零，並向東方飛行時，飛機會產生向下及向北的動向加速度。若要修正的話，可以使飛機漸提昇高度，並且漸靠向南方飛行。

在校正這些現象時，其中加速儀的輸出除了以7-3式來修正動向加速度外，還可用於速度和位置的計算上。

進行動向加速度的修正、地球自轉的修正、以及位置的修正，可以求得南北方向的速度V_N、東西方向的速度V_Z、緯度的變化$\Delta\lambda$、和經度的變化$\Delta\Omega$。慣性導航裝置就是以這些資料爲基礎，以進行導航資料的計算。

慣性導航裝置首先將出發地的緯度λ_0，經度Ω_0記憶在電腦中。然後裝置中計算緯度的變化$\Delta\lambda$和經度的變化$\Delta\Omega$。所以飛機的現在位置(POS)可以由出發地的經度、緯度加上各自變化的部分即可求得現在的位置爲：

$$\lambda = \lambda_0 + \Delta\lambda \quad (\text{deg})$$
$$\Omega = \Omega_0 + \Delta\Omega \quad (\text{deg}) \tag{7-4}$$

對於慣性導航系統之感測元件的精度要求，隨著應用於不同的系統而有不同的需求規格，而且所要求的精度越高，相對的價格也會隨之增加。

7-4　慣性力與機械式陀螺儀

機械式陀螺儀是利用旋轉動力，例如由馬達或高壓氣體所驅動、具有特定質量的轉子、達到極高速旋轉的一種陀螺機械裝置，如圖7-3所示。以高速做旋轉運動的轉子只要不受到外力，對於慣性空間轉軸能夠經常保持一定方向的特性，稱爲陀螺儀的剛性。陀螺儀剛性的大小和轉子的角運動量成正比。

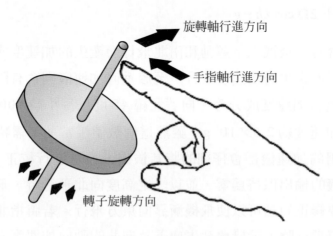

圖7-3　陀螺儀的旋轉特性

陀螺儀的機械力關係可以用簡單的數學式來表示：

$$H = J*w_r \qquad\qquad (7-5)$$

其中，H為角運動量，J為轉子轉軸的轉動慣性力矩，w_r為轉子轉軸的旋轉角速度。因此，若要得到安定的陀螺儀就必須加大慣性力矩和提高旋轉速度。由牛頓第二運動定律我們可得：

$$T = H*\theta \qquad\qquad (7-6)$$

T為陀螺儀所反應的扭力矩，θ為陀螺儀之轉矩角。

機械式陀螺儀是利用高質量轉子(rotor)在高速旋轉下，所產生的慣性質量，稱為慣性轉子，除非有外力的直接侵入改變旋轉軸的方向而使其旋轉變異外，通常旋轉軸在慣性空間內隨時都保持固定的方向，可以隨遇而安，這種特性稱為慣性轉子的剛性(rigidity)。陀螺儀慣性轉子所具備的剛性，可以維持陀螺儀保持在原來的慣性位置上，因此經過運動後，即可參考慣性轉子的原始位置檢出移動體的迴轉運動的新位置或方向。

因此，陀螺儀成為飛機上重要元件，它提供了飛機飛行時的一個參考訊號，如圖 7-3 所示的簡單結構，實際上的裝置設計十分精巧複雜，有兩項值得注意的：

1. 第一特性是在沒有摩擦力的情形下，空間上一個在旋轉的陀螺儀會保持在空間上繼續旋轉的特性。

2. 第二特性是陀螺儀的旋轉特性，當以某一方向向一個陀螺施以力量時，陀螺的行進方向並不會沿此施力的方向前進，因為其旋轉的關係，而會沿著另一方向偏轉。

由此，機械裝置如何讓慣性質量的摩擦最小，以及如何檢測出方為訊號並予適當的傳遞到儀表上。

因此機械式角動量陀螺儀除了旋轉機構外，更必須有低摩擦阻力的萬向環(gimble)，分別針對 X、Y、Z 等三個軸向支撐，以便陀螺轉子能夠在三度空間內自由旋轉。如圖 7-4 所示為萬向環的基本架構。萬向環由三個平台架機構所組成，從內側安裝依序方位平台架、俯仰平台架、滾動平台架等層次來組裝，最終滾動平台架藉由支持框架安裝在機體上，並置於接近重心附近，並且注意與其他儀表或電源的隔離。

因為慣性轉子被隔絕在三個軸向的萬向環內，如何驅動轉子，必須同時兼顧不能影響轉子與萬向環間的自由關係。慣性轉子的驅動基本上有兩個方式。

1. 馬達驅動方式：將慣性轉子與一個驅動馬達電樞(amature)結合，驅動馬達的轉子固定在一個萬向環的支點上，轉動馬達旋轉後形成爲場轉式馬達，帶動慣性轉子旋轉。

2. 高壓氣流驅動方式：將慣性轉子之支撐軸固定於內層萬向環上，在慣性轉子側邊緣加上一些凸起的耳朵，將高速的氣體從萬向環框架內送至慣性轉子，並對著慣性轉子的凸起邊緣吹送，因此可以起動慣性轉子加速旋轉。

機械式陀螺儀的高質量轉子以約每分鐘 20,000 轉以上轉速來運轉，因此，從飛機開始啓動到達陀螺儀穩定需要數分鐘到數十分鐘之譜。當陀螺儀穩定輸出訊號後，飛行員才能開始作出發原點的校正，亦即面對駕駛艙外停機位上方所標示的座標牌來輸入。

　　慣性系統元件與飛機的機身結構，X、Y、Z 方向，以及固定方式均極重要。爲使傳統的陀螺儀元件受到最大的保護與最小的干擾，發展出萬向環基座。然而當光學陀螺儀受到重視後，附掛式(strap-down)組裝也可以達到所需的精密條件。附掛式的組裝將慣性元件安裝在接近重心(center of gravity)的附近，唯一必須注意與鄰近的儀表或電源保持距離，以免受到影響。不論是附掛式或萬向環式，航電系統中必須建立兩套慣性系統互相作爲備用，因此飛機上分別包括了 6 個單軸的陀螺儀及 6 個單軸的加速儀，參考圖 7-1 所示。

　　組裝陀螺儀與加速儀時，爲了保持平台的正確向北以及水平，乃將三個陀螺儀，即方位陀螺儀(azimuth gyro)、指北陀螺儀(north gyro)、以及指東陀螺儀(east gyro)等以相互垂直的方式安裝，而且方位陀螺儀的輸入軸與局部垂直平行，而指北陀螺儀的輸入軸則正確指向眞北方位(true north)。在慣性導航系統中還有加速儀，在平台的局部水平與水平面平行且向正北的平面上裝置三個加速儀，一個向正北、一個向正東另一個垂直與北與東的平面上，積分計算過加速儀的輸出後，即可求得飛機的三個軸向的速度；若再度積分，則可求出飛機的三個軸向的移動距離和位置。

7-5　機械式陀螺儀

　　由此設計出陀螺儀之基本結構，如圖 7-4 所示，包括一個慣性質量，一組萬向環，訊號輸出裝置同步器以及慣性質量的驅動系統。各種功能的陀螺儀其定義與特性均有極大差異，並且也各有作用原理。

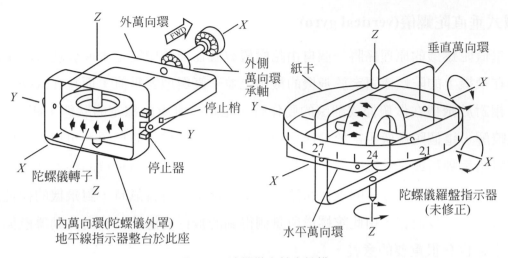

圖 7-4　陀螺儀之基本結構

機械式自由陀螺儀(free gyro)

自由陀螺儀係一個單純、原始且沒有任何外力作用於其上的陀螺儀，如圖 7-5 所示，也就是說其旋轉軸在空間上的任何方向應該都是有自由度的，而且沒有任何力臂或力量作用於其上。因此，自由陀螺儀必須被固定於一個完整的懸吊系統，而且沿著其座標平面的三個軸應該是可以完全自由移動。所以，從自由陀螺儀的定義可知，它會一直在空間上固定指在同一方向，而且在現實中，沒有一個陀螺的旋轉軸能永遠指在空間上的同一方向，因此不能成為一個自由陀螺儀。

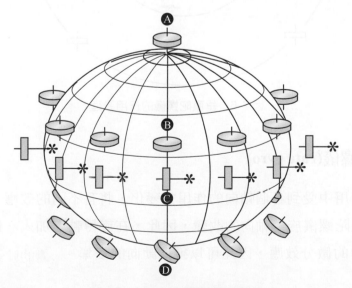

圖 7-5　自由陀螺儀的原理特性

CHAPTER

7

機械式垂直陀螺儀(vertical gyro)

　　垂直陀螺儀的原理係將一個自由陀螺儀放置在空間中完全垂直於地表的平面，例如在飛機上的陀螺儀固定於飛機的機體上並一直與地表垂直，而且在飛機上的陀螺儀相對於飛機在做俯仰或翻滾的動作時，也是一直處於穩定的狀態，觀察圖 7-6 可以瞭解，這個陀螺儀相當於飛機運動方向的陀螺儀穩定的位置，可用來提供飛行的資料給駕駛員或是系統的控制電腦，使得駕駛員可以知道飛機的機頭朝上或是朝下，或是機翼的平衡等等的飛行狀態，這當天候不佳有霧氣時，對飛機的操控是很重要的；進一步而言，由此陀螺儀所量測得到的飛行姿態的資料對自動導航與飛行控制等等也有很重要的意義。

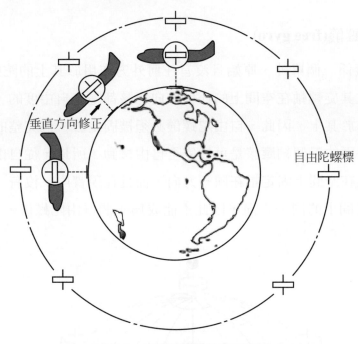

垂直方向修正

自由陀螺標

圖 7-6　垂直陀螺儀的作用原理

機械式變率陀螺儀(rate gyro)

　　陀螺儀在使用中受到各個軸向的作用力變化，將有不同的效應。變率陀螺儀的基本原理要檢測陀螺儀旋轉軸向的改變，因此，在旋轉軸上加入一個彈簧，以達到這個軸向作用力的微分效應，因此可以獲得動向的變率。

陀螺儀上的同步器

　　陀螺儀之訊號輸出必須透過沒有接觸的機構將訊號傳遞到航電儀表上。圖 7-7 是陀螺儀利用同步器(synchro)將類比訊號輸出的電路圖示。圖中僅以方位軸(azimuth) 向來代表。其他個軸向均各自附掛一個同步器，作為類比訊號的傳輸機構。

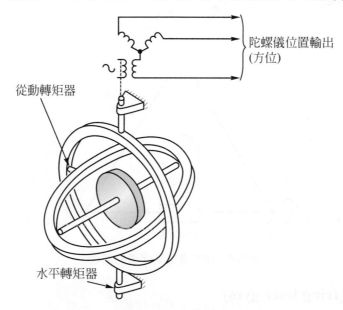

陀螺儀位置輸出
(方位)

從動轉矩器

水平轉矩器

圖 7-7　陀螺儀與輸出同步器的基本原理

7-6　光學陀螺儀(optical gyro)

　　除了機械式的陀螺儀之外，光學陀螺儀也是近代發明的一項產物。光，或雷射光，在介質中運動會受到加速度的影響。當一道光束逆著與順著一個外來的加速度，將使的光的傳播速度減少或增加。由於同時產生的兩束光，受到加速度的影響增加或減低速度，在行走相同的距離後，會合在一起時會有光相位差的問題。光相位差與外界的加速度成正比，此種現象稱為沙格那效應(Sagnac effect)。

　　當沙格那效應(Sagnac effect)產生時，兩道光束不同時到達目的點，因為時間差異非常的短，僅有數個微微秒(pico seconds)，將會產生光學的干涉效應。圖 7-8 與圖 7-10 所示為兩種利用沙格那效應(Sagnac effect)所設計的陀螺儀。因為普通可見光的特性較差，採用光束穩定性高的雷射光可以獲得單光的效果，且干涉影響會更清晰可判讀。

當兩束雷射光受到外在加速度產生沙格那效應(Sagnac effect)時，光的干涉成像必須能夠讀取。因為干涉效應產生時，光的相位差，或正比於外在的加速度，會使得干涉光譜之條紋特性有明顯差異。若將主干涉線的紋路加以識別，可以轉換計算獲得外在加速度的數據。

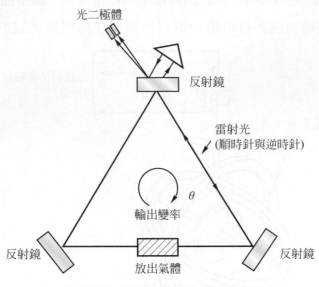

圖 7-8　環形雷射陀螺儀的原理

環形雷射陀螺儀(ring laser gyro)

隨著雷射光電技術的發達，將光受到旋轉角速度的影響檢測出來的技術，利用雷射管產生雷射光傳播的現象，設計環形雷射陀螺儀。雷射系統首先必須有放電管、電極、以及光學路徑的設計。圖 7-8 所示為一個三角型的雷射陀螺儀結構。三角型的三邊為雷射放電管，其上下分別為陽極或陰極。當足夠高的電壓在放電管中激發放電，將使能量激發充於放電管中的氣體。放電電壓與氣體有一定的關係，例如氦氣或氖氣雷射約為 2,000 伏特左右。被放電激發後的氣體，能位(energy level)提升至一個半穩定狀態(meta-stable state)，並且在極短的時間內(約為 0.01～0.1 微秒間)將能量釋出，能位降低到一個穩定的能位上。雷射系統的設計包括找到特定的半穩態能位以及鄰近的另一個穩態能位，從零位階被激發後必須有相當高比率的氣體分子均能接受到能量，其能位被提升到設計的半穩態能位，選擇半穩態能位及放電電壓為設計的第一步。其次在被選的半穩態能位附近取找到一個穩態能位，大多數被激發的氣體分子均能夠釋出間能量回到此一穩態能位，此為第二步。在第二步設計中半穩態能位與穩態能位間的能量差十分重要，因為氣體分子所釋放的能量將以光的形式傳送出去，從普朗克定律(Plank Law)，$E = h\upsilon$，此能位差(E)即可轉換成特定頻率(υ)與顏色的光線。

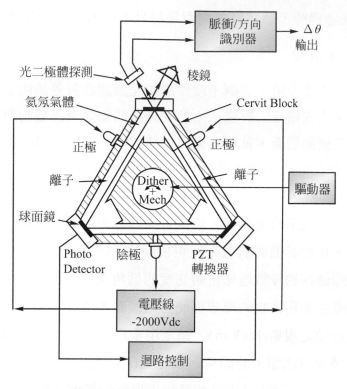

圖 7-9　環形雷射陀螺儀的主要結構圖

　　氣體雷射系統的設計三個軸向分別為：Y 方向為放電電壓方向、Z 方向為氣體流動方向、X 方向則為激發的雷射光方向。雷射陀螺儀的功率極低，將氣體一次加壓封裝後即可反覆使用。雷射光產生後會在雷射管內向 X 軸兩端發射，因此三角形狀的雷射管必須加裝反射鏡面，將光線反射至正確的方向。雷射陀螺儀製作完成後，將氖氣或氦氣封裝入中空的石英管中所構成，雷射激發後波長 632.8 nm 的雷射光就從 X 軸兩方向同時發射，分別為順時針與逆時針傳播，經反射鏡反射後分別到達圖 7-9 上端的受光檢測器。當陀螺儀靜止時，順時針方向的雷射光與逆時針方向的雷射光將同時抵達受光檢測器。但是當陀螺儀以角速度 (rad/s) 向順時針或逆時針方向旋迴轉運動時，則兩道雷射光到達受光檢測器產生時間差，可以用下列式子表示：

$$\Delta T = (4A/c^2)\dot{\theta} \tag{7-7}$$

其中 c 為光速，θ 為陀螺儀偏轉角及其微分(即角速度)，A 為包含光路徑長 r 所包圍的面積。若 L 為總光路徑長，結果順時針與逆時針兩方向光線傳播產生的路徑差為：

$$\Delta L = (4A/c)\dot{\theta} \tag{7-8}$$

當波長λ的雷射光通過時，順時針方向與逆時針方向的光會產生如下的週波數差

$$\Delta f = (4A/\lambda L)\dot\theta \qquad (7-9)$$

兩道雷射光將產生干涉作用，這個干涉作用的光譜週波數差值由受光檢測器作光譜分析，可以將之量化成精確的數據。由於受光檢測器之光譜變動與角速度成比例，所以若能量化出其變動脈衝，就可以測出角速度了。環形雷射陀螺儀的測定範圍為400 deg/s，可能檢出的最小角速度為0.015 deg/hr左右。

雷射陀螺儀是1970年代雷射研究熱門時期所設計的產品，它排除了傳統陀螺儀的機械結構，提高使用的可靠度，依據可靠度分析估計，雷射陀螺儀的平均壽命可以達到150年，比起其他的航電系統更為耐用。

環形雷射陀螺儀在約等於地球自轉速度的低角速度領域時，由於光的週波數差會變少，所以會產生互相吸收的現象而使得週波數差消失，結果無法檢出迴轉角速度，這種現象稱為鎖定現象(lock in)。鎖定現象為控制系統在小訊號下容易發生的一個重要問題，解決方法卻十分簡單。漢尼威(Honeywell)公司的陀螺儀為了避免鎖定現象的發生，因此在圖7-9中央加裝微小振動的機械結構(dither mechanics)。振動機構產生一個極小、不規則的振動，來凸顯接近零點附近的現象可以明顯的被"觀測"到，因此能作有效的控制。

光纖雷射陀螺儀(optical fiber gyro)

環形雷射陀螺儀發明後，利用雷射光的傳播與相位差的干涉現象來設計陀螺儀的觀念即被利用。光纖技術於1980年代開始成熟後，利用沙格那效應(Sagnac effect)與光纖直接結合而成的光纖雷射陀螺儀即被開發出來。

光纖雷射陀螺儀乃將環形雷射陀螺儀加以改進，刪除雷射產生的裝置，直接將雷射光源從外面送入捲繞成線圈狀極長的光纖維中。與環形雷射陀螺儀相似，利用分光器(beam splitter)將雷射光源分離成左右兩方向的光束。

左右兩方向的雷射光束在光纖圈終將分別順時針或逆時針傳播，當光纖陀螺儀受到旋轉的角速度時，同樣會使兩道雷射光產生時間差或相位差，即沙格那效應。雷射光到達出口投射到受光檢測器時也將產生干涉頻譜。然後利用干涉頻譜分析來量化兩光的相位差，以讀出測定的角速度。當光纖雷射陀螺儀的半徑一定時，其相位差的增加與捲數成正比，所以通常使用極長的光纖。目前的技術最長只能製作1 km長的光纖，而光的強度也只有1/2程度而已。

光纖雷射陀螺儀與環形雷射陀螺儀相同，兩雷射光的時間差為：

$$\Delta T = (4A/c^2)\dot{\theta} \tag{7-10}$$

假設光纖捲成線圈有 N 圈，$A = \pi R^2 N$，R 為捲成線圈的半徑，θ、$\dot{\theta}$ 為輸入方向變率及角加速度，則

$$N = L/2\pi R \tag{7-11}$$

因此

$$\Delta T = (LD/c^2)\dot{\theta} \tag{7-12}$$

其中 $D = 2R$。

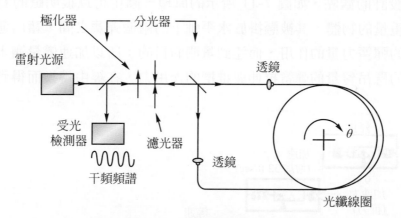

圖 7-10　光纖陀螺儀的原理

由以上數學公式，我們即可以計算出相對應的角速度。

光纖雷射陀螺儀的構造比環形雷射陀螺儀更為簡單且輕巧，製造完成後的維修工作極為簡單，可靠度極高，滿足一般航電系統的基本條件，可望成為未來導航用陀螺儀的主流。

7-7   加速儀(accelerometer)

　　加速儀的基本原理係將一個固定質量在空間運動時，受到加速度的影響檢測出來。假設一個彈簧附掛的質量(m)受到運動加速度(a)時，必將產生作用力(F)，

$$F = ma$$

作用在彈性係數(K)的彈簧上來拉長彈簧長度(l)，

$$l = F/k$$

當加速度消失時，作用力也消失了，質量與彈簧的關係回到原點。因此可以揣摩出一個加速儀設計的觀點，如圖 7-11 所示的原理。圖中可以很明瞭的看出，加速儀中含一個小重量的物體，其被懸掛於水平軸上的兩個彈簧之間，藉由運動所產生的變量而引起的彈簧力量的作用，而達到量測的目的；所以加速儀量測水平方向因為加速而導致的懸吊質量的彈簧拉伸與推擠的作用力，在經由轉換而得到飛行加速度數據。

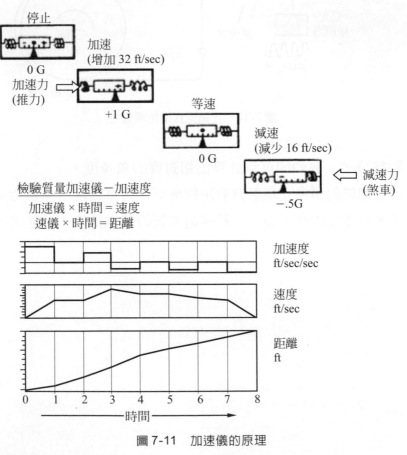

圖 7-11　加速儀的原理

　　由於加速度的量有三個軸向，圖 7-11 所示的夠適合於水平軸向來裝置，垂直軸向必須另外設計。將單一軸向的加速度檢測出來之後，經過一次積分與二次積分可以分別獲得該軸向之速度與距離。在即時系統中，每一個觀測量的積分將導致極大的誤差來源。因此加速儀所計算轉換之數據必須定期、定量的加以修正。

　　因為地球的地心引力與用來克服質量慣性力加速度使得質量能與機械飛機裝置有相同的加速度的力量不易區別，因此就增加了使用加速儀量測的複雜性；因此，只有當加速儀的預備量測的方向軸，與地心引力互相垂直時，也就是把加速儀水平的放置，則沒有地心引力的分量作用在加速儀的量測軸上，則飛機的水平分量的速度改變將會被量得，換句話說，加速儀在其作用的原理上必須時時處於一個水平的狀態，以至於不被重力加速度的分量所影響。

　　至於垂直軸向的加速儀基本上如圖 7-12 所示的單簧懸臂加速儀(simple spring rcstrained pendulous accelerometer)的結構設計。單簧懸臂加速儀的結構是一個簡單懸臂單擺，其中包含一個被彈簧所支撐的懸吊質量系統，懸吊質量祇能往一個軸向運動。支撐此懸臂質量的樞紐則支撐這個力臂與其所懸掛的質量，當然，其所施加的力臂與物體的加速度會有關係。

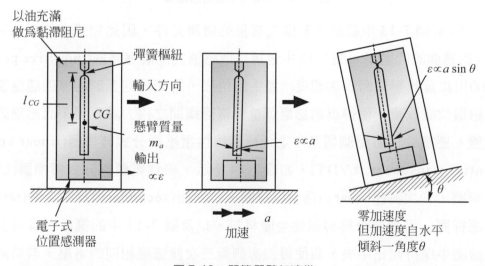

圖 7-12　單簧懸臂加速儀

　　從這個原理，平衡力矩懸臂加速儀(torque balance pendulous accelerometer)的設計則將感測器與阻尼同時考慮，並改進量測上的精密度。此兩裝置的加速儀不同的地方是在作用的系統中加了一個閉迴路(closed loop)電路，透過這個閉迴路電路的作用修正力臂的操作加速儀，以便此裝置可以更精確的量測得飛機加速度的變化。圖 7-13 中滑動式永磁轉矩馬達用來鎖定加速度的方向與傾斜量，以防止量測懸臂搖擺不定。滑動式永磁轉矩馬達有兩個，左右邊各一，鐵心激磁線圈採用直流電源。

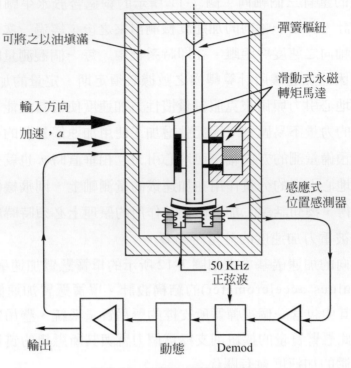

可將之以油填滿

彈簧樞紐

滑動式永磁
轉矩馬達

輸入方向
加速，a

感應式
位置感測器

50 KHz
正弦波

輸出　　　　　動態　　　Demod

圖 7-13　　平衡力矩懸臂加速儀

　　圖 7-11 與圖 7-13 中都缺乏對慣性質量的檢測元件，因此加速度的現象如何 "
觀測" 成為感測的問題了。圖 7-13 中包括一個感應式位置感測器(inductive position
pick-off)用以量測懸臂因為加速度所產生的位移，將使得圓弧形的導磁感應質量與
線圈電磁鐵位置改變，使得導磁感應質量與電磁鐵間之磁力線改變，而感應訊號也
隨之改變。感應式位置感測器基本上通稱為線性電壓微分式轉換器(linear voltage
differential transducer, LVDT)，如圖 7-14 所示。線性電壓微分式轉換器(LVDT)
有三組線圈，一次測(primary)為激磁線圈，二次測(secondary)及三次測(tertiary)
均為感應線圈。可動部分為導磁性金屬材料，以及圖 7-13 中的擺捶。當可動部分
在三組線圈中保持在正中央，將使得二次測與三次測感應相同的電壓，若將兩個電
壓相加將得到 0，或相減得到最大值。當可動部分受到作用力產生位移時，二次測
與三次測的感應電壓就會不同。利用電壓的差異值特性，可以計算作用力的方向與
大小，亦即加速度的方向與大小。為使線性電壓微分式轉換器(LVDT)之訊號很明
顯，激磁訊號的頻率都很高，為 50kHz 正弦波。

回顧圖 7-11，該圖中沒有位移的感測裝置，可以將該圖所示之慣性質量部分用線性電壓微分式轉換器(LVDT)中的可動部分來取代，使用導磁性材料，選擇適當質量，則在水平軸向上的加速度可以經過線性電壓微分式轉換器(LVDT)的二次測與三次測來偵測。

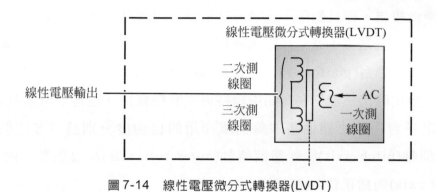

線性電壓微分式轉換器(LVDT)

二次測
線圈

線性電壓輸出

三次測
線圈

AC

一次測
線圈

圖 7-14　線性電壓微分式轉換器(LVDT)

通常測量慣性加速度的加速儀都會用油加以填充其空間，以降低飛機在飛行的過程中，不穩定所造成的變因或誤差。填充油是一個很好的阻尼，但是會增加重量。

7-8　慣性導航系統

陀螺儀與加速儀是慣性導航系統(inertia navigation system, INS)、慣性參考系統(inertia reference system, IRS)以及姿態與方位參考系統(attitude/heading reference system, AHRS)的主要感測元件。飛行員的飛行守則必須隨時能夠判定飛機的姿態，目視飛航時可以看地面狀況來決定，儀器飛航時則必須要依賴有效的儀表來協助。因此飛機在飛行的過程中，即時量測飛機飛行姿態的俯仰角(pitch angle)或稱攻角(angle of attack, AOA, α)、側滑角(sideslip angle, β)、以及傾斜角(bank angle)是基本而重要的工作，有了這些基本的飛行資訊，才能提供飛行員在各種天候以及飛行的條件下安全的飛行。飛機在空中的運動可以用三個尤拉角(Euler angle)來描述，定義這三個角度以及其變化，才能正確的掌握飛機的姿態變化，提供控制系統與駕駛員做正確的控制動作。為了要更精準的測量出這些尤拉角(Euler angle)的變化，航空電子系統中採用下列兩個機械裝置方式，利用陀螺儀與加速儀來建立姿態與方位參考系統。

CHAPTER

7

穩定平台系統(stable platform system)

一架飛機沿著三度空間在地表上空飛行有著六個自由度(six degrees of freedom)，其中的自由度是指三個平移的方向即南北移動、東西移動與上升或下降移動，三個轉動的方向即滾轉(roll)、俯仰(pitch)與偏航(yaw)的動作，而真實的飛機在空間的飛行運動極為複雜，而且動作的改變常常是結合六個自由度的分量。

穩定平台系統基本上就是一組萬向環(gimbale)結構，將所需的陀螺儀和加速儀固定在裡面的平台(platform)上，由於各軸向之萬向環的控制，使得平台能夠在飛機作姿態變化時仍然能夠在空間中維持恆定狀態條件。穩定平台系統如圖 7-15 所示。穩定平台系統之四個基本萬向環作用的自由度分別為：方位軸(azimuth axis)、俯仰軸(pitch axis)、外部滾轉軸(outer roll axis)都沒限制，內部滾轉軸 (inner roll axis)則為正負20度範圍。

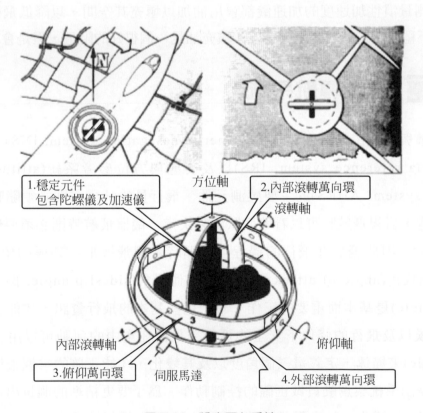

圖 7-15　穩定平台系統

　　在穩定平台上的每一個萬向環都連結到一組同步器(synchro)上，以便將姿態位置檢測出來。外圈的萬向環中有一個伺服馬達，而內圈的兩個萬向環的姿態透過訊號處理則直接控制著這個伺服馬達，透過外圈萬向環上馬達的控制作用，除了可以減低系統在量測上信號的誤差之外，另外還可以在當飛機在垂直向上飛行時，防止穩定平台系統中的任何一組萬向環被鎖死。由於萬向環的交互作用可以使得飛機在姿態改變時的加速度可以被精確的量測出來，並且維持穩定平台不受飛行姿態的改變，恆定的處在一個平衡且穩定狀態。

附掛式系統(strap-down system)

　　將陀螺儀與加速儀裝置在飛機中的另外一種方式是將所需的元件附掛在飛機的重心位置上。圖 7-16 為附掛式的示意圖。

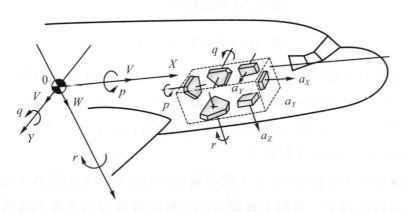

圖 7-16　附掛式陀螺儀與加速儀

　　附掛式系統結構是將所有陀螺儀與加速儀固定在一個剛體上，而這個剛體直接懸掛於飛機的機體。為使量測的數據與飛機重心有一致的概念，附掛是系統必須安置在飛機重心(center of gravity)附近。附掛式系統內的陀螺儀與加速儀則分別量測飛機上相對於機體的角度變化(angular motion)與線性變化(linear motion)，前面所提到的尤拉角的角度變化，則由陀螺儀與加速儀所量測而得的資料經由系統電腦的計算而得。

　　因為飛機的機體姿態變化而導致的尤拉角變化亦可以由附掛式系統的陀螺儀系統經由適當的計算而得，其相對應的姿態變化計算流程如圖 7-17 所示。由此可以瞭解，慣性系統的發展從穩定平台系統開始，因為慣性元件的精確度提高，以及對各軸變化的解析能力提高之後，直接將陀螺儀、加速儀等放在敏感的機身上，才建立了附掛式的系統概念。

　　整架飛機上的附掛式系統中有 12 個感測器，其中包含 6 個陀螺儀與 6 個加速儀。此系統包含有備用(redundancy)的元件，當有任何的陀螺儀或加速儀故障時，隨時能夠切換至存活的元件使整個系統仍然能維持正常運作。

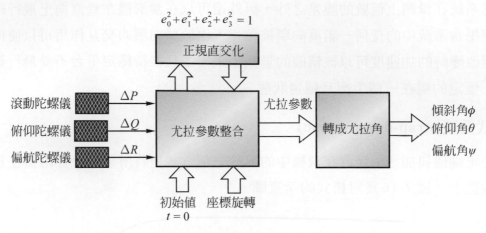

圖 7-17　姿態變化計算流程

　　由陀螺儀與加速儀所組成的姿態與方位參考系統(AHRS)是飛機上極為重要的系統之一，提供飛行員空間的概念，不至發生空間迷向的問題。在數位化儀表全面建立後姿態與方位參考系統(AHRS)與其他資訊整合在電子飛航儀表系統(electronics flight instrument system, EFIS)中。

　　為了充分達到備用系統的功能，除了備份的陀螺儀與加速儀外，因為非相似性(dissimilar)設計的理念，飛機上會獨立出一組陀螺儀與加速儀，另外建立類比訊號給飛行員參考。當數位系統當機時，非相似性設計的類比系統有較高的存活機率。

習　題

1.　民航機上的慣性系統有幾個感測單元，如何做組裝搭配以擷取空間向量？

2.　機載慣性系統在數據擷取以及飛航控制之間，需要做何種空間向量的轉換？

3.　陀螺儀及變率陀螺儀的用途為何？

4.　光學陀螺儀的數學演算，有哪幾個重要的幾何因素，在設計上必須考慮的？

5.　附掛式或穩定平台式的慣性系統能事和軍機系統的運用，為何原因？

Digital Avionics Systems

8章

全球定位衛星系統

8-1　全球定位衛星系統

　　全球定位衛星(global positioning satellite，GPS)為美國軍方於 1980 年代初期為發展星戰計畫所主導開發的一套全球性的定位衛星系統，能夠即時提供使用者高精確度、全方位、四度空間的定位資訊。全球定位衛星(GPS)基本的定位原理，為接收天空中四顆以上衛星所發出的編碼訊號，然後計算衛星的位置及無線電波從衛星出發到接收器所經歷的時間，以尋求現在的位置。由於只需單向的接收通訊，因此能夠無限制的提供無限使用者即時的定位。

　　全球定位衛星(GPS)系統架構主要可分為三大部分，如圖 8-1：

1.　太空部份(Space Segment)

　　　　目前已完成 24 顆 BLOCK II 型衛星的發射部署，平均分佈於 6 個軌道面上，軌道傾角約為 55°，衛星高度約為 20183 公里，離心率小於 0.03，繞行地球一周約需 12 恆星時(11 時 58 分太陽時)。全球定位衛星(GPS)以兩種 L-Band 載波 L1(1575.42 MHz)與 L2(1227.60 MHz)調制 PRN 電碼傳送其導航訊息。電碼中又分為兩種，一為 P 電碼(Precision Code，頻寬 10.23 MHz)，另一為 C/A 電碼(coarse/acquisition code，頻寬 1.023 MHz)。P 電碼因頻

率較高，不易被干擾，定位精度高，但受美國軍方管制，民間只能使用 C/
A 電碼。

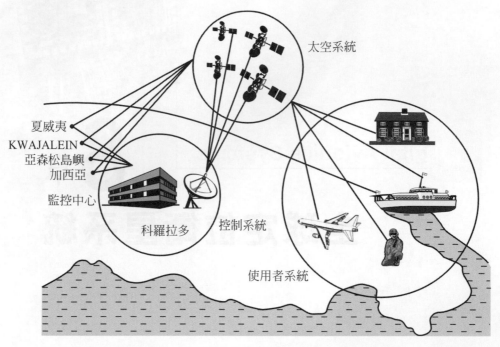

圖 8-1　全球定位衛星(GPS)系統三大部分

2.　地面控制站部份(control segment)

　　全球定位衛星(GPS)系統架構中的地面控制系統部份可分為⑴監測站
(monitor station)、⑵主控制站(master monitor station)、⑶地面天線(ground
antenna)。其中監測站共有五個，分別位於關島(Guam)、夏威夷(Hawaii)、
阿拉斯加(Alaska)、溫登堡空軍基地(Vandenberg Air Force Base)及加州
(California)。其功能乃在追蹤衛星軌道，由接收的導航訊息中，計算相對
距離、大氣校正數據等，並將這些資料傳回主控站，以便分析。

　　主控站位於美國科羅拉多泉市(Colorado Spring)，其功能為收集由監
測站傳來的數據，計算出衛星星曆、衛星時表修正量及電離層校正係數，同
時將這些校正資訊送至地面天線傳送回衛星，如此衛星便能將修正後之導航
訊息廣播給使用者。一般而言，此廣播訊息每 8 小時更新一次。

3.　使用者部份(user segment)

　　使用者部份一般泛指全球定位衛星(GPS)接收器，其主要是根據從衛星
上所傳回之電波及導航訊息，便可算出本身之位置時間等。一般接收器依其
測量信號不同可以分為以下幾類：

(1)　C/A碼接收器：利用衛星所發送之C/A擷取碼(coarse/acquisition)及定位參數來定位，因 C/A 虛擬距離之精確度最低，故其定位精度最差。

(2)　P 碼接收器：利用衛星送出之 P 碼(precision)與定位參數來定位。因為 P 碼有干擾(anti-spoofing)效應，所以並不是一般使用者能使用，必須向美國國防部註冊才能使用。

除此之外還有一種雙頻接收器，雙頻接收器可消除掉大部分的電離層效應(ionosphere effect)，但價格較貴，較不普及，所以一般均使用單頻接收器。

8-2　全球定位衛星(GPS)的觀測方程式

全球定位衛星(GPS)接收到的導航訊息中，可利用的觀測資料為虛擬距離觀測量及載波相位觀測量，目前多使用此兩種觀測量來求取精密導航解，以下對此兩種觀測資料分別做說明。

8-2-1　虛擬距離觀測量(pseudo range observation)

全球定位衛星(GPS)接收器利用本身產生的全球定位衛星(GPS)複製電碼，與接收到的全球定位衛星(GPS)訊號進行比對，計算得一時間延遲，將此延遲時間乘上光速，可得到某時刻衛星與接收器間之距離。不過衛星訊號在傳遞過程中，因大氣產生之電離層(ionosphere)與對流層(troposphere)誤差，加上衛星及接收器的時鐘(clock)誤差，使此一距離並非真實之衛星與接收器間的距離，故稱之為虛擬距離(pseudo range)。虛擬距離觀測量的觀測方程式可表示如下：

$$P = \rho + c(dt - dT) + d_{trop}t_r + d_{ion} \tag{8-1}$$

其中：P為虛擬距離觀測量，ρ為衛星與接收器之間的真實距離，dt為接收器時錶偏差量，dT為衛星時錶偏差量，d_{trop}：對流層延遲量，d_{ion}：電離層延遲量，t_r：反射時間，c為光速2.99792458×10^8(m/sec)。

上式中之ρ可表為：

$$\rho = \sqrt{(x_s - x_u)^2 + (y_s - y_u)^2 + (z_s - z_u)^2} \tag{8-2}$$

其中：x_s、y_s、z_s為接收器於 WGS-84 座標下的位置，x_u、y_u、z_u為衛星位於 WGS-84 座標下的位置。世界地理系統 WGS-84(world geodetic system)為美國軍方於 1984 年建立的數位化衛星參考地理資訊系統。

因此(8-1)式可改寫成：

$$P = \sqrt{(x_s - x_u)^2 + (y_s - y_u)^2 + (z_s - z_u)^2} + c(dt - dT) + d_{\text{trop}} t_r + d_{\text{ion}} \qquad (8\text{-}3)$$

(8-3)式即為全球定位衛星(GPS)虛擬距離觀測方程式。

上式中若忽略$d_{\text{trop}} t_r$及d_{ion}兩項大氣層延遲量，則有四個未知數[x_u，y_u，z_u，$c(dt - dT)$]，因此可利用四個觀測量來求解四個未知數，稱為直接解法。一般在不忽略大氣延遲量時，可利用至少五個觀測量來求取導航數據。

8-2-2   載波相位觀測量(carrier beat phase observation)

假設衛星在t_T時刻發射訊號，此刻相位值為$\psi^s(t_T)$。此訊號經過大氣層於t_R時刻被接收器接收，此時接收器之參考相位為$\psi R(t_R)$。此兩個相位值之差值即為載波相位觀測量。

由於相位是時間的連續函數，接收器所得到的相位觀測量亦是一連續週波值。在起始觀測時刻，接收器所量得的$\psi(t_T)$與$\psi R(t_R)$的差值為一小數週波值(fractional cycles)，而衛星與接收器間之正確起始整數週波值並無法得知，此時接收器會自行計算一整數週波值，來近似表示衛星到接收器間之距離。因此，此近似整數週波值與正確整數週波值間即存在一整數偏差值(integer bias)，稱為相位未定值(phase ambiguity)或週波未定值(cycle ambiguity)。只要衛星訊號不中斷，此一整數未定值並不會改變。欲解決相位未定值問題，可採用三次差分(triple differences)或時間一次差分(between-epoch signal difference)，即前後時刻相位差等方法，來偵測相位未定值。

由以上的概述，我們可以以簡單的式子表示載波相位觀測方程式如下：

$$\Phi^s_{R, \text{obs}}(t_R) = \lambda \cdot \varphi^s_{R, \text{obs}}(t_R)$$

$$= (\rho + d_{\text{trop}} t_r - d_{\text{ion}}) + c(dT - dt) + N \qquad (8\text{-}4)$$

其中：$\Phi^s_{R, \text{obs}}(t_R)$為$t_R$時刻衛星與接收器間之相位觀測測距，$\lambda$為載波波長，$\varphi^s_{R, \text{obs}}(t_R)$為$t_R$時刻衛星與接收器間之相位觀測量，$dT$、$dt$為衛星時錶偏差量，接收器時錶偏差量，$\rho$為衛星與接收器之間的真實距離，$d_{\text{trop}}$為對流層延遲量，$d_{\text{ion}}$為電離層延遲量，$N$為相位未定值。

8-3　差分法全球定位衛星(differential GPS)

差分法全球定位衛星(DGPS)的基本原理可分為兩種方法，即虛擬距離修正量法及座標分量修正法。在實際應用上，依作業方式中資料傳送(data link)方式之不同，共可分成四種：

1. 上連(up-link)虛擬距離法。
2. 下連(down-link)虛擬距離法。
3. 上連座標分量法。
4. 下連座標分量法。

以下將介紹上述兩種差分法基本原理。

8-3-1　虛擬距離修正量法

假設測站1的虛擬距離觀測方程式為：

$$P_1 = \rho_1 + c(dt_1 - dT) + d_{\text{trop1}} t_r + d_{\text{ion1}} \tag{8-5}$$

測站2為：

$$P_2 = \rho_2 + c(dt_2 - dT) + d_{\text{trop2}} t_r + d_{\text{ion2}} \tag{8-6}$$

由測站1之距離誤差量為：

$$\rho = P_1 - \rho_1 = c(dt_1 - dT) + d_{\text{trop1}} t_r + d_{\text{ion1}} \tag{8-7}$$

推得

$$P_2 - \Delta\rho = \rho_2 + c(dt_2 - dT) + d_{\text{trop2}} \cdot t_r + d_{\text{ion2}}$$
$$- c(dt_1 - dT) - d_{\text{trop}} \cdot t_r - d_{\text{ion1}} \tag{8-8}$$

當兩測站相距不遠約200公里以內時，其大氣層延遲量非常相近即

$$d_{\text{trop1}} \simeq d_{\text{trop2}} , d_{\text{ion1}} \cong d_{\text{ion2}}$$

則

$$\rho_2 c = P_2 - \Delta\rho = \rho_2 + c(dt_2 - dt_1) \tag{8-9}$$

$\rho_2 c$為經測站1校正後之測站2距離觀測量。

經此校正後，測站2虛擬距離觀測量中之大部分誤差，如電離層延遲量、對流層延遲量、衛星時錶偏差量均可消除掉。

8-3-2　座標分量修正法

座標分量修正法的原理，乃事先利用單點定位法(point positioning)求得任一時刻固定站座標$(x_f，y_f，z_f)$，未知站座標$(x_u，y_u，z_u)$。若固定站正確座標已知為$(x，y，z)$，則固定站座標差為：

$$\Delta x = x_f - x，\Delta y = y_f - y，\Delta z = z_f - z \tag{8-10}$$

將此修正量引入未知站，可推得未知站經差分法計算後之修正座標為$(x_u - \Delta x，y_u - \Delta y，z_u - \Delta z)$。此時必須注意的是，當固定站與未知站在單點定位求解時，所選用的衛星編號不同或顆數不同，或一方干擾雜訊過大時，以此法修正後之結果將可能變差。

8-4　影響全球定位衛星(GPS)訊號接收之因素

全球定位衛星(GPS)因其接收方便，定位精度高，目前已被廣為使用於導航及測量等方面。不過由於全球定位衛星(GPS)是以載波方式傳遞訊息，在傳遞過程及訊號接收上，會遇到某些影響訊號品質的因素，以下將列出主要的幾個因素：

1.　選擇性使用(selective availability, S/A)

此為美國國防部為避免全球定位衛星(GPS)系統被敵方所應用，所作的策略。其方式乃在全球定位衛星(GPS)電碼中加入雜訊，及干擾全球定位衛星(GPS)衛星內的原子鐘，藉此增大定位誤差。C/A Code在SA效應下誤差可達100公尺以上。不過，SA效應可藉由以差分法全球定位衛星(DGPS)方式降低其效果。美國已經於2000年5月關閉S/A干擾碼，讓GPS的精確度大幅的提昇了。

2.　多路徑效應(multi-path effect)與遮蔽效應(mask effect)

多路徑效應的發生，乃是因全球定位衛星(GPS)載波在傳遞過程中，因接收器附近的障礙物，如樹木、高樓、岩壁等，使訊號產生多次反射，而經過兩條以上之不同路徑到達天線。多路徑效應將會使全球定位衛星(GPS)訊號接收品質降低，而影響精度。遮蔽效應則是因接收器所處環境或地形上的限制，導致部份或全部衛星訊號無法接收，而影響定位。此種效應可藉輔助設備接替全球定位衛星(GPS)定位工作，而使影響降低。

3.　週波差(cycle slips)

　　　　當衛星訊號於傳送過程中，因外界干擾致使訊號中斷，因而無法持續做相位追蹤。此時，整數週波值將會產生不連續的現象，影響相位觀測測距，這種現象稱為週波差(cycle slips)。此現象可經由解出並補足其不連續的整數週波值，或以相位差方式消除其影響。

　　　　另外，相位未定值(phase ambiguity)亦是影響全球定位衛星(GPS)定位精確度的問題，不過可由三次差分(triple differences)或時間一次差(between-epoch signal difference）等方法來解決相位未定值等問題。

8-5　GPS 導航定位原理

　　在我們大致了解了導航系統中主系統與輔助系統的工作原理與其類型，以及其在操作上可能遇到的問題為何後，將討論系統在導航定位上的應用、導航數據求解方法，以及全球定位衛星(GPS)系統在定位求解時所遇到的座標轉換問題，如圖 8-2 所示。

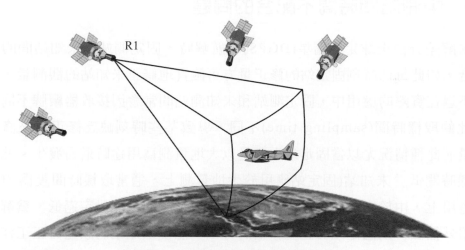

圖 8-2　一個全球定位衛星之觀測狀態

8-5-1　最小平方法(least squares solution)

　　當使用者接收到超過四顆以上衛星時，可採用最小平方法求解。最小平方法的特點乃在於方程式數目可超過待解未知數個數。

8-5-2　虛擬距離平滑化法(smoothed pseudo range, SPR)

　　利用差分法全球定位衛星(DGPS)方式可求得較精確的導航解。通常差分法多用於虛擬距離觀測量求解，其雖除去了大部分大氣層延遲誤差，但仍存在著一定大小的雜訊，影響求解精度。全球定位衛星(GPS)訊號中，載波的頻率比電碼高很多，亦即波長較電碼短，因此在訊號傳遞過程中雜訊很低。如利用載波相位觀測量求解，則其精度會比以虛擬距離觀測量求解來得高，一般來說，以L1的波長約20公分左右，其定位精度可達公分級。以電碼觀測量求解，不會有相位未定值的問題，而以載波相位求解則具有高精度的優點，故而，結合兩者的長處，以精度較電碼高許多的載波相位觀測量來平滑電碼數據，以藉此提高電碼求解精度。其方法是利用前後時刻的相位差乘上波長做為兩時刻間的虛擬距離變化量，將此變化量加上前一時刻之虛擬距離，即可得到某時刻的平滑化虛擬距離。以此法求解之導航解精度比利用電碼觀測量求解之精度高很多，且雜訊很低。

8-5-3　中測站間時間不配合的問題

　　在求解差分法全球定位衛星(DGPS)導航解時，固定測站與未知站間的時間須密切配合，如此每個時刻固定站的修正量方可確實地修正未知站的觀測量，將誤差消除。不過在實際的應用中，固定測站和未知測站間常會因接收器廠牌不同，使兩站間彼此的取樣時間(sampling time)不同，導致某些時刻缺乏修正量來修正未知站觀測量。此種情況尤以當固定站主要是以大地量測為用途時最易發生。此時固定站的取樣時間低於未知站(固定站應用於大地量測上，通常取樣時間設為 30 秒)，在導航應用上，由於未知站屬於高動態環境，取樣時間不能設定過低。為解決此問題，利用外插法作為固定站修正量預估的方法，能使未知站的誤差修正工作不因取樣時間之相異而中斷。此法方可應用於當未知站因地形、環境之因素，無法接收到固定站的修正量時，自行利用前幾次的修正量，採外插法預估修正量，以避免差分法修正工作因暫時的外在因素而中斷。目前成熟的方法為各種階次的外差法，例如零階外插法(zero order extrapolation)、一階外插法(first order extrapolation)、二階外插法(second order extrapolation)等。

8-6　座標轉換

8-6-1　座標轉換

接收器接收衛星導航訊息(navigation message)時，將可接收衛星的觀測資料與星曆資料(ephemeris data)。利用其中的星曆資料，並參考資料表中的係數，可求得衛星座標分量。此座標分量是位於一稱為 WGS-84 的座標系上，此座標系統為一直角座標系統，座標原點位於地球質量中心，Z軸平行傳統地極(conventional terrestrial pole，CTP)，X軸指向子午圈與CTP赤道面之相交處，Y軸則垂直X軸與Z軸，此座標固定於地球上。如圖 8-3。

利用衛星觀測量求解的未知站座標，屬於 WGS-84 座標的一種，此與台灣現行使用的2°TM 2D 座標系統不同，故必須再藉由一次座標轉換轉換為2°TM 始能應用。在將WGS 84 座標轉換為2°TM座標時，必須先將WGS-84 系統下之(x, y, z)直角座標量轉成TWD-67座標之(x, y, z)。所謂的TWD-67 座標是以虎子山為座標原點之卡氏直角座標系統，因其只適合在台灣地區使用，故稱為台灣基準(Taiwan datum-TWD)。TWD-67 系統下之(x, y, z)座標須先反算為(ψ, λ, h)座標系統，再利用投影公式投影至2°TM系統下之(E, N)座標(east, north)方位。經此轉換後之(E, N)座標始可應用於台灣地區之地面導航定位上。

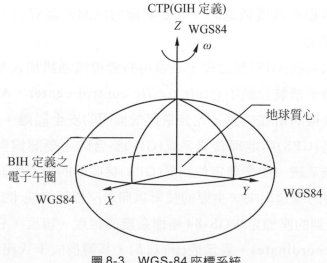

圖 8-3　WGS-84 座標系統

　　利用全球定位衛星(GPS)導航時，如果以差分法全球定位衛星(DGPS)方法來定位；雖然可利用差分把接收器偏差、衛星偏差、電離層以及對流層偏差的效應消去，但是仍有一些消不掉的雜訊誤差使得定位的誤差大約在幾公尺左右。由於這些誤差的雜訊特性會造成較劇烈的位置變動，也就是說，在秒和秒之間位置變動的情形，會影響到在導航之性能，而這在導航上並不是完全適合的。為了改善這種現象，我們利用載波平滑電碼法(carrier smoothed code, CSC)來改進此一現象，讓位置變動能夠平滑化，同時也使得定位精確度能夠提高，已經有許多的數學推導和實驗均可驗證此載波平滑電碼法之優越性。另外，在發生週波差時，因為載波平滑電碼法需重新設定，不可避免的會發生定位大幅變動的現象，針對這個現象，可利用卡爾曼濾波器(Kalman filter)當作一步階濾波器(step filter)，以防止劇烈的定位變動。

8-6-2　地理資訊整合

　　在新一代的導航系統中，我們利用了全球定位衛星(GPS)導航系統來提高機載的導航位置精確度。可是如何讓使用者能夠在最短的時間內，獲知目前所在的地理位置，以達到導航的目的，是我們所關心的。

　　地理資訊系統(geodetic information system，GIS)資訊地圖的製作，將 GPS 與 GIS 做一整合建立在航空的應用上，我們就能將飛機與其他配備 GPS 接收器的交通工具映射在電子地圖上，讓飛行員能由機上的螢幕顯示裝置得知目前所在位置。

　　利用3D地理資訊系統(GIS)可以將地面障礙狀況(terrain)顯示出來。在近場區飛航的飛機或直昇機的高度較低時，需要明確的地面障礙資訊，以迴避高度的威脅，保障飛航區安全。

　　完成地理資訊系統(GIS)整合後，必須再將無線電通訊加入整合中，將定位資訊透過無線電傳輸至飛航管制中心(air traffic control center，ATCC)，則飛航管制人員便能掌握飛機的所在位置，充分掌握飛機間的安全隔離。

　　全球定位衛星(GPS)與地理資訊系統(GIS)整合的主要關鍵與界面，就是在如何整合兩者的座標系統。使全球定位衛星(GPS)接收器的位置資訊、速度資訊在電子地圖上正確無誤的表達出來，主要的技術以橢球座標轉換成卡氏座標為主。全球定位衛星(GPS)收到的座標是WGS-84座標系統的經度、緯度，它是屬於橢球座標系統(ellipsoidal coordinate)，表示成(ψ, λ, h)，其轉換成卡氏座標系統(Cartesian coordinate)表示如圖 8-4 所示。

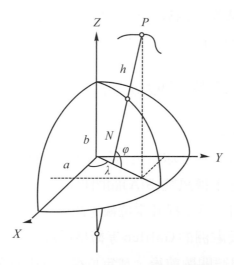

圖 8-4　橢球座標與卡式座標示意圖

　　由於 WGS-84 座標系統與 TWD-67 座標系統是採用兩個不同的參考橢球體，因此本轉換之目的是將不同參考橢球體之間的座標予以互相轉換及應用。因為台灣所使用的大地基準面為地區性的座標系統，想要與世界各國共同承認的WGS-84座標系統產生函數關係，則必須使用某種數學計算式予以銜接，這種計算稱為基準面轉換，有許多種層次的參數轉換方法可以利用。

　　經過基準面轉換公式轉換後，衛星接收到的座標已經從 WGS-84 的橢球座標轉換成 TWD-67 的二度空間卡氏座標。內政部採用的地圖為台灣本島兩萬五千分之一經建版地圖，其所採用的座標系統是 TWD-67 為參考橢球體，以東經一百二十一度為中央經線的二度分帶橫向麥卡脫投影法製成，因此必須將此座標再轉換成中央經線為東經一百二十一度的二度分帶橫向麥卡脫投影座標，如此才能將全球定位衛星(GPS)得到的座標轉到電子地圖上。

　　由於橫向麥卡脫投影法是利用橢球座標直接轉成橫向麥卡脫投影座標，因此必須先將 TWD-67 的卡氏座標轉換成橢球座標。橢球座標投影至平面座標也是重要的步驟。平面的方法有許多種，在眾多投影法中，有的適於國家幅員東西廣闊，有的適於國家幅員南北陝長；由於台灣地區位處中緯度，幅員呈南北狹長性，故我國採用的是橫向麥卡脫投影法經由上述轉換步驟後，我們已經能將全球定位衛星(GPS)接收器收到訊號的座標成功的轉換到平面座標。但這還是不能將全球定位衛星(GPS)接收器收到訊號的座標成功的轉換到我們所需要的地圖座標系統。因為內政部台灣本島兩萬五千分之一經建版地圖之中央子午線尺度比率為 0.9999，座標原點為中央子午線與赤道交點，橫座標西移二十五萬公尺。因此必須將公式所求得的X、Y值分別乘上 0.9999，X值再加上二十五萬公尺，即可將來自全球定位衛星(GPS)接收器的座標成功無誤地轉換到內政部台灣本島兩萬五千分之一經建版地圖座標系統，如此一來即可獲得全球定位衛星(GPS)整合地理資訊系統(GIS)的便利性應用。

8-6-3　台灣地區 GPS 接收狀況

由於全球定位衛星(GPS)軌道分佈與傾角，對於地球上的任何一個經緯度不同的地區，在不同時間下接收到全球定位衛星(GPS)訊號的可用性(availability)有相當大的差異。美國將衛星干擾訊號(S/A)關閉以前與以後，台灣地區可能的收訊效果以下面幾個圖加以說明。為了提升定位衛星訊號之可用性，研究發展之趨勢都涵蓋俄羅斯的GLONASS及歐洲的Galileo等衛星系統，將成為一種混合式的衛星定位系統。圖 8-5 為干擾訊號關閉前後全球定位衛星(GPS)之訊號特性。在飛航條件下，各地區進行研發陸基擴增系統(ground-based augmentation system, G-BAS)或稱為區域擴增系統(local area augmentation system, LAAS)時，必須仔細評估該地區全球定位衛星之可用性有多高，以決定虛擬衛星的架設需求。

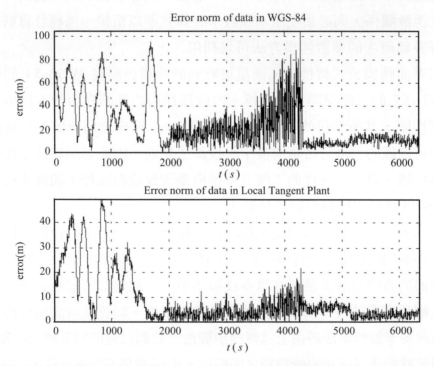

圖 8-5　GPS 定位誤差量(上為 3D 誤差、下為 2D 誤差，圖左曲線為有 S/A on，圖右曲線則 S/A off)

8-6-4　GPS 應用

結合全球定位衛星(GPS)和地理資訊系統(GIS)的產品，在各層次的交通運輸方面已經建立精確實用的導航系統。目前有些儀器產品上市，體積及耗電都非常小，適合一般導航、緊急搜救、登山、意外事故多元應用。然而對航空系統而言，如何將此一結合系統運用於導航上，透過數據鏈(data link)與航空通訊網路(aeronautical telecommunication network，ATN)的結合，將導航訊息播報給飛航管制中心的航管人員，讓航行中的飛機能夠做最有效的隔離與管理。在航空的應用上，地理資訊系統必須有極快的處理速度，否則對於近場的固定翼飛機時速仍在300～400 公里左右，即時誤差會導致飛行員或管制員的錯誤判斷。在直昇機的應用上則因爲飛航高度較低約爲 1000 呎至 2000 呎之間，時速約爲 200 公里以下，對地理資訊系統(GIS)與全球定位衛星(GPS)的整合應用，有較大的需求價值。

爲了使衛星定位訊號可用性更高，衛星定位接收系統已經發展成爲混合式的系統，包括 GPS 與 GLONASS、Galileo 多個定位衛星系統的整合，並能接受及處理定位資訊。有關定位衛星之各種應用技術不斷地在研究發展，新的應用及產品不斷的推陳出新，了解定位衛星的基礎知識，將有助於對此新技術領域的參與。

8-7　航電導航技術的發展

在新一代飛航系統－通訊、導航、監視與飛航管理(communication, navigation, surveillance and air traffic management, CNS/ATM)的發展架構下，爲了改善衛星導航上的精確度與可用性，國際民航組織(ICAO)規劃星基擴增系統(satellite-based augmentation system, S-BAS)與陸基擴增系統(ground-based augmentation system, G-BAS)來提升導航性能。由於各技術先進國家都希望以主導的地位來開發新的技術，因此不論是星基或陸基的擴增技術方案，各國均有不同的見解與規劃。

由美國所發展的區域擴增系統(local area augmentation system, LAAS)是以太空次系統、地面次系統和機載次系統所組成的架構，如圖 8-6 所示，爲陸基擴增系統(G-BAS)的一種發展方案。區域擴增系統(LAAS)的地面次系統由機場虛擬衛星(airport pseudolite, APL)、數個參考接收器(reference receiver, RR)及特高頻(very-high frequency, VHF)資料廣播設備組成，其目的是監測衛星訊號和廣播應用訊息。提供飛機上的航電裝備接收更充分的衛星訊號與地面修正訊號，改善、提昇飛機近場導航定位之精確度，使飛機更能精確安全的降落。如圖 8-6 中所示，區

域擴增系統 (LAAS) 使用差分 (differential) 技術修正每個衛星在該地區的參考站和使用者之間計算全部測量之共同誤差，這是以"定位"服務的廣播導引訊息，服務的容量是以特定機場或機場鄰近區域約在 30 浬範圍內，在故障和危險情況下在短時間通告使用者。區域擴增系統(LAAS)的服務包括第一、二、三類 (CAT I、II、III)儀器進場和降落，空中訊號也能在低能見度情況下使用於進場、離場、機場平面和自動回報監視。

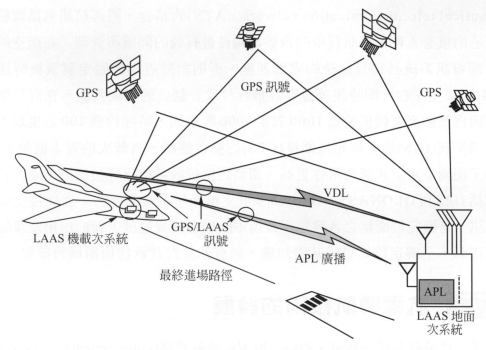

圖 8-6　區域擴增系統(LAAS)架構圖

　　區域擴增系統的地面次系統依參考接收器的多寡及備用設備的不同，可提供精確進場的服務。地面次系統的基本設施包括：

1.　機場地面參考站

　⑴　多工參考接收器：獨立測量 GPS 衛星的虛擬距離以提高該區的衛星可用性。一個機場至少要求兩個以上的參考接收器，以獲得精確修正平均值。參考接收器應具備：①能夠同時觀測 12 顆以上的衛星、②與 GPS 時間的同步要在 1μsec 以內、③取樣頻率至少 2MHz、④虛擬距離觀測量的解析度要小於 5mm、⑤雜訊雜比解析度要小於 0.5dB、⑥當信號功率大於－160dB 時，應連續解碼導航信息。

　⑵　限定多重路徑天線：為限制地面反射干擾和預期的訊號。

　⑶　特高頻(VHF)資料廣播(VDL)：傳送無線電導引訊號或數據資料頻寬。

2. 機場虛擬衛星(Airport Pseudolite)

(1) 虛擬衛星能夠回播複製清晰的衛星訊號，從地面已知的位置反射衛星訊號給使用者。因此虛擬衛星同時反射至少四個訊號時，必須測量衛星訊號，數位資料訊息模式和傳送覆蓋慢的資料鏈訊息，讓使用者接收器能計算從虛擬衛星的精準差分位置。

(2) 虛擬衛星差分測量，將使用者能同時測量衛星的虛擬距離訊號和從地面上的虛擬衛星反射相同訊號分別確認。虛擬衛星差分虛擬距離測量的表示如圖 8-7。GPS 衛星有足夠的平行波前訊號距離。而幾何航程爲從衛星穿越虛擬衛星到使用者爲：

$$r_{iju} = |r_j - r_i| + |r_u - r_j| \tag{8-11}$$

$$r_m = |r_j - r_i| + 1_i \cdot (r_u - r_j) \tag{8-12}$$

接收器量測虛擬距離是合乎幾何航程，電碼相位虛擬距離是可用的，如果在整數不明確值可知時，其載波相位虛擬距離能夠代替高精準度。虛擬衛星導引邏輯爲從反射虛擬距離到獲得差分虛擬距離減去直接虛擬距離。

$$
\begin{aligned}
d\rho_{ij} &= \rho_{iju} - \rho_{iu} \\
&= |r_u - r_j| - 1_i \cdot (r_u - r_j) + c \cdot t_j + d\varepsilon_{ij} \\
&= 1_j (r_u - r_j) - 1_i \cdot (r_u - r_j) + c \cdot t_j + d\varepsilon_{ij} \\
&= (1_j - 1_i) \cdot (r_u - r_j) + c \cdot t_j + d\varepsilon_{ij} \tag{8-13}
\end{aligned}
$$

r_i、r_j、r_u分別爲衛星的位置(i)、虛擬衛星的位置(j)、與使用者接收器的位置

$d\rho_{ij}$*從衛星到虛擬衛星的相位虛擬航程測量

1_i、1_j分別爲使用者到衛星或虛擬衛星的單位向量

c爲光速、t_j爲訊號穿越虛擬衛星的航程時間

$d\varepsilon_{ij}$聯合差分測量總誤差。

8-8　虛擬衛星(Pseudolite)發展背景

　　虛擬衛星的概念起源遠比 GPS 還早。在 GPS 發射升空進入軌道執行任務之前，於地面做測試工作所架設的地面 GPS 裝置就是最初的虛擬衛星概念。它們使用與軌道上的衛星類似的訊號結構，但不同於真實衛星的黃金碼(gold codes)以及資料

訊息，因此把這個模擬衛星訊號的裝置(pseudo-satellite signal)稱之爲虛擬衛星(pseudolite)。Klein和Parkinson是最早發現這些當初於地面所做的測試設備能夠有效的增強軌道上運行的 GPS，改善其可靠度及改變 GPS 整體的幾何位置關係，進一步改善精度稀釋因子(dilution of precision, DOP)，提高定位精度。特別是用於要求高可靠度、高精確度的航空導航上特別有助益。

8-8-1　虛擬衛星的設計概念

基本上虛擬衛星就是一個無線電發射器(radio transmitter)，每個發射器必須在特定的頻率產生一個載波(carrier wave)，將調變訊息置於載波中，並做訊號的放大以便使訊號能傳遞到遠方，不至衰退到無法使用的地步，最後藉由天線將訊號傳遞出去。至今包括有簡單式虛擬衛星(simple pseudolite)、脈衝式虛擬衛星(pulsed pseudolite)以及同步虛擬衛星(synchrolite)的應用，其基本設計概念及功能分別敘述如下。

8-8-1.1　簡單式虛擬衛星(Simple Pseudolite)

簡單式虛擬衛星擁有最基本的功能，只產生一組符合ICD-200規範標準的GPS訊號，讓使用者的接收器能夠接收它的訊號。這訊號從地面一個已知點傳送出去，同時被兩個接收器接收，如此便能處理在DGPS導航所產生載波相位整數不明確值的問題。同時簡單式虛擬衛星的訊號也能被調整傳送資料給站台附近的使用者，成爲數位數據鏈(digital data link)發射站。

8-8-1.2　脈衝式虛擬衛星(Pulsed Pseudolite)

由於地面的虛擬衛星訊號和軌道上 GPS 訊號會因爲使用者所在位置的關係，造成接收器對這兩者訊號接收上的問題，也就是所謂「遠/近問題」，因此發展了脈衝式虛擬衛星訊號來加以改善。

虛擬衛星的訊號僅在傳送時才會介入 GPS 訊號，假如虛擬衛星訊號發射時間僅佔定位訊號接收的十分之一，那麼它介入 GPS 訊號的時間就只有十分之一。而有90%的時間接收器就只接收到 GPS 訊號，在這樣的情況下，大多數的接收器能夠同時地追蹤到 GPS 訊號以及虛擬衛星的訊號。

8-8-1.3　同步虛擬衛星(Synchrolite)

虛擬衛星訊號發射器若內置與 GPS 能夠同步精準穩定的原子鐘，那麼虛擬衛星的訊號就能當做一額外的虛擬距離訊號源，就像 GPS 的功能一樣。同步虛擬衛星的設計提供了一個較經濟的選擇，因爲它僅使用了接收機等級的計時器。同步虛擬衛星內含一個接收機和發射機，接收機接收 GPS 訊號然後經過解調成不同於原來衛星訊號碼但擁有相同頻率的訊號由發射機播送出去。如此傳送的虛擬衛星訊號與接收到的衛星訊號相位同步。

由於同步虛擬衛星需接收 GPS 訊號，同時再發射虛擬衛星訊號，因此天線的接收就要能同時處理接收及發射的工作，此時就必須面臨兩者訊號會互相干擾掩蓋的「遠/近問題」，所以我們將用脈衝式的訊號來做傳送以改善這問題。脈衝加上同步的虛擬衛星成爲虛擬衛星應用上的基本架構，主要將應用於機場虛擬衛星(APL)上。

同步虛擬衛星會廣播和 GPS 一致的複製訊號，這項功能我們可以簡單的把它比喻成一面位於地面已知位置的電子鏡面，來反射太空中 GPS 所廣播的訊號。使用者接收機能夠用減去反射訊號(同步虛擬衛星訊號)中的直接訊號(GPS訊號)，來解算差分電碼和載波相位虛擬距離量測。

8-8-2　同步虛擬衛星差分量測

使用者的接收機同時接收直接來自 GPS 訊號的虛擬距離，以及相同訊號但是由同步虛擬衛星反射而得的虛擬距離，接收機內部處理這兩個量測數據得到一差分虛擬位置量測，而這數據的誤差可能來自：多路徑效應(multipath)、接收機噪音(receiver noise)、電離層效應(residual ionospheric)以及對流層效應等誤差項。其中以多路徑效應的誤差影響最大，可能有 1.4 公尺的誤差量，其他誤差項均遠小於此，是可以被忽略的。

同步虛擬衛星差分量測推導示意如圖 8-7 所示。假設GPS訊號波前是互相平行的，那麼從衛星 i 到虛擬衛星 j 再到使用者 u 的幾何排列距離，包括衛星訊號到達使用者比到達同步虛擬衛星所多出來的路徑距離都可以估算出來。接收機所量測到的虛擬距離和前述的幾何距離是一致的，假如整數不明確值是已知的，那麼載波相位虛擬距離能夠用以替代所求得較高的精確度。

因爲使用者接收機是在同一時間擷取量測直接由衛星發送的訊號，以及由同步虛擬衛星所反射的訊號，所以接收機鐘錶時間的偏移在計算處理的過程中將被刪除。而虛擬衛星鐘錶時間的偏移是無影響的，因爲訊號僅是被反射傳送並未被處理。唯一不確定的時間計時來源就是訊號穿越虛擬衛星的航程時間。

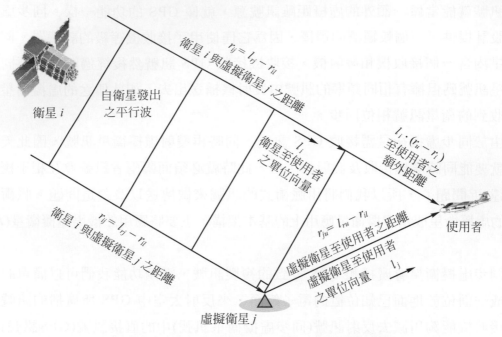

衛星 i

自衛星發出
之平行波

$r_{ij} = l_{ij} - r_{il}$
衛星 i 與虛擬衛星 j 之距離

l_i
衛星 i 至使用者
之單位向量

$l_i \cdot (r_{iu} - r_i)$
至使用者之
額外距離

使用者

$r_{ij} = l_{ij} - r_{il}$
衛星 i 與虛擬衛星 j 之距離

$r_{ju} = l_{ru} - r_{il}$
虛擬衛星至使用者之距離

虛擬衛星至使用者
之單位向量

l_j

虛擬衛星 j

圖 8-7　衛星、虛擬衛星與使用者之間的差分量測

8-8-3　虛擬衛星「遠/近問題」

　　GPS 定位系統的使用者接收機接收單純的衛星訊號來進行定位工作，此時如果介入虛擬衛星的訊號，勢必這兩者訊號會互相的影響，GPS訊號是來自20200公里高軌道衛星播送至地表的使用者，其訊號的強度自然無法和地面的虛擬衛星訊息相比，因此當使用者過於接近虛擬衛星時，其訊號將干擾蓋過 GPS 訊號，使接收機只能接收到虛擬衛星訊號。反之距虛擬衛星站台太遠，接收機就搜尋不到因距離而衰退微弱的虛擬衛星訊號，所以距離太遠太近都不行，這就是所謂的「遠/近(Near/Far)問題」。從衛星對地面與飛機的距離關係揣測訊號接收的狀況，可以發現若沒提供有效的方法來改善，那麼虛擬衛星使用的有效區域將被侷限在一個小範圍裡，這將不符合虛擬衛星發展的使用效益。

　　為了解決遠近的問題，我們可以使用幾個方法：

1.　分時多工擷取(time division multiple access, TDMA)

　　　　虛擬衛星將訊號以低功率的短脈衝方式發送，使用 TDMA 這種訊號的傳輸方式，讓每個使用者可以在任何時間，在一個頻道允許的頻寬內傳輸資料。由於訊號是以脈衝的方式傳送，因此只有在發射的時候才會影響 GPS 的訊號，大大的減少兩者訊號干擾覆蓋的時間。

2.　分碼多工擷取(code division multiple access, CDMA)

　　GPS 訊號都有自己使用的辨識碼，即 PRN 編碼。此法是以不同的 GPS 黃金編碼(gold code)來區分虛擬衛星和 GPS 的訊號，讓虛擬衛星有自己的 PRN 碼。

3.　分頻多工擷取(frequency division multiple access, FDMA)

　　FDMA 係指單一頻道被指定給每個載波，每個載波被調變成不同的頻率而得以同時被傳送，其特色是可以把頻寬切成很窄的載波，分散被雜訊干擾的風險。

　　由於數位通訊技術的成熟發展，改善「遠/近問題」的技術，當今已經為虛擬衛星的應用提供相當完善的改進方法，並提供精確的應用能力。

8-9　虛擬衛星於機場架構性能分析

　　建置機場虛擬衛星的目的，在於提供差分修正資訊以及提供使用者除了 GPS 以外的測距訊號，相當於在地面架設了 GPS，如此不但增加了 GPS 訊號使用的可靠性，亦改變了 GPS 整體的幾何精度稀釋因子。

8-9-1　精度稀釋因子

　　影響衛星定位精度的好壞，我們可以從被接收機接收到的訊號衛星群與接收器之間的幾何位置關係中發現之間有很大的相關性，而用此來作為接收定位精度的評量參數，此幾何關聯性我們就稱它為幾何精度稀釋因子(geometric dilution of precision，GDOP)，亦可視為誤差放大倍數。使用者所接收到的 GPS，若集中於特定仰角視野空域，則屬於狀況不佳的幾何位置分布，若約略平均散佈於整個仰角視野空域範圍，則屬於狀況較佳的幾何分布。GDOP 之計算式為：

$$\text{GDOP} = \sqrt{\text{trace}(A_P^T A_P)^{-1}} \tag{8-14}$$

其中A_P，為觀測點到衛星構成的方向餘弦矩陣。

　　討論以 GPS 定位時，一個未知點(使用者)的空間座標我們以 x、y、z 三個參數來表示之，即可由三顆衛星與未知點的座標關係得到三個觀測方程式，以求得未知點的三個位置座標值。但在 GPS 時間與接收機的時間是不同步的，因此存在著一時間差，即存在第四個未知數。因此我們必須觀測第四顆衛星，以獲得第四個觀測方程式，用以解算第四個時間差的未知數。此時線性化的定位方程式以矩陣表示為：

$$A_P X_P = \rho$$

X_P 為觀測點的三維座標和時鐘差修正向量

A_P 為觀測點到衛星構成的方向餘弦矩陣

$$A_P = \begin{bmatrix} l_1 & m_1 & n_1 & 1 \\ l_2 & m_2 & n_2 & 1 \\ l_3 & m_3 & n_3 & 1 \\ l_4 & m_4 & n_4 & 1 \end{bmatrix} = \begin{bmatrix} \cos\alpha_1 & \cos\beta_1 & \cos\gamma_1 & 1 \\ \cos\alpha_2 & \cos\beta_2 & \cos\gamma_2 & 1 \\ \cos\alpha_3 & \cos\beta_3 & \cos\gamma_3 & 1 \\ \cos\alpha_4 & \cos\beta_4 & \cos\gamma_4 & 1 \end{bmatrix} \tag{8-15}$$

其中 l_i、m_i、n_i 分別為量測點到衛星方向的單位誤差向量在 x、y、z 軸的投影，ρ 為觀測點到衛星的偽距觀測量，α、β、γ 分別為衛星斜距與 X、Y、Z 平面的夾角。如果觀測的衛星數超過四顆以上，在求解的過程中需以最小平方法求解 X_P：

$$X_P = (A_P^T A_P)^{-1} A_P^T \tag{8-16}$$

當 $n = 4$ 時，A_P 為非奇異矩陣時，則

$$X_P = A_P^{-1} \rho \tag{8-17}$$

假設 $\mathrm{Cov}(\delta_P)$ 表示的誤差向量 δ_P 的協方差，由前式求得的協方差矩陣為：

$$\mathrm{Cov}(\delta X_P) = (A_P^T A_P)^{-1} A_P^T \mathrm{Cov}(\delta_P)[(A_P^T A_P)^{-1} A_P^T]^T$$

$$(A_P^T A_P)^{-1} \mathrm{Cov}(\delta_P) = A\mathrm{Cov}(\delta_P) \tag{8-18}$$

其中　　$A = [A_P^T A_P]^{-1}$ $\tag{8-19}$

稱為幾何精度因子矩陣。

　　由(8-19)式看出，A_P 為測量點和衛星間位置的幾何關係。$\mathrm{Cov}(\delta_P)$ 為測距協方差。每個衛星的測距誤差是互相獨立的，且等於 σ_ρ 則

$$\mathrm{Cov}(\delta_P) = I\sigma_\rho^2 \tag{8-20}$$

式中，I 為單位矩陣。如此(5)式可改寫為

$$\mathrm{Cov}(\delta X_P) = A\sigma_\rho^2 \tag{8-21}$$

如果引入 A 矩陣的符號表示法，則

$$\text{Cov}(\delta X_P) = \begin{bmatrix} \sigma_{11}^2 & \sigma_{12}^2 & \sigma_{13}^2 & \sigma_{14}^2 \\ \sigma_{21}^2 & \sigma_{22}^2 & \sigma_{23}^2 & \sigma_{24}^2 \\ \sigma_{31}^2 & \sigma_{32}^2 & \sigma_{33}^2 & \sigma_{34}^2 \\ \sigma_{41}^2 & \sigma_{42}^2 & \sigma_{43}^2 & \sigma_{44}^2 \end{bmatrix} \tag{8-22}$$

$$A = \begin{bmatrix} a_{11} & a_{12} & a_{13} & a_{14} \\ a_{21} & a_{22} & a_{23} & a_{24} \\ a_{31} & a_{32} & a_{33} & a_{34} \\ a_{41} & a_{42} & a_{43} & a_{44} \end{bmatrix} \tag{8-23}$$

可以得到三維座標分量方差：$\sigma_{11}^2 = a_{11}\sigma_\rho^2$、$\sigma_{22}^2 = a_{22}\sigma_\rho^2$、$\sigma_{33}^2 = a_{33}\sigma_\rho^2$，以及鐘差方差 $\sigma_{44}^2 = a_{44}\sigma_\rho^2$。根據 GDOP 的定義，我們可以求出以不同形式表達的關係式：

$$\text{GDOP} = \sqrt{\text{trace}(A_P^T A_P)^{-1}} = \sqrt{\sigma_{11}^2 \sigma_{22}^2 \sigma_{33}^2 \sigma_{44}^2}$$

$$= \sqrt{\sum_{i=1}^4 a_{ii}} = \sqrt{\sum_{i=1}^4 \sum_{j=1}^4 A_{pij}^2 \div (\det|A_P|)} \tag{8-24}$$

式中 A_{pij} 為矩陣 A_P 第 i 行第 j 列的元素。根據(8-24)式，我們可以方便地以不同的形式求出 GDOP。

DOP 中包含了 σ_{11}^2、σ_{22}^2、σ_{33}^2，分別為緯度、經度、高度等三維座標分量變異數以及 σ_{44}^2 鐘差變異數等四個參數，依照量測的需要，我們可以分為下列六種：

1. PDOP 位置精度稀釋因子：定義為緯度、經度、高度等誤差平方和開根號的值，$\text{PDOP} = \sqrt{\sigma_{11}^2 + \sigma_{22}^2 + \sigma_{33}^2}$。

2. HDOP 水平精度稀釋因子：定義為緯度和經度等誤差平方和開根號的值，$\text{HDOP} = \sqrt{\sigma_{11}^2 + \sigma_{22}^2}$。

3. VDOP 垂直精度稀釋因子：定義為高度的誤差值，$\text{VDOP} = \sigma_{33}$。

4. TDOP 時間精度稀釋因子：為接收儀內時表偏移誤差值，$\text{TDOP} = \sigma_{44}$。

5. HTDOP 水平及時間精度稀釋因子：為緯度、經度和時間誤差平方和的開根號值。$\text{HTDOP}^2 = \text{HDOP}^2 + \text{TDOP}^2$，$\text{HTDOP} = \sqrt{\sigma_{11}^2 + \sigma_{22}^2 + \sigma_{33}^2}$。

根據 GPS 的幾何精度稀釋因子的定義及計算，我們引進虛擬衛星訊號，將虛擬衛星視為於不同位置的 GPS，如此即可模擬出機場虛擬衛星(APL)對於飛機於機場進場降落時其接收 GPS 訊號 GDOP 改善的程度。本文針對 PDOP 的改善結果做詳細的評估分析。

8-9-2　機場虛擬衛星(APL)的架構

一個簡單的APL可以提供GPS定位訊號額外的性能提升，包括：(1)改善DOP值，(2)提高可利用性及連續性，(3)以微小的整體幾何改變有利於循環降低不明確值的解析度(ambiguity resolution)。

每個額外的APL僅提供相同的上述功能，但組合多個APL能提供不同於單一個APL所能提供的增強功能，這項功能並不是基於APL所提供多餘的距離訊號源來達成的增強導航定位精確度，而是將對於組合的APL載波相位的量測做新的分析，利用其載波相位的特性，提供類似ILS的功能。

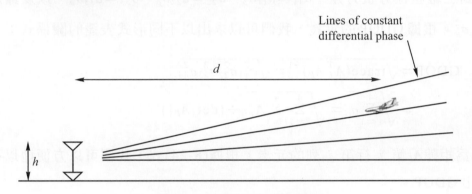

圖8-8　堆疊式APL幾何圖示

8-9-2.1　堆疊式機場虛擬衛星

將APL以一個塔狀的方式組合，上下的堆疊架置，這樣的組合方式能提供改善垂直精確度的功能。我們將這種方式稱之為堆疊式APL(stacked APL)。

兩個APL間的差分載波相位量測的方程式：

$$\varphi = |\vec{x} - \vec{r}_{\mathrm{APL}_2}| - |\vec{x} - \vec{r}_{\mathrm{APL}_1}| + N + \delta\varphi \tag{8-25}$$

其中：　φ：兩個APL間的載波相位差

　　　　$\vec{x}$：接受機(飛機)相對於參考站的位置向量

　　　　$\vec{r}_{\mathrm{APL}_i}$：第 i 個APL相對於參考站的位置向量

　　　　N：相位差分週波不明確值

　　　　$\delta\varphi$：φ的量測誤差

　　由前式我們可以知道連續相位差是一個雙曲的表面，當接收者距離 APL 相當的位置之外，如圖 8-8 所示，其雙曲面近似於筆直的線，一個在上、一個在下的虛擬衛星堆疊而成的架構。假想的連續相位線表示不同的整數週波不明確值。當飛機(接收者)從遠方接近虛擬衛星時，那些連續相位線是有很大的間隔可以區分的，在這個距離之下，編碼相位(code phase) DGPS能夠很精確的去計算出飛機是位在那一個連續相位線上，由此解決週波不明確值。當飛機向虛擬衛星接近時，連線的相位線也趨於匯聚，如圖 8-8 所示，改善了虛擬衛星可觀測的幾何定位。

　　藉由線性化數學式，我們可以將堆疊式 APL 的性能表現量化，找出$\vec{x}$改變時的靈敏度，其算式為：

$$\frac{d\varphi}{d\vec{x}} = \hat{e}_2 - \hat{e}_1 \equiv \Delta e \tag{8-26}$$

其中$\hat{e}_1$：從飛機到第 i 個 APL 的單位向量。因此不同的 APL 載波相位觀測值提供平行於Δe的訊息，對於與Δe垂直的方向就沒有提供定位訊息。再者，量測 DOP 定義為對於單位誤差平行於Δe方向的位置誤差為$\frac{1}{|\Delta e|}$，$|\Delta e| \cong \frac{h}{d}$，其中$d$為飛機與 APL 的距離、為 APL 的高度。當飛機距 APL 有一段距離，$d \gg h$時，$|\Delta e|$就變的很小，因此代表不同可能的週波不明確值的線就間隔甚遠($\frac{1}{|\Delta e|}$代表線與線的間距)，而當塔高越高時DOP值就越小，其定位精度就越高。例如，飛機距離塔高為 50 呎(h)的堆疊式 APL 10,000 呎(d)遠時，圖 8-8 的導引線間距大約是 40 公尺，因此使用編碼相位 DGPS 能夠很容易的去解算出週波值。

　　一般來說DGPS在垂直方向的定位精度的表現來說是比較差的，但垂直方向之高度定位對飛機進場導引最重要。通常導引系統在飛機近場落地位於 100 呎的高度上作用。當飛機高度介於 100 到 50 呎之間時，機載的無線電高度計(Radio Altimeter)提供高度的補充訊息，因此對於APL的性能我們可以定義從距落地點 1500 呎遠高度在 75 呎的位置其垂直高度誤差來判定。

　　以一座塔高 36 呎(ILS下滑道天線的高度)距離為 1500 呎的構形來說，1.5 公分的值誤差將導致大約 60 公分的位置誤差，對塔的構形來說$\Delta\varphi$近似垂直，由此來看這訊息讓我們知道其垂直的定位精度大概為 60 公分。當結合已存在的衛星 DGPS 定位計算，垂直位置的計算將會有所改變進步。

8-9-2.2　航道內(Intrack)APL

由堆疊式 APL 的分析引領出其他進一步差分載波相位量測的 APL 架構。其中架構的大小和方向是發展的重要參數,在較遠的距離外, 必須小的足以能夠解算週波不明確值。在靠近機場時,必須變大以改善 DOP 的差分量測。就近場方向來說,在靠近機場時的方向要近乎垂直以改善系統在垂直方向的精度性能。

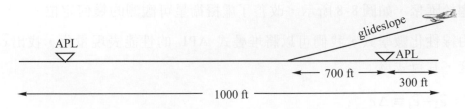

圖 8-9　航道內 APL 幾何圖示

圖 8-9 所示的航道內 APL 架構將 APL 架設放置於跑道的兩端,即能符合上述的參數要求,雖然它的架構是異於堆疊式 APL,為縱向間隔放置,但是它對於飛機在作近場降落時所表現的導引特性,幾乎和堆疊式 APL 一樣。而這縱向的架構有個好處,也就是它能同時提供跑道兩端作進場落地導引之航道內 APL。它的基線(baseline)也就是兩個 APL 間的間隔,在計算 DOP 時是等效於堆疊式 APL 的塔高。因為縱向的基線,Δe水平的分量將不可忽略。因此以 DGPS 和 APL 的協方差關係之二維分析可以了解結合單一電碼 DGPS 定位解的 APL 差分載波相位量測如何提供改善垂直的性能。

如依據圖 8-9 的設計,當飛機在高度為 75 呎時,各幾何數值如下:

$$\Delta e = \begin{pmatrix} 0.0043 \\ 0.0860 \end{pmatrix} , \; \frac{1}{|\Delta e|} = 1.16 , \; \theta = 0.05 \text{ rad}$$

APL 所產生結合的垂直標準偏航誤差在 75 呎高度時為 23 公分。

8-10　機場虛擬衛星(APL)架設評估

從以上的討論,虛擬衛星的設計可以提升終端進場的導航精確度,以確保導航性能需求(required navigation performance, RNP)得以滿足。針對虛擬衛星的需求,評估地區性衛星接收的特性 GPS 接收狀況、地形因素的影響、PDOP 模擬之資料與 APL 應用架構做可行性評估,以松山機場與桃園機場為例的討論下。

8-10-1　GPS 接收狀況

對於機場虛擬衛星增強改善 GPS 定位性能表現，我們先要了解機場實際衛星訊號的接收使用狀況。松山機場東端、桃園機場南端 GSP 接收機所接收的的衛星訊號，在遮蔽角 5°、10°、15°下量得本區 GPS 訊號接收狀況大致極為良好。根據相關的規劃，在做精確進場定位時衛星訊號的PDOP值在高於 3 時是不適用的，因此在實測結果中，松山機場與桃園機場於遮蔽角 15° 以上 GPS 的訊號較有問題。遮蔽角越大時訊號的接收狀況越差，遮蔽角的用意在於排除仰角太低的衛星，因為太低的衛星訊號容易造成多路徑效應影響定位的精確性，另外也是考慮到飛機在進場時飛行高度較低，易受地形地物的遮蔽接收不到仰角過低的衛星訊號。

8-10-2　地形因素的影響

為了要了解架設於桃園機場的 APL 其訊號受地形之影響是否能夠涵蓋松山機場離到場航路，以及架設於松山機場的 APL 是否也能夠受桃園機場離到場航路的飛機所使用接收，可以從兩機場的地形圖上作分析，大略了解整個訊號涵蓋的狀況。若以 3 度仰角，松山機場 10 跑道頭、與桃園機場跑道兩端中間分別設置 APL 時所能提供改善衛星訊號接收之範圍，與此兩機場之離到場範圍相當吻合，確定可以提供充分的支援。基本上若松山機場與桃園機場分別設置APL時，兩機場的APL訊號互相涵蓋將能使訊號死角降至最低。因為桃園機場周圍平坦，幾乎全部可以涵蓋，訊號涵蓋較好，反觀松山機場周圍丘陵地高凸不一，機場虛擬衛星的涵蓋就會差很多。

8-11　區域擴增系統發展

由美國所發展的區域擴增系統(LAAS)是以太空次系統、地面次系統和機載次系統所組成的架構，如圖 8-6 所示。太空次系統主要是由全球導航衛星系統(global navigation satellite system, GNSS)衛星群組成，其中目前依賴差分式GPS衛星訊號來提供測距資料。地面次系統由機場虛擬衛星(airport pseudolite, APL)、數個參考接收器(reference receiver, RR)及 VHF 資料廣播設備組成，其目的是監測衛星訊號和廣播應用訊息，以增加區域擴增系統的可用性。

　　區域擴增系統使用差分技術修正每個衛星在該地區的參考站和使用者之間計算全部測量之共同誤差，這是以“定位”服務的廣播導引訊息，服務的容量是以特定機場或機場鄰近區域約在 30 海里範圍內，於故障或危險情況時可以在短時間通知使用者。區域擴增系統(LAAS)的服務包括第一、二、三類 (CAT I/II/III) 儀器進場和降落，空中訊號也能在低能見度情況下使用於進場、離場、機場平面和自動回報監視。

　　區域擴增系統(LAAS)操作性能要求為表 8-1 所列，增加要求必須定義完整性的警告限制，本表的警告限制數值為合乎航空無線電技術委員會(RTCA)之規範。下列為主要要求：

表 8-1　區域擴增系統性能要求總括

要求	LAAS CAT I	LAAS CAT II	LAAS CAT III
位置精度，95%(NSE)	側向：9.0 m 垂直：4.4 m (200-100 ft HAT)	側向：6.9 m 垂直：2.0 m (100-50 ft HAT)	側向：6.1 m (12ft HAL) 垂直：2.0 m (100-0 ft HAT)
警告限制	側向：40 m 垂直：10 m	側向：17.3 m 垂直：5.3 m	側向：15.5 m 垂直：5.3 m
完整性程度	2×10^{-7}/approach	10^{-9}/approach	10^{-9}/approach
警告時間	3 s	1 s	1 s
連續性	8×10^{-6}/15 s	4×10^{-6}/15 s	側向：2×10^{-6}/30 s 垂直：2×10^{-6}/15 s
可用性	服務可用性是 0.999-0.99999		

　　區域擴增系統(LAAS)提供服務的範圍，與儀器降落系統(ILS)類似，惟其縱向與側向定義略有不同，如圖 8-10 所示。因此在發展使用上將讓使用的飛行員容易轉換適應。

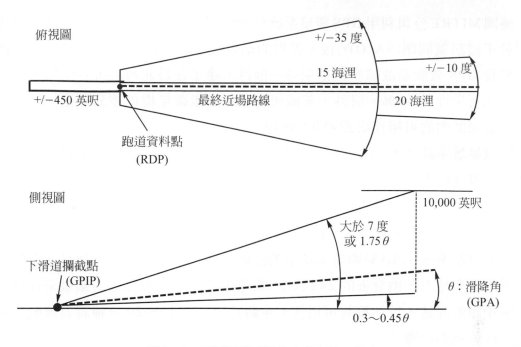

俯視圖

+/−35 度

15 海浬

+/−10 度

+/−450 英呎　　最終近場路線　　20 海浬

跑道資料點
(RDP)

側視圖

10,000 英呎

大於 7 度
或 1.75 θ

下滑道攔截點
(GPIP)

θ：滑降角
(GPA)

0.3～0.45 θ

圖 8-10　區域擴增系統的定義與使用範圍

8-11-1　區域擴增系統的可用性

　　區域擴增系統仍然是以衛星爲基礎的終端管制區精確導航技術，因此在規劃的初期，應先瞭解台北飛航情報區內終端進場的可用性問題。台灣地區常年氣象條件均極佳，各機場採用 CAT I 儀器進場大多可以滿足需求，只有桃園機場、松山機場與高雄機場或許應考慮CAT II 以上的進場能力。在台北飛航情報區內規劃多少個區域擴增系統可以從南北飛航流量較大來作考慮。

　　在台北飛航情報區中區域擴增系統之規劃，對於本區內衛星的可用性涵蓋，是本系統規劃能否運作的重要因素。

　　可用性是指衛星訊號可以支持飛航運作的機率，其中必須考慮的因素包含衛星移動之影響、衛星失效與修復的統計、衛星的幾何排列、非精確進場標準的飛航運作效能要求。因此，相關之可用性數據的取得可以從國際衛星系統資訊中心的觀測軟體來估算。其次，衛星之可用性受到氣象因素的影響，可以於現場實地量測，將一天、一週、或季節性之變化，實地量測加以紀錄。

　　在目前區域擴增系統的研究中討論兩種系統的可用性預估：其一爲不具備任何擴增功能的GPS接收器自主整合監視系統(receiver autonomous integration monitor system, RAIM)；另一爲具備三組同步衛星訊號來源以提供台北飛航情報區使用的GPS/RAIM系統。

　　美國MITRE公司利用GPS衛星系統分析軟體,提供台北飛航情報區之可用性分析於干擾訊號關閉(SA Off)後,獲得的結果在本區內做非精確進場之可用性預估,假設GPS效能及故障修復期須時一個月,除了在最北角落可用性為98%外,其餘區域可用性為 99%。另外,若能使用三顆同步衛星提供差分修正,則整個台北飛航情報區內的可用性均超過0.999995。

　　區域擴增系統(LAAS)用於精確的進場實施前,必須瞭解是否滿足精確度、連續性及完整性的需求。服務可用性是系統在已知的機場、CAT 需求上長期服務的平均值。目前儀器降落系統(ILS)可能發生一般地面設備故障中斷,因此其服務可用性大約在0.998到0.9999之間。

　　區域擴增系統(LAAS)則倚靠衛星的幾何分佈,衛星的故障中斷可能影響一個地區裡的許多地方。由分佈的24枚GPS衛星中選擇出一群健康的衛星來進行長時間故障中斷的評估,以估算其可用性。中斷時間超過10～20分鐘將對飛航管制及飛機造成嚴重的影響。

　　從桃園機場與松山機場附近定點所做的實際量測數據,評估桃園機場與松山機場在沒有裝設地面虛擬衛星時,如果GPS能夠保持22顆以上健康的運轉,則台北終端管制區之衛星服務可用性於CAT I條件下,將可達到0.9990以上應無問題,而CAT II條件下應可達到0.9870以上。如此條件,將使台北終端管制區實施衛星導航離到場時具備極高的可行性。但是為了確保導航的精確度,機場虛擬衛星仍有架設的必要。

　　衛星定位系統的廣泛應用,提升導航訊號的能見度,大幅改善飛航導引的技術能力。

本章名詞對照

全球定位衛星(Global Positioning Satellite,GPS)
太空部份(Space Segment)
P 電碼(Precision Code,10.23 MHz)
C/A 電碼(Coarse/Acquisition Code,1.023 MHz)
L-Band 載波 L1(1575.42 MHz)與 L2(1227.60 MHz)
地面控制站部份(Control Segment)
使用者部份(User Segment)
監測站(Monitor Station)
主控制站(Master Monitor Station)

地面天線(Ground Antenna)

干擾(Anti-Spoofing)效應

電離層效應(Ionosphere Effect)

虛擬距離觀測量(Pseudo Range Observation)

電離層(Ionosphere)

對流層(Troposphere)

虛擬距離(Pseudo Range)

世界地理系統 WGS-84(World Geodetic System)

載波相位觀測量(Carrier Beat Phase Observation)

小數週波值(Fractional Cycles)

整數偏差值(Integer Bias)

相位未定值(Phase Ambiguity)

週波未定值(Cycle Ambiguity)

三次差分(Triple Differences)

時間一次差分(Between-Epoch Signal Difference)

差分法全球定位衛星(Differential GPS)

單點定位法(Point Positioning)

選擇性使用(Selective Availability，SA)

多路徑效應(Multi-Path Effect)

遮蔽效應(Mask Effect)

週波脫落(Cycle Slips)

取樣時間(Sampling Time)

導航訊息(Navigation Message)

星曆資料(Ephemeris Data)

傳統地極(Conventional Terrestrial Pole，CTP)

台灣基準(Taiwan Datum-TWD)

載波平滑電碼法(Carrier Smoothed Code，CSC)

卡爾曼濾波器(Kalman Filter)

地理資訊系統(Geographic Information System，GIS)

地面障礙狀況(Terrain)

飛航管制中心(Air Traffic Control Center，ATCC)

橢球座標系統(Ellipsoidal Coordinate)

CHAPTER

8

卡氏座標系統(Cartesian Coordinate)

數據鏈(Data Link)

航空通訊網路(Aeronautical Telecommunication Network，ATN)

習 題

1. 理想上接收三顆衛星訊號可以訂出位置，但是通常至少四顆才有辦法訂出精確的位置，請說明為什麼？並且至少利用一種演算法來說明如何經由所收到的多顆衛星訊號進行定位計算？

2. GPS 信號在真空中假設是以光速前進，但在傳送過程中實際會有信號的誤差，請詳細說明誤差在地球自轉及公轉、太陽輻射、電離層、對流層、多重路徑的各種情形。

3. WGS-84系統為橢球座標，請問與慣性座標、固定座標彼此之間的差異為何？

4. WAAS作為GPS的延伸系統，請試著繪出WAAS系統與GPS系統的互相配合關係。

5. 簡略說明GPS、GLONASS、INMARSAT等系統的差異？

6. 解釋何謂S/A、P code、C/A code、PRN？

7. 何謂機場虛擬衛星(airport pseudolite)，請簡單推導說明如何應用虛擬衛星作差分修正。

8. 區域擴增系統(LAAS)的服務包括第一、二、三類 (CAT I、II、III)儀器進場和降落，請說明此三類服務。

9. GPS 定位系統的使用者接收機接收單純的衛星訊號來進行定位工作，此時如果介入虛擬衛星的訊號，有所謂的遠/近(near/far)問題，試說明之。

10. 為了解決遠/近(Near/Far)問題，採用 TDMA、FDMA、CDMA，請問如何解決。

11. 以GPS定位時，在DOP中包含了緯度、經度、高度以及時間差變異數，並根據量測的需要分為六種。請問是哪六種。

Digital Avionics Systems

9章

航空雷達與監視

9-1　雷達的發展

　　雷達(radio detection and ranging, RADAR)是德國人 Christian 於 1920 年代所發明的技術，最初是用來偵測附近海域船隻的活動，以避免互撞。它的意思即是利用特定的無線電波偵查方位、方向與距離。無線電電波由天線發射後，以光速向外進行，遇著障礙物後，部分電波能量，反射向原發射方向進行，接收天線收到反射波後，轉變為電信信號。發射電波與反射電波時間之差除以二，再乘以光速即為雷達與障礙物間之距離。

　　當時 Christian 已經知道無線電波碰到金屬物體會反射的特性，因此當發射機發出無線電波，沒有被接收機收到時，就表示船附近沒有障礙物，而當接收機接收到回波時，則表示附近有其它的金屬物體。但是當把這裝置裝在船上使用時，位於發射接收機附近的任何金屬物如桅、煙囪等都會造成回波，而產生錯誤的訊息。由於當時的無線電技術還無法發射一個方向性的窄波束，回波的反射信號又太弱，所以無法確定障礙物的方位、距離，因此不夠實用。二次大戰以來，雷達在軍用及民用飛機上，都發展出佔有相當的重要性的功能。它是全天候的，雲霧、煙、雨等對它的影響皆不太大。它可提供目標物的距離(range)、方位(azimuth)、相對高度

(relative altitude)及速度(velocity)等資料。其所涵蓋之頻率範圍甚廣，近來光學系統雖有高度發展，較諸雷達，仍有所不及。雷達在飛機上的應用，有空中搜索、目標追蹤、高度量測、早期預警、地物跟隨、引信與氣象探測等。

　　到了 1925 年 Breit 和 Tuve 兩位科學家為了探測地表上空電離層的高度，製造一部能夠以電波方式發射並接收無線電波，探測距離的儀器，結果獲得成功。四年後，日本無線電權威八木秀次(Hidetsugu Yagi)教授，發明八木短波定向天線，並發表了如何使用方向性天線發射與接收無線電波的論文。

　　進入 1930 年代後，發展雷達所需的各項電子與通訊科技皆已逐漸具備，雷達的發展至此已漸趨成熟，德國和英國幾乎在同時將數種雷達的原型引進防空武器系統之中。1934 年德國海軍通信研究所所長 R. Kuhnold 將一套實驗性雷達加以改良，在發射天線的後方加了一個碟型的反射器，以聚焦集中發射的無線電波，證明雷達除了對偵測海上的船隻有效外，對偵測空中的飛機也有同樣的效果。

　　英國則於 1935 年 2 月間由 Watson Watt 領導，正式開始對雷達的研究，並在同年的 5 月建立第一座高達 70 英呎的無線電實驗鐵塔。英國人的發展很快，利用這種發射和接收天線分開的雷達，可以偵測出目標的方位距離，甚至高度，其誤差不到 1000 英呎。但是雷達搜索的技術還是落後於德國的軍事發展，二次大戰初期，藉由北歐的情報人員的入侵竊取，才解決技術瓶頸。1939 年英人就在沿岸設立了雷達網，以偵測空中敵機的動態。

　　在 1960 年發明了小到可以裝在飛彈上的半主動歸向導引雷達，1965 年首次空用攔截雷達具有俯視的能力，1970 年出現了多功能的空用雷達及主動歸向導引雷達，1976 年空用雷達改採全固態電路，到了 1980 年代三度空間的相位陣列雷達和超地平線也相繼問世。

9-2　雷達的原理

　　縱使現代雷達的種類繁多，但所有雷達應用的原理卻都一樣，就是無線電波遇到大多數的固體時會反射。但有一些叫做「介電物質」(dielectric material)的物質，對雷達使用的無線電波而言是「透明」的，如機鼻(nose cone)的雷達罩就是用此物質製造；而現今所謂的匿蹤(stealth)飛機結構也是使用該種材料。最有效的無線電反射物質還是金屬，因此雷達可以看到船、飛機等物體。

　　雷達必先發射無線波，然後接收反射波以判斷各種資料。重要的是，雷達發射的電磁輻射(electromagnetic)必需呈現某種形式、且波束很集中。調變(modulation)

就是改變電磁波的特性，使其成爲一種載波(carrier wave)，以便資訊能附在它的上面。調變的方式有兩種，也就是我們所熟知的調頻(frequency modulation, FM)及調幅(amplitude modulation, AM)。

　　雷達所使用的載波則是脈波調變(pulse modulation, PM)。可算是調幅的一種，利用方波波幅的突然改變，控制載波的發射，其作用好像一個開關一樣，可使雷達能發射短暫而強烈的電磁波束，用以量測雷達與目標之間的距離。

　　利用電波收發的觀念，將一具無線電發射機、裝上天線，而無線電接收機、亦具備接收天線。發射無線電電波時，回饋一小部份能量作爲參考訊號送至顯示器，如圖 9-2 所示；當無線電波受到物體反射時，接收器天線將接收極爲微弱的訊號，經過適當的濾除雜訊並放大後，送至顯示器，則由發射電波與反射電波間的時間差，運用上述之觀念即可測知飛機與障礙物或目標物間之距離。

脈調

載波　　　　　　　　　方法　　　　　　　　脈調波

圖 9-1　脈波調制的載波及訊號

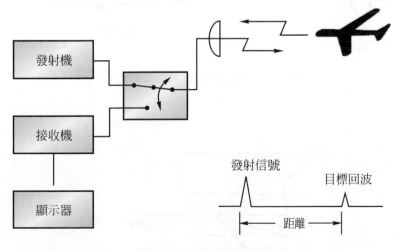

圖 9-2　雷達的收發功能

　　雷達要決定方向，則需將電磁波之能量集中，經由電磁能集中發射而獲得反射能量，以判定目標物的方向。換言之是利用雷達天線的方向性，以獲得方向之研判。作戰飛機上之追蹤雷達，爲了正確研判敵機的方向，其天線輻射電磁波的場型爲鉛筆型。所謂鉛筆型者，能量集中於一束發射，使得測得方向更爲精準。

9-3　雷達的基本結構

　　一套雷達的基本結構主要包括有發射機、接收機、天線和顯示器四大部份，另外還有時控器、調變器、雙工器等。

9-3-1　天線形式

　　一具雷達最明顯的部分就是天線。我們希望雷達波束越集中越好，亦即波束的方向性要高，天線的設計形式就很重要。不過，即使輻射的能量盡可能的集中在主波(main lobe)狹窄的波束內，如圖9-3所示，仍無法避免一些能量從旁邊漏出去。這些浪費掉的能量稱爲邊波(side lobe)。邊波同時意謂能量效率不佳，也易遭敵方實施電子反制，或招來反輻射飛彈襲擊等。雷達的功用皆在將無線電波聚集成束；不同的天線設計反映出不同用途雷達容許邊波產生的程度。

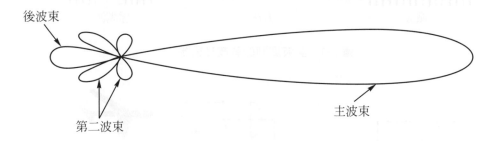

圖9-3　無線電波發射的主波與邊波

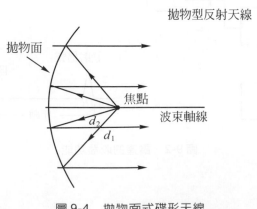

圖9-4　拋物面式碟形天線

9-3-1.1　拋物面式天線

拋物面式碟形天線就像一個彎曲如拋物面的碟子，也像探照燈裡的反射鏡。此種天線會產生頗大的邊波(side lobe)，且要當天線的尺寸大於雷達所使用的輻射波長時，效率才會達到令人滿意的程度。地面雷達常採用這種反射式天線；假使某一空載雷達能接受很寬的波長束寬度，那也可採用這種天線，如一般航空用氣象雷達。

圓盤形拋物面天線的波束屬於尖細圓錐的筆狀波束，常用於地面上的追蹤雷達、射控雷達，還有戰鬥機的空中攔截射控雷達。也有很多拋物面反射天線不是圓形的，其中一種常用的形式因為形狀之故，稱作橘皮反射天線。這種反射天線不過是由整個拋物面反射體中取一塊長方形部分下來，其寬度不變，高度減小。它反射出去的波束形狀，在方位角上仍是窄的，在俯仰角上則上下擴展很大。此種窄而高的扇形波束涵蓋空域廣，適合做為監視、搜索雷達。

9-3-1.2　八木式天線

八木式天線是由日本無線電權威八木秀次(Hidetsugu Yagi)教授所發明的。八木天線含有很多根金屬棒，其中大多為發射器，而有一根是電偶極發射、接收天線。其實它就是一般常見在屋頂上的電視天線，但電視天線只能接收訊號罷了。這種天線雖然也有方向性，但它的邊波也不小。不論八木式或拋物面式天線，現在都極少用於所謂高性能空載雷達上。

9-3-1.3　開孔波導與相位陣列天線

另有兩種天線能產生狹窄的波束，性能也比前兩者優越，且不浪費很多能量在邊波上─開孔波導(slotted-waveguide)和相位陣列(phased-array)天線。這兩種天線在軍事上已變得非常普遍。開孔波導基本上是一個旁邊挖孔的波導。如果數個這樣的裝置正確地裝合在一起，則它們能產生很窄的雷達波束，且邊波的能量亦少。此種天線稱作槽孔陣列(slotted-array)或平面陣列(planar-array)，現今廣受空載攔截雷達採用。相位陣列天線運用相似的多重元原理，是前者的進一步衍生。但在此天線上排列的許多輻射元，可以各自獨立操作的；每個輻射元皆擁有一個移相器(phase shifter)，負責調節各個輻射元同步地發出無線電波，使各個輻射元的輻射相位差相同。

9-3-1.4　逆卡塞格倫式

　　這類反射式天線必有二具反射器，發射能量首先射向一面朝後的副反射天線上，接著折回到一面朝前的主反射天線上，然後射向需要的方向。此類天線有一特點，即面朝裡的那個副反射天線對由主反射天線反射過來的輻射必須是透明的。換言之，面朝裡的那個副反射天線，會將剛發出的電磁輻射反射向主反射天線；當輻射為主反射天線反射而再度射向副反射天線時，副反射天線卻能讓它通過，這是藉著將輻射極化而辦到的。經極化的電磁輻射，其震盪方向皆相同，不像未極化者那般雜亂不定。

9-3-2　發射機

　　發射機的任務是產生高能量的電磁輻射震波。它包含振盪器、調變器、時控器和電源供應器等部分，其中最主要的當然是射頻產生器，也就是發射高功率脈波信號的部分。射頻產生器主要有固態電路或真空管兩種類型，早期的雷達皆採用真空管，常見的有調速管(klystron)、磁控管(magnetron)和行波管(travelling-wave tube，TWT)三種類型，其優點是能產生較大的平均功率；但現在的雷達已經很少使用真空管。

9-3-2.1　磁控管

　　磁控管也分成數種，其中與雷達最有關係的是空腔磁控管(cavity magnetron)。空腔磁控管中央有一金屬棒，當作陰極，其周圍包著一塊銅質陽極，兩者間的環形間隙即為共振腔。電子從陰極射出，如果電場和磁場的相對強度調節得正確，且空腔的形狀亦適當，則可產生一個很高頻率的振盪，發射機接著蒐集此電磁輻射能量，並以脈波的形式發射出去。第一具磁控管在 1940 年由英人發明的，在雷達史上是一重大突破。

　　另一種也稱磁控管的振盪器，是很精緻的固態電子裝置，但其工作原理與空腔磁控管完全不同。這種振盪器我們稱為甘恩二極體(Gunn diodes)，常用於低功率的雷達上，一如警察的測速器。同時，它也是產生適量的微波輻射的振盪器中價格最便宜者；一般家用電磁爐即常採用此磁控管為微波源。

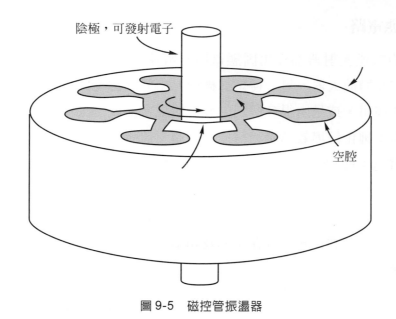

陰極，可發射電子

空腔

圖 9-5　磁控管振盪器

　　所有磁控管的共同缺點是會產生波長或頻率稍微偏移的額外輻射，稱爲不同調 (non-coherence)。同調(coherence)輻射元所產生的電磁輻射僅僅有一個正確的頻率，在此方面有名的調速管和行波管兩種振盪器就比磁控管優異。

9-3-2.2　調速管

　　它的構造主要運用一連串的圓柱形空腔排列成一線，每一空腔的長度或高度，比之空腔直徑而略微短矮。一道電子束從陰極射出，穿過一連串空腔的中線因空腔排列的幾何形狀而產生共振。在通過最後一個空腔前，電子束中的電子會集結成團，並以雷達輻射需要的頻率通過該空腔，發射機乃蒐集此輻射，並以脈波的形式發射出去。

9-3-2.3　行波管

　　行波管若包含數個連結的空腔的話就稱作耦合空腔行波管(coupled cavity TWT) 或緩波行波管(slow-wave TWT)；另一種設計則是一長空腔，內有一螺旋狀彎曲的導體，叫作螺旋行波管(helix TWT)，這種螺旋行波管在現代雷達中已經不常見。所有的行波管都是很好的同調輻射能量源，也就是它只輸出一種頻率。而更重要的是，這種頻率可加在一個相當寬的波段中，隨意的變換操作頻率；這種功能通常叫作頻率敏變(frequency-agility)。

　　雷達有時需要以極高的脈波反復頻率(pulse-repetition frequency, PRT)操作，即在短時間內發射出很多個脈波，這種要求行波管較其他振盪器符合需求。

9-3-2.4　固態電路

　　大部分的雷達發射器都採用固態電路。雷達所採用的固態電路裝置主要有兩種，一種是電晶體放大器，另一種是二極體。由於固態電路之功率較低，故通常是以並聯的方式運用，或是由很多個別的發射機集合而成。其中電晶體放大器方面，常用的有兩種：砷化鎵場效晶體和雙極矽晶體。前者使用在特高頻雷達，後者則使用在超高頻雷達；使用時常並聯 2～8 個電晶體以增加輸出，但由於其增益較低，還需要經過數級放大才會得到足夠的功率輸出。場效電晶體及雙極矽晶體放大器可使用在較電晶體放大器為寬的頻段上，但其效率和平均功率較低，而且頻率越高性能越差。現代的電晶體技術不論在功率及頻率上都有更高更強的適應能力，已經解決技術上的瓶頸。

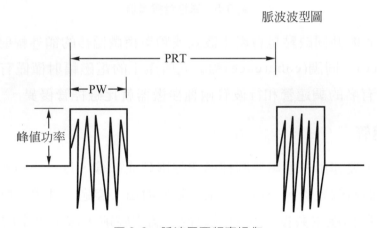

脈波波型圖

圖 9-6　脈波反覆頻率操作

9-3-3　接收機

　　雷達接收機包括混波器、放大器、檢波器、視頻放大器等部分，其主要的功用就是將雷達天線收集到的低功率信號放大和檢波。一般最常見的雷達接收機是超外差式接收機。超外差式接收機的基本工作原理是當雷達天線收集到回波信號後先經過預選器將信號濾波，摒除不要的雜波訊號，而僅讓所需要的頻率信號進入混波器。

　　當回波信號通過預選器的同時，本地振盪器會產生一個低功率之高頻信號至混波器，混波器便將此一信號與預選器送來之信號混合在一起。如此會產生兩個信號，其中一個信號的頻率為本地振盪器產生信號與預選器回波信號之和，另一個信號的頻率則為兩者之差。這個差頻信號再經由放大和檢波後，交由視頻放大器傳至顯示器上，一般的差頻皆在中頻，因此放大器為中頻放大器，而超外差式接收機是採用同時調諧預選器和改變本地振盪器頻率的調諧方式，而盡量使本地振盪器之頻率與預選器出來的信號之頻率差等於中頻才算理想。

9-4　雷達使用之頻率

　　雷達使用之頻率，與雷達運作目的有關。因為雷達的參數與性能受其運作的頻率影響。譬如，用雷達來探測氣象，運作的頻率遇雷雨等最好能反射。美國電子電機工程學會(IEEE)利用一些英文字母代表某一頻段，1984 年修正版如表 9-1。經過數年運用之後，美國國防部將雷達頻率波段與其用途，列表如表 9-2。一般而言，低頻率波段偵測距離長，高頻率時解析度及精確性較好。

表 9-1　標準雷達頻率波段術語

波段表示	正常頻率範圍	國際通訊聯盟指定雷達頻率範圍
HF VHF	3〜30 MHz 30〜300 MHz	138〜144 MHz 216〜225 MHz
UHF	300〜3,000 MHz	420〜450 MHz、890〜942 MHz
L	1,000〜2,000 MHz	1,215〜1,400 MHz
S	2,000〜4,000 MHz	2,300〜2,500 MHz、2,700〜3,700 MHz
C	4,000〜8,000 MHz	5,250〜5,925 MHz
X	8,000〜12,000 MHz	8,500〜10,680 MHz
Ku	12〜18 GHz	13.4〜14.0 GHz、15.7〜17.7 GHz
K	18〜27 GHz	24.05〜24.25 GHz
Ka	27〜40 GHz	33.4〜36.0 GHz
V	40〜70 GHz	59〜64 GHz
W	75〜110 GHz	76〜81 GHz、92〜100 GHz
mm	110〜300 GHz	126〜142 GHz、144〜149 GHz 231〜235 GHz、238〜248 GHz

表 9-2 雷達頻率範圍與用途

雷達字母波段指定	頻率範圍	用途
HF VHF UHF	3～30 MHz 30～300 MHz 300～3,000 MHz	超過水平線雷達 非常長距離監視 非常長距離監視
L	1～2 GHz	長距離監視、交通管制
S	2～4 GHz	中距離監視、交通管制 長距離氣象(200n-mi)
C	4～8 GHz	長距離追蹤 空用氣象偵測
X	8～12 GHz	短距離追蹤、飛彈導引 海上雷達 空用氣象、攔截雷達
Ku	12～18 GHz	高解析度測描、衛星高度計
K	18～27 GHz	很少用
Ka	27～40 GHz	非常高解析度測描 短距離追蹤航站監視
V、W	40～110 GHz	精靈軍火、遙測
Millimeter	110^+ GHz	實驗、遙測

9-5 雷達的功率方程式

　　雷達功率方程式是一個理想的簡單數學模式，用來預估發射能量與接收到的返回能量，受距離反射物、雷達截面積及雜訊因素等之影響。設想天線輸出功率為 P_T，由於雷達天線將能量集中向某一方向發射，故其射向欲測量方向的能量為：

$$\frac{P_T G_T}{4\pi R^2} \tag{9-1}$$

G_T：為天線增益

R：為與發射天線之距離

　　如電波在 R 處，遇著雷達截面積為 σ 之目標，因為電波散射的關係，回到接收機天線處之能量為：

$$\frac{P_T G_T}{4\pi R^2} \cdot \frac{\sigma}{4\pi R^2} \tag{9-2}$$

電波被雷達天線接收，受天線有效面積影響，天線的有效面積為：

$$A_e = \frac{G_R \lambda^2}{4\pi},$$

故接收機輸入端所得能量P_r為

$$P_r = \frac{P_T G_T}{4\pi R^2} \cdot \frac{\sigma}{4\pi R^2} \cdot \frac{G_R \lambda^2}{4\pi} = \frac{P_T G_T G_R \lambda^2 \sigma}{(4\pi)^3 R^4} \tag{9-3}$$

G_R：為接收天線增益

λ：為電波波長

上述方程式未考量大氣對電波之衰減。接收到的訊號能量，是否能作有效的顯示，則需考量訊號雜訊比，接收機的熱電雜訊為P_N

$$P_N = KT_0 BF \tag{9-4}$$

P_N：接收機輸入雜訊功率

K：波茲曼常數

T_0：絕對溫度

F：雜訊因數

B：系統雜訊頻寬

因而訊號雜音比為：

$$\frac{S}{N} = \frac{P_r}{P_N} = \frac{P_T G_T G_R \lambda^2 \sigma}{(4\pi)^3 R^4 KT_0 BF} \tag{9-5}$$

故雷達可量測目標物距離為：

$$R = \left[\frac{P_T G_T G_R \lambda^2 \sigma}{(4\pi)^3 KT_0 BF(S/N)} \right] \tag{9-6}$$

9-6　影響雷達性能的因素

9-6-1　發射機功率

電磁波能量輻射到空間，其在空間傳送時，受擴散的影響，隨距離而減弱；遇著目標物反射，亦受同樣因素影響。很顯然，如發射功率愈大測量之距離可越遠。發射機輸出功率大，輸入功率就要大，飛機所能或規劃提供給雷達發射機功率，就已限制可量測之距離。

9-6-2　天線大小

天線尺寸的大小，影響電磁波集中發射的能力。人們普遍具有的常識，一個反光的拋物形面，其面越大，光越集中。此一概念，可用於天線電磁輻射場型，即天線面越大輻射能量越集中。兩發射機雖有同等功率之輸出，使用天線面大者，能量集中越佳，自然可量測較遠之距離。

9-6-3　接收機靈敏度

反射回來的電磁波，經天線接收，送至接收輸入端，經接收機放大、檢波及信號處理，然後輸出至顯示器。故接收機靈敏度及信號處理的能力，影響其是否能產生有效顯示，關係至大。

9-6-4　大氣的影響

雷達的電磁波在地球的大氣中傳播。由於各處的雲、雨、雪及大氣本身所含氣體成份的差異，對於在其中傳播的電磁波有兩大顯著的影響：衰減及反射。衰減使雷達量測距離減少；反射則被利用來量測雷雨分佈狀態。一般而言，大氣對電磁波的衰減量隨頻率增加而增加。

一個地面雷達，如果要偵察對流層外的目標，雷達波來往都會經過對流層。在標準情況(沒有雲、雪、霧或冰)，雷達波會由發射角度與頻率，遭遇衰減如圖 9-7 所示。在 22GHz 時，為對流層中水蒸氣產生諧振，而增大對雷達波能量之吸收；在 60GHz 時，氧氣諧振增加對雷達波能量吸收。發射角度越低，穿過對流層的路徑越長，故發射角 1 度時，較發射角為 10 度時，衰減為大。

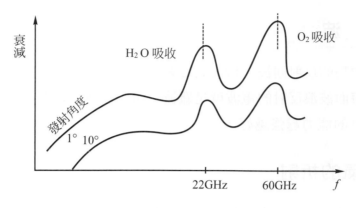

圖 9-7　大氣對不同頻率電磁波的衰減

　　對於飛機等目標，由於其高度多飛行在對流層之下，此種狀況之下，雷達波行進時，其所遭遇之衰減，與空氣中的降雨量有關，如圖 9-8 所示。降雨量越大，衰減越大。

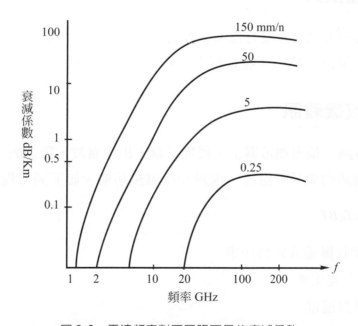

圖 9-8　雷達頻率對不同降雨量的衰減係數

9-6-5　目標物反射性

　　複合材料及吸波物料的使用及新一代的飛機構型，使得現代飛機的反射電波較弱。電波的反射量與反射面間關係更大，故目標機側向或頭向測試電波時，反射強度有甚大差異。

9-6-6　雜　波

　　凡是非目標物的反射回波，皆可謂之雜波。當追蹤空中、地面或海面目標時，雷雨、地物或海面波浪反射的電波就是雜波。雷達能將不需要的雜波抑制，而將所需目標顯示出來的能力越強越好。

9-6-7　大氣的折射

　　電磁波即光波，由折射率大物質進入折射率小的物質，會產生反射現。在地表上，常有上層溫度高，下層溫度低的情況電磁波在其層下與地面間傳播時，被其導引，會探測到較遠的目標物。此為海面上較常發生的現象。

9-6-8　傳播損失

　　即做大氣對電波之傳送沒有任何衰減吸收，電波沿一小的立體角度發出後，距離發射機越遠，單位面積所含能量越少。其減少程度，隨距離平方成反比。

9-6-9　接收機雜訊

　　接收機的雜訊，輸至顯示器上，使顯示器上出現雜波，微弱的反射訊號，常被雜波掩蓋。其雜訊的來源於溫度，因熱產生雜訊功率，如下列方程式(9-4)所示：

$$P_N = KT_0BF$$

P_N：接收機輸入雜訊功率

K：波茲曼常數

T_0：絕對溫度

B：雜訊因數

F：系統雜訊頻寬

9-6-10　雷達波的發射方式

　　雷達發射波形如圖 9-9 所示。T_D為脈波發射時間，由圖知雷達僅有在 時間內才有功率輸出。如在此時間其輸出峰值功率為P_P，則此雷達發射機平均輸出功率為P_{ave}，可表之為下式：

$$P_{\text{ave}} = \frac{P_P T_D}{T_P} \tag{9-7}$$

T_D 越小，雷達解析度越高，但平均輸出功率小，偵察距離短；T_D 增大，解析度降低，平均輸出功率大，可偵察距離較大。

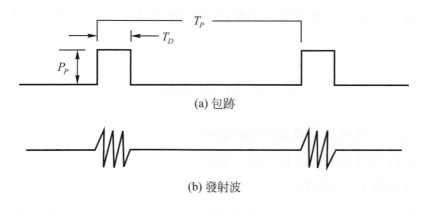

(a) 包跡

(b) 發射波

圖 9-9　雷達的發射波形

9-7　雷達的應用與分類

　　隨著科技的進步，科學家們也發展出種類繁多的雷達，擔任許多特殊的工作。地面雷達的主要功用是飛航管制(air traffic control, ATC)、防空監視和射控。用雷達的發展與應用，從二次世界大戰德國的夜間戰鬥機開始，在短短半世紀間，發展神速，尤其當德州儀器公司推出單晶片雷達模組後，將空用的雷達推向一個新的境界。任何系統的發展，均為了滿足任務需求和環境的需要；而空用雷達的任務包括：

1. 長程的搜索與空中的預警。
2. 戰略與戰術的偵察。
3. 偵測與標定防空射控雷達。
4. 空優與攔截。
5. 海上、地面密接支援與戰場阻絕。

　　雷達在飛機上的用途甚多，在戰機上有追蹤攔截雷達，早期預警機上有搜索雷達，雷達高度計在軍機、客機及直昇機上皆為重要儀具。在長途飛行的機上，則安裝都卜勒雷達，以為導航之用。氣象雷達，多用於大型客機與貨機上。由於空中交通日益頻繁，雖有地面的管制，亦常有空中互撞的事件發生，故有空中防撞雷達問世，大眾對於生命安全的重視，空中防撞雷達預估將成為未來民航機的標準配備之一。相較於發射極大功率、追蹤非特定目標的一次搜索雷達(primary surveillance radar, PSR)，在飛機上裝設答詢機，以降低雷達功率的系統稱為次級搜索雷達(secondary surveillance radar, SSR)，因為它不主動發射高功率電磁波，僅在被探詢時才有電能發出。雷達預警器，則為所有軍機不可或缺的裝備，但為電子戰方面的主要工具，並非所有航空器必須配載，故略過這一部份。僅就雷達高度計、空用追蹤攔截雷達，及都卜勒雷達為重點，而加以討論。

9-7-1　雷達高度計(Radar Altimeter)

任何飛機上，皆有氣壓高度計(baro height meter)。但即使該高度計，經過地面塔台提供資料加以校正，在低空時，亦有上下100英呎的誤差。該項誤差，將使得飛機駕駛在降落時，不敢依其指示做儀器降落，況且地面上有地形地物等之障礙。如使用雷達高度計，因其所量測者為飛機與地面間的實際高度，故在低空時，駕駛原則以其所指示者為賴。雷達高度計本身而言，由於其是利用發射電波與回波進行量測，其發射功率甚小，故也僅在2,500英呎以下使用，與氣壓高度計互補缺憾，也給飛機駕駛員，適當的高度決定法。

雷達高度計系統部分，包括收發機，天線及指示器。發射功率約為15毫瓦，工作頻率為4.3GHz。由於它是利用發射電波與返回電波來量測高度。很自然令人想到，電磁波以光速傳播，光速每秒為 3×10^8 公尺，換算為英制則為 9.84×10^8 呎。假設飛機高度為 50 呎，則波來回之時間差 $t = 2 \times 50/9.84 \times 10^8$ 微秒，故採用脈衝式雷達高度計，時間的量測要非常準確，因而平常多數雷達高度計，是採取另一種方式來量測高度。

雷達高度計發射一等幅超高頻無線電波，該等幅超高頻無線電波頻率受一調制器控制，按一個定率改變，平常多為100週/秒，調變週期為10ms。今將雷達高度計發射頻率與接收到的反射信號頻率，其頻率與時間的關係，表之如圖9-10所示。以高度 $D = 100$ 呎來計算，

$$f_1 - f_r = \pm \frac{2D}{0.984} \times \frac{100 \times 10^6}{5 \times 10^{-3}} \times 10^{-9} = \pm 40.65 \text{ kHz} \tag{9-8}$$

$D = 10$ 呎時，$|f_t - f_r| = 4.065$ kHz。

上述 $f_t - f_r = \Delta f$ 的頻差，經處理後，變為直流電壓輸出，該輸出可分送至顯示器顯示，或輸出至自動駕駛儀，供自動駕駛用。

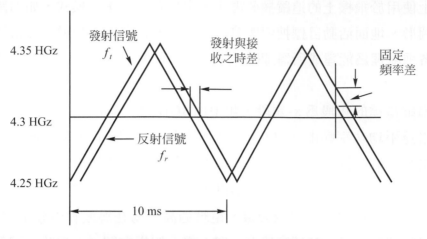

圖 9-10　雷達高度計發射與接收訊號間的關係

雷達高度計之天線，當飛機平飛時，必須與地面平行。又當飛機在地面時，指示應為零高度。但飛機停放地面，發射機開啓，發射信號經由饋電線至天線發射，經由空間至接收天線，再經饋電線至接收機，產生了發射信號與接收信號行程初差。此初差與某一高度對應值，是為剩餘高度。該高度需加以補償，顯示器之指示才為正確。補償後，雷達高度計就已校正，而其饋電線之長度，稱為校正長度。校正長度不可以再任意縮短或加長。又 4.3GHz 的信號經同軸電纜線輸送時，衰減甚大。故雷達高度計之收發訊號機，宜盡量靠近其天線，此點在安裝設計時，應特別加以考量。

9-7-2　空用追蹤攔截雷達

空用追蹤攔截雷達，是安裝在戰機上。戰機所能提供給追蹤攔截雷達的空間很小，故雷達的體積要小。戰機的推力一定，為使戰機靈活且速度快，雷達的重量要輕。戰機提供給各裝備的功率為一定，故雷達分配到的功率有限度，不能隨意增加，因此雷達所能量測距離自然會受限制。戰機提供給雷達的工作環境，使得追蹤攔截雷達本體，更需要滿足環境的規格需求。環境問題中，溫度是非常重要的一個環節。由於追蹤攔截雷達是以脈波方式工作，效率低，僅 20 ％ 到 30 ％，雷達會產生大量的熱，該大量的熱在狹窄的機艙中如何排出，亦是一個重要問題。

戰機本身就小，所能安裝的天線大小，先天上就受限制。而天線為了搜索目標，追蹤目標，必須要作適當的掃描運動，才能使雷達發揮其功能。又雷達的電波，來往必須穿過機頭，雷達電波所穿過的機頭，又名雷達鼻錐。雷達鼻錐，影響雷達天線輻射電波場型，如設計不當，降低雷達性能甚巨。

實際上使用於飛機上的追蹤攔截雷達，常具有多種工作模式，如追蹤、速度搜索、地面圖形、地面活動目標搜索與追蹤等等。配合各種工作模式，常需不同信號處理。又各種處理為能達成所需即時需求，常以硬體方式執行。故空用雷達設計，實屬不易。

空用追蹤雷達的頻段為 x-頻段，頻率由 8GHz 到 12GHz。一般像 F-16 型以下戰機，其雷達平均功率輸出為 200 瓦，大型戰機如 F-18 者，其雷達平均功率輸出為 400 瓦左右。最大輸出功率多在 3 到 5 仟瓦之間，當然其中亦有超出此值者。最大輸出功率高，其所需高壓電源供應器供給較高電壓。又雷達工作頻率高，其發射機輸出能量，須經由導波管送至天線，電壓過高，易在導波管中發生電弧放電。

空用追蹤攔截雷達，其偵察能力，與上視、俯視有關。上視時，因雜波較小，故偵察較遠。俯視時，因地面雜波較強，使微弱信號不易探測，故偵察較近。天線掃描方式分為超搜索、搜索及追蹤三種，如圖 9-11 所示。

當雷達作掃描時，掃描場型立體角度為 Ω，掃描此整個立體角度所需時間為 T。如目標之立體角度為 θ_B，則在一個場型掃描時，雷達波照射到目標物的時間為：

$$(\text{T. ON T.}) = \frac{\theta_B}{\Omega} T \tag{9-9}$$

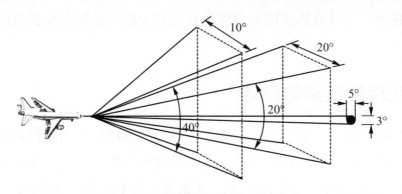

圖 9-11　機載雷達天線的掃描方式

考慮到工作循環(Duty cycle)T_D/T_P，及平均功率為：

$$P_{\text{ave}} = P_t P_D / T_P = P_t T_D f_P \tag{9-10}$$

則在每一次掃描時，由於目標反射，接收機收到的能量為：

$$f_P \cdot T_D \cdot \frac{P_t G}{4\pi R^2} \cdot A_e \ (\text{T. ON T.}) \tag{9-11}$$

其中 A_e 為天線有效面積。由此可知當雷達天線作追蹤時，反射回來能量最大，而測量距離最遠。

9-7-3　都卜勒雷達(Doppler Radar)

　　當人們坐在移動中的汽車時，駛近或遠離一聲源，可以感覺聲源的頻率有所變動。聲波是一種波動，電磁波也是一種波動，所不同的是電磁波的頻率較高，傳送速度也較快。故飛機發射電磁波，並追向目標或遠離目標時，電磁波的接收器，會測量到頻率之變動，這就是日常所謂都卜勒效應。飛機在空中飛行時，常遇到不同方向氣流，因而使飛機產生偏航。飛機向地面發射電波獲得回波，使用都卜勒效應，測得飛機受氣流所產生的偏航及地速，稱為都卜勒雷達。

　　都卜勒效應，設聲波速度為V，聲源速度為V_S，觀察者速度為V_0。假設聲源固定不動，發出聲波波長為λ，今觀察者面向聲源運動，則速度和為$V + V_0$；觀察者背向聲源運動，則速度和為$V - V_0$，利用速度，波長與頻率的關係，可得

$$f' = \frac{V \pm V_0}{\lambda} = \frac{V \pm V_0}{\dfrac{V}{f_0}} = \frac{V \pm V_0}{V} f_0 \tag{9-12}$$

　　f_0 為聲源原來頻率。故頻率或增高、或降低，視觀察者面向或背向聲源而定。如觀察者不動，聲源向觀察者駛近，其發出之聲波波長被壓縮成$\lambda'' = \dfrac{V - V_S}{f_0}$，故頻率改變成為：

$$f'' = \frac{V}{\lambda''} = \frac{V}{V - V_S} f_0 \tag{9-13}$$

如聲源遠離觀察者，其波長被延伸為$\lambda'' = \dfrac{V + V_S}{f_0}$，因而產生

$$f''' = \frac{V}{\lambda'''} = \frac{V}{V + V_S} f_0 \tag{9-14}$$

如觀察者與聲源作相對運動，概括所有狀況在內，頻率可表之為

$$f = \frac{V \pm V_0}{V + V_S} f_0 \tag{9-15}$$

今就飛機而論，如圖 9-12 所示，飛機以速度向前平直飛行，在其頭向以θ角度向下發射電波，則對地而言，其頻率由原來f_0，提高成為：

$$f' = \frac{C}{C - V \cos \theta} f_0 \tag{9-16}$$

向後以 θ 角度發射,則地面收到時,認為頻率為

$$f'' = \frac{C}{C + V \cos \theta} f_0 \tag{9-17}$$

飛機向前以 θ 角度發射一電波,頻率為 f_0,因為有偏流,設偏流角為 α,如圖 9-13 所示,則地面收到的頻率為:

$$f' = \frac{C}{C - V \cos \theta \cos \alpha} f_0 \tag{9-18}$$

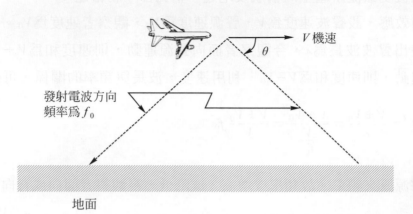

圖 9-12　飛機速度與雷達波之關係

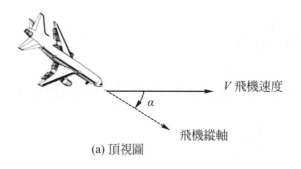

(a) 頂視圖

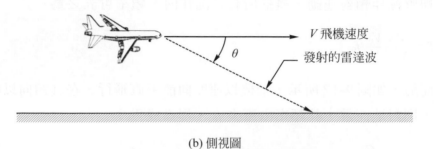

(b) 側視圖

圖 9-13　飛機向前發射雷達波的偏向

地面反射頻率為 f' 之電波，飛機收到頻率為：

$$f_b = \frac{C + V \cos \theta \cos \alpha}{C} f' = \frac{C + V \cos \theta \cos \alpha}{C - V \cos \theta \cos \alpha} f_0 \tag{9-19}$$

轉動發射天線，使頻率變至最大，即天線與 V 方向一致，

$$f_{\max} = \frac{C + V \cos \theta}{C - V \cos \theta} f_0 \tag{9-20}$$

天線與機頭之夾角 α 為偏流角，以電波束量測偏流角之方法。

　　利用兩波束，如圖 9-14 所示，測量偏流角之情況，則為向機頭兩側，以 β 角度及 θ 角度，各發一頻率為 f_0 之電波。此時飛機向右側發射之電波與其返回電波頻率之差為 Δf_1

$$\begin{aligned} \Delta f_1 &= \frac{C + V \cos \theta \cos (\beta - \alpha)}{C - V \cos \theta \cos (\beta - \alpha)} f_0 - f_0 \\ &\cong \frac{2V \cos \theta \cos (\beta - \alpha)}{C} f_0 \end{aligned} \tag{9-21}$$

上式由 $C \gg V \cos \theta \cos (\beta - \alpha)$ 關係簡化而得。同理飛機向左側發射電波時，返回電波頻率與原頻率 f_0 間之差為 Δf_2：

$$\Delta f_2 = \frac{2V \cos \theta \cos (\beta - \alpha)}{C} f_0 \tag{9-22}$$

利用 $(\Delta f_1 - \Delta f_2)$ 之誤差轉換成電壓。此誤差電壓驅動天線旋轉，直到天線與地速方向一致，誤差為零。此天線與機身縱軸間之角度為偏流角。

　　但因飛機頭或有俯仰傾斜，為消除此一俯仰傾斜，對偏流角量測之影響，飛機上採用穩定系統，使天線系統在任何飛行姿態下，保持水平，使偏流角不受飛機姿態的影響，而產生誤差。但這並不能消除，因飛機垂直速度變動，所導致之誤差。為除去垂直速度變動所導致之誤差，飛機發射四波束，兩向前、兩向後。

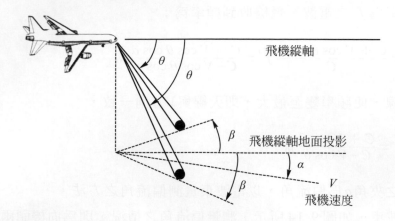

圖 9-14　飛機雷達波與偏流角的關係

圖 9-15 為飛機發射四波束的情形。天線系軸統與飛機縱軸一致，各波束的垂直面與飛機縱軸在水平面的夾角，皆為相等，是為 β 角。由圖知，波束 3 所得回波與發射角間之差頻為：

$$\Delta f_3 = \frac{C - V\cos\theta\cos(\beta-\alpha)}{C + V\cos\theta\cos(\beta-\alpha)} f_0 - f_0 \cong -\frac{2V\cos\theta\cos(\beta-\alpha)}{C} f_0 \qquad (9\text{-}23)$$

同理，波束 4 回波與發射波差頻為

$$\Delta f_4 \cong -\frac{2V\cos\theta\cos(\beta+\alpha)}{C} f_0 \qquad (9\text{-}24)$$

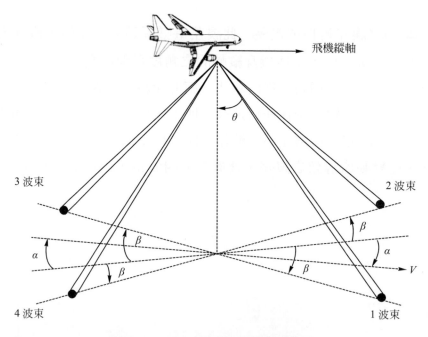

圖 9-15　利用四束雷達波測量偏航角

如飛機在垂直方向有速度為 V_v，V_v 在四個波束上的分速度為 $V_v \sin \theta$，對四個波束產生的差頻，皆為 Δf

$$\Delta f = \frac{C + V_v \sin \theta}{C - V_v \sin \theta} f_0 - f_0$$

$$\cong \frac{2 V_v \sin \theta}{C} f_0 \tag{9-25}$$

故四個波束所得之差頻可表之如下：

$$\Delta f_1 = \frac{2 V \cos \theta \cos (\beta - \alpha)}{C} f_0 + \frac{2 V_v \sin \theta}{C} f_0$$

$$\Delta f_2 = \frac{2 V \cos \theta \cos (\beta + \alpha)}{C} f_0 + \frac{2 V_v \sin \theta}{C} f_0$$

$$\Delta f_3 = -\frac{2 V \cos \theta \cos (\beta - \alpha)}{C} f_0 + \frac{2 V_v \sin \theta}{C} f_0$$

$$\Delta f_4 = -\frac{2 V \cos \theta \cos (\beta + \alpha)}{C} f_0 + \frac{2 V_v \sin \theta}{C} f_0 \tag{9-26}$$

以 1、3 波束為一對，2，4 波束為另一對，並分別相減，則得

$$\Delta f_{(1-3)} = \frac{4 V \cos \theta \cos (\beta - \alpha)}{C} f_0$$

$$\Delta f_{(2-4)} = \frac{4 V \cos \theta \cos (\beta + \alpha)}{C} f_0 \tag{9-27}$$

利用上兩者之差，轉換為誤差電壓，去驅動天線系統，直到天線系統兩對波束之頻率差為零為止。此時天線系統軸與 V 一致，而其與飛機縱軸之差，則為偏流角。

都卜勒雷達亦利用來測地速，發射電波向前，得都卜勒頻率為：

$$\Delta f_f = \frac{C + V \cos \theta}{C - V \cos \theta} f_0 - f_0 \cong \frac{2 V \cos \theta}{C} f_0 \tag{9-28}$$

向後發射電波得都卜勒頻率為：

$$\Delta f_b = \frac{C - V \cos \theta}{C + V \cos \theta} f_0 - f_0 \cong \frac{2 V \cos \theta}{C} f_0 \tag{9-29}$$

此兩頻率差為：

$$\Delta f = \Delta f_f - \Delta f_b \cong \frac{4 V \cos \theta}{C} f_0 \tag{9-30}$$

因 f_0，C，θ 為已知，故可由上式之 Δf，求得地速 V。

脈波都卜勒雷達採用距離閘和都卜勒濾波器取代活動目標指示器的延遲現象消除器。經差頻檢波器檢出回波信號由若干段距離閘一個各的回波分別輸出至都卜勒濾波器，求出目標的徑速度。由於以上兩種雷達皆是用脈波測量目標之距離和速度，並以單一脈波為計算的基準，故可算是一種取樣度量系統。這類的雷達系統在發生都卜勒頻移處理不當或脈衝收發時間延遲時，將可能無法精確測距。假使接收機不只對有無回波能量敏感，而且還能查知其頻率的話，則某些稱作濾波器的電路就能分析回波所包含的頻率。其作用是看看發射出去的脈波回來時，頻率是否還跟去時一樣，或者有些改變。如果發生了改變，則頻率的偏移量稱為都卜勒位移 (Doppler shift)。都卜勒位移是都卜勒效應的現象。都卜勒效應是說，雷達與目標間的相對運動會使雷達波的頻率變大或變小；因此，都卜勒位移揭露了目標的相對速度。這種不但分析脈波回來的訊息，還會分析都卜勒頻率的雷達就是脈波都卜勒雷達。

一般來說，若想增加雷達之最大測距，可採用較低的脈波來復頻；而要獲得精確的測速，則採用較高的脈波來復頻。因此，具有活動目標指示器的遠距離預警雷達常採用前者，而短距離精確度較高之脈衝都卜勒雷達則採用後者。

脈衝都卜勒技術應用時也同時加入了其他技術，來彌補脈衝都卜勒雷達的某些缺點。這些雷達技術包括單脈衝(mono pulse)、移動目標指示器、相位陣列、共相(coherent)、合成和脈衝壓縮(pulse compression)；脈衝壓縮是透過一種特別的濾波器，將輸出的脈衝頻率成分加以合成，使變成一展延的長脈衝(接收仍為原來的短脈衝)。這種脈衝壓縮的優點，可以避免雷達產生過高的尖峰功率，以較低的脈衝重複頻率，就能提高或維持高的輸出功率，增加偵測距離，改進解析度，另外也比較不受干擾訊號的影響。

兩種主要的脈波都卜勒雷達的應用如下：

1. 目標追蹤雷達—脈波雷達基本上可提供目標的距離、方位和相對速度，並將它們轉換成飛行員看得到的目標資料，或是能讓飛機上的武器系統直接利用的資料；這些執行追蹤、攻擊功能的工作，還需要另一部電腦來負責。此電腦的基本工作是篩選接收機供應的資料，將相對位置轉變成軌跡；這些軌跡的表示方式是以一固定的地面參考點為基準，這個參考點可能是經度或緯度。電腦的運算速度決定些雷達可同時追蹤幾個目標；數目可能從戰鬥機的一打左右到空中預警機的 600 個之多。

2. 空用追蹤雷達─其偵察能力與上視、俯視有關。上視時因雜波較小，故偵察較遠；俯視時，因地面雜波較強，使微弱信號不易探測，故偵察較近。天線掃描之方式可分為超搜索、搜索及追蹤三種。

9-7-4 氣象雷達

電磁波在空中前進時，遇到雷雨便產生回波，雨滴越大，回波則越強故可顯示飛機前方雷雨的狀況，如圖 9-16 所示。若前方有強烈的紊流，產生風切(Wind Shear)，在風切的邊界降水量會有突然的變化，氣象雷達可利用此現象來顯示其外輪廓。氣象雷達的電磁波波束，也可向地面發射。地面有不同地物，各種地物對電磁波的反射性質不同，利用此種差異，在雷達的顯示器上可以看出地表的特徵；除此之外，也可探測前方有無其他飛機；低飛時，前方是否有高山等阻礙。因此氣象雷達同時也兼具做為地面接近警告系統(Ground Proximity Warning System, GPWS)偵測地面障礙物的雷達。

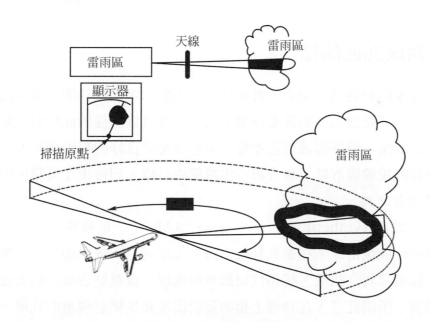

圖 9-16 氣象雷達的掃描

氣象雷達的頻率是固定的，去絕於磁控管及電路的設計，必須與氣象數據的水氣、雨滴、冰晶密度有關，頻率大約在 9.345~9.375GHz 之間，功率大約為 6kW。掃描的目標物大都大於 3 英里以上高密度水氣或雷雲。脈波率(pulse rate)為每秒 100 個脈波，脈波間隔為 10 m sec，適合於 10 海里以外的雷雲偵測。無線電的傳遞速度 1 海里來回大約是 12.36μ sec，10 海里則需 123.6μ sec，或 0.1236 m sec。

因此氣象雷達可以涵蓋到 40 海里遠(訊號來回時間約為 5 m sec)，當機載雷達偵測到雷雲區，飛行員還有大約 264 秒的時間可以應變。氣象雷達可以掃描最遠距離大約在 80 海里以內，雷達不須做延時處理或調低脈波率。氣象雷達擷取的訊號經處理後將呈現在導航監視器(navigation display, ND)上，以不同的顏色來區分雷雲密度，如圖 9-17 所示。

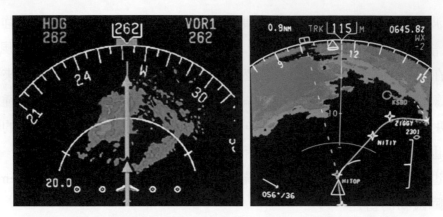

圖 9-17　導航顯示器(ND)呈現的 40 海里的氣象雷達掃描成像

9-7-5　合成孔徑雷達

從雷達技術的發展沿革來看，雷達最早出現於二次大戰其間，用的幾乎全是脈衝雷達。然後，又發展出等幅波雷達來解決脈衝雷達無法從地面與海上雜波中，鑑別出小目標的缺點；但等幅波雷達本身，卻無法提供良好的距離解析度，在追蹤一群等速度飛行的攻擊機群時，會分辨不出單獨的目標。到後來才又發展出脈衝都卜勒雷達兼具兩者之長。

合成孔徑雷達(synthetic aperture radar, SAR)是一種特殊技術利用高方位解析力的掃描回波成像雷達。在載具飛行方向上，正前方、或向地面、或側向，將移動的雷達天線所接收之訊號，經相位同調累加處理，重新整合成一的大面積虛擬天線的合成訊號。所謂孔徑，在物理上指的是能使波產生繞射現象的孔隙。在天線理論上，孔徑卻是指垂直於主要電磁波能量的一個假想平面，可能在天線上，也可能在天線附近的空間裡，如圖 9-18 所示。而「合成」則意指該雷達並無一實際的長串列陣天線，而只是一支短天線、一個雷達波發射器，安裝在飛機一旁或兩側，利用飛機飛行的路徑，以電腦作訊號分析，將飛行途中各點所接收到並儲存起來的回波資料以人工方式合成為「無其物確有其實」的長天線孔徑雷達；由於它必須裝在機身的兩側，又稱為側視雷達。合成孔徑雷達飛行（或方位）方向之角解析度比真實孔徑訊號者佳。對地的方向，距離方向之解析力較差，則會使用調頻與濾波的處理技術，來改善及維持所需的高解析度。合成孔徑雷達的訊號強度夠、訊號傳送離可以達到數千公里，除了在飛機上使用之外，圖 9-19 所示，亦可作為飛機或人造衛星監測地球地形地貌資訊的工具，如圖 9-20 所示。

　　合成孔徑雷達的最大優點就是解析度高，所以大都應用地貌攝取與導航上，多國的遙測衛星(remote sensing satellite)及我國的福衛一號都是使用合成孔徑雷達。衛星遙測是一個很大的國際市場，遙測公司出售地面影像資料供災害防治的研究。

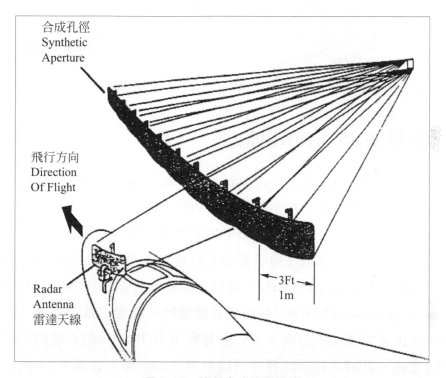

圖 9-18　機載合成孔徑雷達

圖 9-19　安裝於鼻錐罩內的合成孔徑雷達(資料來源 NASA)

CHAPTER

9

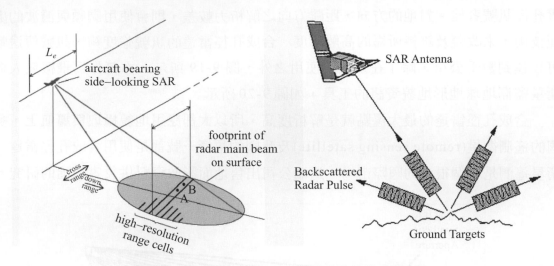

圖 9-20　合成孔徑雷達在航空及太空的掃描成像應用

9-7-6　次級搜索(監視)雷達

　　次級搜索雷達(secondary surveillance radar, SSR)或稱為二次雷達、或稱為次級監視雷達等，基本上與一次雷達的偵搜功能有極大的差異，而是屬於一種高度定向性的通訊系統。它由一個安裝在機上的異頻雷達收發器或答詢器(transponder)的收發機，以及一個通常裝附在地面雷達上的裝置組成。地面裝置像雷達一樣發射脈波，類似詢問，頻率為 1030MHz；飛機上的飛航管制答詢器(air traffic control report beacon system, ATCRBS)截收到此脈波時，就會去找尋雷達波的來源，將天線轉向次級搜索雷達站的方向，並自動發射出 1090MHz 的合成的回波。地面設施接到此回波時，計時電路就計算得到這架飛機的距離，如圖 9-21 所示。飛機回覆給次級搜索雷達站的航管資料包括飛機編號 ID、飛行高度、速度、目的地等。次級搜索雷達系統於 1960 年代建立後，一直到 1980 年代美國才發展出選擇模式通訊機(Mode S)，讓飛機可以下傳飛航管制所需的答詢資料。圖 9-21 所示的下傳訊息也將是 1990 年代啟用的航情警訊與空中防撞系統(traffic alert and collision avoidance system, TCAS)所需的資料。

　　次級監視雷達地面站也能將飛機發出的回波解碼，得到該機的呼號和高度。故它對於飛航管制而言是不可或缺的。將次級監視雷達模組整合在地面雷達的追蹤裝置內，則可保證航管員在雷達顯示器上看到的各個飛機軌跡旁，一直有該機的呼號和高度，以方便識別和管制，如敵我識別器(identification friend or foe，IFF)即屬於次級監視雷達的一種。

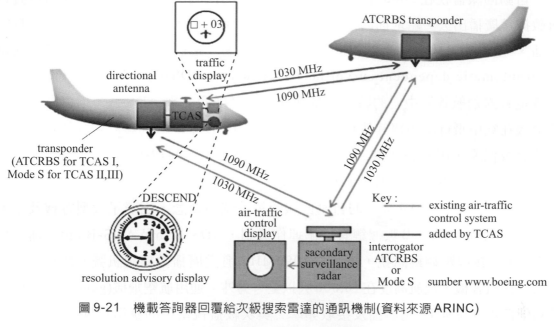

圖 9-21　機載答詢器回覆給次級搜索雷達的通訊機制(資料來源 ARINC)

圖 9-22　次級搜索雷達地面站(資料來源 ATC 網站)

9-8　自動回報監視

　　自動回報監視(automatic dependent surveillance, ADS)是 GPS 位性數據在航空系統應用上的一個副產品。利用雷達的監視系統，飛航管制中心可以主動獨立的搜索到空中的飛機，稱為獨立性監視(independent surveillance)。然而自從 GPS 被核准應用於飛機上當作一種導航的訊號來源，機載航電可以自己獲得位置資料，透過有效的通訊系統，下傳數據鏈給飛航管制中心，航管監視數據是依賴飛機上的數據鏈傳播，稱為依賴性監視(dependent surveillance)，或翻譯為回報監視。

　　自動回報監視在 2005 年開始發展為廣播式的機制，亦即飛機將自己的位置資料數據鏈廣播出去，給地面的飛航管制中心以及鄰近的飛機等，透過數據鏈訊息的廣播，空中的飛機可以互相知道鄰近飛機的活動。這個系統稱為廣播式自動回報監視(automatic dependent surveillance-broadcast, ADS-B)。在 ADS-B 使用前的系統是針對飛航管制中心的特定位址傳遞，後來則命名為 ADS-A，以資區別。由於飛機在空中飛行必須與其他飛機及航管系統協同作業，共同簽訂合約議定數據鏈的收發及保密，因此發展出 ADS-C (ADS-contract)。ADS-B 採用類似圖 9-21 的通訊架構，不同的傳送及接收數據鏈頻率。

　　圖 9-23 為美國 FAA 建立的自動回報監視系統的概念，涵蓋了大型客機及小型通用航空飛機。ADS-B 數據鏈有兩個運作機制，ADS-B in 及 ADS-B out，前者為 1030MHz 接收數據鏈訊號，後者為 1090MHz 發送廣播數據鏈訊號。此頻率適用於大型民航客機，飛航高度在 18,000 呎以上。另外，通用航空飛機(general aviation, GA)則使用 978MHz 為廣播及接收頻率。與次級監視雷達的應用相同，1090MHz 及 978MHz 亦同時提供 TCAS 數據。為了解決不同頻率的自動回報監視，不同頻率的自動回報監視，將需要接收不同頻率的廣播訊號，因此基本上不論是大小型飛機採用的 ADS-B 航電裝置都是雙頻的。

圖 9-23　美國 FAA 的自動回報監視系統概念(資料來源 FAA)

　　最近的研究發展，利用 ADS-B 來建構 TCAS 已經逐漸可行，但是如何因應大型民航客機(1030/1090MHz)、小型通用飛機(978MHz)、民用無人機(900MHz 暫定)、軍用飛機及軍用無人機(360MHz)等在高流量空域低空穿梭時的數據感知(awareness)，從飛航管制中心將所接收到的空中飛機廣播的訊息重新編整後再廣播(re-broadcast)至空中給不同的飛機，以確保所有飛機都能收到鄰近活動飛機的數據。這樣的監視機制稱爲再廣播式自動回報監視(automatic dependent surveillance-rebroadcast, ADS-R)，

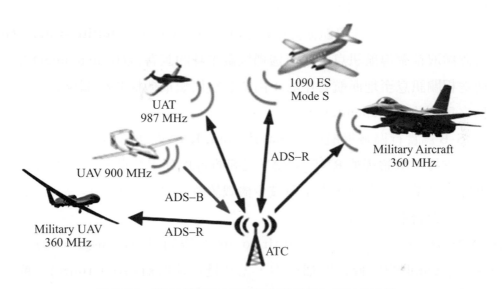

圖 9-24　建立再廣播式自動回報監視作爲 TCAS 功能。

9-9　自動回報監視

　　新一代民航技術發展中的通訊、導航、監視與飛航管理(CNS/ATM)已經逐漸建立實用能量，成爲各先進國家優先發展的目標。而在此發展過程中，新的飛航監視(surveillance)技術也因此孕育而生，有別於傳統雷達系統之主動搜尋(independent surveillance)，相依式的回報監視(dependent surveillance)系統架構是透過機載航電，透過各種可能的通訊媒體，例如衛星通訊系統(satellite communication, SATCOM)、VHF 數據鏈通訊(VHF data link, VDL)、HF 數據鏈通訊(HFDL)等，主動且不斷地將飛機的四度空間動態飛航訊息，以數據鏈的連結方式傳達至鄰近的航機或地面管制站(ground station)。這種監視系統的架構稱爲自動回報監視(automatic dependent surveillance, ADS)，其較先進的構想，將數據以廣播(broadcast)的方式對任何相關的個體，例如周邊鄰近的航機、地面管制中心等，

傳遞機載動態數據,稱之為廣播式自動回報監視(ADS-B)。在機載航電的座艙交通資訊顯示系統(cockpit display of traffic information, CDTI)上,可以顯示鄰近航機的狀況,使得航情警告與防撞系統(traffic alert and collision avoidance system, TCAS)得以適當的啟動,提供助導航資訊。ADS-B之主要的特色有三:

1. 透過數位化的數據鏈網路做雙向性、主動性、全向性地廣播機載所獲得的三度空間位置、時間、高度、速度、航向、飛機識別碼及各項重要的飛航訊息,並適用於地面上活動的車輛與障礙物;視空域與環境之需求,定期的向外廣播各種訊息,因而稱之為自動的(automatic)。

2. 依靠機載本身之全球導航衛星系統(global navigation satellite system, GNSS)裝置擷取精確導航訊息,以及透過機載本身的詢答機(transponder)來接收或傳送相關訊息至地面航管中心;由於必須依賴飛機播報相關導航訊息,因此稱之為相依的(dependent)。

3. ADS-B為實行區域導航(area navigation, RNAV)與自由飛行(free flight)的主要支援,較嚴謹的RNP RNAV規範將可以利用機載航電的精確導航,降低隔離標準、提升飛航安全與減少機載於離到場的延遲,提高流量與空域的運用,改善航空營運。

在 ADS-B 中,包含了空對空(air-to-air)、空對地(air-to-ground)、地對地(ground-to-ground)的數據鏈廣播能力,尤其是在巡航航路(en route)、越洋航路(oceanic)及偏遠(remote area)的無雷達地區都能夠有效的應用,它將取代現今所有不同形式雷達的搜尋,而以ADS-B提供單一形式的監視數據回報。ADS-B的性能能否發揮,將取決於航空通訊系統與網路是否健全。未來隨著雷達逐漸減縮,相對的星基擴增系統(satellite-based augmentation system, S-BAS)與陸基擴增系統(ground-based augmentation system, G-BAS)逐步實現,ADS-B的需求性將更加提高。在機載航電上,以整合的通訊與導航來提供監視技術能力;在地面航管系統提高了監視數據的可用性與精確性,降低設施投資與操作成本,增進監視效能,可以達到無縫隙飛航(seamless flight)的目標。

在區域導航(RNAV)與自由飛行(free flight)觀念下,必須掙脫傳統航路的規範與束縛,唯有精確的導航能力與有效的監視回報,隨時讓飛航管制(ATC)獲得飛機的位置、速度、高度及航向等資料,保障飛航安全。與ADS-B結合的機載航電技術,例如座艙交通資訊顯示(CDTI)、航情顯示與防撞系統(TCAS和ACAS)、飛航資訊系統(FIS)、交通資訊服務(TIS)等,大幅提高了飛行員對環境意識的了解,也逐漸成為機載航電的標準配備,降低飛航風險。

　　ADS-B 能提供傳統飛航服務所無法達到的功能，並且應用這些功能在任何航路或終端地區做巡航、爬升、下降、迂迴、穿越等都可以與其他飛機保持適當的安全隔離。

9-10　自動回報監視(ADS)的架構

　　一套以自動回報監視(ADS)為基礎的監視系統架構，必須包含空中與地面上各種需求的參與者。每個參與者基本上必須具備定位能力與通訊能力。定位的意義包含利用 GPS 計算出本身動態位置資訊的能力，通訊的意義則是將擷取的動態定位數據傳遞出去的能力。因此客觀的來講，ADS 並不單獨存在，必須結合導航與通訊的能力，才能達到預期的功能。ADS 的參與者可能擁有雙向接收與廣播能力、或只有接收、或只有廣播動態定位資訊者。因此必須將 ADS 的軟、硬體裝備安裝於參與者的航電系統上，再透過通訊網路和航管系統整合成圖 9-25 之架構。ADS-B的系統組織包括：空中與地面的參與者次系統、數據鏈次系統、通訊網路以及整體系統的自動化功能。

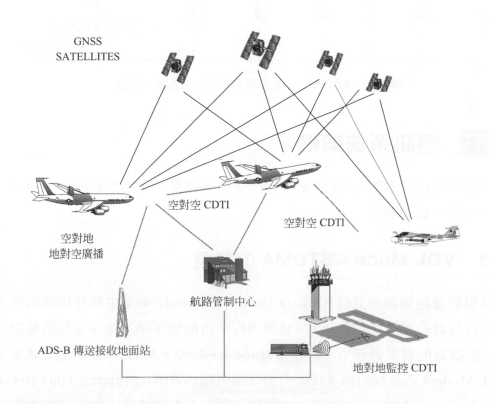

圖 9-25　ADS-B 運作架構示意圖

　　ADS-B 的功能模組包含了硬體、軟體、整合界面與數位傳輸模式等,主要分成機載航電系統與地面系統兩部分的整合,如圖 9-26 所示,透過通訊網路將機載航電系統與地面系統聯繫在一起。

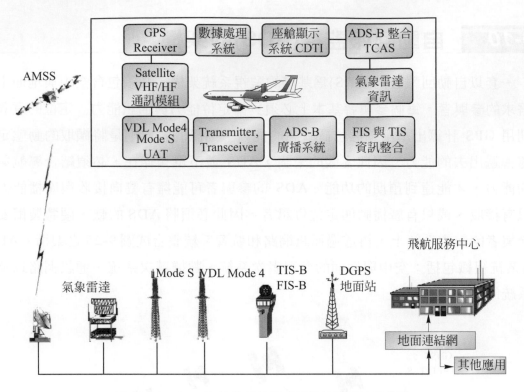

圖 9-26　ADS-B 的機載航電系統與地面系統示意圖

9-11　通訊系統架構

　　由於通訊系統能力與 ADS 的應用有極密切的關聯性,因此發展中的數據通訊系統前景如何,值得關切。

9-11-1　VDL Mode 4/STDMA 的發展

　　特高頻數據鏈第四模式(VHF data link, VDL Mode 4)是由瑞典民航局所主導發展的,目的是為了解決CNS/ATM發展過程中所面臨不知該選用哪種數據鏈的瓶頸。而在數據鏈的發展過程中,經歷了Mode 1、2、3,Mode 4 之功能敘述如下:
　　VDL Mode 4乃是採用同步時間分割多重傳輸(Self-Organizing Time Division Multiple Access, STDMA)的技術,它提供了對所有航空應用上的即時雙向資料連結。VDL Mode 4使用了統一的時間制度,與全球導航衛星上的UTC時間同步,因此時間基準完全相同，沒有應用上的限制問題。此外，Mode 4 使用的調制方法，以每秒 19.2KB 的資料傳輸速率，早期的發展更不易受到干擾。

　　VDL Mode 4 的通訊頻率，頻道寬 25 kHz，機載發送機 112.000～136.975 MHz、機載接收器 108.000～112.000 MHz 之間的範圍，地面站的運作範圍在 108.000～136.975 MHz 之間。機載的接收器與發送機設定雙波段運作，將接收與傳送完全分開。另外，VDL Mode 4 使用了兩個全球性的 VHF 頻道，以避免時槽 (time slots) 的衝突，而在頻率的調制上，將一分鐘劃分為 4500 個時槽來傳送訊號。VDL Mode 4 的運作及時間控制示意，如圖 9-27 所示。

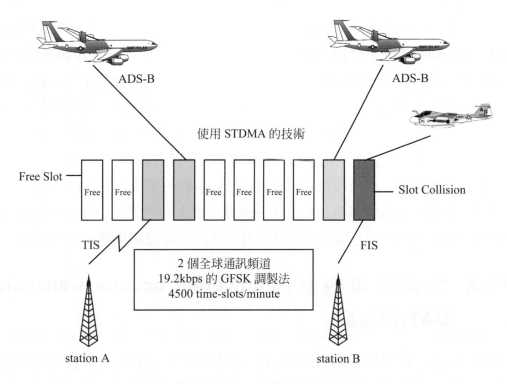

圖 9-27　VDL Mode 4/STDMA 的運作示意圖

　　VDL Mode 4 可支援兩種不同的通訊服務，一種是與航空通訊網路(Aeronautical Telecommunication Network, ATN)相容的點對點通訊服務，另一種則為 ATN 所不支援的廣播式通訊服務。因此發展 VDL Mode 4 的核心功能包含：(1)ADS-B 訊息的廣播。(2)提供 GNSS 的擴增系統的差分修正訊號，以提高衛星導航系統的精準度；其上傳 VHF 修正訊號位於 108～118 MHz 之間。(3)VDL Mode 4 能應用於 ATN 的通訊連結，並且提供更高的系統容量。

9-11-2　Mode S 的發展

Mode S 數據鏈是由美國聯邦航空署(FAA)所推動發展，最初的目的乃是爲了發展新的數位式次級搜索雷達(secondary surveillance radar, SSR Mode S)，來取代舊有的次級搜索雷達；而在 CNS/ATM 概念被提出來之後，Mode S 數據鏈又被加以利用在 ADS-B 上，形成一套新的監視系統。

Mode S 的數據傳輸採取脈波位置調制的編碼方式，每秒可傳送 1 MB 的資料。現行飛機所使用的詢答機，在 1090 MHz 廣播頻率、每秒一次、傳送 56-bit 的資料，主要用於 TCAS 來偵測鄰近裝備有相同詢答機的飛機。改良的 ADS-B Mode S 廣播格式由 56-bit 擴充到 112-bit，多出 56-bit 的數據爲 ADS-B 相關資料。Mode S 研發時暫定的形式中 ADS-B 的廣播訊息又分爲：飛機位置與速度、識別碼、補充訊息等三項，每種類型都包含了 Mode S 的位址(address)。(1)飛機位置與速度的廣播：在空中的飛機，GPS 水平位置及氣壓高度資訊每 0.5 秒廣播一次，GPS 解算的對地速度每 1.0 秒廣播一次；當飛機降落後，仍保持每 0.5 秒廣播一次。(2)飛機識別碼的廣播：所有的飛機飛行識別碼或是尾翼的編號皆爲每 5 秒廣播一次。(3)補充訊息的廣播：此爲飛行員針對空中的飛機及地面系統廣播一些額外補充資料。Mode S 與 VDL Mode 4 一樣具有彈性的調整空間，能隨環境需求更新速率。

9-11-3　全球通用傳訊機(universal access transceiver, UAT)的發展

UAT 是美國 MITRE 機構爲了發展新一代多功能數據鏈的實驗性產品，它的研究目標是發展一套簡單、經濟、功能健全，且在各種空域及機場平面運作一致的設計。UAT 採用連續性相位與頻率一致的調制法，將資料調制在載波上，以每秒 416.67 kbps 速率傳輸，而訊號使用的頻道寬將會設計在 1 MHz 或者 2 MHz 之間，以增加頻道的使用率。此外，UAT 的數據傳送與接收都設計在同一 966 MHz 的頻道上，以利頻道的簡單化與管理，減縮航電體積，強化空對空通訊的連結。

UAT 和 VDL Mode 4 與 Mode S 兩種數據鏈一樣，提供空對空、空對地的廣播服務以及地面站上傳廣播資訊的能力，其中空對空及空對地的廣播能力支援了 ADS-B 等相關訊息廣播，而上傳的訊息包含了交通資訊服務、飛航資訊服務、機場相關訊息的廣播、特殊空域的使用以及導航衛星的差分修正訊號等。因爲 VDL Mode 4 的發展，使得 UAT 仍處於實驗測試階段被擱置並且退出評比。

9-12　廣播式自動回報監視網

在 Mode S、VDL Mode 4 等數位式數據鏈的相繼發展下，我們需評估選擇哪一種數據鏈模式作為 ADS-B 的應用，對台灣地區而言最具有發展潛力。

Mode S 模式雖然一樣可支援 ATN 的應用，可是不完全相容於 ICAO 所訂定的 ATN 標準及建議規範。另外，Mode S 訊號干擾的問題及受到 VDL Mode 4 的排擠效應，未來的發展性優勢已經喪失。

目前參與 VDL Mode 4 發展與推廣，以及此系統功能強、相容性佳等因素，獲得多數地區的認同，成為台北飛航情報區 ADS-B 網的架構，滿足台灣地區未來航管需求。

ADS-B 連結網包含了兩種網路架構概念，包括：地面連結網(ground network)：包含了主站(base stations)、區域伺服器(local server)、國家伺服器(national server)、顯示站(display stations)和管理的地面站台(management station)。以及，VDL/STDMA 連結網(VDL/STDMA network)：由配備 VDL/STDMA 設備的使用者所構成的網路架構，包含了空中的飛機、地面上的車輛和地面上的飛機。系統中各項單位的組織與功用定義如下：

1. 主站(base station)：介於地面連結網與 VDL/STDMA 連結網的分野，它需包含 GNSS 的詢答機和可以接收差分修正的 GPS 接收器，或傳送差分修正訊號。

2. 活動單位：活動單位是屬於 VDL/STDMA 連結網的部份，有空中的飛機和地面上的車輛、活動單位皆需裝備有 GNSS(STDMA 模式)詢答機。

3. GNSS 詢答機：GNSS 詢答機需包含 GPS 接收機、通訊處理裝置和 VHF 收發器。

4. 顯示站(display stations)：配合空中資訊管理軟體，顯示站可以顯示即時的空中交通情況；它可以獨立地整合在地面站之外，也可以直接透過廣域網路(wide area network, WAN)與其他飛航情報區的 ADS-B 進行資料訊息的交換。本區域的交通流量及地形影響等因素，將決定顯示站的需求數量。

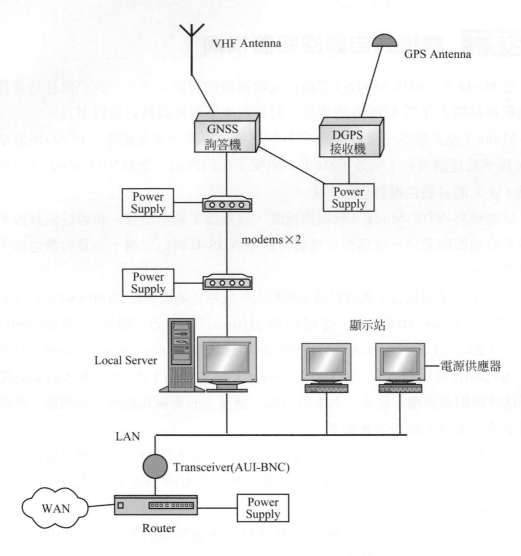

圖 9-28　廣播式自動回報監視網地面站結構

5.　管理站(management station)：管理站是於地面上獨立於其它系統，用來監督和管理所有 TAN 網路運作的單位。

6.　區域伺服器(local server)：處理所有上傳和下載的訊息，提供做為地面網路和 VDL/STDMA 網路間的界面，可以透過路由器(router)與其它廣域網路(WAN)上的區域伺服器相接。

7.　國家伺服器(national server)：連結國內 TAN 的所有區域伺服器，並且與其它國家的國家伺服器相互連接，交換彼此飛航情報區內的飛航訊息。

8.　監視站(monitor station)：監督空中的 VHF 訊號狀況，與 TAN 的伺服器連接，以提供較佳的 VHF 涵蓋。

9.　TAN地面站(TAN ground station)：架構台北飛航情報區廣播式自動回報監視網(TPE ADS-B network, TAN)的地面站，每個地面站需包含一個主站(base station)或監視站以提供VHF訊號的傳送接收，並且透過局部區域網路(LAN)與顯示站、區域伺服器或國家伺服器相連結，組織成 TAN 的地面站。廣播式自動回報監視網一般地面站的建立與架設方式如圖 9-28 所示。

習　題

1.　隱形技術(stealth)，又稱匿蹤技術，匿蹤的定義是指減少和控制暴露給敵人可偵測到的訊號軌跡，包括:雷達截面積(RCS)、紅外線(IR)、音響、視訊、電磁輻射、及磁場等。然而雷達的問世，使人類的探測技術和能力跨上了新的台階，請討論一下雷達的探測原理與匿蹤的技術。

2.　隱形技術的一項主要工作是提高反雷達偵測的能力，通常用目標的雷達散射截面積(RCS)表示。所謂雷達散射截面積是指：目標被雷達發射的電磁波偵測時，其反射電磁波 能量的程度。減少散射面積通常使用複合材料、飛機避免使用大的垂直面、造型採用 V 字及光潔平滑的外形、凹狀及突出物之結構，請以雷達的原理討論上述四種方法為何可以減少散射的面積？

3.　試比較相位陣列天線、八木式天線與拋物面式天線之間的差異？

4.　一雷達操作在 3GHz，輸入功率為 50kW，有效面積 $4m^2$，效率 90%，最小可測功率 1.5pW，天線接收的功率反射係數是 0.05。求散射面積 $1m^2$的物體最遠可測距離為多少？

5.　說明何謂合成孔徑雷達與氣象雷達？

6.　飛機在 35,000 呎高度以M0.85 的速度飛行，氣象雷達掃描到的雷雲回波訊號為 0.6798μ sec，計算一下大約多久會進入雷雲區。

7.　自動回報監視與次級搜索雷達監視有何特性功能上的不同？

8.　不同的飛機飛航在不同的高度，如何建立通用的回報監視機制？

9.　請問ADS-B與現今不同形式雷達的搜尋方式主要有何不同，列表說明其特性。

10.　請繪出 ADS-B 的運作架構圖。

11. 在 Mode S、VDL Mode 4 和 UAT 等數位式數據鏈的相繼發展下，選擇哪一種數據鏈模式作為 ADS-B 的應用是相當重要的事，請說明此三種數據鏈路對於 ADS-B 之特性。

12. ADS-B 連結網包含了兩種網路架構概念，包括：地面連結網(ground network)以及 VDL/STDMA 連結網(VDL/STDMA network)，請敘述此兩類概念。

Digital Avionics Systems

10章

機載航情警告系統

　　機載航電系統為提升飛航安全，已經全面安裝空中航情警告的裝置，其中較需注意的是地面接近警告系統(ground proximity warning system, GPWS)，以及航情警訊及空中防撞系統(traffic alert and collision avoidance system, TCAS)。由於技術不斷提升，GPWS及TCAS均有逐漸更新的技術與產品，值得注意。

10-1　地面接近警告系統(GPWS)

10-1-1　地面接近警訊需求

　　由於航空科技日新月異，機械故障或氣候因素所造成的空難事件劇減，然而，人為疏失演成的失事仍層出不窮。其中飛機在掌控良好的情形下撞擊地面，也就是由人為飛行進入地障(controlled flight into terrain, CFIT)之空難事件更是佔了絕大多數。民航機在飛行過程中，只有在準備降落時才會往地面接近，其它任何時候都不應該靠近地面才對。由於此一問題無法杜絕，GPWS裝置便衍然而生，以視覺與聽覺的警告信號來提醒飛行員飛機與地面有非正常的接近關係。如此一來，CFIT之空難意外著實減少了許多。

技術上，GPWS 裝置是利用飛機上的雷達高度表(radar altimeter)來偵測飛機本身與地面或地障的接近率，一旦察覺兩者進入反常的迫近狀態，便在儀表上出現亮燈並以語音提醒飛行員已經進入的危險狀態，以便立即處置，由於各種飛機種、機型的設計考量各異，飛航性能則不盡相同，所以安裝在不同機型的 GPWS 功能亦有所差別，但其基本精神皆為一致。此章以 B-757 及 ATR-72 機型所裝置之 GPWS 為範例，介紹此系統之功能。

但是飛機近場降落前，逐漸接近地面，必須有特定的機制來解除 GPWS 之警示功能否則飛行員必定煩不勝煩。起落架或襟翼的收、放可以當作 GPWS 警訊的一個緩衝裝置，當飛機攔截到下滑道，並且放下起落架或襟翼時，GPWS 自動改變警訊模式或解除。

前幾年，國軍發生 E-2T 預警機未放起落架，以機腹著陸的事件。因為軍機系統並未安裝 GPWS，因此在飛機接近地面 1000 呎以內時，並未產生任何警告訊息，否則在著陸之前，當飛機距離地面或地障 1000 呎以內時，飛行員就應該會收到 GPWS 的警告。

GPWS 越發展，功能也越多。目前 GPWS 除了基本的地面接近警告功能外，還有風切(wind shear)的警告功能，降落時偏離滑降角 (glide slope)的警告功能等。

目前中華民國民航局規定，所有民航機都必需裝有 GPWS，且根據國際民航組織(ICAO)之建議，規定 30 人座以上之民航客機必須安裝航情警訊及空中防撞系統(Traffic Alert and Collision Avoidance System, TCAS)，以確保飛航安全。

10-1-2 GPWS 系統運作

GPWS 的核心是一台名為 GPWC(ground proximity warning computer)的電腦，此電腦會收集機上相關的資訊(例如飛機高度、雷達高度、空速、對地速度、起落架位置等等)，判斷飛機是否有不正常接近地面的情況。若有，就會對飛行員發出警訊。警訊的等級分成兩種，一為 Warning(警告)，另一為 Alert(提醒)。其中 Warning 是比較 Alert 更為嚴重的情況。

1. Warning 等級的情況有三種方式提醒飛行員

   (1) 主要警告(Master Warning)—注意燈號(Caution Light)上的"WARNING"燈號會亮起。

   (2) 主飛航顯示器(Primary Flight Director, PFD)上，姿態儀的下方會出現警告文字如 "PULL U" 或 "WINDSHEAR"。

(3)　依所發生的狀況，駕駛艙內發出警告的英文語音，例如

"WHOOP WHOOP PULL UP"

"WINDSHEAR, WINDSHEAR"

2.　Alert 等級的狀況，則以下列兩種方式提醒飛行員

(1)　位於 PFD 上的地面接近指示燈(Ground Proximity Light)會亮起。

(2)　依所發生的狀況，駕駛艙內發出警告的英文語音。例如

"SINK RATE", "TERRAIN TERRAIN", "DON'T SINK",

"GLIDE SLOPE", "TOO LOW TERRAIN",

"TOO LOW FLAPS", "TOO LOW GEAR"

10-1-3　GPWS 的警訊模式

事實上 GPWS 會針對下列七種狀況發出警告：

1.　飛機在離地不高(RA < 2450 呎)，而且下降速度太快(> 5000 呎/每秒)。剛開始時是 Alert 等級，發出的警告語音是 "SINK RATE"。若下降速度不減，接著就會進入 Warning 等級，PFD 上顯示 "PULL UP"，警告語音是 "WHOOP WHOOP PULL UP"。

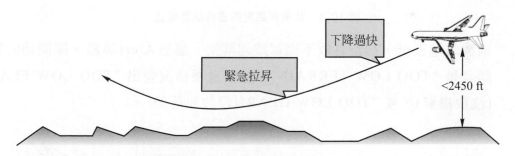

圖 10-1　降低警告訊息模式

2.　飛機在正常飛行或準備降落過程中，地形急劇升高。剛開始時是 Alert 等級，發出的警告語音是 "TERRAIN TERRAIN"。若飛機沒有爬升，接著就會進入 Warning 等級，PFD 上顯示 "PULL UP"，警告語音是 "WHOOP WHOOP PULL UP"。

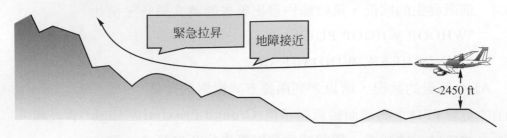

圖 10-2　地障接近的警告訊息模式

3. 飛機起飛後或者重飛(Go-around)時，高度不升反降，或者沒有爬高，仍與地面接近。這屬於 Alert 等級，發出的警告語音是 "DON'T SINK"，或 "TOO LOW TERRAIN"。

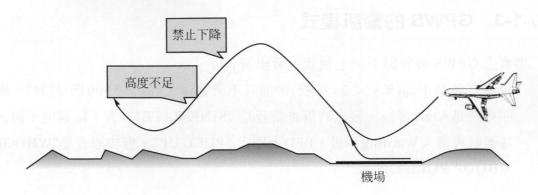

圖 10-3　起飛掉高度的警告訊息模式

4. 飛機離地很低，卻沒有放下襟翼或起落架。屬於 Alert 等級，剛開始的警告語音是 "TOO LOW TERRAIN"，接著會視情況發出 "TOO LOW FLAPS"(沒放襟翼)，或 "TOO LOW GEAR"(沒放起落架)。

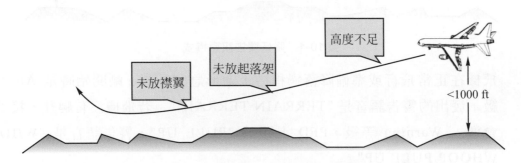

圖 10-4　下降高度不足的警告訊息模式

5. 降落時飛機偏離滑降路徑(Glide slope)太多，針對高度太低。屬於 Alert 等級，發出的警告語音是 "GLIDE SLOPE"。

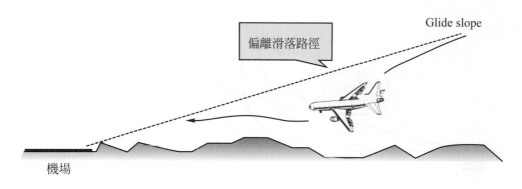

圖 10-5　下滑道攔截的警告訊息模式

6. 在降落過程中，飛機通過某些高度時(500、100、50、40、30、20、10呎)，GPWS 會以語音報出高度。在通過決定高度(Decision Height, DH)時會報出 "MINIMUMS"，但這不是警告狀況。飛機到達 30 呎高度時，飛行操作將稍微拉起機頭，讓原來幾乎近於水平進場的飛機(飛機 3 度攻角於下滑道 3 度仰角)，抬起機頭讓起落架觸地(touch down)。

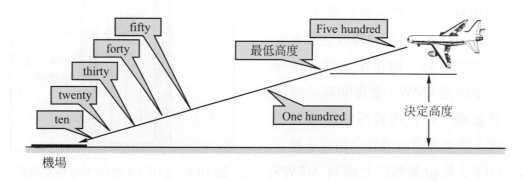

圖 10-6　進場 DH 後的警告訊息模式

7. GPWS偵測到飛機正處在風切狀態。屬於Warning等級，PFD上顯示 "WIND-SHEAR"的文字，警告的語音則為 "WINDSHEAR, WINDSHEAR, …"，反覆播出。如圖 10-7 所示，當飛機進入微爆區的下洗流時，飛機會下沉，自動控制會飛機拉高到下滑道上。但是當飛機離開微爆區的下洗流時，飛機則瞬間上升高於下滑道高度，此時若飛機已經通過中訊標台(middle marker, MM)，飛行員已經沒有足夠的時間去反應調整飛機高度，應立即放棄降落進入重飛模式(go around, G/A)，推加油門、收起落架，爬升離開。GPWS 會產生必要的警告，讓飛行員決定是否重飛。微爆、風切或下洗流的偵測是在地面上的裝置，當偵測到氣流數據不對勁，會即刻發布訊號到飛機上，並由 GPWS 產生警告訊息。

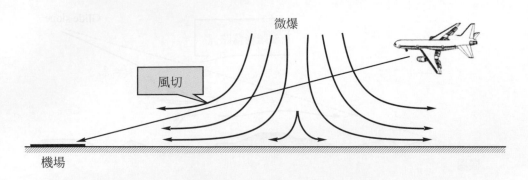

圖 10-7　微爆區及低空風切的警告訊息模式

10-1-4　GPWS 在駕駛艙內的控制

ATR-72 的 GPWS 選擇開關設於左座駕駛左側面板，有三個功能可選擇，如圖 10-8 所示。

1. NORM：所有警示皆正常工作。
2. FLAP OVRD：在襟翼無法放下或局部放下時，則在非正常操作程序中則定 GPWS 選擇開關必須置於此處，終止模式四中的警告功能，避免在落地過程中造成干擾。
3. OFF：此位置將終止所有 GPWS 警示功能。

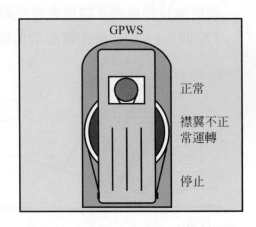

圖 10-8　ATR-72 的 GPWS 控制板面

在白天，目視天氣並能立即辨視與外界地障無危險關係時，飛行員可將此系統視為警告信號，立即檢查空速、高度(雷達高度及壓力高度)、外型、下降率等資訊，並作立即修正，避免警告再度發生，以確認飛行安全；在無法立即辨識之情況下，則視為緊急狀況，立即執行重飛程序，儘快脫離危險。

駕駛艙內並沒有可以直接控制 GPWS 的開關，因為 GPWS 一直是開著的，如圖 10-9 所示，不過卻有三個開關可以用來關閉 GPWS 某些警告功能：

1. Glide slope inhibit switch：可以取消 GPWS 上述的第五項警告功能。
2. Flap override switch：可以送出一個 Flap 已放下的假訊號給 GPWS。
3. Gear override switch：可以送出一個 Landing gear 已放下的假訊號給 GPWS。

結合本項 2、3 兩個開關，就可以取消 GPWS 前述的第 2、3、4 項警告功能。

　　國際民航法規對GPWS裝置有一項特別的法規，規定除經許可之特殊程序外，此系統在任何時刻不得關閉，以確保飛航安全。

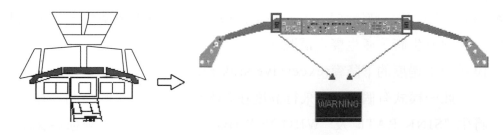

B-757 的 GPWS 控制板位置

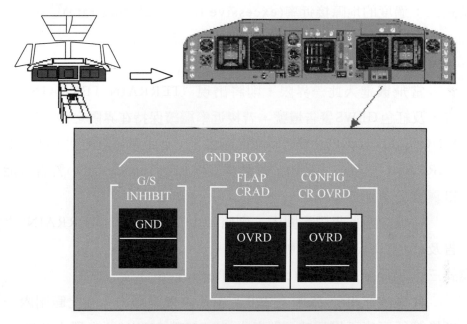

圖 10-9　B-757 的 GPWS 控制板面

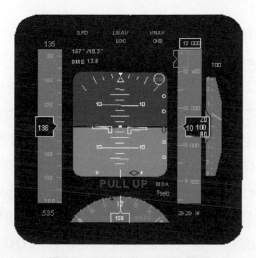

圖 10-10 PFD 的 GPWS 顯示

10-1-5　GPWS 之應用實例

　　ATR-72 之 GPWS 裝置作用於雷達高度 50 呎到 2500 呎範圍內，在下列七種模式中任一狀況發生時，產生警告信號。

1.　模式一：過度的下降率(excessive sink rate)

　　　　此一模式有個範圍，飛行高度在 2450 呎以下至 50 呎之間，在此界限內將生 "SINK RATE"及 "WHOOP WHOOP PULL UP"，兩種英文語音警告及紅色 GPWS 警告燈號。此模式並不受外型影響。

2.　模式二：過度的地障接近率(excessive terrain closure rate)

　　　　此模式因外型的差異而有兩種不同的警告信號。

(1)　襟翼未置於落地外型位置

　　　　當飛機進入此一界限，則將出現 "TERRAIN TERRAIN"之語音警告，及紅色 GPWS 警告燈號，若接近率繼續保持在界限之內，則 "WHOOP WHOOP PULL UP"之警告將繼而產生，一旦脫離界限範圍，則 "TERRAIN TERRAIN"之警告將持續，直到高度增加到 300 呎以上，警告方能消除。

(2)　襟翼置於落地外型位置

　　　　當飛行至此界限範圍內，則將產生 "TERRAIN TERRAIN"之語音警告及紅色 GPWS 警告燈號。

3.　模式三：起飛後高度降低(descent after takeoff)

　　　　此模式作用於 75 呎至 700 呎雷達高度範圍內，在此範圍內一旦在起飛後飛行高度不增反減，則產生 "DON'T SINK"語音警告及紅色 GPWS 警告燈號。

4.　模式四：接近地障(proximity to terrain)

(1)　未放起落架(gear up)

　　　　此模式在起飛後到達 700ft 以上即啟動。當飛行速度大於時速 175 海里並進入界限之內，且起落架未放下至定位，將產生 "TOO LOW TERRAIN"語音警告及紅色 GPWS 警示燈號，當飛行速度小於時速 175 海里，則會得到 "TOO LOW GEAR"。

(2)　未放襟翼(gear down locked without landing flaps)

　　　　當起落架放妥而襟翼尚未置於落地外位置，將啟動此模式。飛行速度大於時速 145 海里，進入界限範圍，將產生 "TOO LOW TERRAIN"語音警告及紅色GPWS警示燈號。GPWS選擇開關可在適當時機(如襟翼無法放下時)關閉此警告。

5.　模式五：下降低於下滑道(descent below glide slope)

此模式有兩種界限範圍。當飛機進入外層界限，會有較平順的 "GLIDE SLOPE" 語音警告。一旦進入內層界限，將得到較急且更響亮的 "GLIDE SLOPE"警告。兩者皆有紅色GPWS燈號。若將GPWS/GS燈鈕按下，則能防止此模式在1000呎以下出現警告。

6.　模式六：下降低於決定高度(descent below minimums)

當飛機通過預先設定的決定高度(介於50呎與1000呎之間)且起落架放妥，將會出現 "MINIMUM MINIMUM"之語音警語。

7.　模式七：風切偵測(detected wind shear)

當飛機遇到風切狀態時將於PFD上將顯示 "WINDSHEAR"的文字以及警告語音 "WINDSHEAR, WINDSHEAR,…"反覆播出。

這些不同的模式分別對應到前述的七種模式狀況，如圖10-1～圖10-7所示。

另外，GPWS針對微爆區(micro burst)與下降時的低空風切(wind shear)，都會有警告的訊息產生。針對風切的警訊，就跟晴空亂流一樣，目前飛機上的系統並沒有辦法偵測風切的所在。GPWS 的風切警告是當飛機已經在風切中了，顯然僅能對飛行員加強提示而已。目前機場內偵測風切的方法，是在飛機降落的路徑上，在地面四處裝置許多的風速計，當這些風速計偵測到某處有氣流向外散開時，就知道該處有風切的情況，進而提出風切警告。或者利用精密的風切雷達來偵測風切發生的狀況，再由塔台或機場機場交通資訊服務(Airport Traffic Information System, ATIS)告知近場中的飛行員。但是風切的偵測，目前並未能發揮建設性的效益，仍然防不勝防，未來對風切的偵測研究，仍須努力。

10-2　航情警訊及空中防撞系統(TCAS)

10-2-1　TCAS 需求背景

雖然天空這麼大，可是航路、機場就這麼幾個，所有的飛機都走同樣的路，到同樣的目的地，航機接近(approach)事件還是時有所聞。為了減少飛機在空中互撞的事故，現在大型民航都必須安裝航情警訊及空中防撞系統(TCAS)。本文針對英文的翻譯前為航情警訊，後為空中防撞，充分表達 TCAS 之功能意義。

CHAPTER

10

　　TCAS研發從 1970 年代起，第一代稱為TCAS I，主要功能是顯示周圍其它飛機的相對位置，並且用不同的符號來標示危險等級，讓飛行員了解周圍狀況，採取必要措施。

　　第二代稱為TCAS II，除了顯示的功能之外，還提供了避撞的飛行指示，例如叫飛行員立即爬升或下降(真的是用 "叫"的)，而且若兩機都有TCAS II，還會互相協調好，避免兩架飛機都同時爬升或同時都下降。

　　不過 TCAS II 的避撞飛行指示，受限於其設計功能，只能提供垂直方向的指示(例如爬升、保持高度、減緩下降速度等)，它並不會叫飛行員左轉或右轉避開，而這正是第三代 TCAS III 所要發展的重點。不過目前還是以 TCAS II 為主，因此底下要介紹的就是 TCASII。

10-2-2　TCAS II 原理

　　為了獲得周圍其它飛機的位置與狀態，TCAS需要一套方法來獲得這些資料。也許有人一開始會想到用雷達，不過要接收飛機微弱的反射電波，必需有一組功率強大的發射天線，不如叫其他飛機自己發射電波，因此運用飛機上現有的飛航管制詢答器(ATC transponder)，就是最好的選擇了。

　　TCAS其實就像一個小型的 "地面航管台"，它也會發出詢問電波 (1030 MHz)，其它飛機上的 ATC transponder 一收到，也會像回答地面航管台一樣，送出識別碼，高度等資料 (頻率 1090 MHz)。當然TCAS 不需要識別碼資料，但靠著這些回答的電波及高度資料，就足夠用來顯示周圍飛機的狀況了。

　　從這裡可以知道，若一台飛機沒有裝置ATC transponder，則TCAS是毫無用武之地。地面航管台還有可能用一次監視雷達(primary surveillance radar, PSR)發現這些 "不明飛行物體"，但 TCAS 則完全無法識別與警告了。

10-2-3　TCAS 系統運作

　　一套 TCAS II，有兩個天線可使用，TCAS 可以追蹤 30 海里內 45 架飛機，若是碰到裝置 Mode-S 的飛機，可以多到 150 架，並最多可顯示其中 30 架的資料。

　　TCAS 的天線長約 30 公分，寬約 15 公分，高只有 3 公分左右，像個扁扁的烏龜殼貼在機身表面，上下機身各有一個。 根據各航機對本機的碰撞危險等級，TCAS會用不同的符號顯示在導航顯示器(navigation display, ND)上，其等級分類如圖 10-11 至圖 10-13 所示：

圖 10-11 以平面關係顯示兩架飛機接近到碰撞，以時間為計算單位。

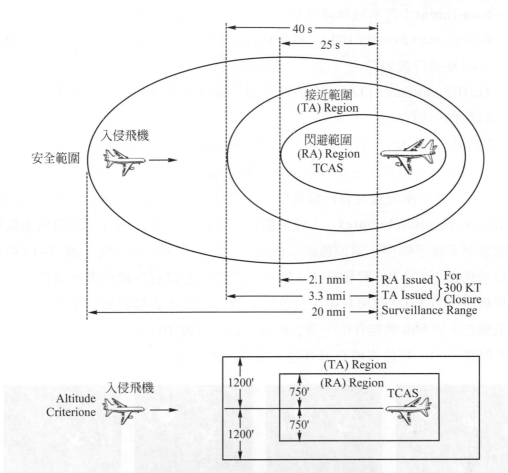

圖 10-11　固定翼飛機航情警訊範圍

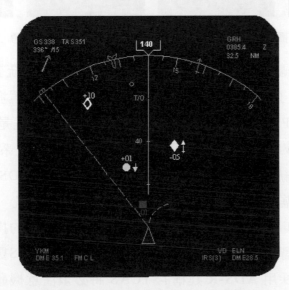

圖 10-12　B-757 中 ND 的 TCAS 顯示

圖 10-12 為顯示在 ND 上的 TCAS 功能，對照圖 10-13 的圖號意義，說明如下。

1. Non-threat：與本機無碰撞危險，用白色空心的菱形符號表示。

2. Proximate advisory (PA)：與本機接近的飛機，但尚無碰撞可能，以白色實心的菱形符號表示。

3. Traffic advisory (TA)：與本機已相當接近，有碰撞可能，但還不需做閃避的動作，如有可能，需要飛行員目視該機。顯示符號是黃色的實心圓型。

4. Resolution advisory (RA)：兩機有碰撞的危險，需要飛行員立刻閃避，TCAS 也會提供閃避的指示。代表符號是紅色的實心方塊。

　　TCAS 的顯示模塊包含有四個類型，下方為自我(ownership)、橢圓形為 TCAS 的隔離泡(separation bubble)。入侵飛機在上方為正、下方為負，箭頭向上為爬升中、箭頭向下為下降中，兩位數數字代表高度隔離之 100 呎單位。圖 10-13 中左一為入侵飛機在下方 1700 呎爬升中，顯示為白色空心鑽石方塊代表無威脅；左二為入侵飛機在下方 1200 呎爬升中，白色實心鑽石方塊代表無威脅但須注意；左三為入侵飛機在下方 900 呎爬升中，黃色圓圈代表有威脅須注意；右一為入侵飛機在下方 600 呎爬升中，紅色方塊有威脅進入警告，需反應。

圖 10-13　在導航顯示器 ND 上出現的 TCAS 訊息

　　1997 年起國際民航組織對於機載空中航情警告與防撞系統裝置有具體的要求，民航機上逐漸的加上了必要的裝備。因應未來 CNS/ATM 建置發展，在足夠的資源提供自由飛行(Free Flight)飛航服務下，空中避撞的能力就是飛航安全必要的設備，因此不論是 GPWS 或 TCAS 都是現代飛機上的必要航電系統。

　　新一代的飛航系統中，已經建立廣播式自動回報監視(ADS-B)更進一步發展為再廣播式自動動回報監視(ADS-R)已成為新的 TCAS 功能系統。參考圖 9-24 所示。ADS-R 在 TCAS 的架構，有人駕駛的飛機同樣納入 TCAS 的操作功能，惟對各種無人機仍將採主動避讓的原則。利用雷達監視所建構的 TCAS 數據訊號的延遲大約小於 0.5 秒，但是若採用 ADS-R 建構的 TCAS 將必須注意機載廣播數據鏈廣播發送、接收、整合處理、再廣播等過程的時間延遲，將會有大約 3 秒的延遲，將影響圖 10-11 飛機航情警訊範圍隔離泡 TA、RA 的時間。

若來機裝有 Mode-S 以上的 ATC transponder，則其相對高度還會顯示在符號旁，若該機爬升或下降速率超過 500 呎/每分鐘，還會出現箭頭符號，如圖 10-14 及 10-12 所示。

當對方飛機進入 RA 等級時，TCAS 會同時以下列兩種方式提出避撞指示：

1. PFD 指示：TCAS 要求飛行員以 5°以上的仰角爬升，以避免與來機相撞。

2. 口語指示：TCAS 會以語音的方式，提出避撞指示(當然講的是英文)。底下是一些例子：

   "CLIMB, CLIMB, CLIMB"
   "DESCEND, DESCEND NOW"
   "INCREASE CLIMB, INCREASE CLIMB"
   "REDUCE DESCEND, REDUCE DESCEND"

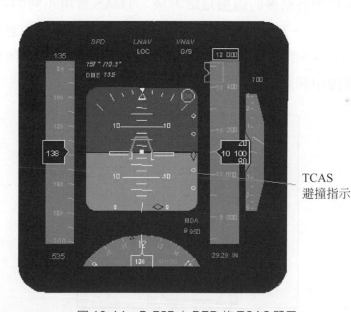

TCAS
避撞指示

圖 10-14　B-757 中 PFD 的 TCAS 顯示

3. 駕駛艙內控制：若要讓附近的航機狀況顯示在 ND 上，則飛航電子顯示系統 (Electronics Flight Indication System, EFIS)控制盤面(control panel)上的顯示距離範圍必需在 40 海里以內，同時按下中間的 "TFC"按鈕，另外 ND 的模式必須是 EXP VOR，EXP APP 或 MAP 三種模式之一。

　　另外TCAS的控制是與ATC共用一個控制面板。面板左上角的 Function select switch中的"TA"、"TA/RA"兩個位置是給TCAS使用。TA表示僅提供周圍航機狀況顯示，並不提供避撞指示(即僅有 TCAS I 的功能)，而 TA/RA 則表示同時提供航機顯示及避撞指示之功能。

習　題

1.　GPWS警訊的等級分成兩種，一為Warning(警告)，另一為Alert(提醒)。請敘述此兩等級如何提醒飛行員狀況發生。

2.　GPWS 警訊的模式分為七種，請敘述之。

3.　國際民航法規對GPWS裝置有項特別的法規，規定除經許可之特殊程序外，此系統在任何時刻不得關閉，以確保飛航安全。但是有三個開關可以用來關閉 GPWS 某些警告功能，試述此三個開關的功能？

4.　TCAS II 本機對各航機的碰撞危險等級，TCAS 會用不同的符號顯示在 ND 上，圖上會有 PA、TA、RA 等名詞，請解釋這三個名詞的意義。

5.　ATR-72 的 GPWS選擇開關設於左座駕駛左側面板，有三個功能可選擇，如下圖，解釋圖中開關的作用。

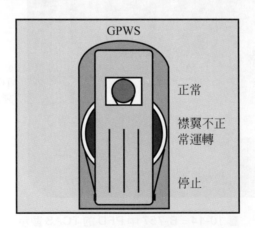

6.　圖 10-12 中的 TCAS 顯示，三架飛機可能出現的狀況如何，請說明。

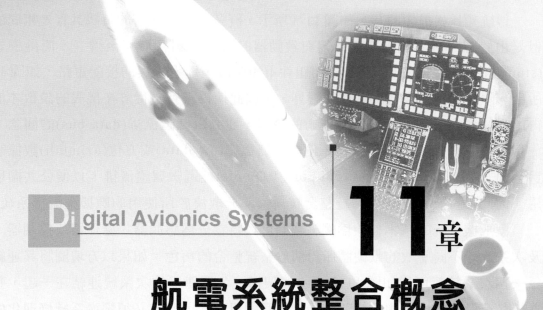

Digital Avionics Systems

11章

航電系統整合概念

　　數位航電系統的設計，將飛機運作的需求訂定成標準的規範條件，都是經過反覆的分析考量，將需求轉化成個別的電子次系統，期望藉由許多獨特功能的電子次系統能發揮最大功效，構成更有效率的人機介面，以利飛行員操控飛機、達成任務。同時，飛機的維護工程人員可透過對某一型航電系統架構的瞭解，能更有效、更節省時間研判系統異常或故障的源頭，決定維護與修護的正確方法，採行有效的步驟，去完成維修任務。故對任何一架飛機，透視航電系統的架構、系統組織、訊號聯繫、功能執掌等是非常重要的。

11-1 系統整合概念

　　航電系統主要的是由許多次系統依據其指定的功能所組合而成的互聯系統(interconnecting system)。所謂的「系統整合」的內涵就是將各種規格不同的零組件、次系統，透過一個程序的操作，建立一致性的存取格式、互相支援，進而統合相關資料於一體，其目的在精簡與提昇飛機的裝備性能，提供飛行員簡化的操作程序，以快速獲得完整的資訊。所有航電次系統的組合將交互聯繫、提供訊息，去操作或控制個別的輸出，以更有效率地完成其指定的性能，如此龐大的系統如何組織與聯絡即為系統整合(system integration)之領域。

　　傳統類比式航電時代，如圖 11-1 所示，許多次系統所需的資訊其實是相同的，但是由於每一個感測器、控制器與致動器的次系統組合均完全獨立，使得獨立式 (stand alone)航電系統中許多的零組件重複裝置，透過繁複的接配電路，如圖 11-2 所示，除了系統裝置複雜維修困難外，更因此使得飛行員從許多儀表的讀數才能獲得所需的資訊。由於數位電子技術的發展，建立數據匯流排(data bus)的觀念，每一種類的感測器所擷取的資料，例如大氣數據(air data)或方位(azimuth)數據等，送至同一個存取埠(input-output port, I/O port)經過數據匯流排，以便公共擷取運用。因此數位航電系統的系統整合技術大部分取決於所使用的數據匯流排系統。

　　就飛機系統的基本概念為例，我們可以將它分為感測器、處理器或控制器、以及次系統等不同層次的軟硬體所扮演於系統整合的角色。如果以方塊圖將其連結，每一個次系統都可能如圖 11-3 所示的架構，各個層級的次系統連結在一起，整體系統必須形成為極繁複的網路結構，以互通訊息。因此，必須經過系統條理化的整合後，才可能變成層次分明的系統結構。類比系統的結構，所能發揮的條理性劃分，十分有限。

圖 11-1　B-737 類比式航電系統

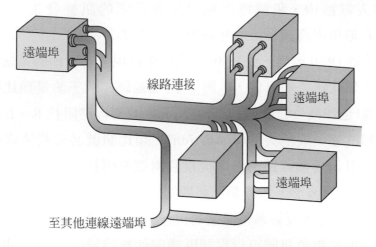

圖 11-2　傳統類比航電系統的接線方式

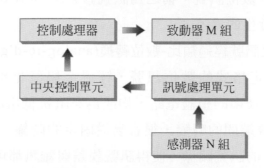

圖 11-3　航電系統數位化架構

11-2　基礎技術背景

　　導致現代飛機的航電裝備系統整合功能之主要因素有兩樣：其為數位系統技術以及數據匯流排技術的廣泛應用所以獲得的成果。

11-2-1　數位技術

　　在傳統的類比系統中，訊號從低電位到高電位間、或正負電壓間連續變動，其中夾雜訊號與雜訊。類比電路系統不外乎為雙極電晶體(bipolar junction transistor, BJT)電路的電流型訊號，或為場效電晶體(field effect transistor, FET)電路的電壓型訊號，其輸入阻抗前者約在數十 kΩ 之間、後者大約數 MΩ，均屬於較低的阻抗形式，因此會消耗比較可觀的功率。類比訊號經過一定距離的傳輸後，因為線路的阻抗、對地的雜散電容、以及線路電感，形成一個複雜的無限電路，高低頻訊號在線路上的能量交遞很複雜，使得訊號衰減很難掌握。更因為類比雜訊隨時隨地存在，並感應進入電路內，訊號傳送點與接收點間的訊號發生不可預測的畸變(distortion)，必須用很高深複雜的濾波器技術來解決。

數位工程始於 1970 年代，至 1980 年代逐漸實現於各種即時系統中。數位訊號的傳輸，有別於類比訊號的條件，0 與 1 兩種編碼。但不論是類比訊號或數位訊號，傳遞到遠端(也許幾公分而已)，訊號都可能受到線路阻抗 R、L 或 C 的影響，產生畸變、波形改變，成為失真(distortion)。類比訊號必須設法降低外來的干擾(interference)並且讓傳輸線路的傳送與接收兩端的阻抗作確切的匹配(impedance matching)，降低反射波形，保持類比訊號的原始形狀。這是類比系統訊號傳輸最大、最棘手的技術問題。反觀數位訊號的傳送，到達接收端難免會產生畸變，數位方波些微扭曲。但是數位訊號可以從起點精確估算時鐘(clock)的間距，讓扭曲的方波訊號回復為標準的數位訊號，稱之為訊號修整(conditioning)。因此數位系統比較不擔心訊號畸變發生的誤差。

數位化技術將類比訊號經過類比-數位轉換(analog-to-digital conversion, ADC)變成為固定電壓、固定格式的數位訊號，經過金屬氧化層半導體(metal oxide semiconductor, MOS)技術的積體電路，均成為高阻抗低電流的訊號。由於 0 與 1 的訊號從傳送端到接收端間的畸變，很容易從固定的時鐘(clock)訊號同步點來修整(conditioning)0 與 1 的訊號關係，使得訊號誤差與雜訊都可以降到最低程度。新的技術水準已經可以將數位誤失率與雜訊完全排除。數位系統的參考時鐘或中央處理單元(central process unit, CPU)之內建時鐘均進步到數百 MHz 到數十 GHz 之間，使得訊號處理的速度比起傳統的類比系統快上百萬倍以上。

11-2-2　數據匯流排制

數位系統逐漸普及後，多位元制訊號即被設計運用，數據包含文字與數字，即通稱為文數數據(alphanumerical data)，以 8 個位元代表一個最簡單的文數字元(byte)，進而為增加精確度與小數，文數系統的位元數增加至 16 位元或 32 位元來表示。文數數據的表示可以是一連串的 0 與 1 依序排列，稱為串列數據(serial number data)，或者每一個位元各自獨立的並列數據(parallel number data)。串列數據可以用一對訊號線來傳送，每一筆數據至少為內建時鐘乘上數碼(或字碼)的位元數的時間才能傳送完畢，並列數據則需以位元相當的訊號線來傳送，但是每一單位內建時鐘即可完成一筆數據的傳送。串列數據的一個單位數碼必須加上必要的控制或識別碼，因此一筆 8 位元數碼通常需要佔用 11 位元以上來表示。航電系統需要傳遞的數據較複雜、精確度要很高，因此數據本身可能要佔用 64 位元或更多，使得航電數據匯流排的一筆資料會設計為 128 位元。

在並列數據的概念下，利用內建時鐘為同步參考訊號，訂定一個特定時序協定 (protocol)，傳送的一方將文數數據送上訊號線上，接收的一方同時從這些線上來抓取訊號。然而這個傳送與接收的動線並不是給特定對象的，若將一個公共節點 (Node)擴充成為一個超節點(super node)，每一個訊號傳送與接收單元均能從這個超節點來存取數據資料，這個超節點就通稱為數據匯流排(data bus)。從電路的觀點來看，只要超節點的內部阻抗趨近於零，則超節點的尺寸(長度)將不受限制。如此，用一組 8 條線的公共超節點來建構 8 位元系統的數據匯流排。依此類推於 16 位元系統或 32 位元系統的數據匯流排，各需 16 或 32 條並列的實體線路。

假設我們將時間分成為 10 個單元，第一個時間單元時要求大氣數據系統送出高度數據，第二個時間單元時則送出速度數據等依次類推，需要高度數據的次系統則在第一個時間單元時從數據匯流排上可以下載(down load)或讀取(read)高度數據，而第二個時間單元時則可以讀取速度數據等等。因此數據匯流排制是在航電系統的環境中建立相等位元的超節點，並且建立一個內建時鐘以及一套通訊協定基準法則，所有與這個主系統相關的次系統，需採用同一內建時鐘以便建立同步關係，如此數據的存與取均可以自由地在數據匯流排中進出。若內建時鐘為 200 MHz，亦即表示數據匯流排系統最快可以做到每秒 2 億次的存取動作。

然而航電系統中各次系統的特性差異甚大，多條平行導線的並列數據匯流排反而造成組裝的複雜性，在可靠度的關鍵因素考量下，採用串列數據的方式來建構數據匯流排。串列數據以脈波串(pulse train) (或叫 "脈波列車"，是以數據的排列像火車般一節一節的接連下去)來傳送。以普通儀表最簡單系統為例，在 8 位元的串列數據中，起頭兩個 "1" 代表數據起點、而最後的 "0" 代表數據終點，中間有 8 位元的文數數據，總計必須傳遞 11 位元的數據來代表一個文字或數字。航電系統的串列數據關係到許多識別碼與偵錯碼，每一個文數數據的傳遞則不只 11 位元可以解決。機載航電系統仍然需要一個同步的內建時鐘，以精確的啟動所有次系統。8 位元的字串是無法加入需要的註解訊息，因此一個訊息(message)都會設計成 32 位元、或 64 位元，以便融入必須的訊息，將在下一章的匯流排系統中詳細介紹。

11-3　系統整合概念

　　航電系統架構依據任務分析獲得需求規格，經過反覆的取捨評量(trade-off)，從諸多成熟的技術去擷取可用的軟硬體，規劃出系統方塊圖，再逐步去實現設計與整合。從任務的分析，例如飛行操控系統，以機械的方式建構已經不能滿足飛機性能與飛行員的要求。採用類比式的航電控制，數據存取複雜適應性嚴重不足。因此於 1980 年代發展出數位式的線傳飛控系統(fly-by-wire system, FBW)。線傳飛控系統主要是解決飛機系統設計為了提升飛機的整體戰鬥性能條件下，犧牲飛機的穩定性來換取操控性，所設計的因應技術，讓飛控電腦協助飛行員解決快速反應操作的能力問題。技術成熟的線傳飛控系統則逐漸取代傳統系統，讓各種飛機的性能得以大幅提昇。

　　數位飛行控制系統應具備或包含哪一些以控制為導向之外形設計概念來執行必要的系統功能？從資深飛行員、飛機設計工程師、飛行控制軟體工程師所組成的小組，討論訂定功能規範細節，系統設計工程師考量採用何種硬體與軟體技術與組合來達成操作目標。不論是硬體與軟體技術，採用新的技術，有較高的冒險性，但是應該有瓶頸需突破；採用傳統舊的技術，雖無冒險性，卻可能很快落伍，性能差了，而硬體落伍後，要再趕上十分困難，或甚至於耗費更多的改裝或升級費用。因此航電飛控系統的設計，都以經過長期驗證的成熟技術為主要考量，硬體技術的規格必須有較大的相容能力，以備未來新的軟體可以更新升級操作性能，或額外的硬體可以附加，以擴增整體操作功能。

　　為達到複雜系統的結合，各系統與系統或次系統間必須建立具體完整的介面規範，設計隱含技術的彈性，可以保留未來的系統擴充能力。每一系統則需考量不同之組態，分析其優劣，綜合模擬，做設計評估，以獲得最佳之組態。在模擬的過程中，資深飛行員即可介入，參與模擬測試的實際效果，降低系統的不適應問題。從設計的角度、軟硬體的資源、以及資深飛行員的驗證，才會得到怎麼樣是最佳的操作性能、滿足系統可靠性、安全性、穩定性，再去衡量投入的價格、重量、體積，完成設計測試。

　　無論軍機或民航機，如何增進系統的安全性，是一重要考慮因素。另外則為注意系統之設計，要儘量設法減輕飛行員之負荷，在適當的時段，提供飛行員適切的訊息。

　　系統裝備的選擇，儘量採用技術成熟的標準裝備以及相容性；價錢上，必須考慮生命週期(life cycle)價格，維修零組件的供應，線上可抽換零件(line replaceable unit, LRU)、工廠取代零件，各項零組件的儲存及運輸，空地勤人員之訓練；硬體發展與測試等相關的後勤問題，都必須在設計階段獲得明朗的規劃。

　　系統中的裝備與元件，要安裝在飛機，涉及的問題有環境情況、體積、重量、人的因素、信息的傳送、維修性、易受損性、及技術衡量的問題。飛機上各部位，其震動之頻率，震動的大小，空氣流之情況，以及溫度之變動，各有不同。系統中的裝備與元件，安裝於該區域，是否能承受其部位環境狀況，或者測量到正確數據，供系統使用。皆須分析考慮及衡量。

　　航電系統裝備安裝於飛機上，必須考慮減震及電磁干擾的問題，附加的物件能否在飛機上的某一空間區塊安裝，裝備維護檢修時，是否容易裝卸，都是設計的關鍵考量。再者，裝備的重量，能否滿足飛機設計的臨界條件，如何從安裝上可以減少不必要的重量，例如引線長度、支架大小等，逐項加入飛機的重量平衡。新一代的數位航電系統，從駕駛艙去操控整架飛機，駕駛艙的顯示，與駕駛員的操作密切結合，符合人體工學的人機介面，降低飛行員操作上的勞累，提高操控效益。航電系統中除了自動化外，健康診斷系統、能源管理系統、引擎管理系統等都必須以即時數據來呈現，讓飛行員完全掌握實際狀況。因此航電系統的嵌入式檢測裝備(built-in test equipment, BITE)，成為另一個重要的次系統。

　　航電系統的訊息，要傳送給飛行員的顯示器、下傳至地面航管中心、或記錄於飛行記錄器中，各有不同的規劃與整合。

11-4　系統整合架構

　　現代飛機所使用的數位航電系統整合架構，以形式區分可分為集中式、聯合式與分散式。以任務區分，可分為民用及軍用兩大類。軍用部分，還可再分為防衛型、攻擊型、偵測型等，主要是硬體次系統、軟體操控功能、以及整體性能考量的整合。

11-4-1　民航機系統

　　民用運輸機航空電子系統架構如圖 11-4 所示。航空電子系統裝備分別連接於三個匯流排上。第一個匯流排為「管理匯流排」(management bus)，針對各種性能需求的協調。要管理一定會產生控制，故第二個匯流排為「控制匯流排」(control bus)，傳送控制的信息。但管理必須依靠輸入的資料，因而有第三個「感測器匯流排」(sensor bus)，來擷取外界訊息、傳送感測資料。飛航管理計算機(flight management computer, FMC)為目前民用客機上，重要計算機之一，用來增進導航、節省燃油及降低駕駛員工作負荷。一個飛航管理系統的構成，結合很多系統包括：(1)通訊(communication)：飛機與外界的通訊、數據的傳送，包含HF、VHF、UHF 以及 SATCOM 等無線電裝備；(2)導航(navigation)：導引飛至目的地的過程，從通訊機接收地面的導航資料、GPS 數據以及機載的慣性參考單元(inertia reference unit, IRU)；(3)監視(surveillance)；透過雷達或自動回報監視(ADS)的通訊鏈路發送或接收飛機的位置訊息，以建立必要的隔離。機載航電的大氣數據單元(air data unit, ADU)、以及航情警示與防撞系統(traffic alert and collision avoidance system, TCAS)，都是感測外在訊息，提供駕駛人員操控飛機的資料數據。「感測器匯流排」為傳送感測信號，給自動駕駛、引擎操作、飛控計算機、飛行艙控制與顯示器及飛行管理電腦等。經由各功能操縱面致動器，可發送控制信號至「控制匯流排」，以達控制目的。

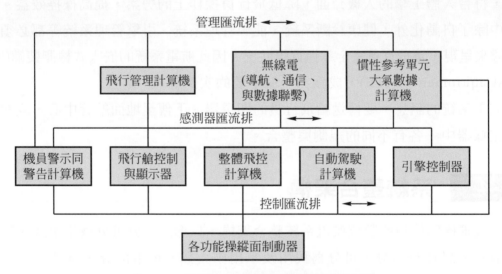

圖 11-4　民用航空運輸飛機的航電系統架構

11-4-2　軍機系統

　　軍用航電系統如圖 11-5。圖中「航空電子核心」為整個系統之大動脈，主要部份為匯流排及其控制器。「通用空電」為任何型飛機所共通的裝備，如：通訊機、定向儀，以及航空儀表範圍之動靜壓管、速率陀螺儀等，只為軍機飛行所需的電子系統。「感測器電子裝備」，所指者為各型軍事訊號的感測器，諸如雷達、雷達預警器等。「飛行艙控制及顯示」為戰鬥飛行員與飛機間之介面，都是指軍事指令的介面。「任務電子」指軍機擔任某一特定任務所安裝之電子裝備，例如夜間偵察需安裝上紅外線偵照裝備。軍機可能安裝外掛載，例如飛彈、火箭及炸彈。為了管理這些外掛載，會有「外掛載管理」單元。現代新型戰機，有數控飛行操作系統代替過去的機械操作，因之加上數位飛行控制與操作系統。

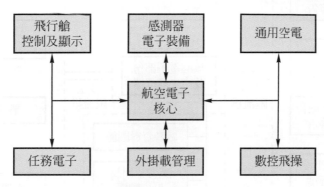

圖 11-5　軍機上的特殊航電系統架構

(一)防衛性軍機系統

軍機的任務型態再區分為防衛型、攻擊型與偵測型。防衛型的軍機如圖 11-6，其中核心部分包括核心電子與中央處理器，既然為防衛型，它必須對具威脅性的來襲武器都有所偵知，因此雷達預警、紅外線預警等都是必要的裝備。這些資料送入中央處理器，中央處理器再依據已有威脅資料比對，建立威脅優先次序，選擇防衛措施，是為反電子戰(counter measure)措施，以避免本機遭受致命攻擊。反電子戰措施的次系統裝備，如欺敵及火焰彈的施放，或利用光學電子戰系統反制。需要有顯示器與控制器之人機介面，協助戰鬥駕駛員下達命令。

(二)攻擊性軍機系統

攻擊性航電系統需具有「目標感測」電子系統，來偵測敵方目標，搜索攻擊雷達及其「輔助感測」系統是必需的裝備，以利偵蒐、鎖定敵方目標。「控制與顯示」是重要的人機介面，加上外掛載管理，以控制武器之釋放。但一切仍以核心電子為中心樞紐，如圖 11-7。

(三)偵察性軍機系統

偵察性航電系統則需有偵察器，如側視雷達、紅外線掃描器等。偵測型飛機多半在空中有長期之停留，故需有全球定位系統或慣性導航協助長程導航。人機介面控制與顯示，自然是不可少，如圖 11-8 所示。圖 11-6 到圖 11-8 中所標示的裝備，僅為舉例性，並非全部都需安裝，端視飛機任務與其需求設計而定。

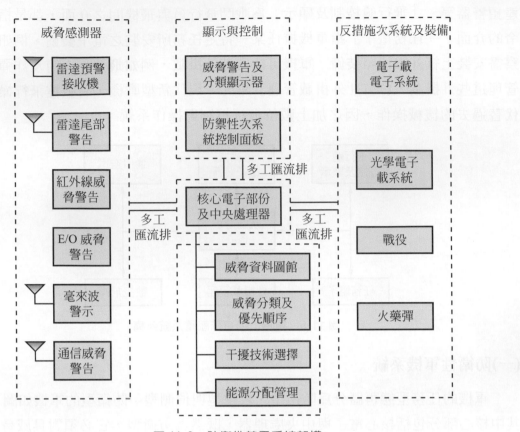

圖 11-6　防衛性航電系統架構

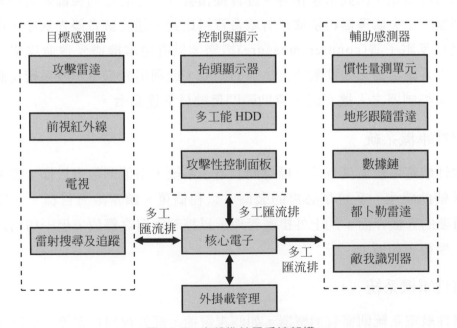

圖 11-7　攻擊性航電系統架構

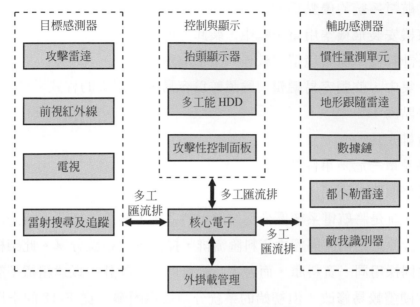

圖 11-8　偵測性航電系統架構

11-4-3　系統型式的性能探討

　　如從形式區分，集中式航電系統如圖 11-9 所示，係將信號調整與計算集中在一處，採用一個中央處理器來處理。訊號處理後，再經由資料匯流排傳送出去。由於雷達與抬頭顯示器、慣性量測單元及姿態頭向參考之間有甚多資料傳送，故裝設一個專用多工匯流排來強化資料交換的能力。另有還包含硬線直接連接，使一些關係緊密之裝備，可以更密切與操控指令結合。

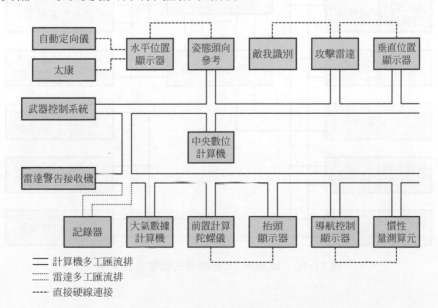

圖 11-9　集中式航電系統架構

　　集中式航電系統的優點為：

1.　計算機安裝飛機空用電子艙中，裝卸方便。

2.　中央計算機所處環境情況較佳，冷卻散熱較易。

3.　由於集中，軟體容易編輯，驗證較為容易，幾個大的程式易於整合。

　　但其缺點為：

1.　匯流排太長。

2.　容易受單一危險事件損傷。

3.　軟體修改較為不易。

　　聯合式系統是將航電系統區分為幾個大的系統，輸入之感測資料是由共通硬體組元獲得；計算之輸出，則經由資料匯流排，提供各大系統分享。此架構即保證，各大系統共同採用同一資料庫，而各大系統負可獨立設計，以達組織型態最佳化。系統中之軟硬體較易修改，但初始的系統分割較為困難。從 F-18 的空用電子系統架構，可已看到此類系統的規劃，如圖 11-10 所示。

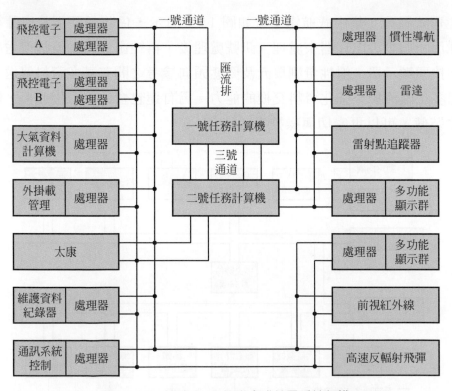

圖 11-10　軍機 F-18 的聯合式航電系統架構

　　由於積體電路高速發展下微處理器之功能日漸加強所得，未來空用電子系統，將必定走分散式系統的發展。分散式系統即是甚多處理器分佈於飛機各部位，依據任務階段或系統之狀態，執行即時計算之工作。其優點為匯流排少而短，程式執行多，亦降低了受損性。但是缺點為處理器形形色色，軟體發展較繁瑣、較難驗證，零配件問題增多。圖 11-11 為分散式系統架構的概況。

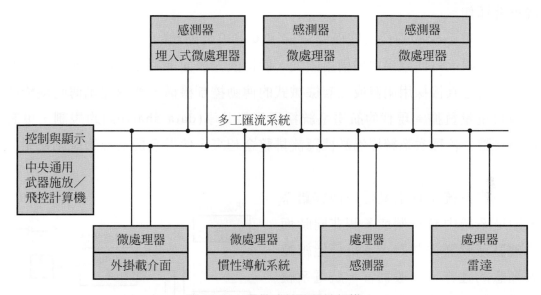

圖 11-11　分散式航電系統架構

11-5 　多裕度系統

11-5-1　多重裕度的概念

　　航電系統中有一個或多個硬體或軟體同時失效時，如何保持航電系統仍能維持基本安全飛航的機制，是航電系統發展最重要的一環。從航電系統的硬體可靠度分析中，我們可以利用最好的零件材料，例如符合軍方規範(military specifications)的產品，以製造壽命更長、更為可靠的航電產品。然而，飛機在空中飛行，任何一個毀滅性的失效(catastrophic failure)均將造成重大傷亡。當單一個硬體或軟體無法達到預期的可靠度指標時，多於層次或備份方案就是多重裕度(multiple redundancy)的系統設計觀念便成為最可行的方案了。

　　數位航線統匯流排的應用佈設一條即可傳輸所需訊息，但是使用一條的缺點，就好比一條來往雙向高速公路，一有問題就無法通行，這是航空系統所關切的可靠度(reliability)問題。飛機系統當然是不允許有這種情況發生,因此不論是硬體或軟體都必須採取多裕度的思考,規劃備援(redundancy)架構與裝置,以提升系統可靠度。所謂多重裕度設計乃在設計之初,將所有與飛航安全有關的硬體或軟體規劃成具備多於層次備份的方案,以致於運轉中的系統有失效時,能即時偵測到失效,並將其隔離,阻止其故障效應的擴展,並經由重新組合啓動備用的支援系統,恢復維持正常運作。

傳統航電系統的備援裕度僅簡單採用多重複製硬體的方式來增加可靠度。因此,在儀表顯示方面直接增加備用儀表,使得儀表板面上更加複雜,而在操作控制系統方面也是直接採用兩套或三套機械式的傳動控制機構,整個控制傳動機構成爲極可觀的重量負擔。現代的航電系統採用資料共享(data sharing)的規劃,更有效的利用軟體將各種次系統經過數據匯流排整合起來,使得備援系統的規劃邏輯完全改觀。

多裕度系統事實上又是一個容錯系統,即是系統中有一個或多個非同時而來的硬體或軟體失效時,系統仍能維持令人滿意的運作。一般而言,航電系統爲維繫高的可靠度,在其固定的維修週期內,或在平均失效時間(mean time between failure, MTBF)內,不至於發生整體的失效,都採用多套系統備援架構來運轉。備援架構在設計之初即以多層次的硬體或軟體來建構。當其中一套系統失效時,能即時偵測到失效部分將其隔離,阻止其失效部分擴大,並重新組合備援系統,繼續維持正常運作。上述多層次即是指多裕度設計。即無論處理

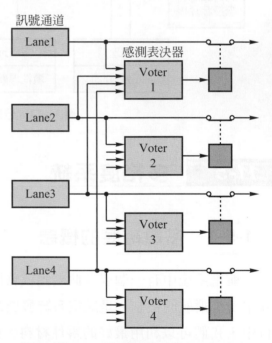

圖 11-12　四重多重裕度系統的表決法則

器、感測器、致動器、資料匯流排等硬體、或甚至於其軟體,皆有多裕度的備用單元。每一種飛機都會有不同的多重裕度設計,以一個三重裕度數位飛行控制系統架構爲例,系統中會有三組同樣的次系統,以其位置之左(L)、中(C)、右(R)來區分,控制操作一操縱面,如圖11-12所示。經由電腦選擇,三個次系統其中之一個爲正常運作狀態(operating),第二個爲熱機待命(hot stand-by),第三個爲冷機待命(cold stand-by)。一旦正常運作的次系統出了狀況,熱機待命的次系統立即切換上陣、

而冷機待命的次系統轉為熱機待命，出問題的次系統會從嵌入式測試(built-in test)記錄下問題及狀況，留待維修人員處理。這裡所說的次系統包含很廣，可以是一套操控系統、感測系統、或監視系統等等。當飛機啟動後，主電腦會重新選擇工作的系統，以平均分攤航電的生命週期(life cycle)。

以飛機的線傳飛控(FBW)系統為典型的例子，線傳飛控系統中飛行人員操控飛機的命令以及各種運動感知器感測所得的訊息，都是先進入飛控電腦，經由電腦運算之後，由飛控電腦下達指令經由電子訊號傳送。其中多數為電子訊號的傳遞以及軟體功能的發揮。在備援裕度的設計邏輯上不再是兩套或三套系統複製在一起就能提高整個系統的可靠度，更加強硬體與軟體互補搭配的規劃邏輯，達到最高的可靠度指標。

在前面各系統圖中，每一通道上的處理器與計算機，皆須軟體程式來操控。多裕度系統的硬體將規劃採用相同規格、不同製造邏輯、不同生產程序所產出的主要元件分別組成。在系統上的搭配，第一組與第二組將系統硬體採用相同的中央處理器(CPU)為核心，設計硬體電路，但是搭配兩種不同的軟體架構設計的程式來驅動；第三組則改用不同的中央處理器，以相似的軟體來操作。因此三套備援系統中任何一套系統受到干擾、或遭致誤動作，造成當機失效，則不至於使其它的兩套同時陷入相同的危機。另外，假如軟體程式，由同一組人編寫完成，非常可能有一單點失效，而該失效在各通道同時產生，引來嚴重失誤。因此處理的方法有二：一為程式寫作，由兩組人，分別執行。因此分開，兩組人其思維之方式，自然有差異，同一屬性之錯誤應可避免。其二為，各通道不同步工作，雖使用共同軟體程式，程式執行時，所採用的數據資料有差異，進而減少單點失效。

利用相似的硬體、相似的軟體交互搭配所建構的多重備援系統，稱為非相似性系統(dissimilar system)，用以降低單點失效的機率，以保障航電系統高可靠度的必要措施。

11-5-2　硬體裕度規劃

為了降低航電系統硬體的故障機率，增加設計備用裕度一般都是採用二套至四套的獨立系統熱機或冷機等待備用。至於哪一個次系統或組件採用多少備份，必須依據這個次一統或組件的可靠度指標來決定。可靠度指標則依據每一個故障或失效對飛航所造成的傷害等級，包括災難性(catastrophic)、致命的(fatal)、危險的(critical)、或隔離的(isolated)。利用表決(voting)與監測(monitoring)的法則達到較高的系統可靠度。

1. 表決(voting)法則：多裕度系統下的線傳飛控(FBW)系統之重要性極高，為四重系統(quadruplex system)的設計：(a)四套獨立的飛行控制電腦、(b)每一種致動器都有四個、(c)每一種感側器都有四個。飛行控制電腦為熱機系統，平時這四組飛行控制電腦四組同時啓用，並隨時比較其輸出數據，如果四組都正常，它們的運算結果會很接近：但如果有一套系統故障時，會將之隔離，其它三套系統繼續運作。這種方式為投票表決(voting)的觀念，或稱為多數決定(odd man out)的故障隔離方法，如圖 11-12 所示。在剩下來的三個系統中，還能夠允許一個故障，因為故障之系統之運算結果，可以和其它兩個比較來決定是否故障。但若是四組系統中，已經有兩組故障時，剩下正常運作的兩組，在發生運算結果差很多時，便無法在採用多數決定的方法了。因此，四套獨立的裕度設計可允許其中兩套系統故障。

2. 監測(monitoring)法則：若航電次系統的等級較低，並且受到航電的嵌入式測試裝備(built-in-test equipment，BITE)的監視，二套或三套裕度設計則完全取決於監視系統通過與否(go-no-go)的比較以獲知哪一個次系統發生異常或故障。但如果次系統本身具有監測功能，能夠自己判定是否運作正常時，則只要有三套以內的備用系統就夠了，因為這樣可以允許剩下正常的一個繼續操作即可。具有三套監測的裕度設計如圖11-13

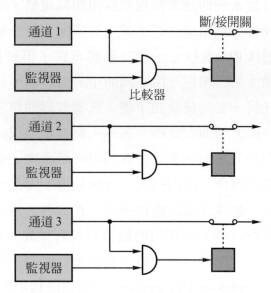

圖 11-13　具監測功能的三重多重裕度系統

所示。圖中顯示，三套的裕度設計較為簡單，且因系統本身即有能力判定故障與否，不需要與其他系統做比較。

　　圖 11-14 為波音公司的表決式三重裕度線傳飛控(FBW)系統的實例，由圖中可見，有三道同樣的控制器通路來控制操作一個操縱控制面。當三條通路都正常時，操縱控制面隨三通道傳來的指令工作。今假設感測器組 1 工作不正常。在處理器表決的後，可研判其輸出偏離正常範圍必須隔離，則通路1輸出訊號使接觸器 1 斷開，操縱控制面則隨第 2、第 3 通道指令動作。故系統降低為二重裕度控制系統。此時兩通路指令相同，即為正常狀態。如遇通路發出指令有差異時，則兩通路可以作自

我測試，研判其為正常與否。如為正常，即可接通工作。因而此系統可由兩通路，甚至降為一通路時，仍能正常工作。這就是具表決功能的三重裕度設計的線傳飛控(FBW)系統。

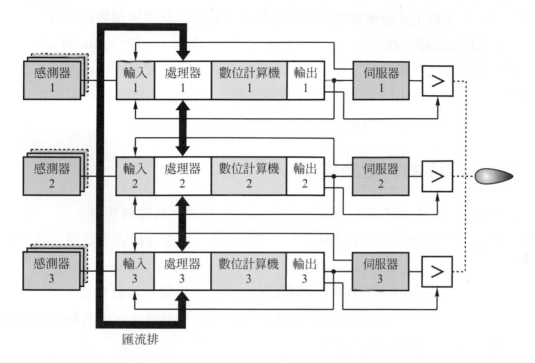

圖 11-14　三重裕度系統

11-5-3　軟體裕度規劃

數位航電系統較傳統的類比航電系統最大的差異在於大量使用軟體來執行操作、控制、偵測、檢錯等工作。因此數位航電系統讓硬體發揮功能的是功不可沒的軟體。圖11-14中，每一通道上的處理器及計算機均由軟體程式支援而達到設計功能。如果一架飛機上的軟體全部由同一組人來編寫完成，則必然非常有可能相同的缺點會發生在各通路上，並引起更嚴重錯誤。

航電軟體應該附加於各個備援裕度的電腦或處理器硬體中，因此在非相似性原則的設計上必須遵守下列原則：

1. 使用不同的軟體語言。
2. 使用不同的邏輯與編譯。
3. 匹配不同的處理器硬體。
4. 使用不同的流程。
5. 使用不同單位設計的軟體。

　　軟體系統程式在反覆的使用條件下很容易產生程式錯誤，或稱為臭蟲(Bug)。[附註：Bug的起因是1950年代哈佛大學(Harvard University)利用小型4位元電腦CPU板去兜成一個16位元的系統來測試平行運算的功能，許多電路板就攤開放在一間大教室的地板上。這個實驗成功的運轉了一陣子，竟然無預警的當機了。師生們就趴在地板上去逐一找問題，結果有個學生找到了問題，大叫 "I found a bug!"，原來是一隻臭蟲死在電路板上，造成電路的局部短路。從此以後，電腦的小故障都被稱為 "Bug" 了]。因此航電軟體維護的工作，必須在一定的週期內重新更新系統軟體，以避免程式經反覆執行後發生錯誤。

11-5-4　故障的判定及避免

　　航電系統故障依據相關的觀測，其狀況可以分成下列幾個類型：

1. 上限失效(hard over failure)：系統輸出值一直卡在最大允許值，沒有的一般量測值。

2. 零點失效(zero out failure)：系統輸出值完全為零，沒有變化。

3. 漂移失效(slow over failure)：系統的輸入值沒有變化，但其輸出值卻持續地漂移，一直增加或減少。

4. 振盪失效(oscillatory failure)：系統輸入值沒有變化，但其輸出值卻上下振盪。

5. 軟性失效(soft failure)：感測器工作正常，但其顯示讀數不在一般允許的規格範圍。

6. 斷續失效(intermittent failure)：有時候故障，有時候卻又完全正常。

　　從前述的多重裕度系統中，我們可以了解兩種主要的偵測判斷方式，一種為表決法則，即多重裕度的每一個成員自行比較輸出後採用「多數決定」來排除異常的機組。另一種為檢測法則，透過內建式的測試系統，包括硬體及軟體，偵測出異常的機組，並將其隔離。投票表決法則有數上的問題，「要差距到多大時，才能判定此系統異常」？

　　以感測器的故障判定為例，假設四個感測器的讀數分別為θ_1、θ_2、θ_3、θ_4，先找出四個值中的中間兩個值，以這兩個值較小的那個值當作低位中央值(lower middle value)，然後計算其他三個值與中央值的差距，如果差距超過某一設定的斷路門檻值(disconnect threshold)時將被視為異常或故障。如圖11-15中的輸出值與中央值差距超過斷路門檻值，故被視為故障，其輸出值即被切斷隔離。此時的故障稱爲上限失效。又如圖 11-16 所示，的輸出值慢慢在增加，到達某一時間後，其與中央值的差距超過斷路門檻值即被判定爲故障，此種故障是屬於漂移失效。

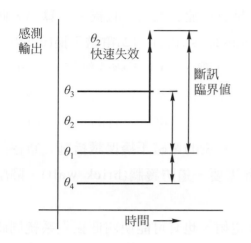

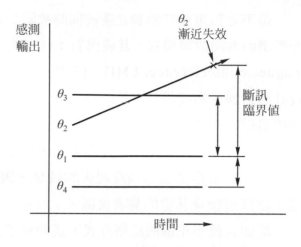

圖 11-15　四組感測器的上限失效　　　　圖 11-16　四組感測器的漂移失效

　　當已有一組輸出值已被隔離，剩下三個感測器繼續運作，此時是直接取三個輸出值的中央值來當基準，並採用前述方法程序來判定故障，如圖 11-17 及圖 11-18 所示。

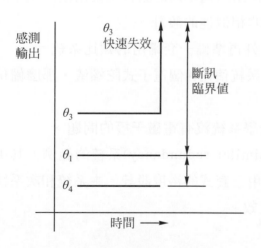

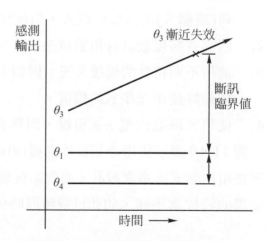

圖 11-17　剩下三組感測器的上限失效　　　圖 11-18　剩下三組感測器的漂移失效

11-6　故障的成因與防範

是不是有可能四個獨立系統同時故障？這是有可能發生的，且機率不算小，此即所謂的共同故障模式。其成因有：(1)雷擊(thunder strike)、(2)電磁干擾(electromagnetic interference, EMI)、(3)起火，爆炸、空戰、(4)不正確的維修、(5)軟體設計的錯誤。裕度設計不管同時有幾套系統在運作，終究都是電子設備，一遇到強烈的電磁干擾或雷擊，可能全部都當機失靈，再多 10 套也是沒有的。因此航空電子設備需要深入瞭解電磁干擾的可能，以及採取嚴密的電磁干擾保護措施。軍機的航空電子設備容易受到機身起火的威脅，因此需要一道防護牆(brick wall)，隔離電子設備與機身其他的易著火區。

地面人員不正確的維修方式，或弄錯了設定值，也有可能使四個獨立系統同時故障，因為四個獨立系統均接受了相同的錯誤維修。備援系統同時當機，最常見的原因是軟體錯誤，例如四部電腦均使用相同的程式，那麼只要軟體程式有Bug，四部電腦將出現相同的故障，再多的備用電腦也沒有用。

為了避免共同故障模式的發生，有下列幾種防範措施：

1. 電腦採用不同的處理器，四部電腦使用四種不同的語言，使用由四個不同公司(或個人)所發展的程式。這就是非相似性的設計。
2. 四套式裕度設計採用數位系統，另外再準備一套備用的類比系統。
3. 使用不同特性的備援系統：例如主系統使用4個電子式陀螺儀，那麼備份系統最好使用光學式陀螺儀。
4. 使用光纖取代電子式導線，因為光學系統沒有電磁干擾的問題。

圖 11-19顯示使用非相似性備援(dissimilar redundancy)系統的範例。其中主系統使用四套式的裕度設計，而次系統使用三套式的裕度設計。主系統和次系統的軟硬體的特性都不同，如此可避免同時失效。

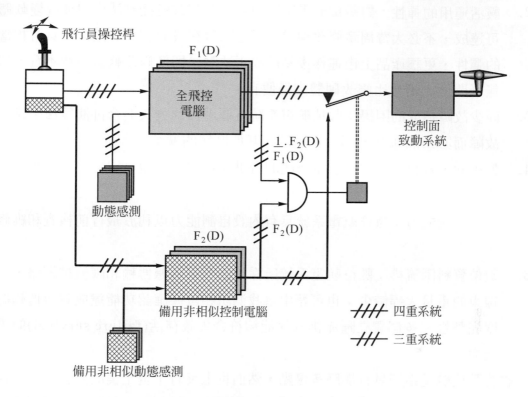

圖 11-19　完整的航電非相似性系統設計範例

　　雖然以類比式電腦為主體的線傳飛控(FBW)飛控系統仍在使用，但如今多半做為非相似性多重裕度觀念中的備援系統，以避免發生前述的共通性故障。現代化的線傳飛控(FBW)系統都已採用數位架構，也就是利用類比/數位轉換器(ADC)將類比資料轉成數位形式，一連串的數位訊號再依時間分段排列的匯流排網路當中傳輸，再交由飛控電腦的數位式微處理器進行下列工作：

1.　表決、監視和整合。

2.　執行控制法則。

3.　當故障發生時重新設定系統。

4.　內建自測並監視。

數位航電系統的優點有：

1.　硬體設備較為經濟：數位航電系統使用一部電腦就可以控制三軸動作，但類比式系統則是每個控制軸都需要獨立一套硬體。即使最複雜的系統，在設備重量和體積方面所減少的等級也高達 5：1，這使得數位化系統在經濟考量上具有絕對的優勢。

2. 靈活運用的彈性：對數位航電系統而言，若想改變控制法則只要改變軟體即可達成，不必大費周章修改硬體。這意味著在設計和研發階段中具有相當大的彈性，更讓產品上市運作後易於改正缺點。即使修改軟體所費不貲，但毫無疑問地，仍然比修改硬體來得便宜。

3. 減少故障造成的困擾：數位航電系統可運用投票表決與合併演算法來減少因故障而必須隔離某一部份以免牽連其他區域的麻煩。

4. 較小的失效暫態：數位航電系統的合併演算法可縮短少切斷失效控制線路連接的暫態過程。

5. 內設自測能力：數位航電系統具有內設自測能力以利於飛行前檢查和維修用途。

6. 數位資料匯流排：數位航電系統所採用的多重數據傳輸和匯流排網路，可讓線束的重量大幅減少；也可藉由自我測試和數據確認功能達成資料傳輸的高度完整性。多個獨立匯流排確保能夠符合失效存活(failure survival)的需求能力。

　　儘管數位航電系統具有那麼多優點，然而世上沒有十全十美的系統，該如何決定資料取樣和取樣頻率正是數位航電系統所遭遇到的難題，也是如何採用更先進的技術，加強系統失效的防範。

習　題

1. 系統整合的基本概念與架構是什麼？
2. 飛機數位航電系統的系統整合以什麼架構當作資訊聯繫的基礎？
3. 不同的軍機系統是否採用相同的系統整合架構？嘗試去分析幾種特定性能軍機的架構特質。
4. 多重感測器輸入，所採用的「表決」方式，如何達到即時數據篩選的功能？
5. 何謂非相似性(dissimilar)系統架構？硬體及軟體各將如何組合？請嘗試規劃一個系統設計。
6. 為何電腦故障稱為臭蟲 Bug?
7. 波音 747 機頭有 4 個皮托管(pitot)量測大氣數據，請問如何來計算四個量到的數據值?假設四個數據分別為 90, 89, 91, 87，電腦如何處理?另外若是 4 個數據為 90, 70, 91, 87 電腦又將如何處理?

Digital Avionics Systems

12章

航電數據匯流排

12-1 航電計算機系統網路(Avionic Computer Network)

　　從航電系統整合的觀念，只要能在數位系統訊號下操作，就可以建立數據匯流排(data bus)來達到數據交換、傳送、存取的操作性能。航電系統中的數據匯流排必須從中央處理單元(central processing unit, CPU)中提供一個統一的內建時鐘(clock)，來作為內部同步運作的參考，其次再決定這個數據匯流排的規格，包括匯流排架構與其通訊協定(communication protocol)。目前的數據匯流排仍以銅導線傳送的電訊號為主流，稱為電數據匯流排(electric data bus)，未來可能利用雷射光纖系統(Laser optical fiber system)，以光的訊號取代電壓脈波訊號。光纖數據匯流排(optical data bus)採用光纖比起電數據匯流排採用的銅電線，有幾項優點：包括光纖導線質地較軟、質量較輕、訊號傳送速度快、不易受到外界的干擾、訊號不易畸變。

　　航電整合可定義為：多重航空電子次系統的協調聯繫，以分享訊息、統籌運用。由於整合，消去了訊息感測器及顯示器的多餘重複，且使得性能增加、價錢降低、可靠度增加、空間的需求也相對的減少了。系統整合的核心問題，是如何快速、廣大的達成資料共享的目的。這個問題的解決是把感測器、致動器以及處理器透過匯流排連結，以多工存取(multiplexing)的方法執行。為順利執行多工存取，匯流排上會有發號司令的匯流排控制器(bus controller)，一般次系統電子裝備原沒有考量連接於匯流排上，如今為了與匯流排相連接，必須採用統一的一個介面，即遠端埠(remote terminal, RT)。再者為了飛行測試或維護，需要現場資料，因而有監視器。為了應用多工存取達成整合，需定義一些傳輸格式，相當於我們目前所談到的電訊網路中採用的通訊協定。

　　數位航電系統的淵源，與電子系統數位化有很密切的關係。1970 年代數位積體電路已經成熟到可以做全面數位化的電路系統，及至 1980 年代透過系統整合，已經可以建立出龐大的數據傳輸網路(network)。現代的數位航電系統就是以匯流排制連結起來，如圖 12-1 所示。從發動機到機翼末端各致動器都是依不同的層級關係整合起來的。

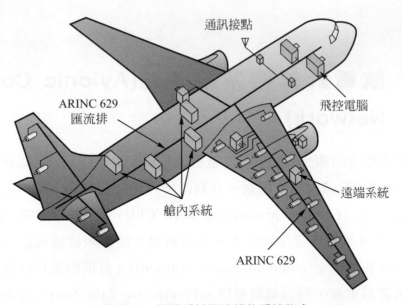

圖 12-1　航電系統匯流排的系統整合

　　數位航電系統的發展，已經從單獨的一套計算機去操作所有的系統，改變為多層次的計算機中央處理器(CPU)。以階層式(hierarchical)系統架構多層次的將計算機分層負責。最低階層由微處理器(microprocessor)與微型電腦(micro computer)所組成，其次由功能較強的微型電腦管理控制，最高階由小型電腦(mini-computer)或主機系統(main frame computer)來掌控。系統網路結構因性能需求(performance)、相容性(compatibility)、可靠度(reliability)、穩定度(stability)、可用性(availability)以及傳輸速度(transmission)等因素而異，依據飛機規劃的性能水準來設計。

　　由於不同的中央處理單元必須負擔各高低階層的工作，因此計算機網路的通訊變成是主要的聯繫架構。開放式系統互聯(open system interconnection, OSI)模式為階層式系統架構中所有通過國際標準組織(International Standard Organization, ISO)所鑑定核准的識別系統的計算數據網路，以兩個互通的“系統 1”與“系統 2”為例，訊息的交換可以有 7 層架構，如圖 12-2 所示，可以依據需求決定所需的層數，內部操作細節都很透明，每層都是獨立的、而且都有一定的通訊規則。這七個層面各有執掌，如表 12-1 所說明的。

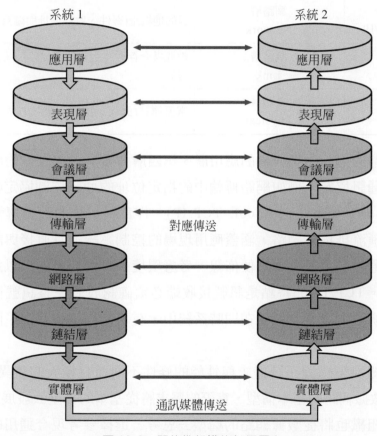

圖 12-2　開放性架構的七個層次

表 12-1　開放性架構的七層執掌

層次	名稱內容	目的(以郵件為例的說明 12)
1 TCP/IP	應用層 Application	應用相容性(信件所描述表達的內容)
2	表述層 Presentation	數據解釋(信件內容的撰寫格式及語文語法)
3	會議層 Session	遠程作用(收件確認)
4 TCP/IP	傳輸層 Transport	點對點通訊可靠性(平信、限時、掛號、雙掛號)
5 TCP/IP	網路層 Network	目的地編址(寄件、收件地址與編寫格式)
6	鏈結層 Link	數據媒介存取及封包框架(信封、信紙、包裝)
7	實體層 Physical	電器連結(郵筒、郵差、郵遞方式)

　　在數據傳輸的過程中第一層的應用層、第四層傳輸層、第五層的網路層，都必須符合特定的通訊協定。例如網路傳輸中的指定位址的通訊控制協定(transmission control protocol/Internet protocol, TCP/IP)。作為匯流排的數據傳輸，最底層的物理層為數據匯流排拓樸網路，涵蓋應用現場的控制系統並且直接與設備硬體相連接電路連接的通道必須設計得方便佈線、考慮環境的影響或干擾，以達成即時性操作的性能條件。TCP/IP 的特點是訊號接收端必須確認收到完整訊號後，發送端才會移到下一個訊號去發送。但是在即時系統中，有可能一筆資料出了問題，導致訊號塞車。

　　匯流排的組織架構因系統需求與性能的條件不同而有極大的差異。圖 12-3 列舉五種典型的數據網路的基本構型，實際的需求將從基本的構型去發展實用的技術。

　　匯流排的組織也將從數據網路的構型去思考，選擇參考現今通用的工業用匯流排技術與飛機用匯流排技術，有通用參考準則，圖12-4與表12-2所列的比較資料：

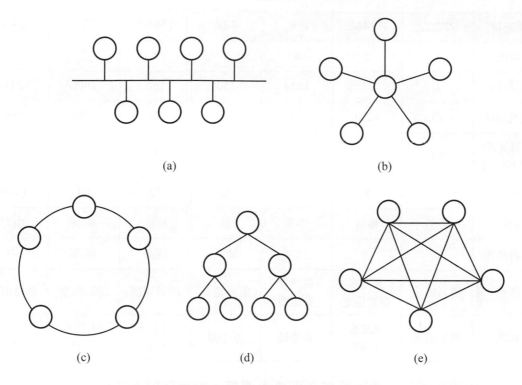

(a)　　　　　　　　　　　　　(b)

(c)　　　　　　(d)　　　　　　(e)

圖 12-3　數據網路的基本構型

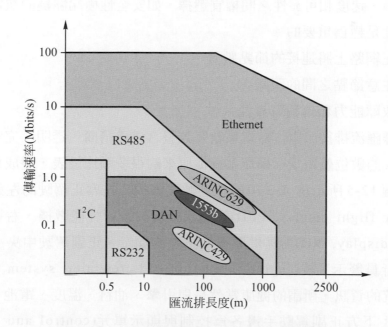

圖 12-4　匯流排傳輸速率與匯流排長度的關係

表 12-2　通用匯流排技術的比較

匯流排	RS232	RS485	Eth.	429	1553B	629	CAN
線數	3	2	8	2	2	2	2
節點數	1	32	1024	150	100	1000	211
長度(m)	15	1200	250	100	100	1000	100
傳輸速率 (M bits/s)	0.1	10	100	0.1	1	2	1
數據(bit)	8	8	8	32	32	64	11/29
價格	極低	極低	中等	高	極高	極高	中等
維護技術	低	低	中	極高	極高	極高	中
優點	簡易協定	高速度 簡單協定	高速度 長距離	簡易協定	即時廣播	即時廣播	即時廣播
缺點	雜訊擴散	無濾波 非即時	非即時	短距離	32位元 訊息	64位元 訊息	8位元 訊息

1. 評估使用不同串列匯流排在網路上連接各種元件的系統成本。

2. 在效率、速度和可靠性之間權宜選擇，如安全性極端關鍵的航電系統而言，可靠性是極爲重要的。

3. 確定在網路上將連接的節點數量。

4. 必須注意節點之間的距離。

5. 容忍故障能力和傳輸可靠性。

　　有了數據匯流排後，數位航電系統有效整合成爲精簡、透明、完整、清楚的操作系統，現代的數位航電飛行操作系統從原來的很多類比儀表，變成爲兩個主要的顯示器，如圖 12-5 所示爲 A-340 的駕駛艙儀表板，左席正駕駛的左邊爲主要的顯示器(primary flight display, PFD)，顯示飛機的飛行性能數據，右邊爲導航顯示(navigation display, ND)爲提供助導航訊息的顯示。正副駕駛中央上面兩個爲引擎指示與飛行員警示系統(engine indication and crew alert system, EICAS)提供飛機健康系統的資訊，所謂的健康當然是與引擎、油料、溫度、電池、電壓等相關的即時資料；下方正副駕駛手邊各爲控制與顯示單元(control and display unit, CDU)提供各控制指令的設定以及檢視的重要儀表。CDU 共有三組，正駕駛右手邊、副駕駛左手邊各一組，而後方的增派飛行員也有一組。

圖 12-5　A-340 駕駛艙的數位航電儀表系統

　　本章將討論目前使用中制式的航電數據匯流排，包括軍用規格的 MIL-STD-1553B，以及民用航空系統中舊式的 ARINC-429 與新近發展的 ARINC-629，以及現代小型飛機系統的 CAN 架構等。每一種數據匯流排均有其規格與各有特色。

　　經由 MIL-STD-1553B 多工匯流排，訊息可以 0.5 Mbit/s 速率傳送，或由 ARINC-629 匯流排，訊息可以最高 1 Mbit/s 速率傳送，ARINC-429 則僅能在 100kbit/s 速率內傳輸；利用光纖匯流排系統，訊息可以 200 Mbit/s 速率傳送。各次系統的飛行運作軟體程式，建立極強的伸延能力、與容易修改等特性。就飛行駕駛員而言，飛航管制與運作功能越多，飛行員可能應付不過來，為使飛行駕駛容易，必須在適當運作時機，提供飛行人員適當的訊息，故有航電系統整合的產生。以戰機來說，可使飛行員發揮戰機作戰能力，且增加戰機的人機安全。而就客機而言，可增加旅客的舒適性、燃油的節省和定時的到達與起飛。從 1980 年代起先進的數位航空電子系統的整合，也是現代飛機必須的系統設計，以達到飛行操控必要的性能水準。

12-2　過零邏輯(Return-to-Zero Logic)

　　數位航電訊息轉移系統為數位型資料匯流排的依據基礎，在空中使用，容易受到干擾，而無法判斷數位訊號的 0 或 1。因此，數位航電發展出過零邏輯訊號(return to zero, RTZ)，如圖 12-6 所示，高電位(正電位)代表邏輯 1，低電位(負電位)代表邏輯 0，中性線 0 電位不代表訊號。圖 12-13 為 ARINC-429 的邏輯訊號定義，比一般的 +5V 及 0V 的邏輯訊號更穩定。

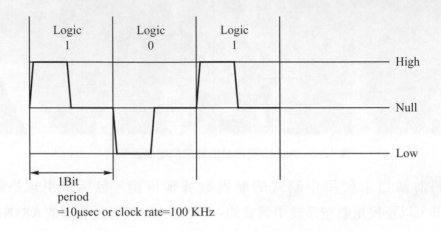

圖 12-6　以正負高低電位描述的 RTZ 邏輯訊號

　　在各種數位航電系統中，都採用過零邏輯，以避免系統操作上的問題。當地面的系統所使用的 0V/5V 的邏輯進入航電系統時，會經過一個轉換系統，以利應用。

12-3　ARINC-429 數據匯流排

　　目前有多種電路匯流排系統應用於航電系統上，應用於民航機上的 ARINC 429 設計，為單發射器多接收器的功能(single source/ multiple sink, SSMS)，匯流排為網狀設計，應用於 B-747 上。ARINC-429 的系統架構如圖 12-7 所示，系統錯綜複雜，在佈線上相當的繁瑣、維修變得比較困難，但是航電系統可靠度可以保證十分的高標準。ARINC-429 應用廣泛，例如 Airbus A310/A320、A330/A340；Boeing B-727、B-737、B-747、B-757、B-767、McDonnell Douglas MD-11；以及 Bell 的直昇機等。

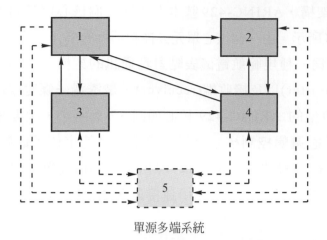

單源多端系統

圖 12-7　ARINC-429 匯流排架構

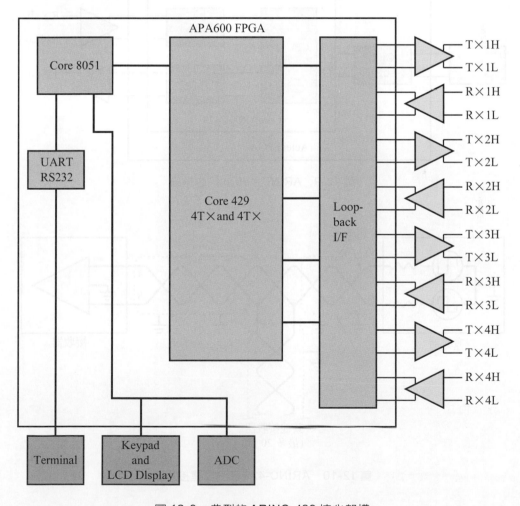

圖 12-8　典型的 ARINC-429 核心架構

從圖12-8的架構，ARINC-429基本上會從一個核心單元向外去擴張，典型的系統架構如圖12-8所示，由一個核心單元去控制鄰近的單元，達到數據傳輸的操控。

ARINC 429 為一種規範航電儀表點對點通訊的架構；在 ARINC-429 的系統中，傳送端(transmitter)以及接收端(receiver)，是透過一條雙絞線的方式，進行資訊單向的傳輸。典型的 ARINC-429 核心如圖 12-9 所示，主要是由中央處理單元(CPU)來操作，透過邏輯控制核心介面，然後發送特定位址的數據訊息。ARINC 429匯流排的雙絞線一般性連接如圖12-10所示，裝置簡單，擴充十分容易，且不會影響匯流排電路的正常運作。每一串連接最多 20 個遠端埠，整個系統大約可連接150個遠端埠。

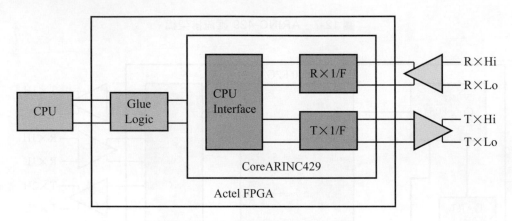

圖 12-9　ARINC-429 的核心系統

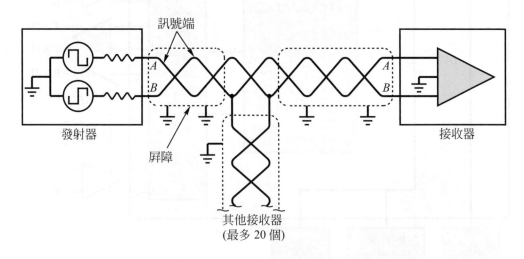

圖 12-10　ARINC-429 匯流排連接方式

　　而每個接收端，會持續的去監聽匯流排上，是否有別人傳給它的資料。一般接收端不會去回報是否收到資料，除非在特殊的情況時，當傳輸端有重要或大量的資料，必須傳送給特定的接收端時，則傳送端可以要求接收端，必須在收到信號之後，傳回一個回應信號(acknowledge)，以確定接收端有確實的接收到資料。運用這種稱為"交握式"(handshaking)的傳輸模式時，傳輸端以及接收端，都必須使用兩條纜線進行連結，一條作為傳輸，一條則作為接收。

　　ARINC-429 所規範的資訊傳輸特性，為雙極性電壓過零邏輯(RTZ)。它是一種電壓式訊號，傳輸正電壓的高位(high)、中性點(null)以及負電壓的低位(low)三種形態。如圖 12-11 為這種過零模式之雙極性信號，各位元電壓的示意圖。這種傳輸端的輸出是差動信號，其電壓電位規範如下：

　　　"Hi" +10.0 +/-1.0 Volts

　　　"Null" 0 +/-0.5 Volts

　　　"Lo" 10.0+/-1.0 Volts

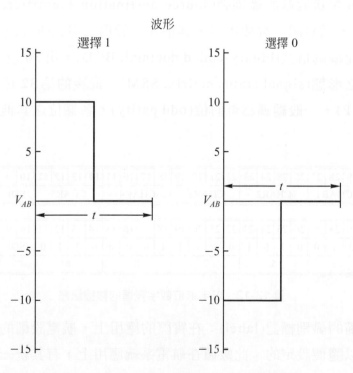

圖 12-11　以+/−10V 電壓定義的 RTZ 邏輯訊號

　　而差動輸出訊號，傳送至接收端的輸入時，其訊號的品質則會依傳送之電纜線長度、傳輸網路架構，以及接收端的個數，而有不同的影響。因此，在接收端判斷上述三種訊號電位的條件，規範如下：

　　　　　"Hi" +5.0V to +13V
　　　　　"Null" +2.5V to 2.5V
　　　　　"Lo" 5.0V to 13V

　　ARINC-429 通訊界面，規範訊號傳送端或接收端，均為單一方向的傳送，利用不同極性模式的組合，以達成接收的同步化。其傳送的速率可分為兩種，12.0 kbit/s(或 14.5 kbit/s)為低速，而另一種 100 kbit/s 為高速。在連續的訊號傳送中，每一筆資料需要有時間間距，以維持資料解調時的完整性及正確性。ARINC-429 訊號格式為 32 個位元的數位訊號，各欄位格式及內容示意如圖 12-12。其中最低的 8 位元為各航電設備的識別標記(label)，此 8 位元的二進位值，一般是改寫成三個八進位的數值，做為各種航電設備的識別碼。第 9 及 10 的 2 個位元，是區分信號為傳輸端，或是接收端的識別碼(source/destination identifier, SDI)。第 11 到 29 的 19 個位元，為資訊的數據內容，其格式一般為二進制(binary, BNR)，或是將十進制以二位元編碼格式(binary-coded decimal, BCD)。第 30 及 31 的 2 個位元，用來表示資料之形態(signal status matrix, SSM)。最後的第 32 位元，則是同位元檢查碼(parity, P)，一般編碼為奇同位(odd parity)。各欄位之其他詳細規範，說明如下。

32	31	30	29	28	27	26	25	24	23	22	21	20	19	18	17	16	15	14	13	12	11	10	9	8							1
P	SSM	CHAR1			CHAR2				CHAR3				CHAR4				CHAR5				SDI		LABEL								

32	31	30	29	28	27	26	25	24	23	22	21	20	19	18	17	16	15	14	13	12	11	10	9	8	1
P	SSM	0	1	0	0	1	0	1	0	1	1	1	1	0	0	0	0	0	1	1	0	SDI		LABEL	
	0	0		2			5				7				8				6						

圖 12-12　以十進位數字表達的數據訊息

1. 航電設備的識別標記(label)：在實際的應用上，航電設備的識別標記數值，是不可以隨便設定的。此數值在航電系統應用上，有其統一的規範，這個規範是由 ARIN 委員會來定義的。例如：001 是代表飛行控制電腦(flight control computer)，007 是代表雷達高度計(radar altimeter)，008 是代表氣候雷達(air weather radar)等。

2. 資訊的數據內容(data)：字元 11 到 29 主要是資料代碼，其內容可表示下列四種不同的資料型態：

(1) 二進位的資料(binary, BNR)。

(2) 二進位編碼之十進位資料(binary coded decimal, BCD)。

(3) 離散資料(discrete data)。

(4) 維護資料以及確認(maintenance data and acknowledge)。

3. 資料之形態識別標記(signal status matrix, SSM)：當資料為 BCD 型式時，SSM 在用來指示現行傳輸資料的形態，如正負號、南北向、東西向…之類的表示。當資料為 BNR 的型式時，SSM 被編碼在字元 29、30 以及 31。字元 29 是用來表示二進位資料的正負號，而字元 30 及 31 則是表示傳輸端的狀態，例如"失效警示"、"無正確計算資料"、"功能測試"以及"正常工作"等狀態。

　　ARINC-429 是一種雙絞線型式、點對點通訊的架構，所以他必須是各相關的元件與次系統都搭在一起，使得系統比較複雜，但是可靠度卻比較有保障。ARINC-429 的數據訊息設計為 32 位元長度，使用 RTZ 邏輯，它的典型數據串如圖 12-13 所示。

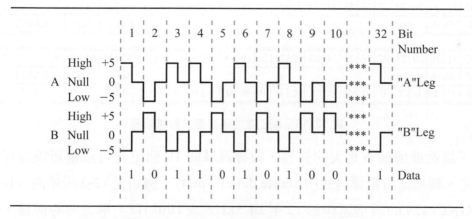

圖 12-13　ARINC-429 中 32 位元數據

　　32 位元的數據格式如圖 12-12 所示，包含訊息的標頭(label)佔 8 位元(1-8)、訊號及狀態(sign/status matrix)佔 2 個位元(9-10)、數據(data)佔 19 位元(11-29, 11 為 LSB，29 為 MSB)、訊息來源或目的識別(source /destination identification)佔 2 位元(30-31)、以及尾端跟隨的位元檢查碼(parity)佔 1 個位元(32)。位元檢查碼必須為奇數才算正確，每一筆資料都必須核對。一般 ARINC-429 都是 100 kbit/s，一個訊息的週期為 10 μ seconds。因此，從 ARINC-429 所傳送的一個 32 位元訊息將佔了 320 μ seconds，如圖 12-14 所示。

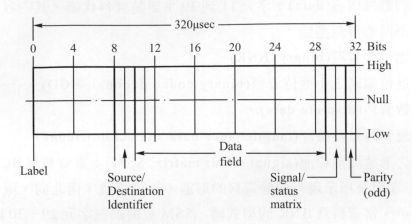

圖 12-14　ARINC-429 的一筆 32 位元訊息

　　ARINC-429 也可以傳送二位元轉十進位碼(binary-coded decimal, BCD)的數據訊息。將 19 位元的數據拆成五位數，萬位數用三個位元最大為 7，其餘四位數各佔四個位元，可以編碼到 79999。另外以純粹二進位(binary, BNR)碼編撰的數據訊息將為 19 位元的數字，如圖 12-15 所示。可以將 BCD 及 BNR 兩種混和在一起，稱為混和數據格式(mixed data format)。

32	31	30	29	28	27	26	25	24	23	22	21	20	19	18	17	16	15	14	13	12	11	10	9	8								1
P	SSM		Data																	Pad		SDI		LABEL								

32	31	30	29	28	27	26	25	24	23	22	21	20	19	18	17	16	15	14	13	12	11	10	9	8								1
P	SSM		Data																	Pad		SDI		LABEL								
0	1	1	0	1	0	0	0	0	1	1	0	0	0	0	0	0	0	0	0	0	0	0	0	103								

圖 12-15　以二進位碼表達的數據訊息

　　為了讓數據傳輸有更大的彈性，數據區域的 19 個位元可以重新設計任何一種通訊協定，稱為離散數據格式(discrete data format)，例如表 12-3 所示的一種方式。

　　ARINC-429 的規格運作於 12 至 14.5kHz 或 100kHz，單方向的傳遞。單方向匯流排僅使用一發射器，在 429 規格中，接收器最多 20 個，假設發射器為 Tx，接收器為 Rx，安裝於一單方向匯流排上。其優點為容易驗證。在 ARINC-429 匯流排上，用 32 字元的字通信，每一字元在 70 至 80μs±0.025，或 10μs±0.025，由該匯流排為低速或高速匯流排而定。低速匯流排用於一般性通信，高速匯流排則用於傳送大量資料或影響飛行的重要訊息。其傳送的訊息格式有五大類型，其中兩類型傳送數字資料，兩類型傳送含有字母的資料，再有一類型傳送不連續資料。

表 12-3　離散數據格式的訊息協定

11	PAD		X
12	PAD		X
13	Failure to clear serial data interrupt	Fail	Pass
14	ARINC received fail	Fail	Pass
15	PROM checksum fail	Fail	Pass
16	User RAM fail	Fail	Pass
17	NV RAM address fail	Fail	Pass
18	NV RAM bit fail	Fail	Pass
19	RTC fail	Fail	Pass
20	Microprocessor fail	Fail	Pass
21	Battery low	Fail	Pass
22	NV RAM corrupt	Fail	Pass
23	Not used		
24	Not used		
25	Not used		
26	Interrogate activated		
27	Erase activated	Activated	Non-act.
28	Bit activated	Activated	Non-act.
29	SSM	Activated	Non-act.

12-4　MIL-STD-1553 數據匯流排

　　應用於軍用機的 MIL-STD-1533B 設計，如圖 12-16 所示，則是採用中央匯流排控制器，可使用多發射器多接收器(multiple source/multiple sink, MSMS)，匯流排為線性設計，應用於 F-16 等各種軍機；相類似的架構也應用在新型的 ARINC-629 上，應用於各種新型的飛機上，如 B-777 上。由於計算機的發達，航電架構穩定性能可以透過計算機的操作達到更高的水準。

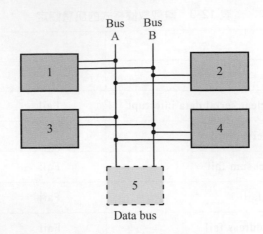

圖 12-16　MIL-STD-1553B 與 ARINC-629 的匯流排架構

　　MIL-STD-1533B為美國空軍系統司令部為達到航空電子系統整合，邀請航空電子專家們研討訂定的一個標準，以供各航空公司從事於軍機製造者，及供給電子裝備製造商一個遵循的標準原則。此介面標準多應用於現役武器系統及一些地面裝備。MIL-STD-1533B之硬體1553B對於遠端埠(remote terminal, RT)的定義，一個必須的電子模組，用來作為次系統與資料匯流排，或資料匯流排與次系統間的連結介面。

12-4-1　MIL-STD-1553B 硬體

　　MIL-STD-1533B之硬體可分為匯流排控制器(bus controller)、匯流排監視器(bus monitor)、遠端埠(remote terminal)，如圖 12-17 所示。

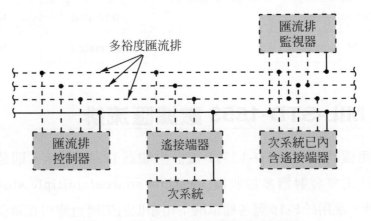

圖 12-17　MIL-STD-1553B 匯流排狀態

1.　匯流排控制器(bus controller)：匯流排控制器是一遠端埠，當遠端埠負責資料匯流排上的資料傳送之發動控制。匯流排控制器中除了子控制器外，還有一備份支援的副控制器，主控制器發生問題，可轉移至副控制器上，由副控制器來繼續發號司令。匯流排上的控制器亦可執行監視之工作。

2.　匯流排監視器(bus monitor)：匯流排監視器亦是一遠端埠。該遠端埠負責接收匯流排上交通狀況，即選擇性取出後期需用訊息。它並不處理匯流排上的訊息傳送，也不對匯流排做任何反應。因此，基本上，它只能做接收，不需要發射器。當然，為了瞭解它的工作狀況，亦可加上發射器，以利匯流排檢查監視器狀況。一般而言，在試飛測試，或為了後期維修之便利，監視器則安裝於匯流排上。

3.　遠端埠(remote terminal)：在 1553 匯流排系統，遠端埠是最多的元件，最多可連接 31 個遠端埠。遠端埠主要的功能是在正常指令/反應狀況，收到指令即做反應。由於有甚多遠端埠，故每一遠端埠都有位置編號。僅在指令專門下達給它，或在有效廣播指令下，它才產生反應。

12-4-2　MIL-STD-1553B 軟體

MIL-STD-1553B是一資料串連輸送之匯流排，重點是訊息傳。所以對於 “訊息的格式” 特別重視，大家遵守 “訊息的格式” 的約定，裝備安裝於匯流排上才能訊息互通，資料數據共同分享。

MIL-STD-1553B之軟體可分為訊息轉移格式、廣播式訊息轉移格式、字形格式、訊息轉移格式，如圖 12-18 所示。專家依據匯流排上之架構，分析僅需 10 種 “訊息的格式” 即可。此類格式主要在做資料之轉移並與多工匯流排上有關之硬體通訊，同時協助資料流通管理。各功能次系統，不是輸送資料至匯流排，就是由匯流排上提取資料。在訊號格式中有 “**”表示及 “#”表示。 “**” 表示反應時間，允許反應時間為 4-12μs。 “#” 為訊號與訊號間隔時間，此時間最少為 4μs。在一訊息中最多可含 32 個字。又匯流排如暫停工作，暫停時間最短不得少於 14μs。

1.　廣播式訊息轉移格式：如圖 12-19 所示，此格式用於傳送訊息至多接收器。因而它不需要接收器處回應。由於有數個遠端埠接收訊號，如果數個遠端埠都反應了狀態，匯流排上一定會發生問題。故廣播式，除了接受指令將其資料發送至匯流排外，其餘各個遠端埠將不需做狀態反應回答。

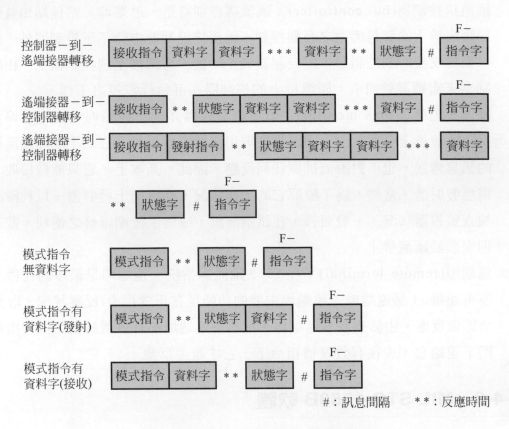

#：訊息間隔　　＊＊：反應時間

圖 12-18　MIL-STD-1553 訊息轉移格式

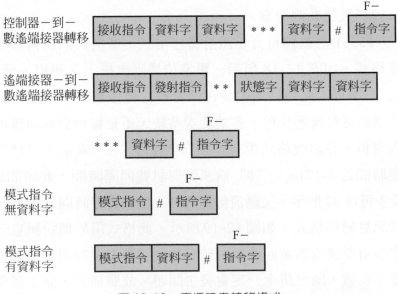

圖 12-19　廣播訊息轉移格式

2. 字形格式：MIL-STD-1533 標準，只需要三種不同字形格式：指令字形 (command word)、狀態字形(status word)及資料字形(Data Word)。由圖 12-20所示，其中如：

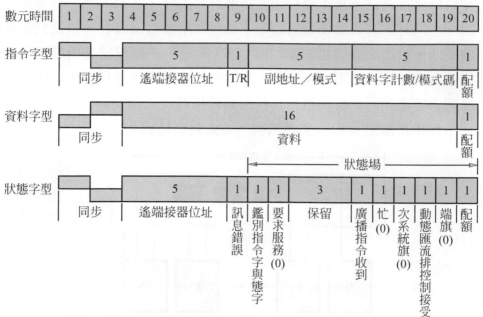

(0)：此位元由設計者選擇是否使用。如不用，使其為零。

圖 12-20　MIL-STD-1553B 字型格式

⑴ 指令字形(command word)：定義為發射之訊息格式，且僅能由匯流排控制器發射。指令之字形採用曼徹斯特(Manchester)波形，但不會與資料元產生混淆。指令字形與狀態字形之同步信號(SYNC)相同，與資料字形之同步信號相反。但因指令信號在前，狀態自行在後，故不會產生錯誤。T/ R元，表明資料流動方向(發資料 OR 收資料12假如 T/R＝1 表示遠端埠發射資料；T/R＝0 表示遠端埠接收資料。)

⑵ 資料字形(data word)：每一個字形由 16 個資料位元，3 個位元長之同步訊號(SYNC)及 1 位元配類(parity)，共 20 個位元。由於所有字皆含 16 位元，配類為奇數，資料字形之最高校位元緊接同步信號，即位於第四位元。

⑶ 狀態字形(status word)：狀態字形是遠端埠反應所發出的第一字形。分為同步、遠端埠位址、狀態場及配類位元。位元之 1-3 位置為同步碼。位元之 4-8 位置為發射狀態字之遠端埠位址。位元之 9-19 位置為遠端埠之狀態場，在狀態場中之位元接於邏輯零位，除非所提及之狀態場存在。在位置 10 之位元，假如使用的話，則永久置於邏輯零位以與指令字區別。在

指令字形中，位元 10 常置於邏輯「1」位。位元 17 表示次系統狀態，邏輯爲「1」時，表示次系統有問題，位元 19 邏輯爲「1」時，則表示遠端埠有錯誤情況。

3. 資料匯流排網路考量：資料匯流排網路的設計，必須要低於標準所定位元錯誤率。同時，有失效要如何隔離，如何採用多裕度設計，以達到航電可靠度的要求。實際之匯流排網路如圖 12-21 所示，主匯流排之兩端接特性阻抗，以減少輸送線由於不匹配所產生的反射。當用短線連接遠端埠時，由於局部不配合亦產生的影響。故目前採用的變壓器及直接交連法如圖 12-22 所示，都是利用接觸感應取出交連訊號，並未截斷電路的連線。

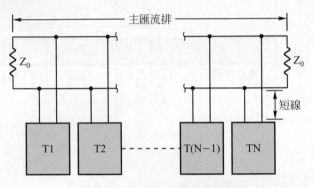

圖 12-21　匯流排網路型態

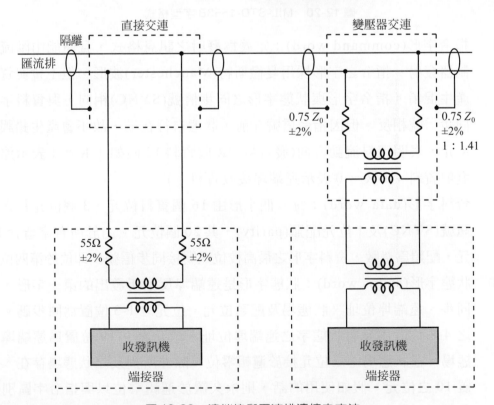

圖 12-22　遠端埠與匯流排連接之方法

　　爲了達到更高的可靠度，雙匯流排系統制將架設兩條完全一致的匯流排、傳送相同的訊息，傳送端將訊息分別傳送到兩條匯流排，在正常的情況下，接收端也會個別從兩條匯流排收到訊息。萬一其中一條發生故障，則數據保障可以到達。當接收端分別從兩條匯流排都送達訊息時，將選擇其中先到的先處理、或品質較佳的接收處理。圖 12-23 爲雙匯流排系統架構。

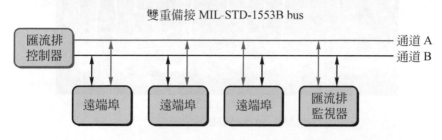

圖 12-23　MIL-STD-1553B 加強可靠度的雙匯流排制系統

　　在電路上所傳遞的訊號，經過量測及分析，可以很清楚看到訊號波形的畸變。因此在接收端或任何遠端埠上都必須針對接收的數位訊號作狀況復原處理(conditioning)，以符合接收的條件。數位訊號已經定義了 0 與 1 的電壓準位(voltage level)，更重要的是航電系統中的時鐘脈波(clock)當作心臟，所有被接收數據訊號都依據這個時鐘脈波來做校正以狀況處理，以恢復到可接收的數位方波。實測的數據訊號如圖 12-24 圖所示，僅作爲一個參考。

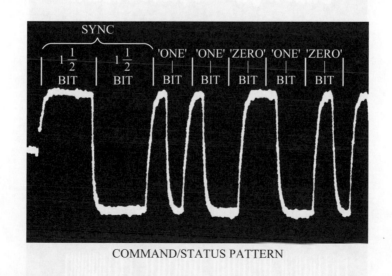

COMMAND/STATUS PATTERN

(a) MIL-STD-1553B 的指令與狀態格式

圖 12-24

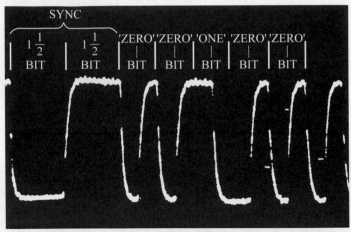

DATA PATTERN
(b) MIL-STD-1553B 的數據格式

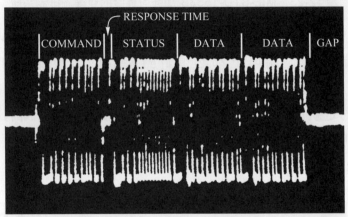

TRANSMIT MESSAGE
(c) MIL-STD-1553B 的傳送訊息

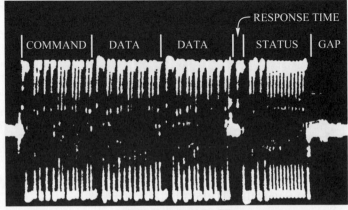

RECEIVE MESSAGE
(d) MIL-STD-1553B 的接收訊息

圖 12-24　(續)

12-5　ARNC-629 匯流排

經過數十年數位匯流排的發展與建置，從 ARINC-429 的可靠度成效、MIL-STD-1553 的方便性，ARINC-629 取兩者的優點，發展了 ARINC-629。ARINC-629 是載體感測多重存取/可避撞(carrier-sense multiple access/collision avoidance, CSMA/CA)系統，不需經過匯流排控制器(bus controller)就可以同時處理多個訊息，以週期性(periodic)或非週期性(aperiodic)的雙向傳送(bi-directional flow)，數據訊息的傳遞自動的在各節點間以可控制散播方式，從一個節點傳送到各個指定的遠端埠上。因此 ARINC-629 使用 64 個位元串列格式(serial data)來包裝數據，包括發送端、接收端、數據、位元檢查等詳實的記載。

ARINC-629 以兩種不同的通訊協定來執行多工訊號處理，其一為基礎協定(basic protocol, BP)，以相同的優先程度(priority)傳送週期性與非週期性訊息；其二為組合模式協定(combined mode protocol, CP)以不同的優先等級，例如高優先排序為 1 的週期性訊號、或低優先 2、3 的非週期性訊號來傳送。一般而言，BP 與 CP 是不相容的，一個系統只能選擇其中一種。

ARINC-629 是依據 ISO 制訂的 7498 標準開放式系統互聯架構(OSI)來設計，它的物理層包含物理層訊號處理、物理層實體、連結媒體，來構成一個媒體存取控制(media access control, MAC)單元通到各遠端埠通訊路徑。MAC 單元來管理通訊協定的使用，在 BP 與 CP 間依據匯流排流量負擔來決定管理模式，當匯流排以週期性傳輸下逐漸超出負荷時，MAC 單元會將匯流排切換至非週期性操作。物理層的條件需能滿足串列傳輸 2 Mbit/s、低誤差率 10^{-8} 以內、可接受任意遠端埠送出的訊息、滿足機載航電高可靠度、可以熱機切換或重整等。物理層的訊息格式如圖 12-25 所示，MAC 層訊息從 1-31 字串，總字串長度為 0 到 256 數據字碼，標頭(label)字碼為 20 位元，其中包含 3 位元為同步訊號、16 位元為資料訊息、1 位元為數據檢查碼。

ARINC-629 物理層的實質驅動模式有三種類型，第一為電流模式匯流排、第二為電壓模式匯流排、第三為光纖模式匯流排。ARINC-629 電流模式匯流排可以滿足線上抽換單元(line replaceable unit, LRU)技術，讓航電系統建構在更好維修的系統架構下。ARINC-629 可以採用電訊號系統(electric system)或是光訊號的光纖系統(optical fiber system)。電訊號的 ARINC-629 的連接，取數據的電流感應訊號，因此不需分斷或侵入電路，就可以連接新的電路、或卸下不用的電路。圖

12-26為 ARINC-629 所使用的 C-26500 耦合連接器，可以清楚看到撥開的絞線掛上去後，取得其感應訊號。電流模式的組裝，使用串列介面模組(serial interface module, SIM)提供收與發的功能，同時檢查訊號波形是否正常、故障管理、線端處理等，如圖 12-27 所示為電流模式匯流排的 SIM 耦合連接。

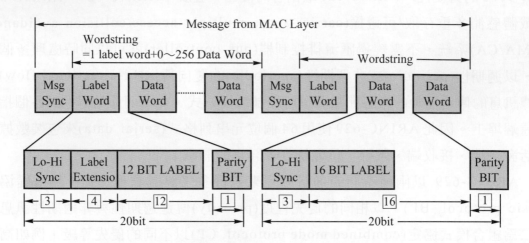

圖 12-25　物理層 MAC 層的訊息格式

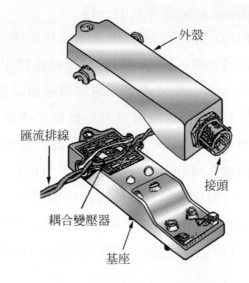

圖 12-26　C-26500 匯流排、耦合連接器

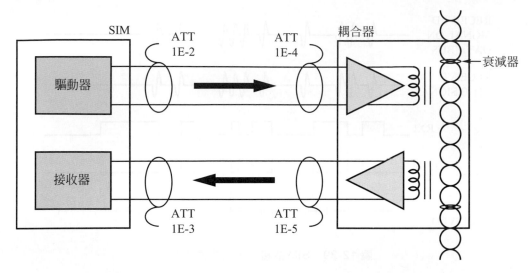

圖 12-27　電流模式匯流排的耦合連接

　　經過SIM的監視，通過SIM的收發訊號波行將如圖12-28、圖12-29所示。物理層的責任工作還會監測訊號波形的完整性(integrity)，以保證訊號傳送的品質與數據的完整。

　　數據的週期性傳輸或非週期性傳輸有不同的特性。在週期性傳輸下，使用固定週期的數據更新、拉長傳輸週期時間、固定訊息長度並且在使用期間不得任意切換以保證數據可以傳輸。在非週期性傳輸的特性下，採用比較低的數據更新率、可以縮短傳輸週期，因此可以在週期性與非週期性功能間切換遊走，但是卻不保證數據必然送達。

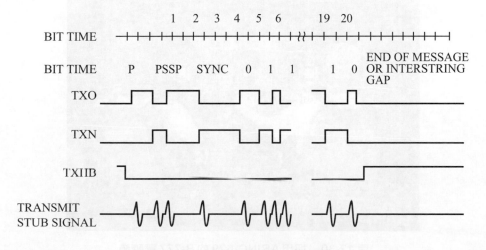

圖 12-28　SIM 的傳送(Tx)訊號波形

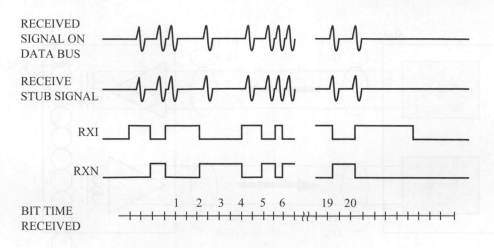

圖 12-29　SIM 的接收(Rx)訊號波形

　　每一筆ARINC-629的訊息資料要傳送規劃，必須確定傳輸的目的、位址、模式、以及數據格式大小，讓數據訊息獲得較佳的保證。

　　早期採用 ARINC-629 大概只有 B-777 一個機型，主要的原因是各使用機種都已經飛行多年，變更匯流排從 ARINC-429 到 ARINC-629恐怕不是簡單的工作，甚至於新飛機的重新修改設計，都會造成極大的問題。圖 12-30 為 B-777 的駕駛艙。至 2000 年以後，許多飛機都改用ARINC-629，以精簡維修，提高系統可靠度。

圖 12-30　採用 ARINC-629 的 B-777 駕駛艙

12-6　CAN 匯流排

　　1986 年 2 月，Robert Bosch 公司在汽車工程協會(SAE)大會上介紹了新型的串列匯流排，控制器區域網路(controller area network, CAN)是發展爲汽車使用的匯流排系統，1993 年，CAN已成爲國際標準ISO11898(高速應用)和ISO11519(低速應用)。經過二十多年的使用與改進，歐洲幾乎每一輛新客車均裝配有 CAN。CAN 也用於其他類型的交通工具，從火車到輪船或者用於工業控制，成爲全球範圍內最重要的匯流排，2000 年以來也開始應用於飛機的系統中。同樣是在 ISO 規範下，CAN匯流排也是依據開放性系統互聯架構來規劃設計的。比起ARINC-429、-629、MIL-STD-1553B，CAN是價位相當低廉的一套匯流排系統。它具備極高的匯流排利用率、很遠的傳輸距離、1 Mbit/s的高傳輸速率、可靠的偵錯功能與錯誤處理能力、會重發受到干擾的訊息、不良節點會被自動剔除退出、數據訊息不對位址或目標，只依據符號身份來辨別功能、數據可以設定優先性等。

　　一個由CAN 匯流排構成的單一網路中，理論上可以掛接無數個節點。實際應用中，節點數目受網路硬體的電特性所限制。例如，當使用Philips P82C250作爲CAN 收發器時，同一網路中允許掛接110個節點。CAN可提供高達 1 Mbit/s 的資料傳輸速率，這使即時控制變得非常容易。CAN 多主方式的串列通訊匯流排，規範要求有高的位元速率，硬體的錯誤檢定特性也增強了CAN 的抗電磁干擾能力。CAN 的信號傳輸距離達到 1 km 時，仍可提供高達 50 kbit/s 的資料傳輸速率。

　　CAN 通訊協定主要描述設備之間的資訊傳遞方式，它各層的定義與開放系統互連模式一致，每一層與另一設備上相同的那一層通訊。實際的通訊發生在每一設備上相鄰的兩層，而設備只通過模型物理層的物理介質互連。CAN 的規範定義了模型的最下面兩層：資料連結層(link)和物理層(physical)，如圖 12-31 所示。

　　CAN 能夠使用多種物理介質，例如雙絞線、光纖等。最常用的就是雙絞線。信號使用差分電壓傳送，兩條信號線被稱爲 "CAN_H" 和 "CAN_L"。靜態時均爲 2.5V 左右，此時狀態表示爲邏輯 "1"，也可以叫做 "隱性"。用 CAN_H 比CAN_L 高表示邏輯 "0"，稱爲 "顯性"，通常電壓值爲：CAN_H = 3.5V 和CAN_L = 1.5V，如圖 12-32 所示。

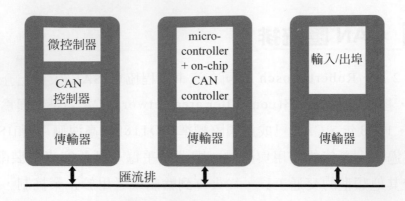

圖 12-31 CAN 的互聯模式

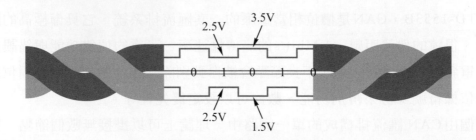

圖 12-32 CAN 的邏輯訊號定義

　　CAN 的節點傳送數據訊息將被設定優先性，可以優先傳送。當系統中傳送訊息發生衝突時，立即會進入仲裁的功能，以排解數據的呆滯。如圖 12-33 所示，當第 2 節與第 3 節點同時要傳送訊息時，仲裁的結果第 2 節點的優先性高，就可以先傳送，待第 2 節點傳送完畢後，再由第 3 節點接著發送訊息。第 3 節點的優先性比較低，需要等候。圖 12-33 同時顯示，當第 2 節點傳送訊息時，每個節點都會接收到訊息的發送，但是有需要此訊息的第 4 節點才會接收，其他節點不需要此訊息，不會接收。在 CAN 的數據編碼設計中，將包含發送端及指定接收端，所以可以正確的傳送訊息資料。圖 12-34 顯示 3 個節點的傳送狀態，第 2 節點的優先性較高，正在傳送訊息到接收端，而此時第 1 節點、第 3 節點都在等待狀態。

　　CAN 的數據格式以兩種形式存在，第一種是具有 11 位元識別碼(ID)的基礎 CAN(basicCAN)，另一種是帶有擴展成 29 位元識別碼的高級CAN(peliCAN)。內部的驗收濾波器可通過識別碼來接收需要的訊息、而遮掉不相關的訊息，亦即只向 CPU 提交合適的數據訊息。目前CAN晶片製造商Philips、Intel、Siemens等均支持BasicCAN 和 PeliCAN兩種功能的規劃。SOF(start of frame)有 1 個位元，識別碼 ID 有 CAN2.0B 的 29 位元、或 CAN2.0A 的 11 位元，RTR(remote terminal request)為遠端請求，DLC(data length code)為資料場內位元組長度檢查，CRC (cycle redundant check)為 15 個位元的多餘訊息的檢查，ACK(acknowledgement) 為確認收到訊息。數據的前後各插入閒置碼(idle)來分開數據。如圖 12-35 所示。

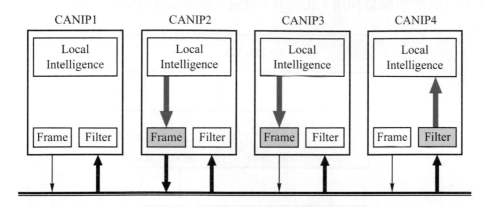

圖 12-33　CAN 的傳送與仲裁

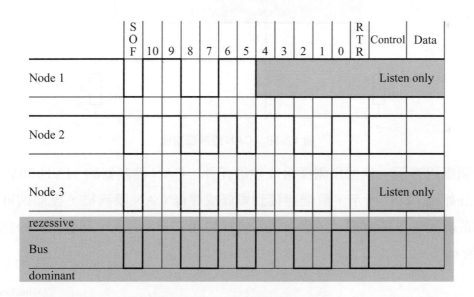

圖 12-34　CAN 的仲裁與接收

idle	SOF	Identifier	RTR	IDE	r0	DLC	Data	CRC	ACK	EOF	IFS	idle

圖 12-35　CAN 的數據格式

　　CAN控制器的設計，可以參酌圖12-36所示，其中微處理器(microprocessor)
為應用層、CAN控制器(CAN controller)為連結層、CAN傳輸器(CAN transceiver)
為物理層。設計上三個層次分別微處理器可以採用98C51，CAN控制器採用Philips
SJA1000，CAN 傳輸器採用82C250，完成一個基礎的設計。

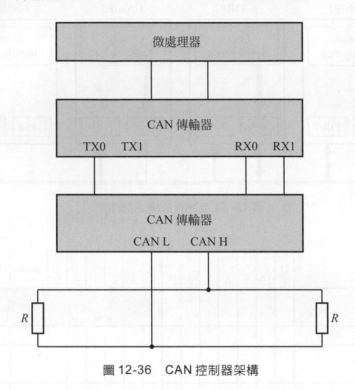

圖 12-36　CAN 控制器架構

　　一個應用實例，依據規劃採用成熟的元件，CAN 控制器的 SJA1000 電路系統
可以設計如圖 12-37 所示，前端連接到單條或雙條 CAN 匯流排，後端則可以與飛
機航電系統的主電腦連接。詳細的電路設計如圖 12-38 所示，實驗測試的整合如圖
12-39 所示。

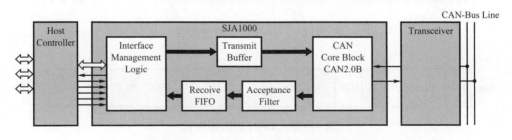

圖 12-37　SJA1000 的 CAN 控制器電路

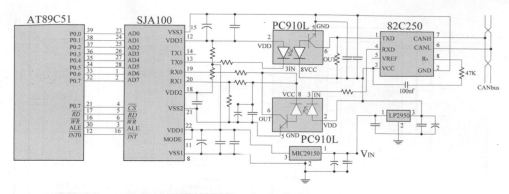

圖 12-38　CAN 控制器電路

圖 12-39　CAN 匯流排系統組裝測試

　　利用CAN建構的數位航電匯流排系統，可以從單一匯流排開始做初步的設計，或提高可靠度規劃為雙匯流排制，例如圖 12-23 在 MIL STD 1553B 上的雙匯流排系統。圖 12-40 為 CAN 雙匯流排制的方塊圖，採用一個監督端節點(supervisor node)來操控監視整個系統，依據需求，將各遠端埠連接上匯流排。監督節點的設計與ARINC的規劃不同，建立統籌調度的機制。為了滿足雙匯流排的功能，CAN控制器電路必須擴充為雙匯流排的設計，如圖 12-41 所示。

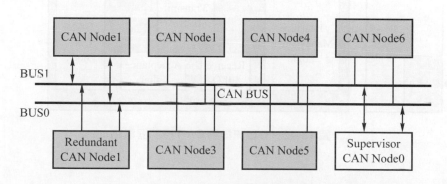

圖 12-40　CAN 雙匯流排制系統架構

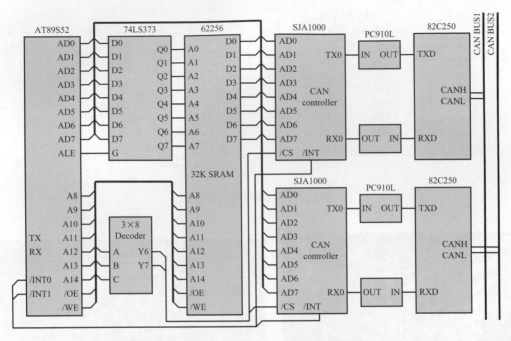

圖 12-41　雙匯流排制 CAN 控制器電路

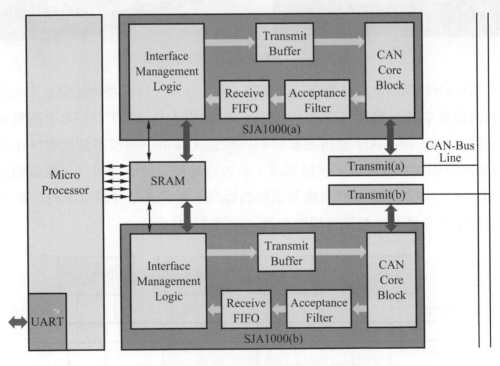

圖 12-42　雙匯流排制 CAN 控制器電路

　　美國NASA爲了驗證CAN的實用價值，在2004年開發了一架通用航空(general aviation)飛機，如圖12-43所示，完全採用CAN的匯流排架構來架設，並且很成功的驗證CAN匯流排系統在小型飛機的可用價值。未來CAN匯流排將正式進入航空領域，成爲低價位飛機的一套航電匯流排系統。CAN的發展呼應了美國NASA於2003年推動小型飛機運輸系統(small aircraft transportation system, SATS)的整體規劃，逐步提升通用航空飛機的性能，以協助一般短運輸，抒解大型機場的流量需求。

圖 12-43　NASA 發展採用 CAN 匯流排的小型飛機

習　題

1. 民用及軍用航空數據匯流排有哪幾種代表性架構？就其網路組織數據傳輸的性能有哪些特點？

2. ARINC 429 與 629 基本架構有何差異？

3. MIL-Spc 1553B 與 ARINC629 有哪些相似性？功能上有何特色？

4. 航電系統的 RTZ 數位訊號 0 與 1，與個人電腦的 0 與 1 定義上有何不同？為何採用此種訊號？

5. ARINC-429 數據訊息如何定義？它的主要架構包含哪幾項？

6. 小型飛機系統想要利用數據匯流排來提升操控性能，你會採用哪種匯流排系統？為何無此考量？

7. TCP/IP的傳輸特色是什麼?如何保障訊號確定被接收?在即時系統中，TCP/IP會造成什麼問題嗎？

13章

飛航儀表與顯示

　　數位航電系統在儀表顯示上也有很大的改變，主要是透過數據匯流排的聯繫，可以將各種資料、數據、訊息整合成為一個大的架構。飛行儀表需要的數據，就是提供一架飛機飛行所必要的基本條件，大致上會有：(1)速度(speed, SPD)，沒有速度無法得到升力；(2)高度(altitude, ALT)，高度漸高逐漸能掌握飛機的操控與飛行；(3)姿態(attitude, ATT)，保持飛機在水平條件下以獲得自然穩定；(4)方位(azimuth, AZU)，飛往目的地的基本航向(heading)訊息；(5)通訊(communication, COM)，與外界聯繫的管道；(6)導航(navigation, NAV)，長途飛行必須建立的訊息，以及各種訊息。前三項從1903年起就是飛行必要的三個基礎訊息，也是操控一架飛機飛行的最基本數據。因此採用數位航電系統的飛機上必須加裝一套類比的儀表，提供速度、高度、姿態及航向資料，萬一數位航電系統失效時，飛行員還可以賴以操控飛機。

　　航電儀表顯示器從類比系統的指針形式，轉換為從電腦中央處理器產生出來的多視窗畫面(multiple window display)。雖然在一般個人電腦上所使用的視窗系統大約是1995年以後才比較靈活，但是在飛機航電儀表系統中，自1980年代中期以來就有很完整的規劃與設計，足以呈現各種飛航狀態下的即時訊息。

數位航電儀表的顯示器其實歸根就是一般電腦的液晶顯示器(liquid crystal display, LCD)，它本身是背光式，採用的是高亮度(high intensity)、高解析度(high resolution)的產品，讓飛行員能夠看的更清楚，降低視力的要求水準。少數飛機上的顯示器應用會採用觸控式面板(touch panel)，大部分還是傳統的面板。

13-1　飛機儀表的基本設計

小型飛機，例如通用航空(general aviation)飛機、或超輕型(ultra light aircraft)飛機，可以採用比較簡單的架構，提供大部分的目視飛行(visual flight)條件下所需顯示與飛行相關的資訊，若為較高級的通用航空飛機，則會顯示更多的訊息，來輔助飛行員操作。

圖13-1為適用於兩人座以下、目視飛航(visual flight)、簡單操控的通用航空飛機或超輕型飛機的飛航資訊儀表系統。簡單的顯示飛機的水平與俯仰姿態(中央)、高度(壓力)(右側縱軸)、速度(knots)(左側縱軸)、以及航向(方位)(上方橫軸)，數據的更新率都在1Hz左右。

圖13-1　簡易型數位飛航資訊顯示儀表

圖13-2所示的概念為教練機的儀表板提供兩個飛行員的儀表顯示系統，一個為教練所用的、另一個為學員所用的。在小型飛機中，左右席的分別比較不甚嚴謹，隨著飛行教練的習慣。在數位儀表的上方橫著安放的類比儀表，從左至右分別為速度(speed)、姿態(attitude)、高度(altitude)、方位(azimuth)，這四個基礎儀表安置的順序是固定的。

圖 13-2　小型飛機雙座所用的數位航電顯示儀表。

　　航電儀表的次序如圖 13-3 所示排列的航電儀表 T 型法則，上排三個左至右為速度表(speed)、姿態表(attitude)與高度表(altitude)，下排中央為方位表(azimuth)，形成一個 T 字形，然後左右各附帶增加轉彎傾斜表(bank angle)與升降速率表(vertical rate)。依據這個法則，不論是類比儀表或數位儀表，排列的次序都必須是一致的。若將四個儀表放在一個橫排，則次序會將航向的方位表插入姿態表與高度表中間，讓 T 型法則出現左為速度、右為高度。

圖 13-3　類比儀表顯示的 T 型法則

　　小型飛機的數位航電儀表系統，可以採用幾種不同的數據顯示，整合於一架飛機的駕駛艙儀表板上，因此除了前述幾種必要的數據外，飛機健康資訊都可以包含進來。所謂健康資訊包含引擎轉速、汽缸溫度、電池之電壓與電流、油箱之油量與流量等,因此加上第二個顯示器來呈現。因爲飛航資料隨著飛機性能的提升與飛行操作的要求,需要更多的資料顯示給飛行員,提供他執行飛行操控的輔助。除了飛航資訊外,另一個顯示器將出現各種相關訊息。

經歷數位航電系統的革命改進,傳統類比系統也力圖精進,將傳統的儀表與現代的系統整合爲一體,皇冠航電(Crown Avionics)就開發出高水準的類比系統儀表,如圖13-4(a),可以提供甚佳的儀器飛航(instrument flight)所需的駕駛訊息。圖左上的速度表都還空著的沒畫上,而右邊的通訊機、導航機、歸航訊號等,一應俱全。儀器飛航系統更可以加入氣象顯示的顯示器。 如圖13-4(b)所示爲現代高級的小型飛機仍舊採用類比儀表的原因在於飛行員的偏好,習慣指針式的讀數顯示,這也導致於比較新的數位航電儀表系統採用數位式系統類比顯示 (digital system analog indicate)的概念,在顯示的部分將數字轉換成指針的形式,飛行員從指針所指大概位置可以更容易判斷飛機的狀態,而不需讀出數字。

(a)支援儀器飛航的新一代類比儀表系統

(b)通用航空飛機的類比儀表系統

圖 13-4

　　相較於較經濟的通用航空飛機，圖 13-5 所示為一架雙人做或四人座飛機，依據飛機所有人的偏好，所設計配備的數位類比混和航電儀表系統。此系統並未遵照航電儀表的 T 型規則來規劃儀表系統。

圖 13-5　通用航空飛機的混和航電儀表系統

　　自從 2000 年以來，衛星定位系統(global positioning system, GPS)已經深深的影響且改變了飛行導航的觀念，將飛機的位置顯現在電子資訊系統(geodetic information system, GIS)的電子地圖上，已經是典型的應用了，因此在低空飛行的飛機若能利用電子地圖輔助飛行員搜尋目標，是有很大的幫助的。根據前述數位系統類比顯示的概念，新的數位航電儀表系統(electronic flight instrument system, EFIS)設計，如圖 13-6 所示的超輕航電系統，會凸顯電子地圖的功能，讓低空飛行的業餘飛行員、運動飛行員得以容易掌握歸航的訊息。圖 13-6 的系統還是遵循 T 型法則，將比較不重要的轉彎傾斜換成電子地圖的指示。其中機載電腦可以將防撞系統整合進來，讓飛行員避開危險的衝突。圖 13-6 是這類儀表的巡航模式，可以改變為近場導航模式，將電子地圖出現在最大畫面，而縮小儀表的大小，讓飛行員能夠更清楚地理狀況。

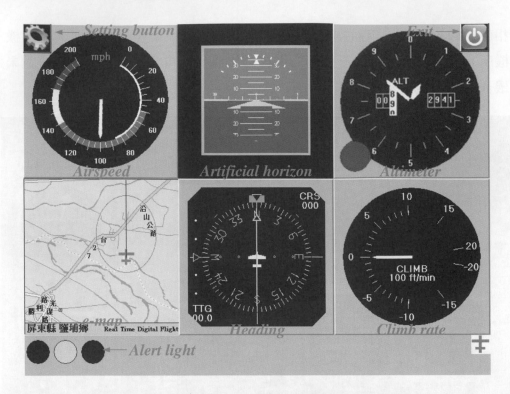

圖 13-6　新一代小飛機用的數位航電儀表系統之巡航模式

13-2　高性能飛機的航電儀表系統

　　1980 年代大型航空運輸飛機中數位航電系統已有相當的精進產品，如圖 13-7 (a)(b)所示的概念，將前述基本飛航所需的資訊集中在主飛行顯示器(primary flight display, PFD)以及導航顯示器(navigation display, ND)上。正副駕駛正前方各有一組顯示器系統，但是其左右位置相反。

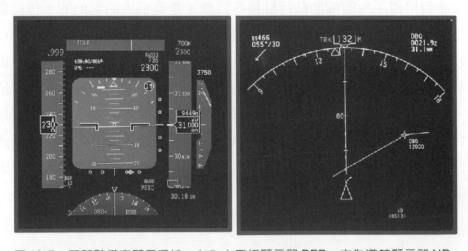

圖 13-7　正駕駛儀表顯示系統：左為主飛行顯示器 PFD，右為導航顯示器 ND

13-2-1　主飛行顯示器(PFD)

　　PFD 顧名思義的是提供飛行員完整的飛行訊息，以有效操作飛機。圖 13-7(a)
為正駕駛所使用的儀表顯示器 PFD 與 ND。PFD 的基本設計如圖 13-8 所示，包括
左邊的速度、中央的姿態、右邊的高度、下方的航向，很技巧的將前述的T形法則
整合在一齊，這樣的設計方式成為現代各種高級飛機航電儀表系統的標準模式。

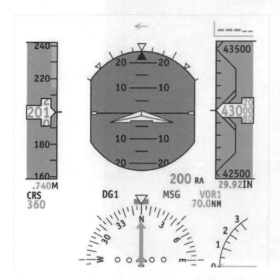

圖 13-8　PFD 的設計(a)基本形式與(b)高階產品

　　以波音公司噴射客機的 PFD 為例，圖 13-9 為 B-747 上的 PFD，儀表顯示飛機
正在進場，準備落地。

1.　自動引擎推力控制(auto throttle mode)啟動維持(HOLD)，將進入自動駕駛
　　的模式，此時為進場狀態，引擎推力將保持在可能重飛的下限值，不能再
　　低，否則緊急重飛(go around, G/A)時推力會不足。HOLD下方之 110.90MHz
　　為機場助導航訊號的頻率，DME25.3 為飛機目前與機場測距儀(distance me-
　　asurement equipment, DME)的距離為 25.3 浬。

2.　自動飛航指引系統(automatic flight director system, AFDS)啟動，將接收
　　到儀器降落系統(instrument landing system, ILS)的訊號，出現側向導引
　　(LNAV)與高度導引(VNAV)的指引。

3.　滾轉模式(roll mode)啟動，即側向導引模式。

4.　滾轉模式鎖定，將接收到左右定位台(localizer, LOC)的訊號，側向導引
　　(LNAV)指引飛機保持在跑道中線。

5.　俯仰模式(pitch mode)啟動，即高度導引模式。

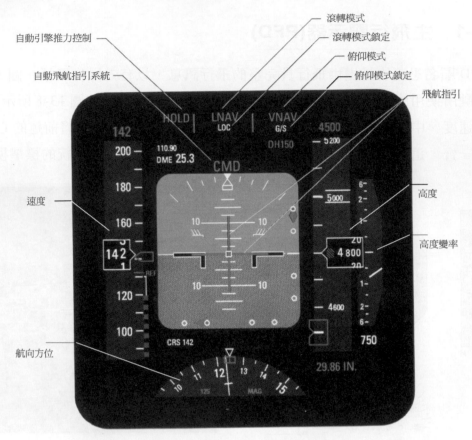

自動引擎推力控制

自動飛航指引系統

滾轉模式

滾轉模式鎖定

俯仰模式

俯仰模式鎖定

飛航指引

速度

高度

高度變率

航向方位

圖 13-9　B-747 上的 PFD 儀表

6.　俯仰模式鎖定，將接收到下滑道(glide slope, G/S)的訊號，高度導引(VNAV)指引飛機保持 3 度角下滑進場。此時飛機的攻角大約是 3 度之間。在 VNAV 下方的 DH150 代表落地前之決定高度為 150 呎，屬於第二類(Cat II)儀降系統，飛行員通過此高度，必須目視機外的環境狀況與跑道狀況，決定是否落地。

7.　飛行導引(flight director)，顯示飛機的水平與高度的狀態，紅線表示飛機的所在位置，當兩線交會在正中央表示飛機的操控是正確的。

8.　速度(speed)為進場速度，浬(Knots)為單位，紅色框架及上方紅色 142 代表自動駕駛(auto-pilot, A/P)的設定值。120 以下標示橘色點，為警告範圍。速度太慢會影響可能重飛的安全性。

9.　高度(altitude)為下滑高度，呎(feet)為單位，紅色框架及上方紅色 4500 代表自動駕駛(A/P)的設定值。高度表下方之 29.86IN 為代表氣壓的水銀柱高，此時飛機雖然啟動了雷達高度計(radar altimeter)，但是氣壓高度(barometric height)仍然存在。

10. 速度變率，此時為下降速率，指出 1, 2, 6 等數個單位。下方 750 為下降時
    之每分鐘速率 feet/min。一般近場攔截下滑道下降速率大約在每分鐘 680-750
    feet 間，與速度有密切關係。

11. 航向方位指引飛行的方向，紅色框仍為設定值，此時顯示方位尚未完全對正
    設定的數值。

12. 儀表正中央顯示飛機的姿態，上為藍天、下為土地，水平線與垂直線各代表
    飛機的滾轉狀態(roll state)與俯仰狀態(pitch state)。當飛機攻角太大時，
    褐色部分會增加；相對的，若飛機處於俯衝狀態，藍色部分會很多。水平線
    傾斜就是飛機在滾轉的狀態，可能是轉彎飛行中。

13. 圖 13-9 若在起飛或巡航模式下，上端出現的訊息就是起飛或重飛模式(take-
    off/go around, TO/GA)，引擎必定是在加速的狀態，也會出現 LNAV 及
    VNAV 的導航訊息。

　　從圖 13-8 可以瞭解數位航電儀表系統所提供的是一份完整的飛航訊息數據，
讓飛行員可以一目了然，減少視力上的疲勞。

13-2-2　導航顯示器(ND)

　　圖 13-7(b)右側為 ND，依據不同的飛航階段、正副駕駛當時擔任飛行操作的
角色為 PF (pilot flight)或 PNF(pilot not flight)，將依據實際需要出現不同的導航
相關訊息，例如起飛模式需要看到離場區空域的狀況、巡航時需要途中點(waypoint,
WP)訊息與氣象(weather, WX)訊息等。[附註：正副駕駛的飛行操作角色是可以隨
需求互換的，操作飛行的稱為 PF，協助飛行的稱為 PNF。因此，副駕駛擔任 PF 時
正駕駛為 PNF]。

　　圖 13-7(b)為單純提供給 PF 的巡航模式訊息。如圖 13-10(a)為巡航模式下提供
給 PNF 做航路導航的參考，包含了各三角形點為途中點、以及附近飛機的狀態。
在啟動航情警示與空中防撞系統(traffic alert and collision avoidance system,
TCAS)時，PF 的 ND 上會顯示出 TCAS 的訊息。圖 13-10(b)則為特殊顯示高度警
訊的畫面。可見得 ND 是一個多元的設計，提供飛行員在 PF 或 PNF 責任下不同的
飛航輔助訊息。

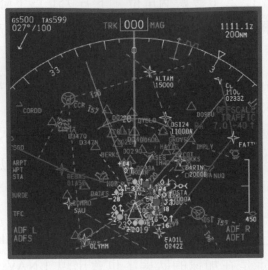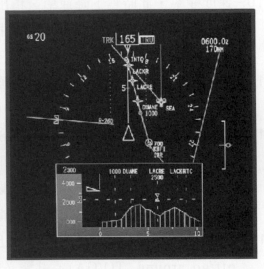

圖 13-10　導航顯示器在(a)巡航模式及(b)高度警示模式

13-2-3　數位飛航儀表系統(EFIS)

　　數位飛航儀表系統(electronic flight instrument system, EFIS)已經成為現代民航客機的主流系統,以下幾個系統圖,可以看到新系統的精緻與典雅。圖 13-11 為 B-737-800 的 EFIS、圖 13-12 為 B-747-400 的 EFIS、圖 13-13 為 A-340-300 的 EFIS、圖 13-14 為 A-380 的 EFIS。正副駕駛 PFD 與 ND 的安排是相反的。各機種依據飛機性能設計與操作的理念,EFIS 的規劃也從大同小異中出現明顯的差異。A-380 的豪華設計,真是嘆為觀止了!

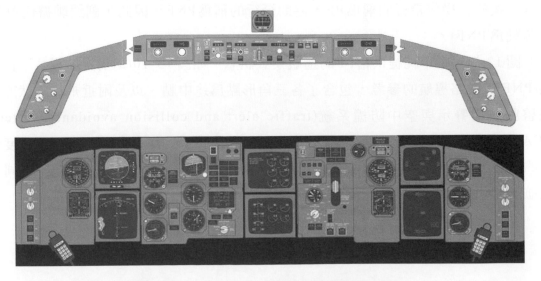

圖 13-11　新型 B-737-800 的數位航電儀表系統

圖 13-12　B-747-400 駕駛艙的配置

圖 13-13　A-340-300 駕駛艙的配置

圖 13-14 最現代化的 A-380 駕駛艙系統

在 EFIS 的上方會有一排自動駕駛的設定，左起分別為速度、高度與航向。當飛行員於起飛後通過 5000 呎後，經過航路管制中心的許可，可以爬升到指定高度時，就設定自動駕駛(auto-pilot setting)，從設定器輸入數字後，按上啓動按鈕，自動駕駛就依照設定值啓動了(A/P engaged)。飛機會從現在的狀態依循自動駕駛所設定的條件，開始操作轉向、加速、爬升，到達指定值後就保持該數據飛行。當飛行員改變為手動操作時，必須解開自動駕駛(A/P disengage)。解開自動駕駛有許多不同的方式，按上 EFIS 面板上自動駕駛解除開關(A/P disengage)、或是波音公司傳統操縱盤上用力向前推動、按下 Boeing 的操縱盤上或 Airbus 的操縱桿上的解除開關，等多種途徑。

從各圖中可以看到現代客機駕駛艙內，除數位航電儀表系統之外，仍有一套類比的儀表，以輔助飛行員緊急時的需求。各種機型的配置不盡相同，因此飛行員改變飛行機種做轉換訓練時，都必須花上幾個月的時間來適應各種儀表、操作開關的位置，以及操作方式等。

參考圖 13-12 至圖 13-14 各型飛機的駕駛艙，在正副駕駛的中間有三套控制與顯示單元(control and display unit, CDU)，是用來設定飛機內部系統的各項參數，並監視它們的運轉功能。正駕駛的右手邊、副駕駛的左手邊、以及後方各一具。後方的 CDU 是給第三位或第四位飛行員可以操作的。

PFD 或 ND 都是鑲入式的設計，如圖 13-15 所示，整套系統完成後，鑲入 EFIS 儀表面板的預留空間內。

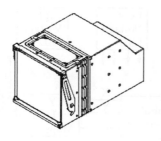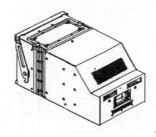

圖 13-15　PFD 與 ND 的儀表鑲入式框架

13-3　抬頭顯示器

　　抬頭顯示器(head-up display, HUD)在軍事飛機的相關應用已經有多年的歷史了，自 1970 年代以來，從 F-16 等戰機的相繼問世抬頭顯示器的應用便相當的普遍。所謂抬頭顯示器，指的是將所有的飛行狀況以及各種武器投射所需的相關資訊等，藉由陰極射線的原理，將之投射在與飛行員正常視線略高的透明屏幕上，使得飛行員可以配合上前方所見的視野直接經由光網上看到儀表所顯示的相關訊息，進行任何階段之飛行任務。

　　抬頭顯示器也是因應線傳飛控系統的飛機性能大幅提高，用來減輕飛行員操作過程的一種任務顯示單元。經由這樣的設計，飛行員再也不必擔心因為轉移視線去檢視儀表而可能產生對環境的警覺降低等問題。也因此，抬頭顯示器的應用將可以大幅的提昇飛行的安全性。如圖 13-16 以及圖 13-17 為抬頭顯示器的工作原理與其基本電路示意圖。

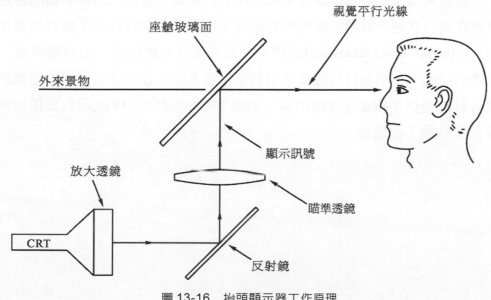

圖 13-16　抬頭顯示器工作原理

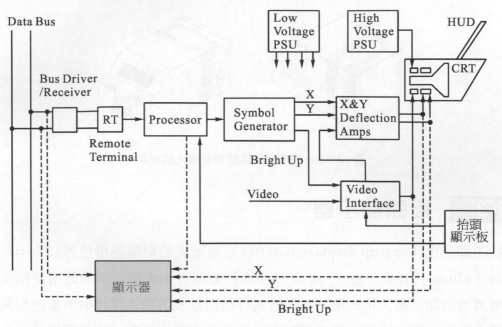

圖 13-17　抬頭顯示器電路

　　雖然民用航空運輸的飛行員可以由兩人飛行組員互相協助來操作飛機,但其工作量卻不見得比軍機飛行員來得輕鬆。尤其是在極度惡劣的飛行環境下,飛行員必須時時盯住儀表,又必須作機動的操縱應變時,往往會有過度負荷的問題產生,這將可能使得飛行員無法應付所有的狀況,可能導致悲劇發生。基於這樣的理由,將軍機使用的抬頭顯示器應用到民航機的想法也就於焉誕生。工程師們在經過一段時間的驗證後認為,抬頭顯示器除了可以應用在一般的軍機上,當其被應用在民航客機時,一樣能夠為民航機飛行員帶來相當便利的優點。透過抬頭顯示器的應用,民航機駕駛在飛行狀態下對環境警覺的掌握將更便利,也同時降低了飛行員產生"空間迷向"(spatial disorientation)的機率。尤其是像飛機落地前的幾個階段,飛行員對飛機的姿態、各項飛行數據都必須精確掌控之際,在惡劣氣候的落地輔助上,抬頭顯示器均提供了相當程度的助益。如圖 13-18 與圖 13-19 所示為幾種抬頭顯示器應用在民航機上之情形。

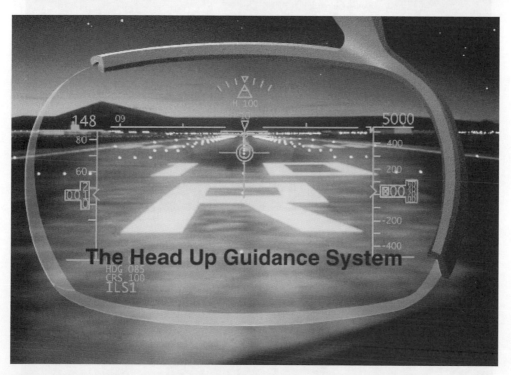

(a)抬頭顯示器應用在民航機上之情形

(b)抬頭顯示器應用在民航機上之情形

圖 13-18

　　儘管抬頭顯示器應用在民航上的優點已經被驗證出來，然而，截自目前為止，其被開發出來的產品仍然相當有限，還不是很普遍的被採用。

　　原本民航用抬頭顯示器均被視為僅是在低能見度下提供落地輔助的儀器，但是以目前被應用的情況看來，已有越來越多的航空公司將其視為全程飛行之助導航重要儀器之一。抬頭顯示器將可以提升飛機的防撞性能，將整合於飛機的航情警示與空中防撞系統(TCAS)，藉由音量與圖示的方式，將安全的飛航範圍顯示在抬頭顯示器上。

(a)抬頭顯示器與機艙的整合

(b)抬頭顯示器與機艙的整合

圖 13-19

　　其次是將抬頭顯示器與“視效導引系統”(visual guidance system, VGS)整合的技術。視效導引系統的前身是應用於民用航空抬頭顯示器系統的基本功能，提供低適度惡劣天候下的落地輔助。同時，該系統也在抬頭顯示器光網上加上了TCAS、EGPWS、D-GPS 以及風切警告系統的訊息顯示。如圖 13-20 所示，為視效導引系統之訊息示意圖。

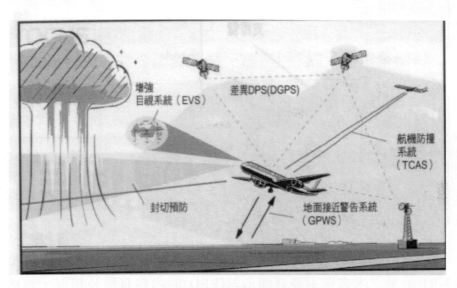

圖 13-20　視效導引系統示意圖

　　視效導引系統的光網顯示可以區分大部分都執行一般模式，依據所需要的進場情況又細分為四種次模式。它們分別為非精確進場模式(non-precision, NP)、第一類精確進場(Cat. I)、第二類精確進場(Cat. II)與第三類精確進場(Cat. III)等四種。依據國際民航組織(ICAO)所訂 IS&RP 附錄 6 中所規定之儀器降落範圍定義，在精確進場模式下，將會有配合儀器降落系統 Cat. I-III 等三種天候狀況範圍的光網顯示。這些顯示包括有如參考天地線、空速、高度、姿態、飛行路徑、導航信號等訊息的詳細資料。藉由陰極射線的方式，將資料投射到飛行員正前方的投射屏幕。在離場、近場及降落、滑行時視效導引系統均會提供精確的導引與詳細的資料，如圖 13-21 所示，為其詳細之光網顯示意義如下述。

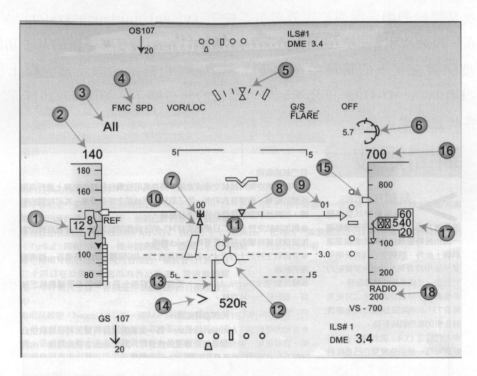

圖 13-21　視效導引系統之一般模式下各光網圖示之意義

　　圖 13-21 所示之內容與主飛行顯示器(PFD)的內容有幾分相似，包括：1.空速表、2.自動駕駛模式面板所選擇之空速、3.目前抬頭顯示器之模式、4.飛行顯示模式、5.坡度計、6.攻角計、7.自動駕駛模式面板所選擇之航向、8.航向指示、9.航向顯示、10.自動駕駛模式面板所選擇之指定航向、11.飛行指示、12.飛行路徑指標、13.空速錯誤指標、14.加速指示、15.自動駕駛模式面板所選擇之高度指標、16.自動駕駛模式面板所選擇之高度、17.高度表、18.最低高度。

　　波音公司(Boeing)與漢尼威爾公司(Honeywell)計畫將抬頭顯示器加上外部感測器後，應用在第三類精確近場的儀器降落系統(instrument landing system, ILS)中，以提供有效的進場與降落指示外，再加上視覺上的效果，讓飛行員能夠獲得更具外部地表環境之真實感受的訊息，以增加航機在惡劣天候下的飛行安全。在相同的概念下，洛克威爾公司(Rockwell Collins)將抬頭顯示與飛行離到場比較需要更大注意力的情境，也開發出改善飛行操作的新系統概念。幾項圖示用來說明新的系統與效果，如圖 13-22 中各圖所示。

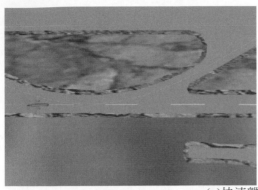

(a)快速離開滑行道的警示

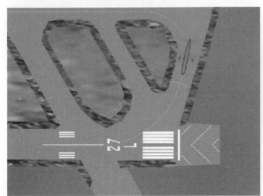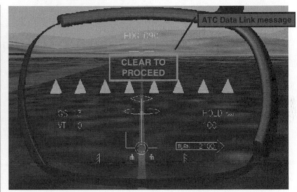

(b)跑道頭等待的警示

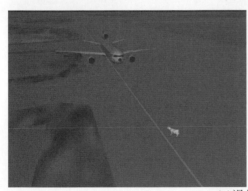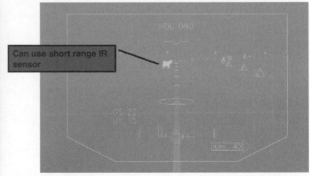

(c)滑行道遇到障礙警示

圖 13-22

　　抬頭顯示系統將逐步發展成為未來飛機航電系統的重要顯示器，提供飛行員更容易讀取、更為有效的訊息，以協助飛行員操控飛機，降低飛行員長途飛行的疲勞與減輕操控壓力。航電儀表與顯示系統的發展，讓飛行員的視力不再是一個重要且嚴苛的條件了。

CHAPTER

13

習 題

1. 何謂飛航儀表的 T 型法則？

2. PFD 上顯示哪些訊息？

3. ND 上可以做哪些訊息的切換顯示？

4. 萬一執行中的一套數位航電系統失效故障，飛機系統上有何因應的備援設計？

5. 抬頭顯示的聚焦點與飛行員的目視聚焦如何調校？

6. 飛行組員如何區分 PF 及 PNF？

7. PFD 上是否參照 T 型法則? 請說明。

8. 數位儀表類比顯示(digital system analog indicate)的主要緣由為何？

Digital Avionics Systems

14章

電磁干擾

14-1　電磁干擾的意義

　　現代數位航電裝備中的各種電子儀器與設備均有訊號的處理單元以及周邊電路，均會傳播自發性的訊號、或媒介吸收性的訊號，特別是通訊網路系統或電源供應器，因為訊號的能量被放大了，對其它電路的影響更為明顯。在電路中不論是任何組態或任何形式，只要阻抗匹配得當，都能夠順的吸收任何類型的訊號。利用導線或電路傳播的訊號受到環境的限制、對象較為明確有限；無線電發射的訊號，則傳播的範圍較廣、對象較不明確，擴散性危害最大。當複雜電電子裝備共同在一個非常擁擠的空間內，例如航電系統，相互間的訊號傳遞、接收，造成更大的問題。因此當某一個訊號有意的或無意的變成為無線傳遞特性時，對周圍其他訊號系統會產生不良的影響，稱為干擾(interference)，或針對電場或磁場因素所造成的範圍稱為電磁干擾(electromagnetic interference, EMI)。

　　電磁干擾所造成的問題，可能使得設備發生誤動作，甚至於損壞系統的操作，目前電機電子工業界對各種電子產品所產生雜訊範圍均有嚴格的限制，國際間的規範以德國的VDE或美國的FCC等規定為主。航電系統使用空間狹小，所有電子產品均必須符合嚴格的電磁干擾規定，才能獲得認證裝設於機載航電上。

　　航電系統中的各個次系統均必須配備各種不同規格的電源供應器，以提供所需的直流電源。以往線性電源供應器(linear power supply)，因裝設線性放大的穩壓電路，故電磁干擾的問題並不算嚴重，但相對有體積大、笨重的缺點。經過近年來類比元件的改善與切換技術的進步，發展出轉換式電源供應器(switching mode power supply)，具有體積小及重量輕的特點；但其切換電晶體、變壓器、整流二極體在切換過程中，利用非線性控制與非連續性切換，產生較強能量的高頻電磁訊號，對於其周邊設備造成影響。

　　數位系統中的非連續數位訊號也是電磁干擾訊號的主要來源之一。由於非連續訊號極高的di/dt或dv/dt，使得相對於鄰近電感或電容的感應變率增加許多，因此「傳播」或「接收」鄰近的訊號。從電磁干擾的基本原理可以了解為何問題日益嚴重。

　　電磁干擾可以分成下列兩種：

1. 輻射性(radiated)電磁干擾，分為近場(near field)電磁干擾及遠場(far field)電磁干擾兩種。

2. 傳導性(conducted)電磁干擾，分為共模(common mode)電磁干擾與差模(differential mode)電磁干擾兩種。

　　輻射性電磁干擾顧名思義的是從較遠的電路所傳來的訊號，經過電磁波傳播，由導體以類似天線的方式接收後，將能量傳遞過來。因此簡單的思考，只要將傳播的空間阻隔起來，就有防治的效果。傳導性電磁干擾是由鄰近的電路，甚至於自身其它電路的電壓或電流訊號所產生的。因此必須分析了解整個電路的狀況，擴及系統的分析的能力，才可能研擬防治的對策。

　　有關電磁干擾的一些專有名詞，簡稱如下：

1. 電磁干擾(electromagnetic interference, EMI)。

2. 電磁相容(electromagnetic compatibility, EMC)。

3. 電磁感受(electromagnetic susceptibility, EMS)。

4. 輻射頻率干擾(radio frequency interference, RFI)。

5. 差模(differential mode, DM)。

6. 共模(common mode, CM)。

7. 國際無線電干擾特別委員會(Commit International Special des per Turbaions Radioelectrigues, CISPR)。

8. 美國通訊委員會(Federal Communication Commission, FCC)。

9. 德國電機工程師協會(Verband Deutscher Elektrotechniker, VDE)。

10. 線路阻抗穩定網路(line impedance stability network, LISN)。

11. 差模隔離網路(difference mode rejection network, DMRN)。

14-2　電磁干擾產生之原因

構成電磁干擾之主要因素有三個，分別為雜訊源、傳送雜訊的媒體及接收體，如圖 14-1，稱之為產生電磁干擾三個要件，分述如下：

1. 雜訊源(emitter source)，為產生電磁干擾的來源，可分為：

   (1) 本質雜訊(intrinsic noise)，係由元件本身不規則之變化所造成如熱雜訊。

   (2) 人為雜訊，如馬達啟動、電腦運轉、無線電發射機發射。

   (3) 宇宙間之自然變化，如閃電、太陽黑子爆炸。

2. 媒體(medium)，作為傳送雜訊的路徑，而依媒體不同可將電磁干擾分為傳導性及輻射性兩種；傳導性電磁干擾藉由導線傳輸而干擾週邊設備，輻射性電磁干擾則藉由空間作傳輸的路徑。

3. 接收體(receiver)，為受雜訊影響的任何設備，如收音機、電視機受外來雜訊干擾，而無法收聽或收視。

圖 14-1　產生電磁干擾的三個要件

針對以上三個要件，在處理電磁干擾問題時首先要瞭解雜訊源是何種類型、以什麼媒體傳導、那些接收體容易被干擾，然後才能分別將問題解決，所用方法為：

1. 儘可能將接近雜訊源之雜訊予以抑制到規範以內。

2. 防止傳送媒體將雜訊輸送出去。

3. 加強接收體對雜訊抗拒的能力。

14-3　電磁相容

電磁干擾必須經過耦合的路徑後才能發揮影響，此種耦合路徑稱為電磁相容(EMC)。電磁相容的種類分成放射性(emission)及感受性(susceptibility)兩大類，如圖 14-2。

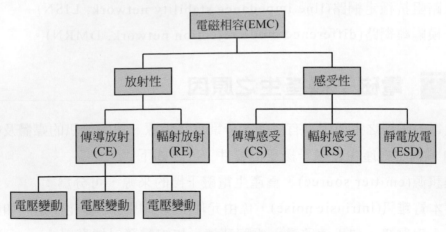

圖 14-2 電磁相容的種類

　　電磁干擾的耦合方式分為三大類：

1. 電耦合(Galvanic coupling)：當電流通過感應電路與被感應電路間之共同阻抗時，將感應雜訊電壓，如圖 14-3。

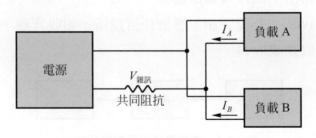

圖 14-3 電耦合的關係

2. 近場耦合(near field coupling)：當兩導體間距離小於λ/2 時，所感應雜訊電壓，其中λ為波長，可分成兩類：

   (1) 電場耦合(electric field coupling)又稱電容耦合：由兩導體間雜散電容以及個別導體和地之間雜散電容所感應雜訊，如圖 14-4，其等效電路如圖 14-4(b)，可求得耦合至導體 2 和地之間的雜訊電壓V_n為

$$V_n = \frac{j\omega R_2 C_{12}}{1 + j\omega R_2 (C_{12} + C_{2n})} \cdot V_1 \tag{14-1}$$

式中：C_{12}為導體 1 和導體 2 之間雜散電容，C_{1n}為導體 1 和地之間雜散電容，C_{2n}為導體 2 和地之間雜散電容，R_2為導體 2 之總電阻值，V_1為干擾源電壓。

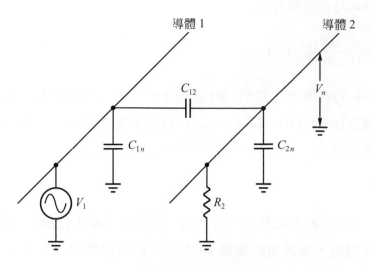

(a) 電容耦合的電路關係

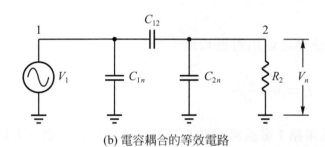

(b) 電容耦合的等效電路

圖 14-4

(14-1)式有二種情形，分述如下：

① 在低頻時，亦即

$$j\omega R_2(C_{12} + C_{2n}) \ll 1$$

則(14-1)式可簡化為

$$V_n = j\omega R_2 C_{12} V_1 \tag{14-2}$$

由(14-2)式可得知正比於干擾源的頻率、電阻、雜散電容及干擾源電壓。一般而言干擾源電壓及頻率無法改變，因此需由減少雜散電容及降低阻抗負載兩方面著手，尤其在降低 C_{12} 上，以加大兩導線之間距離較為實用之方法。

② 在高頻時，亦即

$$j\omega R_2(C_{12} + C_{2n}) \gg 1$$

14

則(14-1)式可簡化為

$$V_n = \left(\frac{C_{12}}{C_{12} + C_{2n}} \right) \cdot V_1 \tag{14-3}$$

由(14-3)式得知V_n為C_{12}與C_{2n}之分壓，與雜訊源的頻率無關。

(2) 磁場耦合(magnetic field coupling)又稱電感耦合－當電流在一封閉的電路流動時會產生磁通ϕ並與電流大小及電感成正比，磁通ϕ之值為：

$$\phi = LI \tag{14-4}$$

當電流I_1在電路 1 流動時，會在另一電路 2 上產生磁通，如圖 14-5(a)為電感耦合電路，等效電路如圖 14-5(b)，兩電路間之互感定義為：

$$M_{12} = \frac{\phi_{12}}{I_1} \tag{14-5}$$

在電路 2 感應之雜訊電壓V_n為：

$$V_n = j\omega M_{12} I_1 = M_{12} \frac{dI_1}{dt} \tag{14-6}$$

式中：ϕ_{12}為電路 1 電流流動時在電路 2 所感應之磁通，I_1為干擾電路上之電流，M_{12}為兩電路間之互感，與電路形狀及電路間使用材質之導磁係數有關，V_n為電路 2 感應之雜訊電壓。

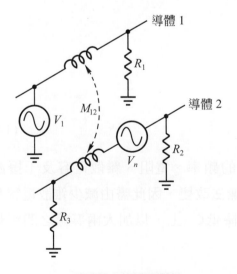

(a) 電感耦合的電路關係

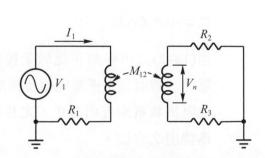

(b) 電感耦合的等效電路

圖 14-5

比較電容耦合與電感耦合所造成干擾，其特性上的差別

⑴　電容耦合之干擾係由電壓所形成而產生雜訊，為並接到被干擾電路上。

⑵　電感耦合之干擾係由電流所形成而產生雜訊，為串接到被干擾電路上。

⑶　當降低被干擾電路的負載阻抗時，因為並聯效應的關係，可以改善電容耦合所造成干擾，但無法改善電感耦合所造成干擾。

3.　遠場耦合(far field coupling)為當兩導體間距離大於λ/2 時，彼此間因電磁現象所產生之雜訊，如圖 14-6。遠場耦合可以看成為經由通訊媒介方式傳播過來的干擾訊號，通常用簡單的屏蔽方法即可消除。

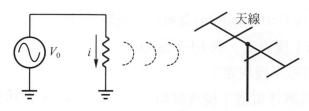

圖 14-6　遠場耦合的系統關係

由上述所介紹之電磁干擾各種耦合方式，可將電磁干擾傳送方式，分成下列幾種干擾型式：

1.　干擾雜訊利用電源電路進入。

2.　干擾雜訊利用電路間共同阻抗進入。

3.　干擾雜訊利用信號線輸入、輸出電路進入。

4.　干擾雜訊由電容或電場的感應而產生。

5.　干擾雜訊由電感或磁場的感應而產生。

6.　干擾雜訊由電磁波感應接收而產生。

7.　干擾雜訊由接地不當而產生。

8.　干擾雜訊由屏蔽不當或效果不佳而產生。

9.　干擾雜訊由電路佈線不適當而引起。

10.　干擾雜訊因接點接觸不良而產生

11.　干擾雜訊因接近雷電現象而產生。

12.　干擾雜訊因靜電現象而產生。

14-4　電磁干擾之規範

　　目前世界各國對於電磁干擾測試有相關規範及標準，最初為國際電機協會(IEC)下之國際無線電波干擾委員會(CISPR)，針對無線電干擾源產生雜訊波之量測，以及干擾容許值限制規格之制定。而美國FCC(美國聯邦通訊委員會)對於無線或有線之通訊提出管制之規定，如其規章之第15章(有關通訊元件部份之規定)及第18章(有關工業、科學及醫學等儀器設備之規定)，德國之VDE-0871(德國電機工程師學會)也參考CISPR制定相關規定，歐體則以CE標誌(The Illustration of European Community CE Mark Certification)為規範。有關傳導性電磁干擾規定如表14-1為VDE之傳導性電磁干擾規定、表14-2為FCC之傳導性電磁干擾規定及表14-3為歐體CE之傳導性電磁干擾規定。

　　VDE-0871在傳導性電磁干擾測試頻率範圍為10kHz至30MHz；FCC在傳導性電磁干擾測試頻率範圍為450kHz至30MHz，並分成A類及B類兩種，B類規定比A類嚴格，一般商業用電子產品只要符合A類規定即可，歐體則以CE規定為150kHz至30MHz。

表 14-1　VDE 之傳導性電磁干擾規定

頻率範圍(MHz)	峰值限定值(dBμV)	平均值限定值(dBμV)
0.01 − 0.05	110	−
0.05 − 0.15	80 − 90	−
0.15 − 0.50	56 − 66	46 − 56
0.50 − 5.00	56	46
5.00 − 30.0	60	50

表 14-2　FCC 之傳導性電磁干擾規定

頻率範圍(MHz)	A 級限定值(dBμV)	B 級限定值(dBμV)
0.45 − 1.705	60	48
1.703 − 30	69.5	48

表 14-3　歐體 CE 之傳導性電磁干擾規定

頻率範圍(MHz)	限定值(dBμV)
0.15 — 0.50	56 — 66
0.5 — 5.0	56
5.0 — 30	60

量測單位爲 dBμV，其定義如下：

$$電壓(dB\mu V) = 20 \log \frac{測試點以\mu V 爲單位之電壓}{標準電壓(1\mu V)} \tag{14-7}$$

本式可以簡化爲：

$$dB\mu V = 20 \log(50\Omega 阻抗測試點上單位爲\mu V 的電壓) \tag{14-8}$$

此電壓是在 50Ω阻抗上測得，而 dBμV 表示高出 1μV 多少個 dB。因此當測試點之電壓值之換算值爲：

$1\mu V = 0 dB\mu V$ ；

$1 mV = 60 dB\mu V$ ；

$1 V = 120 dB\mu V$ 。

14-5　電磁干擾之量測儀器

爲確認傳導性電磁干擾的影響，使用特殊量測儀器包括有有線路阻抗穩定網路(LISN)、差模隔離網路(DMRN)。

14-5-1　線路阻抗穩定網路(LISN)的簡介

線路阻抗穩定網路(line impedance stability network, LISN)係在量測傳導性電磁干擾時，裝置在電源與被測設備之間，將來自電源側的高頻雜訊予以隔離以提供純 60Hz 電源給被測物，使其在頻率範圍內能提供傳輸線 50Ω的阻抗，以保持網路之穩定狀態；又稱爲人工傳輸網路(artificial lines network)；電路如圖 14-7(a) 所示。

線路阻抗穩定網路(LISN)主要功能為：

1.　對於低頻60Hz 交流電源而言，由於電感阻抗$X_L=\omega L$趨近於 0，此時電感視同短路，而電容阻抗$X_c=1/\omega C$趨近於∞，電容視同斷路，由圖 14-7(b)為LISN 低頻測試等效電路，可看出60Hz 交流電源直接通過 LISN 到達被測物，而不會進入頻譜分析儀。

2.　對於交流電源外來低頻雜訊，由於電感視同短路，電容視同斷路，由圖 14-7(b)為 LISN 高頻測試等效電路，可看出交流電源高頻雜訊被隔離。

3.　對於被測物所產生高頻雜訊，由於電感視同斷路，電容視同短路，如圖 14-7(c)為LISN高頻測試等效電路，此時高頻雜訊進入頻譜分析儀，並量測出其值。

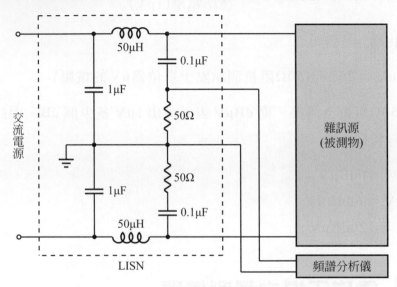

(a) LISN 之測試電路圖

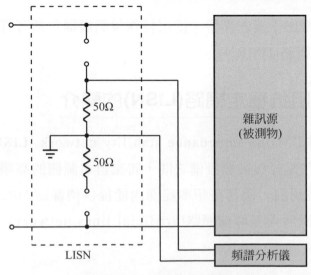

(b) LISN 之低頻測試電路圖

圖 14-7

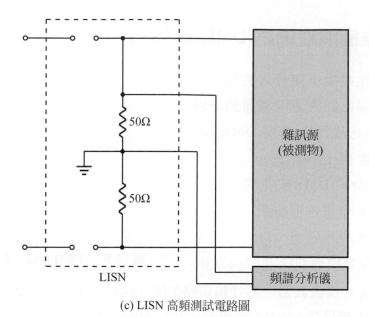

(c) LISN 高頻測試電路圖

圖 14-7　(續)

流通的 LISN 電路之共模及差模雜訊電流路徑如圖 14-8 所示，圖中I_{CM}為共模電流，即為兩輸入端個別的線路電流訊號，I_{DM}為差模電流，即為兩輸入端之線路間的電流訊號差值。

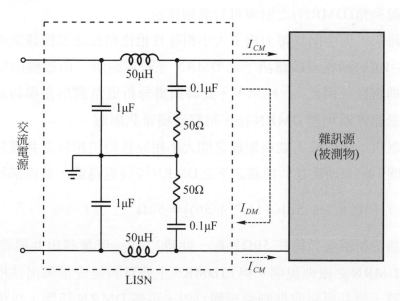

圖 14-8　共模及差模雜訊路徑圖

14-5-2　差模隔離網路(DMRN)的簡介

　　由於傳導性電磁干擾分成共模及差
模兩種雜訊，因此針對這兩種雜訊分別
設計共模(CM)濾波器及差模(DM)濾波
器。差 模 隔 離 網 路(difference mode
rejection network, DMRN)主要用途就
是在量測過程中隔離差模雜訊，但共模
雜訊則不受影響順利通過，以此方法分
離出共模雜訊及差模雜訊，並分別設計

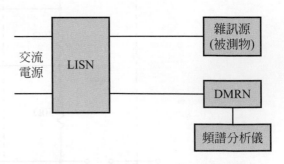

圖 14-9　傳導性電磁干擾測試連接圖

差模濾波器以及共模濾波器。其連接電路如圖 14-9 為傳導性電磁干擾測試連接電
路，DMRN 輸入端接到 LISN，輸出端則提供 50Ω 匹配阻抗接到頻譜分析儀。

　　DMRN 由五個精密電阻以對稱排列方式組成，分別是二個 50Ω 及三個 16.7Ω
的電阻，如圖 14-10(a)為 DMRN 連接電路，具有誤差小、價格低、安裝及使用方
便且沒有阻抗匹配之問題等優點。唯一缺點就是只能取得共模雜訊而無法直接量測
差模雜訊。

　　差模隔離網路(DMRN)之原理可分成兩部份：

1.　差模雜訊：係由兩條電力線上大小相等且相位相反之差模雜訊電流所產生，
　　圖 14-10(b)為在差模雜訊下之 DMRN 等效電路圖，由於輸出端和接地點兩
　　者對稱特性，因此 $V_o = V_G = 0$V，此時頻譜分析儀量測出差模雜訊電壓為 0，
　　所以量測電路加裝 DMRN 後，可將差模雜訊隔離。

2.　共模雜訊：係由輸入端與地線之間大小相等且相位相同之共模雜訊電流所產
　　生，圖 14-10(c)為在共模雜訊下之 DMRN 等效電路圖，其內部等效阻抗為：

　　　$16.7 + [(16.7 + 50)//(16.7 + 50)] = 50\Omega$

　　和頻譜分析儀等效阻抗 50Ω 匹配，此時 $V_o = V_{CM}$ 可量測出共模雜訊。

　　由以上 DMRN 之原理說明，得知 DMRN 主要目的是先量測出共模雜訊，並設
計共模濾波器，使共模雜訊抑制到規範以內，再將 DMRN 移開，以便量測出差模
雜訊，並設計差模濾波器，最後組合成完整之電磁干擾濾波器。

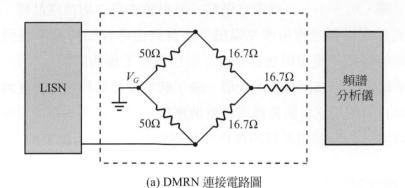

(a) DMRN 連接電路圖

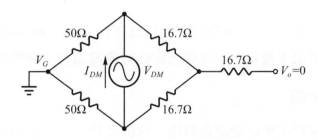

(b) 差模雜訊下之 DMRN 電路圖

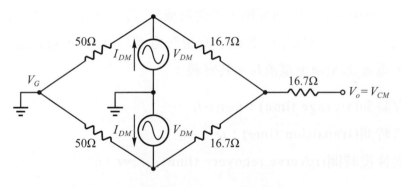

(c) 共模雜訊下之 DMRN 電路圖

圖 14-10

14-6　電源供應器傳導性電磁干擾

　　自從 1980 年代以來，由於類比元件製造技術改善，對適應高頻切換的能力提高，電路性能也大幅提高，在此技術下設計發展的轉換式電源供應器(switching mode power supplies, SPS)很快地成為電腦、儀器及航電的主要電源供應次系統。轉換式電供應器的發展從早期的 200kHz 切換頻率(1980～1990)，經過 400kHz 範圍的技術(1985～1995)，發展到 1MHz 的新一代技術(1993～)。高頻轉換式電源供應器具有輕、薄、短、小、高效率之優點。但由於本身之切換電晶體、變壓器及整流二極體等元件在切換過程所產生電磁干擾會藉由導線的傳輸干擾到其它周邊設備，因此高頻的轉換式電源供應器必須克服自發性干擾的問題。

　　電源次系統為先進技術重要的一環，除了航電及電腦科技外，任何與電子電路相關的系統均必須選用適當的轉換式電源供應器。了解轉換式電源供應器之干擾現象以及防治對策，均為航電系統的操作控制與性能分析上極重要的知識。

14-6-1　傳導性電磁干擾源

　　轉換式電源供應器利用半導體元件，以高頻作切換，瞬間電壓變化d_V/d_t或電流變化di/dt會造成電磁干擾雜訊，主要來源為切換電晶體、變壓器及整流二極體。

14-6-1.1　整流二極體

　　當二極體外加電壓由順向變成逆向時，為排除積存的少數載子，於是產生逆向飽合電流。圖 14-11 是二極體外加電壓變化情形。

　　圖 14-11 中當$0<t<t_1$為順向偏壓，順向電流$I_F=V_F/R$，當$t_1<t<t_2$此時由順向偏壓變為逆向偏壓，並產生為排除少數載子的逆向電流$I_R=V_R/R$，最後當$t_2<t<t_3$少數載子大多排除，電流迅速降至電流I_D。其定義：

　　　　　儲存時間(storage time)：$t_s=t_2-t_1$

　　　　　過渡時間(transition time)：$t_t=t_3-t_2$

　　　　　逆向恢復時間(reverse recovery time)：$t_{rr}=t_s+t_t$

t_{rr}典型值約為 1 nsec 至 1μsec。

　　逆向飽和電流和逆向恢復時間t_{rr}大小成正比，並由I_R急遽變化會引起極大的電流變化(di/dt)，耦合到一次測的切換電晶體而造成電磁干擾雜訊，防止方法可使用逆向恢復時間快速的二極體(35 ns 至 100 ns)，並在二極體兩端加鉗制(snubber)電路，使I_R流經RC電路以改善電磁干擾，如圖 14-12 為二極體加裝RC鉗制電路，該電路不但可將轉換雜訊減少，並且可保護二極體避免被破壞之功能，在設計RC鉗制電路時所設計的迴路愈小愈好，接腳亦愈短愈好。

　　轉換式電源供應器所使用都是高速二極體，因此在選用時考慮的條件包括逆向恢復時間快速、順向電壓低、耐壓能力高、耐溫範圍廣、逆向漏電流小、裝置方便。

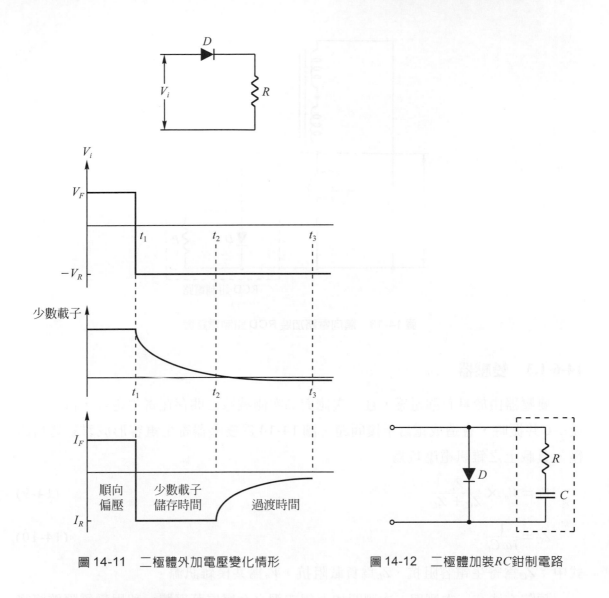

圖 14-11　二極體外加電壓變化情形　　　圖 14-12　二極體加裝 *RC* 鉗制電路

14-6-1.2　切換電晶體

　　切換電晶體雖然可經由提昇切換速度而使諧波階數提高便於濾波，但在切換過程中因快速上升與下降時間所產生 di/dt 亦相對的變大，並和變壓器漏電感形成極大突波電壓加在切換電晶體上，而使得電晶體燒壞。

　　其次電晶體與散熱片間存在寄生電容，當電壓變化時所產生雜訊電流，也會形成電磁干擾問題，為有效抑制雜訊，通常在電晶體上可加裝 RCD 鉗制電路(snubber)，以減低電晶體之切換損失及降低電壓上升率，如圖 14-13 為順向換流器電路加裝 RCD 鉗制電路示意圖。

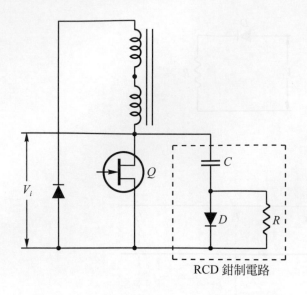

圖 14-13 順向電路加裝 RCD 鉗制電路圖

14-6-1.3 變壓器

變壓器由於具有漏電感，且一次側與二次側繞線之間存在寄生電容，當兩者形成 L-C 共振時，會造成電磁干擾問題，圖 14-14 為變壓器寄生電容形成雜訊傳播路徑，負載上之雜訊電壓 V_L 為

$$V_L = V_n \times \frac{Z_L}{Z_C + Z_L} \tag{14-9}$$

$$Z_C = \frac{1}{j\omega C_t} \tag{14-10}$$

式中：Z_C 為寄生電容阻抗，Z_L 為負載阻抗，V_n 為共模雜訊源。

預防方法在一次測與二次測間加上鋁或銅之金屬屏蔽導體，利用靜電隔離將寄生電容分成 C_1 及 C_2；如圖 14-15 為變壓器加裝屏蔽導體後寄生電容之情形，當加上法拉第金屬屏蔽導體(Farady screen)時 Z_C 為：

$$Z_C = \frac{1}{j\omega(C_1//C_2)} \tag{14-11}$$

此時 Z_C 提高使得 V_L 減少。

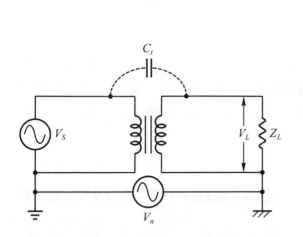

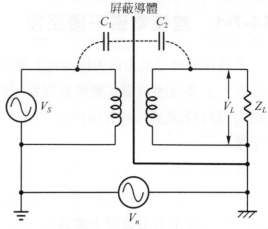

圖 14-14 變壓器之寄生電容　　　　圖 14-15 變壓器加裝屏蔽導體後寄生電容

14-7 傳導性電磁干擾之電流路徑

　　傳導性電磁干擾電流路徑分成差模電流I_{DM}及共模電流I_{CM}兩種雜訊電流路徑，I_{DM}直接流經L及N線路，而不經過接地線G。I_{CM}為L或N線路流經接地線G，如圖 14-16 為共模及差模電流路徑。圖中

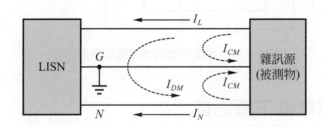

圖 14-16 共模及差模電流路徑

$$I_L = I_{CM} + I_{DM} \tag{14-12}$$

$$I_N = I_{CM} - I_{DM} \tag{14-13}$$

$$I_{CM} - \frac{I_L + I_N}{2} \tag{14-14}$$

$$I_{DM} = \frac{I_L - I_N}{2} \tag{14-15}$$

14-7-1 差模電磁干擾路徑

差模雜訊路徑是由通過兩條電力線上，大小相等且相位相反之差模雜訊電流所產生的，主要原因爲橋式整流器電路每隔60Hz半週就有一對二極體換向，由於二極體由順向變成逆向時有逆向飽和電流存在，引起極大di/dt變化，而產生差模電磁干擾。

其次濾波電容本身由於寄生電阻及寄生電感兩種效應，當電容與寄生電感造成L-C共振時會產生差模雜訊；圖14-17是差模電磁干擾路徑，其中R_{line}及L_{line}分別爲濾波電容之寄生電阻及寄生電感。

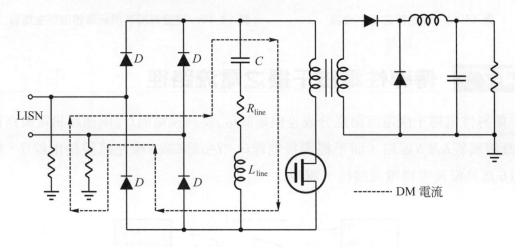

圖 14-17 電源供應器差模電磁干擾路徑

14-7-2 共模電磁干擾路徑

共模干擾由輸入端與地線之間大小相等且相位相同之共模雜訊電流所產生，其大部份來源，共有三種，如圖14-18，分別爲：切換電晶體與散熱片間的寄生電容C_q，變壓器一次測與二次測的雜散電容C_t，二極體與散熱片間的寄生電容C_d。

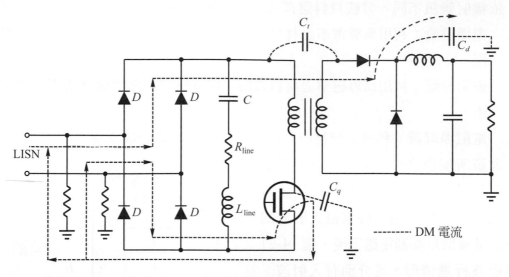

圖 14-18　電源供應器共模電磁干擾路徑

14-8　電磁干擾的抑制方法

　　抑制電磁干擾雜訊的方法甚多，除了訊號源產生極強的干擾訊號外，依干擾雜訊產生之原因，採取屏蔽、接地、隔離等方法就可以大幅的改善干擾問題。產生雜訊的訊號原則必須設計適當的濾波器來消除干擾訊號。

14-8-1　屏蔽

　　屏蔽(shielding)的主要目的係針對由空中傳導之輻射雜訊，如電場或磁場的干擾，利用屏蔽物衰減雜訊能量，使某一區域輻射雜訊不會干擾到另一區域。因此必須考慮干擾源與被干擾體的個別條件，圖 14-19 一個被干擾的設備，利用屏蔽物以隔離外來輻射雜訊干擾，圖 14-20 為一個干擾能力極強的設備，利用屏蔽物以防止本身產生輻射雜訊傳遞出去干擾到其他設備。

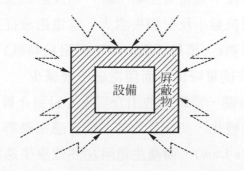

圖 14-19　設備利用屏蔽物隔離外來雜訊

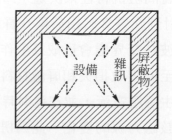

圖 14-20　設備利用屏蔽物防止本身雜訊外洩

依輻射雜訊不同，屏蔽材料選擇可分成下列三種：

1.　電場屏敝：利用高導電率之材料以防止由於電路間電場感應所產生的相互干擾。

2.　磁場屏蔽：利用高導磁率之材料以防止由於電路間磁場感應所產生的相互干擾。

3.　電磁場屏蔽：利用多層材料以防止電場及磁場之合成干擾。

屏蔽所使用之材料必須具有導電性或導磁性，當電磁波行進時利用屏蔽材料之反射與吸收作用，將電磁入射波的透射能量減低以抑制電磁干擾，圖14-21為電磁波行進情形，並分別有入射波、透射波及反射波等三種。

電場、磁場之屏蔽效果(shielding effectiveness)分別為：

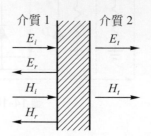

圖 14-21　電磁波於不同介質間行進的情形

$$電場屏蔽效果 = 20\log\frac{E_i}{E_t}\ dB \tag{14-16}$$

$$磁場屏蔽效果 = 20\log\frac{H_i}{H_t}\ dB \tag{14-17}$$

式中：E_i為入射波電場強度，H_i為入射波磁場強度，E_t為透射波電場強度，H_t為透射波磁場強度，E_r為反射波電場強度，H_r為反射波磁場強度。

屏蔽材料的反射損失R(reflection loss)以及吸收損失A(absorption loss)為衰減電磁波主要因素，因此金屬板屏蔽效果可重新說明為：

$$屏蔽效果 = R + A + B \tag{14-18}$$

$$屏蔽材料特性阻抗 Z = \frac{E}{H} \tag{14-19}$$

在(14-18)式中B為多重反射損失，其值甚小通常可忽略不計。而反射損失主要由介質間阻抗特性來決定，即屏蔽材料的阻抗愈小反射損失愈大。當電磁波從介質1入射到介質2時由於兩介質有不同介電係數ε、導磁係數μ(即不同阻抗特性)，則電磁波在交界處會形成反射作用，使透射波能量降低，而使電磁干擾減少。

至於吸收損失和屏蔽材料厚度、種類有關，當電磁波由介質1入射到介質2時會產生感應電流，並在透射時引起磁力線的變化，使介質內部形成自感電動勢，以反抗該磁力線的變化，此為楞次定理(Lenz's Law)，而產生電阻加熱效應使透射波能量降低，而使電磁干擾減少。

在屏蔽設計上，應注意下列情形：

1. 屏蔽材料的阻抗愈小反射損失愈大，但吸收損失則愈小。

2. 當所要屏蔽對象為電場時，應採用高導電性(high conductivity)之金屬材料，如銀、銅及鋁等金屬，其原理是利用高導電性將電場短路，使得多數電波被反射出來。因此對電場的效果主要是反射損失。

3. 當所要屏蔽對象為磁場時，應採用高導磁性材料，如鋼、鐵等，利用高導磁性吸收磁場電波。因此對磁場的效果主要是吸收損失。

4. 當所要屏蔽對象為電磁場時，由於具有高能量，容易讓屏蔽材料飽和，應採用多層屏蔽，第一層使用低導磁性材料，第二層使用高導磁性材料，干擾源則置放在第一層，表 14-4 為屏蔽材料之相對導電率、相對導磁率值。

表 14-4　屏蔽材料相對導電率、相對導磁率值

屏蔽材料名稱	相對導電率 σ_r	相對導磁率 μ_r
銀(Silver)	1.05	1
銅(Copper)	1.00	1
金(Gold)	0.70	1
鋁(Aluminum)	0.61	1
鎂(Magnesium)	0.38	1
鐵(Iron)	0.17	1000
鋼(Steel SAE 1045)	0.10	1000
不銹鋼(Steel Stainless)	0.02	1000
高鎳合金(Hypernik)	0.06	80000
鎳合金(Mumetal)	0.03	80000
高導磁鎳鋼(Permalloy)	0.03	80000

14-8-2　接地(grounding)

良好的接地系對系統提供一個好的參考點，同時也提供清除雜訊一個最佳的路徑。不良的接地，由於接地電阻比較大，使得雜訊在接地電阻上跨上較大的電壓，形成雜訊侵入路徑。接地主要功能為保障人員安全、保護儀器設備及消除雜訊等三種。

一般接地可分成下面兩大類：

1. 大地接地(earth ground)：為了保障人員安全及避免儀器設備遭受雷擊或因短路所造成之傷害與損壞，提供大地為一個參考點，又稱為安全接地(safety ground)。圖 14-22(a)為一電氣設備以低阻抗導體作為安全接地，圖 14-22

(b)為安全接地等效電路圖。通常大地接地都是針對大電力的條件下來設置的，例如交流電源的供電系統的接地，或者避雷針系統的接地。

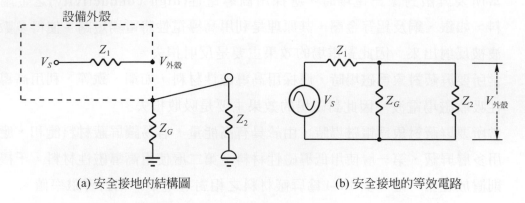

(a) 安全接地的結構圖　　　　(b) 安全接地的等效電路

圖 14-22

$$V_{外殼} = \left(\dfrac{\dfrac{Z_2 \times Z_G}{Z_2 + Z_G}}{Z_1 + \dfrac{Z_2 \times Z_G}{Z_2 + Z_G}} \right) \times V_S \qquad (14\text{-}20)$$

式中：Z_1為設備雜散電阻，Z_G為安全接地電阻，Z_2為人體電阻。

大地接地可能有兩種情況：

(1) 接地良好時，$Z_2 \gg Z_1 \gg Z_G$，亦即Z_G趨近於 0，表示機殼與地之間呈短路狀態，故(14-20)式可以簡化成：

$$V_{外殼} = \left(\dfrac{Z_G}{Z_1 + Z_G} \right) \times V_S \qquad (14\text{-}21)$$

在(14-21)式中，若Z_G趨近於零時，則$V_{外殼}$亦趨近於零，故對人員不會產生危險。

(2) 接地不良時，$Z_G \gg Z_2 \gg Z_1$ 故(14-20)式變成為：

$$V_{外殼} = \left(\dfrac{Z_2}{Z_1 + Z_2} \right) \times V_S \qquad (14\text{-}22)$$

在(14-22)式中，因$Z_2 \gg Z_1$，故$V_{外殼}$趨近於V_S，對人員會產生危險，可見安全接地事關人員生命及設備安全，必須特別加以注意。

使用大地接地時應將用途及特質分類後，分別設置接地點。例如用在電力系統的接地、避雷針系統的接地、以及雜訊較強設備所用的接地等。

2.　訊號接地(signal ground)：在線路中選定某一電位作爲共同參考點，並以導
　　體連接，除了提供參考點外，並可排除雜訊之干擾。而在作接地時需注意導
　　體本身也具有小阻抗，所以任意兩個不同的接地點並不會等電位。在設計上
　　須考慮避免因電路之間共同接地阻抗所造成之壓降，以及避免因接地迴路而
　　感應到磁場形成地電位差。

訊號接地一般分爲兩種：

(1)　使用於低頻電路的單點接地，如圖 14-23 爲串聯接線單點接地，因爲每一
　　個電路均將雜訊電流送到大地接地點，其中接地線路上的微小電阻均將吸
　　收接地電流，較容易造成雜訊的交互影響問題。

(2)　爲改善串聯接線單點接地的問題，可採用並接單點接地，如圖 14-24，各
　　電路均經過一條個別的接地線接到大地接地，成爲並接單點接地，因此不
　　同電路間之接地電流彼此間不會互相干擾。

(3)　使用於高頻電路的多點接地，如圖 14-25 爲多點接地電路，最主要目的是
　　可減少過長的連接線所造成之接地阻抗。

　　在設計接地線時，其長度應愈短愈好，且儘量不超過所要傳輸頻率波長(λ)之
$\lambda/20$ 以內，並避免長度爲 $\lambda/4$ 的奇數倍，否則會產生振盪而無法傳輸訊號，甚至於
導致天線效應會發射與接收雜訊。

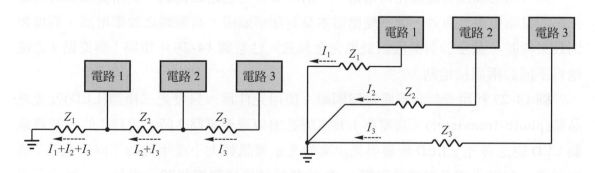

圖 14-23　串聯接線之單點接地　　　　　　　圖 14-24　並聯接線之單點接地

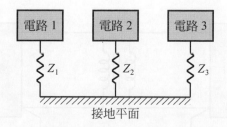

圖 14-25　多點複式接地系統

以一個電腦機組的接地為例，我們會考慮複合的接地方式，將電腦分成中央處理單元(CPU)、硬碟機(HD)或磁碟機馬達、電源供應器等三種類型，每一個類型以圖14-23的方式接地線後，各類型之接地線經過一條接地線一圖14-24接在機殼上。此種分類的基本原則是：(1)消耗極小電力且不會產生雜訊的計算電路(CPU)、比較容易受到干擾的電路如記憶體(RAM、ROM)為乾淨的一類；(2)容易產生火花或雜訊的馬達驅動器等，為產生弱干擾的一類；(3)電源非線性電流或高頻切換電路所產生較高能量電磁訊號等產生強干擾的一類。

在實用上同一類型的電路接在圖14-23的接地系統上，應可以互不干擾，而不同類型的電路必須經過圖14-24之接線方式接到共通的訊號接地點上。除非高頻干擾十分明顯，切忌使用太多的圖14-25之複式接地。每一個儀電系統使用一個訊號接地是最好的設計，如此，電路的操作可以獲得極可靠的參考點，操作失誤或訊號失誤的機率也相對降低。

14-8-3　隔離(isolation)

將高壓電路、設備與低壓類比、數位電路利用變壓器或光耦合器隔離，如圖14-26 為絕緣變壓器，其一、二次側線圈匝數比為 1：1，所以不影響訊號值，且一、二次側之間沒有連接任何電路，可消除來自地迴路之雜訊。利用變壓器的隔離在高頻電路中最為有效，因為變壓器本身對頻率敏感，高頻時之效率增高，而低頻則效果極差，甚至於對直流訊號則完全無效。注意圖14-26中電路1與電路2之接地為不同的兩個接地點。

圖14-27利用光耦合器將電路隔離，使用元件為一只發光二極體(LED)及光電晶體(photo-transistor)。當電路1有訊號必須傳遞至電路2時，電路1的訊號將驅動 LED 使之發光，LED 所發射光出來的光依據訊號大小產生強弱不同。電路2為接收端，利用光電晶體轉換器將 LED 的訊號轉換成電壓訊號。由於一、二次電路之間沒有連接任何電路，所以可以將電路1的雜訊與電路2隔離開來。

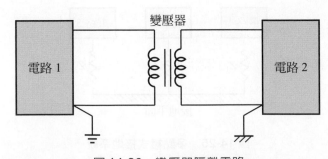

圖 14-26　變壓器隔離電路

　　現代的控制系統或航電系統更擴充光訊號的利用，使用光纖將雷射光的訊號傳送到很遠的距離。因為光訊號的緣故，原來電路不會將雜訊傳遞進來。另外，也因為光纖的優越性，訊號傳送的路徑中倘有任何雜訊或干擾也不會進入送的訊號電路中。現代航電系統中的光傳飛控(flight-by-light)即利用光纖傳遞控制訊號，完全避免了環境的干擾問題。光傳飛控的另一個優點為光纖控制線比傳統的銅導線更輕，訊號容量更大，傳遞速度更快。

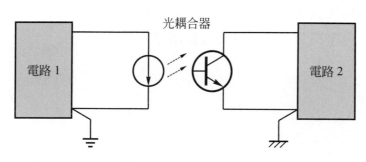

圖 14-27　光耦合器隔離電路

14-9　結語

　　航電系統的訊號干擾(signal interference)以電源系統及通訊系統最為嚴重，因為航電系統的空間十分有限，如何在極小的空間內隔離訊號干擾，是技術上的極致。本章所討論的內容僅以電源系統為代表性的說明，其實針對不同的零組件層次，例如：從元件、印刷電路板，至次系統、互聯系統等，各層次所需採用的技術不盡相同。因此航電系統工程師中絕大部分都必須有訊號干擾的基本概念，以免設計或組裝一個系統，卻衍生更大的干擾問題，導致航電系統失效(failure)或誤動作(malfunction)。

　　航電系統的訊號干擾似乎無法避免，如何解決問題克服困難，濾波器(filter)的技術隨之而研發出來。本書的另外一章有關濾波器之知識也是航電工程師極為重要的一個單元。

CHAPTER

14

習　題

1. 飛機航電的電磁干擾主要來自哪裡？有那些技術缺失造成訊號干擾？
2. 電磁干擾的防制有哪些基本的方法？
3. 電磁干擾如何傳送在干擾源及被干擾系統間？
4. 哪一種類的金屬對電磁干擾也屏蔽阻隔的效果？
5. 飛機上如何建立「接地」的裝置？以哪個結構當參考接來地點？
6. 共模訊號與差模訊號如何區分及隔離？

15章

電路濾波器

航空電子系統在空中容易受到外來的類比干擾訊號而影響操作，主要的來源是通訊發射機、雷達搜尋機、引擎、馬達等次類比的系統。為了避免干擾造成負面影響，在干擾源、被干擾次系統等加裝類比濾波器，以改善系統穩定性。濾波器分類比式與數位式兩類，其中為了吸收類比干擾能量的濾波器，將以傳統類比電路來設計與安裝。濾波器的概念，大致可以分為兩個類型，第一為訊號類型的濾波器，本身沒有太大的能量，靠運算方法解決，例如常見的卡曼濾波器(Kalman filter)；另外一個類型則是訊號雜訊夾帶相當能量，需要吸收掉多餘的雜訊能量。本章介紹傳統的類比式濾波器在航空電子系統與傳統工業系統的應用，主要在吸收航電系統的主電路或次系統中竄流進來的能量，消除電路受到干擾而造成的誤動作或故障。

15-1　何謂濾波器

所謂濾波器(filter)係使用集中(lumped)或分散(distributed)之特定數值之電阻、電感及電容所組成之電路，對特定頻率之訊號產生較高或較低的阻抗，以消除不需要的訊號，並且使需要的訊號能呈現在指定的端點。

15-1-1　濾波器之種類

濾波器依功能可分成：

1. 帶通濾波器(band pass filter, BPF)，在某一頻率範圍內之訊號可通過，但範圍外之訊號則被阻絕，如圖 15-1。

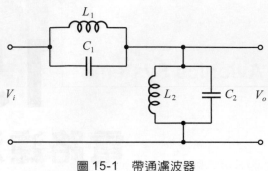

圖 15-1　帶通濾波器

2. 低通高頻濾波器(low pass filter, LPF)，低頻訊號可通過，但高頻訊號則被阻絕，如圖 15-2。

3. 高通低頻濾波器(high pass filter, HPF)，高頻訊號可通過，但低頻訊號則被阻絕，如圖 15-3。

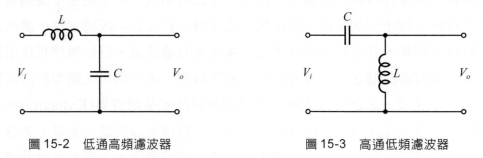

圖 15-2　低通高頻濾波器　　　　　圖 15-3　高通低頻濾波器

濾波器依電路外型結構的不同可分為：

1. π型濾波器，在高值訊號源阻抗及高值負載阻抗時所使用，如圖 15-4 為π型濾波器電路圖。

2. T型濾波器，在低值訊號源阻抗及低值負載阻抗時所使用，如圖 15-5 為T型濾波器電路圖。

3. L 型濾波器，在阻抗不對稱時使用，如圖 15-6 為 L 型濾波器電路圖，在低值訊號源阻抗及高值負載阻抗時所使用。而圖 15-7 亦為L型濾波器電路圖，在高值訊號源阻抗及低值負載阻抗時所使用。

以上三種濾波器依訊號源阻抗及負載阻抗之不同，可作為濾波目的之選擇方向。

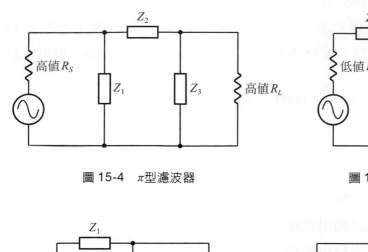

圖 15-4　π型濾波器

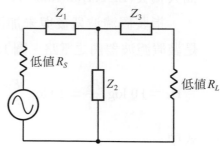

圖 15-5　T型濾波器

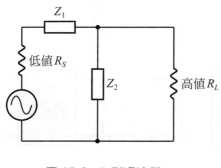

圖 15-6　L型濾波器

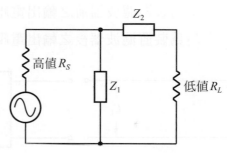

圖 15-7　L型濾波器

15-1-2　濾波器之特性

設計濾波器之目的是要具有良好的濾波效果，因此必須對其濾波功能與會影響濾波效果的物理特性加以考慮，濾波器各項特性分述如下：

1. 雜訊的類型

　　在設計濾波器之前，首先要知道雜訊的來源，如前章所敘述之雜訊源，並分析雜訊類型，而雜訊類型分成：

(1) 輻射性雜訊，再分為近場輻射及遠場輻射兩種。

(2) 傳導性雜訊，再分為共模雜訊與差模雜訊兩種。

2. 濾波的頻寬

　　理想的濾波器必須有能力過濾所有要濾除的頻帶，例如對於低通高頻濾波器而言，在截止頻率以上之頻率，應為有效的濾除頻帶。但由於濾波元件中電感器與電容器之寄生元件的特性，會影響濾波的頻寬。所以須選擇高頻特性良好的元件來加以改善。在濾波元件截止頻率f_{co}的選擇上，依經驗為其所要濾波頻帶之最低頻率的 1/5 以下作為設計之參考，且頻帶寬應不超過 $100f_{co}$。

3. 插入損失(insertion loss, IL)

　　指裝置濾波器後與未加濾波器時之負載端接收能量的變化，如圖 15-8 是裝置濾波器前之電路，圖 15-9 是裝置濾波器後之電路，故插入損失IL為：

$$IL = 10 \log \frac{P_2}{P_1} = 20 \log \frac{E_2}{E_1} \text{ (dB)} \qquad (15\text{-}1)$$

式中

　　P_1為裝置濾波器前之輸出能量

　　P_2為裝置濾波器後之輸出能量

　　E_1為裝置濾波器前之輸出電壓

　　E_2為裝置濾波器後之輸出電壓

圖15-8　裝置濾波器前電路　　圖15-9　裝置濾波器後電路　　圖15-10　濾波器衰減量電路圖

4. 濾波器之衰減量(Attenuation)

　　濾波器衰減量的意義，是指當雜訊經過濾波後，能將雜訊衰減到不會對於線路造成誤動作或干擾到其他周邊設備的情形。即衰減量為線路加裝濾波器後，其輸入端之電壓(E_1)或電流(I_1)與輸出端之電壓(E_2)或電流(I_2)的比值。圖 15-10 為濾波器衰減量電路圖示，其衰減量表示式為：

$$衰減量 = 20 \log \frac{E_2}{E_1} = 20 \log \frac{I_2}{I_1} \text{ (dB)} \qquad (15\text{-}2)$$

濾波器之衰減量可分為：

(1) 對於每一個電感器 L 或電容器 C 之濾波元件，且具有 20 log 衰減量，如圖 15-11(a)為濾波元件電感器 L，圖 15-11(b)為電感器 L 之衰減量。而圖 15-12(a)為濾波元件電容器 C，圖 15-12(b)為電容器 C 之衰減量。

(2) 對於一級 LC 濾波器具有 40 log 衰減量，如圖 15-13(a)為一級 LC 濾波器電路，圖 15-13(b)為一級 LC 之衰減量。

(3) 二級 LC 濾波器具有 80 log 衰減量，如圖 15-14(a)為二級 LC 濾波器電路，圖 15-14(b)為二級 LC 之衰減量。

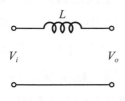

(a) 濾波元件電感器 L

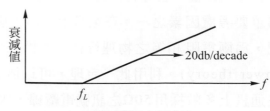

(b) 電感器 L 之衰減量

圖 15-11

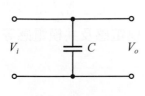

(a) 濾波元件電容器 C

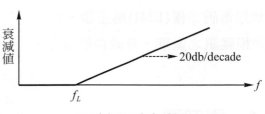

(b) 電容器 C 之衰減量

圖 15-12

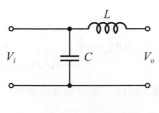

(a) 一級 LC 濾波器電路

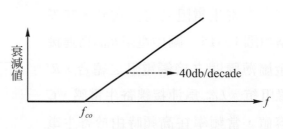

(b) 一級 LC 之衰減量

圖 15-13

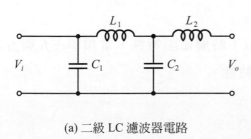

(a) 二級 LC 濾波器電路

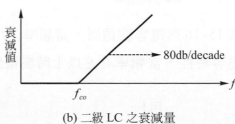

(b) 二級 LC 之衰減量

圖 15-14

5. 線路阻抗匹配(Impedance Matching)

　　所謂阻抗匹配係指訊號源阻抗和負載阻抗兩者匹配，當一訊號在傳送過程，若輸出端和接收端之阻抗不相等，則會造成反射現象，不僅使得訊號的品質受到影響，且會有其他干擾問題產生，因此在濾波器設計上，阻抗匹配為重要考慮因素之一。在電路上，兩串聯電阻能夠傳輸最大功率的阻抗分配，為兩電阻相等之物理條件，此即為電路上的最大功率定理(maximum power theory)。利用此一定理，可以估算出數入端、輸出端之匹配阻抗。在通訊上多數採用50Ω之訊號電纜線，因此其匹配阻抗也是50Ω。

15-2　濾波器元件分析

本章以電磁干擾(EMI)為主題，討論EMI濾波器元件為電容器及電感器，並依共模及差模雜訊之區別，分成差模電容、共模電容、差模電感及共模電感等四種來討論。

15-2-1　電容器

電容器除本身電容特性外，由於導線效應存在寄生電阻及寄生電感，其等效電路如圖15-15。圖中電阻R_{line}為連接線和金屬薄膜間之接觸電阻之總合，R'為絕緣阻抗。L_{line}為連接線寄生電感，C為電容值，當頻率在高頻時由於寄生電感L_{line}效應會引起LC共振，共振頻率f_2為：

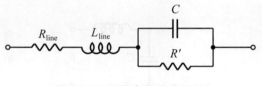

圖 15-15　電容器等效阻抗

$$f_2 = \frac{1}{2\pi\sqrt{L_{line}C}} \tag{15-3}$$

圖15-16為電容波德圖，當頻率在f_1以下時屬電阻特性，當頻率在f_1與f_2之間時屬電容特性，當頻率在f_2以上時屬電感特性。

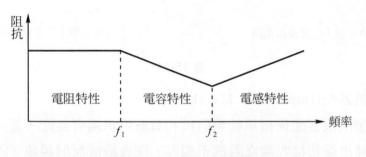

圖 15-16　電容器波德圖

選擇電容器時應注意下列條件：

1. 電容器連接線愈短其寄生電感愈小，可提高共振頻率f_2。

2. 由於寄生電感存在，因此所選用電容值不能選擇太大否則由(15-3)式得知f_2變小，對高頻 EMI 無法發揮抑制效用。

3. 在濾波效果上陶瓷電容較優於電解電容，典型電容器有效頻率如表 15-1。

EMI 濾波器所採用差模(X)電容一般為金屬皮膜電容，規格由 15nF 至 1000nF，共模(Y)電容一般是高壓陶瓷電容，規格由 470pF 至 4700pF，如表 15-2。

表 15-1　電容有效頻率

名稱	有效頻率(MHz)
電解電容	1kHz 以下
金屬皮膜電容	100kHz 以下
陶瓷電容	100kHz 以下
美拉(Mylar)電容	1MHz 以下
塑膠電容	10MHz 以下
美拉陶瓷(Mylar)電容	數百 MHz 以下
貫通式電容	數千 MHz 以下

表 15-2　EMI 電容規格

名稱	種類	電容值
X 電容	金屬皮膜電容	15nF 至 1000nF
Y 電容	陶瓷電容	470pF 至 4700pF

15-2-2　電感器

電感器由於繞線阻抗及磁滯損失產生雜散電阻，並由本身繞線存在雜散電容，等效電路如圖 15-17 所示，其中R_{line}及C_{line}分別為電感繞線之寄生電阻與寄生電容，並由圖 15-18 之波德圖中得知頻率低於f_1時為電阻特性，頻率位於f_1及f_2之間為電感特性，頻率高於f_2時為電容特性。

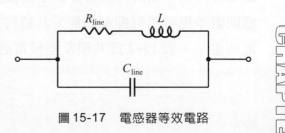

圖 15-17　電感器等效電路

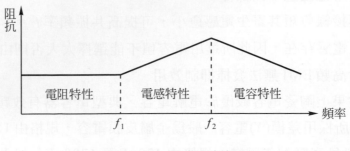

圖 15-18　電感器波德圖

在選擇電感器應注意下列條件：

1. 電感器依磁導率不同選擇適當鐵芯，如圖 15-19 為不同鐵芯磁導係數頻率響應，

2. 由圖 15-18 波德圖中得知電感器並非愈大愈好，而是依需要作適當之選擇。

EMI 濾波器之差模電感器係與訊號串聯且負載電流直接流入，藉以產生電抗作用，且因通過電流較大，為防止飽和，一般採用損失較大之低 μ 值高飽和金屬族系粉末鐵芯，纏繞成之單一扼流圈電感器。

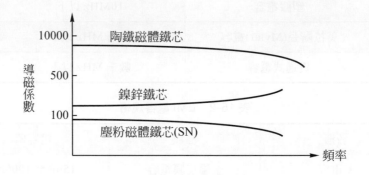

圖 15-19　不同鐵芯磁導係數頻率響應

共模電感使用鐵芯為高 μ 值低飽和之磁性材料，將兩組相同導線纏繞在同一鐵芯上，成為兩獨立電感，當兩共模雜訊電流以相同方向流過時，鐵芯上之磁場同向形成電感阻抗以阻止共模雜訊。當兩差模雜訊電流以相反方向流過時，則鐵芯上之磁場反向相互抵消而沒有抑制差模雜訊之功能。但由於共模電感本身兩線圈間漏電感則對差模雜訊有抑制功能，其值約共模電感 0.5%～2%之間，當繞線愈緊密則漏電感愈小，表 15-3 為共模及差模電感元件特性。

表 15-3　電感元件特性

名稱	磁導係數μ	常用鐵芯	電感值大小
共模電感	高μ值低飽和	鐵磁體鐵芯(ferrite core)	數 mH 至數十 mH
差模	電感低μ值高飽和	粉末鐵芯(powder core)	數μH 至數百μH

15-3　EMI 濾波器之使用實例

　　以航電系統中最主要的干擾來源之轉換式電源供應器來探討航太工程師如何規劃設計 EMI 濾波器之架構與電路。

　　轉換式電源供應器之傳導性 EMI 雜訊包含了共模雜訊及差模雜訊，因此在設計 EMI 濾波器上，必須分別設計共模濾波器及差模濾波器，再以對稱方式組合成完整 EMI 濾波器，如圖 15-20 所示，其中L_c為共模電感，L_D為差模電感，L_l是L_c洩漏電感，C_x為差模電容，C_y為共模電容。電路左邊接到雜訊源；右邊接到前章所敘述的 LISN 電路上。

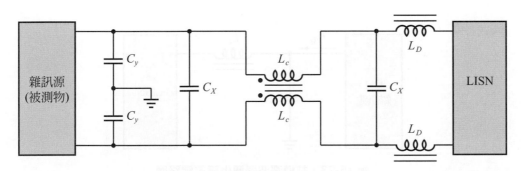

圖 15-20　EMI 濾波器等效電路圖

15-3-1　共模濾波器等效電路

　　共模兩雜訊電流方向相同，又共模抗流線圈之互感M趨近於L_C，故共模電感等效電感為$L_c + M = 2L_c$，又C_X不影響共模雜訊，可忽略C_X，因此共模濾波器等效電路如圖 15-21，並將其化成單端電路，如圖 15-22 為共模濾波器等效電路圖，又$L_c \gg L_D$，可將L_D省略，如圖 15-23 為共模濾波器簡化等效電路圖。

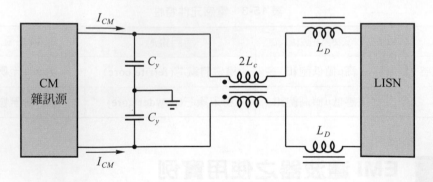

圖 15-21 共模濾波器等效電路圖

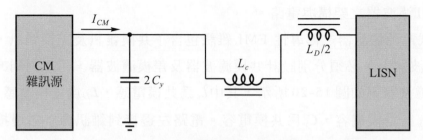

圖 15-22 共模濾波器等效電路圖

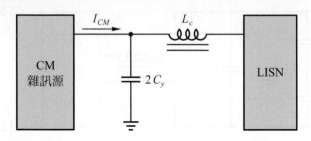

圖 15-23 共模濾波器簡化等效電路圖

15-3-2 差模濾波器等效電路

差模兩雜訊電流大小相同方向相反，所以共模抗流線圈之等效電感為 $L_c - M = 0$，而其洩漏電感 L_l 則對差模雜訊有抑制作用，圖 15-24 為差模濾波器等效電路圖，並將其化成單端電路，如圖 15-25 為差模濾波器等效電路圖，又 $C_x \gg C_y$ 故可將 C_y 省略，如圖 15-26 為差模濾波器簡化等效電路圖。

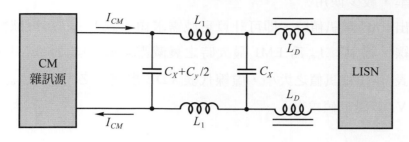

圖 15-24　差模濾波器等效電路圖

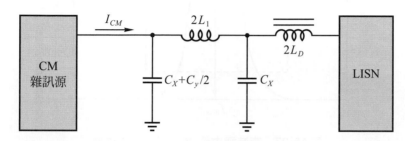

圖 15-25　差模濾波器等效電路圖

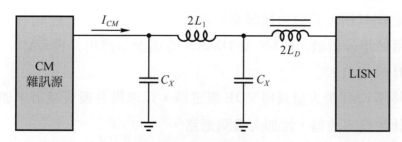

圖 15-26　差模濾波器簡化等效電路圖

15-4　EMI 濾波器之設計

　　針對轉換式電源供應器可能引起的雜訊，每一個電源供應器在設計時必須考慮裝設一個濾波器於其輸入端，以避免高頻訊號經過電源線路流串到其他的電路或次系統中。由於高頻的轉換式電源供應器仍有可能產生輻射性的干擾，因此電源供應器也必須考慮前一章所敘述的屏蔽方法以降低訊號發射對鄰近電路所產生的干擾。

　　設計 EMI 濾波器時需先決定符合何種國家規範，例如美國之 FCC、德國 VDE 等規範，獲得認證後才可以生產及使用。其次以頻譜分析儀、LISN 及 DMRN 等儀器量測出 EMI 雜訊值，再以對稱方式分別設計共模濾波器及差模濾波器，並組合成完整的 EMI 濾波器，而濾波器主要由電感器及電容器組成。因為電阻元件大幅降低電路效率，較少使用。

　　當量測出 EMI 雜訊值時，即可計算衰減需求值，圖 15-27 為衰減需求值-轉折頻率特性曲線，圖中：A_{req} 為 EMI 最大時之衰減需求值，f_{max} 為 EMI 最大時之頻率，實線代表 EMI 雜訊值之大小，虛線代表 VDE 規定值之大小。A_{req} 之值由 EMI 最大值減掉 VDE 規定值求得。

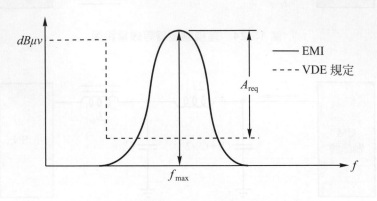

圖 15-27　衰減需求值-轉折頻率特性曲線

　　設計 EMI 濾波器步驟：

步驟 1：　決定 EMI 所要符合何種國家規範。

步驟 2：　利用頻譜分析儀、LISN 及 DMRN 等儀器量測出共模 EMI，並得到共模 EMI 最大值。

步驟 3：　將共模 EMI 最大值減掉 VDE 規定值，以求得共模衰減需求值 $A_{req,CM}$。

步驟 4：　設計共模濾波器，並加入量測電路。

　　　　　由圖 5-23 共模濾波器簡化單端等效電路圖中，為一級 LC 濾波器，其共模衰減需求值 $A_{req,CM}$ 為：

$$A_{req,CM} = 40 \log \frac{f_{max,CM}}{f_{c,CM}} \tag{15-4}$$

　　　　　式中，$f_{max,CM}$ 為最大共模雜訊時之頻率，$f_{c,CM}$ 為共模濾波器最大轉折頻率。由(15-4)式求得 $f_{c,CM}$，以作為選擇共模濾波器轉折頻率(Corner Frequency) f_{CM} 之參考，由圖 15-23 中 f_{CM} 為：

$$f_{CM} = \frac{1}{2\pi\sqrt{L \cdot C}} = \frac{1}{2\pi\sqrt{2C_y \cdot L_c}} \tag{15-5}$$

　　由(15-5)式求得共模(Y)電容及共模電感組成共模濾波器。

步驟 5 : 將 DMRN 從量測電路移走,量測差模 EMI,將差模 EMI 最大值減掉 VDE
規定值求得差模衰減需求值 $A_{req,DM}$。

步驟 6 : 設計差模濾波器。

由圖 15-26 差模濾波器簡化單端等效電路圖中,為二級 LC 濾波器,其差
模衰減需求值 $A_{req,DM}$ 為

$$A_{req,DM} = 80 \log \frac{f_{\max,DM}}{f_{c,DM}} \tag{15-6}$$

式中,$f_{\max,DM}$ 為最大差模雜訊時之頻率,$f_{c,DM}$ 為差模濾波器最大轉折頻率。
由(15-6)式求得 $f_{c,DM}$ 以作為選擇差模濾波器轉折頻率 f_{DM} 之參考,為使
濾波器之設計成對稱關係,設 $L_l = L_D$,由圖 15-26 中 f_{DM} 為:

$$f_{DM} = \frac{1}{2\pi\sqrt{L \cdot C}} = \frac{1}{2\pi\sqrt{C_X \cdot 2L_l}} = \frac{1}{2\pi\sqrt{C_X \cdot 2L_D}} \tag{15-7}$$

由(15-7)式求得差模(X)電容及差模電感組成差模濾波器。

步驟 7 : 將共模濾波器及差模濾波器組合成完整 EMI 濾波器,如圖 15-20 EMI 濾
波器等效電路,圖中包含一個 CM 電感,兩個 DM 電感及 X 電容、Y 電容
各兩個,加入量測電路。

根據前述 EMI 濾波器設計步驟,可製作成設計流程圖,如圖 15-28 所示,做為濾
波器設計之參考。EMI 濾波器為極專業的技術,廣為電子產品所採納。

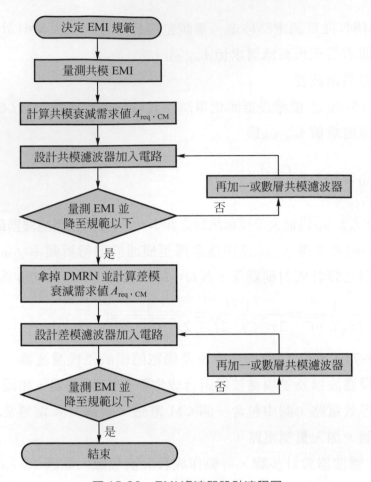

圖 15-28　EMI 濾波器設計流程圖

15-5　EMI 濾波器之實驗實例

　　本實驗實例所使用的轉換式電源供應器規格為：輸入電壓：90～120V，切換頻率：25kHz，輸出功率：250W。利用圖 15-28 之設計步驟，我們可以設計並計算所需的電路元件。

步驟 1： 決定 EMI 規範，本文使用 VDE 之規定。

步驟 2： 量測共模 EMI，圖 15-29 量測電路圖，由頻譜分析儀量測出共模 EMI，如圖 15-30(a)加接 DMRN 後 9kHz 至 150kHz 之共模 EMI 及 15-30(b)為加接 DMRN 後 150kHz 至 30MHz 之共模 EMI。

圖 15-29　EMI 量測電路圖

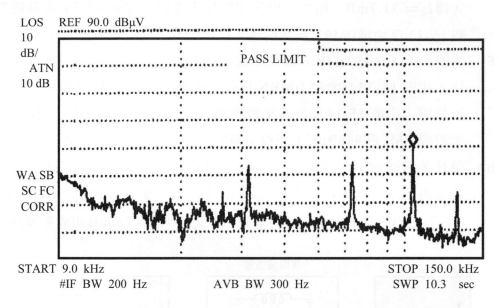

LOS　REF　90.0　dBμV
10
dB/
ATN
10 dB

PASS LIMIT

WA SB
SC FC
CORR

START　9.0　kHz　　　　　　　　　　　　　　　　STOP　150.0　kHz
　　#IF　BW　200　Hz　　　　　AVB　BW　300　Hz　　　SWP　10.3　sec

(a) 加接 DMRN 9kHz 至 150kHz 之共模 EMI

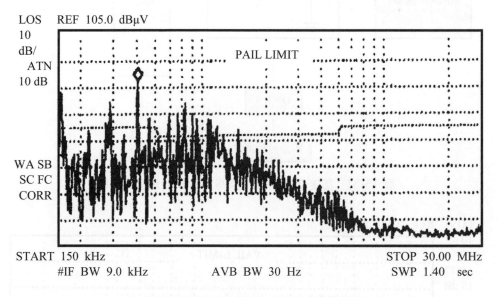

LOS　REF　105.0　dBμV
10
dB/
ATN
10 dB

PAIL LIMIT

WA SB
SC FC
CORR

START　150　kHz　　　　　　　　　　　　　　　　STOP　30.00　MHz
　　#IF　BW　9.0　kHz　　　　　AVB　BW　30　Hz　　　SWP　1.40　sec

(b) 加接 DMRN 150kHz 至 30kHz 之共模 EMI

圖 15-30

步驟 3：　計算共模衰減需求值 $A_{req,CM}$，由圖 15-30(b)中在頻率 410kHz 得最大共模
　　　　　EMI 為 84dBμV，故 $A_{req,CM} = 84-60 = 24$dBμV。

步驟 4：　設計共模濾波器，已知 $f_{max,CM} = 410$kHz 及 $A_{req,CM} = 24$dBμV 入(15-4)式
　　　　　中求得 $f_{c,CM} = 102.99$kHz，又切換頻率是 25kHz，因此試用 $f_{CM}=20$kHz，
　　　　　由圖 15-23 之共模濾波器簡化等效電路圖中，設 $C_y = 1000$pF 代入(15-5)

式得$L_c=31.7$mH，組成共模濾波器加入電路，如圖 15-31 並重新量測，圖 15-32 爲加接 DMRN 及共模濾波器之 EMI，此時 EMI 已合乎 VDE 規範。

步驟 5：將圖 15-31 加接 DMRN 及共模濾波器 EMI 量測電路圖中 DMRN 電路拿掉，如圖 15-33 爲拿掉 DMRN 只有共模濾波器之 EMI 量測電路圖，再重新量測，由圖 15-34 加接共模濾波器之差模 EMI 圖中發現在 160kHz 得最大差模 EMI 爲 94dBμV，差模衰減需求值 $A_{req,DM}=94-60=34$dBμV。

步驟 6：設計差模濾波器，已知 $f_{max,DM}=160$kHz，$A_{DM,req}=34$dBμV 代入(15-6)式求得 $f_{c,DM}=60.1$kHz，試用 $f_{DM}=12$kHz，並量測出 $L_l=360$ μH 代入(15-7)式得 $C_X=244$nF，取 $C_X=250$nF 又 $L_l=L_D=360$μH 組成差模濾波器。

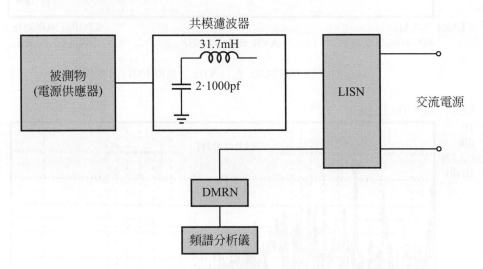

圖 15-31　加接 DMRN 及共模濾波器 EMI 量測電路圖

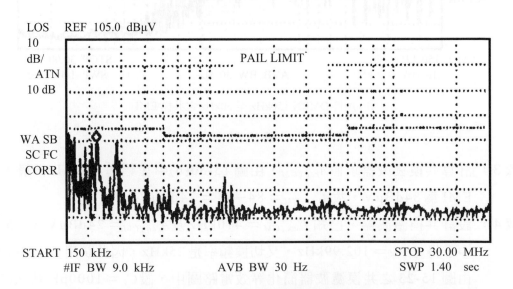

圖 15-32　加接 DMRN 及共模濾波器之 EMI

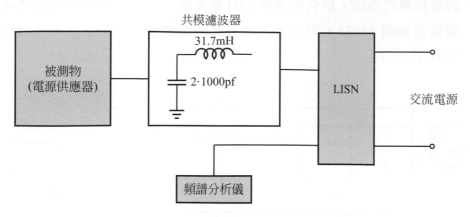

圖 15-33　拿掉 DMRN 之 EMI 量測電路圖

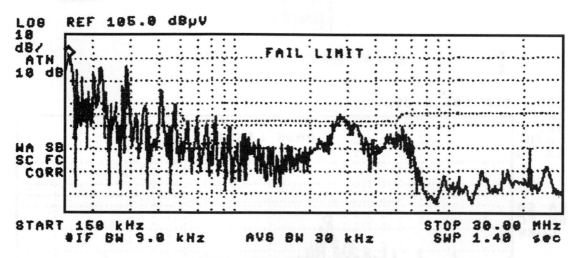

圖 15-34　加接共模濾波器之差模 EMI

表 15-4　實驗一使用元件規格

名稱	規格
Y(共模)電容器	1000pF
X(差模)電容器	250nF
共模電感器	31.7mH
差模電感器	360mH
共模電感器漏電感	360μH

步驟7：　將差模濾波器加入組合成完整EMI濾波器，使用元件規格如表15-4，EMI
濾波器如圖15-35，再重新量測，此時由圖15-36驗證得知 EMI 已符合
VDE 規範。

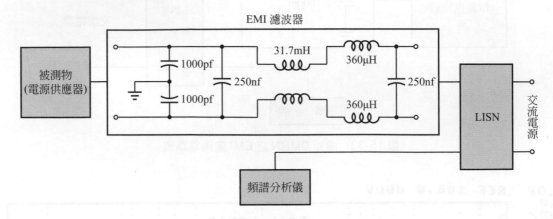

圖15-35　完整濾波器之 EMI 量測電路圖

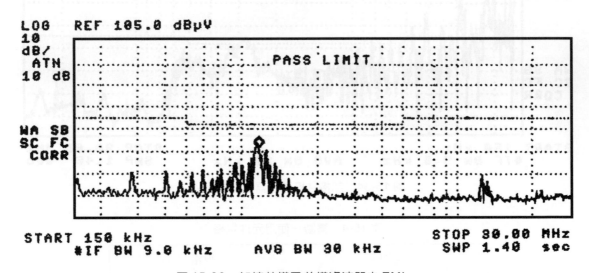

圖15-36　加接共模及差模濾波器之 EMI。

　　從設計過程及實驗分析來了解轉換式電源供應器中加入 EMI 濾波器之效果。
在量測過程中，得知：

1.　測試頻率段在9 kHz至150 kHz的範圍都符合VDE之規定，如圖15-30(a)。

2.　測試頻率段在150 kHz至30 MHz的範圍中，分別在410 kHz和480 kHz出
現超過規定之共模 EMI 雜訊，如圖15-30(b)所示。

3.　測試頻段在以及在160 kHz和185 kHz的範圍出現超過規定之差模 EMI 雜
訊，如圖15-34所示。

這些不符規格部分可以經由加裝濾波器電路獲得改善。本實驗例所設計之共模濾波器及差模濾波器分別加以抑制到規定以內，表 15-5 為實驗量測之各項數值，亦可發現共模雜訊比差模雜訊高出許多。

表 15-5　實驗量測數值

量測訊號	實驗數據
最大共模雜訊時之頻率	410kHz
最大共模雜訊	84dBμV
加入共模濾波器後之雜訊	54.5dBμV
最大差模雜訊時之頻率	160kHz
最大差模雜訊	94dBμV
加入共模濾波器後之雜訊	47.3dBμV

由前一章第 15-16 圖所示之共模及差模電流路徑，得知共模電流路徑傳播於地表之間的雜訊成份，屬於高頻帶的雜訊，而差模電流路徑傳播於線路之間的雜訊成份，屬於低頻帶的雜訊，此從表 15-5 實驗量測之各項數值中可加以驗證。

雜訊或干擾的問題除了在航電系統中被注意到以外，所有與高精密控制電路、運算電路鄰近的次系統，如本章所提及的轉換式電源供應器、各類型馬達包括硬碟機、磁碟機中的馬達、無線電收發裝置等均必須經過仔細的防範干擾的分析與改善。本章僅提出航電系統主要電源的轉換式電源供應器之通例做為參考。

習　題

1. 濾波器因其適用的頻率範圍，有哪幾種基礎的類型？
2. 電磁干擾濾波器有幾種模式？大概的系統架構如何？
3. 濾波器的電路組合以哪種元件為基礎？如何建構？
4. 飛機航電系統上受到 EMI 的影響，你認為應該從哪裡當作濾波器的裝置位置，以提升它的效益？

航電系統相關綜合性試題

2001 成大航太所民航組入學試題

請簡答下列飛航問題

1. 民航機做轉彎飛行時，應操作哪一個部分？
2. 同上題，民航機的轉彎以飛行控制的六個自由度來看應是哪一個自由度的變化？
3. 民航機降落階段利用儀器進場時，所必須保持的攻角大約在什麼範圍？
4. 民航機的飛航安全首重隔離，一般以哪種隔離方式最為有效？
5. 民航機飛航所使用的時間單位與基準為何？
6. 高空的民航機如何量測飛機的飛航高度？
7. 民航機做重飛(Go Around)的動作應立刻做哪兩項處置？

請簡答下列問題

1. 民航機飛行過程中會產生高電壓的摩擦靜電，請問依據什麼定理或定律，飛機內部的儀電系統不會受到破壞，人員乘客不會受到傷害？請說明所引用定理的內涵。
2. 我們知道白雲或黑雲都會蓄積靜電荷，請問依據什麼定理或定律，我們可以估算出所帶靜電的大小與可能的靜電電壓？請說明當一架飛機接近一團雲層時，用此定理能否估算出它們之間的電位差？
3. 有一個110伏特的電壓源，我們都知道它有傷害性。但是根據醫學證實，人類觸電死亡是因為電流流過心臟的傷害所造成。請問依據什麼定理或定律我們可以用來說明人類觸摸到電壓電源會觸電死亡的原因嗎？請說明此定理的意義。
4. 電機工程中設計電流線圈產生磁場，並設計使兩個磁場能產生相互作用，因而產生運動的推力，請問我們是依據哪一個定理或定律來推斷電流方向與磁場方向的關係？請說明定理的內涵。

2000 公務人員升等考試

1. 試分別說明民航機上UHF、VIIF、HF等通訊系統之訊號傳播方式、適用範圍與使用程序。

2. 請說明雷達管制下在台北飛航情報區(Taipei FIR)國內航線的飛航中從台北終端管制區 交管 (Hand off) 到台中終端管制區之必要程序與通訊。

3. CNS/ATM是未來航空系統的一種新標準。因應衛星的應用，未來陸空通訊機制會有何種改變，請說明你的認識與見解。

4. 大型客機中有幾種有線或無線通訊裝備，分別應用於機上通話與對地通訊等需求，請詳細說明。

5. 請簡答下列問題
   (1) 電離層(Ionosphere)
   (2) 訊號干擾(Signal Interference)
   (3) 通訊衛星(Satellite Communication)
   (4) 頻譜(Spectrum)
   (5) 中介頻率(Intermediate Frequency)(於超外差式通訊機中)

2002 高考航電系統

1. 1980 年代以來航電系統的更新工作中有哪些重要的技術變革，從老式系統的儀表顯示，如圖1所示，提昇到現代的儀表顯示，如圖2所示，使得航電系統的操作更為簡便、有效，因此飛行組員從正、副駕駛、領航員、通訊員四名的編制減縮為正、副駕駛兩名。請依據：
   (1) 技術的內涵與性能提昇的觀點
   (2) 系統架構與操作性的觀點
   (3) 整體改進的功能與利益
   等來說明，請自由發揮對航電系統的瞭解與認識。

圖1　B-737 中舊式的儀表顯示系統

圖2　A-340中現代航電儀表顯示系統

2.　圖3為現代航電系統的主要飛航指示顯示器(Primary Flight Display, PFD)，
　　請依據標示的數字順序(1～10)，指出它的功能名稱或指示意義。(文字意義
　　必須符合，用詞上的差異，將不會扣分)

3.　航電系統如何達到高可靠度的要求？請從：

　　⑴　數據傳輸(Data Transfer)的架構

　　⑵　系統整合(System Integration)

　　⑶　系統備份(Redundancy)

　　⑷　非相似性原則(Dissimilar Principle)的設計

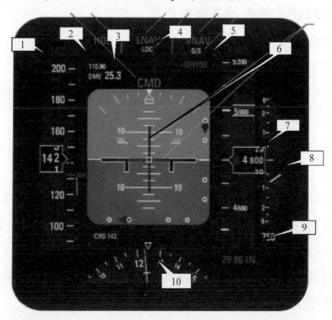

圖3　PFD顯示器

　　等觀點加以討論說明。

4. 圖 4 為航電系統中使用的大氣數據系統(Air Data System)所採用的皮托管 (Pitot Static Probe)，請說明大氣數據系統以及皮托管的整合架構：

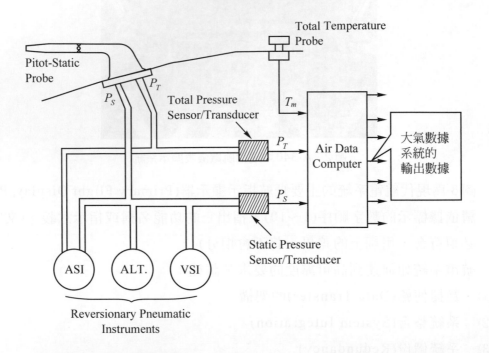

(1) 如何感測大氣數據？

(2) 有幾項資料從大氣數據系統輸出？

5. 有關機載上的慣性導航系統：

(1) 慣性導航系統包括哪幾種主要的組件？

(2) 前項答案中，你能否提出幾種特定的組件名稱，並說明它的具體功能與工作特性？

(3) 針對飛機六個自由度的操作與控制，你認為一架民航機必須裝設多少慣性導航元件，如何排列？

(4) 慣性導航系統在飛機上如何組裝，用何種形式組裝？保障其精確性能。

6. 有關數位航電系統(Digital Avionics)的數據匯流排(Data Bus)

(1) 請說明數據匯流排的主要功能與具體價值？

(2) 請提出兩種類型的數據匯流排系統，並說明他的系統結構與優缺點？

(3) 請說明前項答案的數據格式有哪些重要的特徵形式？

(4) 請說明何謂復零邏輯(Return-to-Zero, RTZ)，與一般電腦的邏輯訊號有何不同？請繪圖說明。

7. 有關航電系統的名詞說明
   (1) 次級搜索雷達與 S 模式詢答器(Secondary Surveillance Radar and Mode S Transponder)
   (2) 備援系統、或備用系統(Redundancy System)
   (3) 機載建入式測試系統(Built-In Test System, BIT)
   (4) 方向偵蒐器(Direction Finder)及非方向性電訊(Non-Directional Beacon, NDB)
   (5) VHF多向導航台(VHF Omni-Directional Range, VOR)及測距儀(Distance Measurement Equipment, DME)

8. 請說明，運用飛機上的哪一些航電系統、依據何種步驟或程序，能夠提供飛行員導航訊息，從中正機場飛向日本東京成田機場。(可以參考第二題之儀表)
   (1) 請說明機載航電的裝備或系統名稱？
   (2) 是否需要地面的訊號？何種訊號？
   (3) 如何導引？或顯示？
   (4) 需要哪些技術資源、程序？

2002 航空技師高考　航電系統

1. 數位航電系統中的數位匯流排(Digital Data Bus)分為軍機系統與民航機系統，略有相似之處，但各有特色，請說明至少三種數位匯流排之(1)網路拓樸架構圖，(2)資料傳遞的方式，(3)系統複雜性與可靠度之分析，(4)通訊協定的概略格式。

2. 傳統機械式的指示空速計(Indicated Airspeed Meter)如何量測飛機的空速，請說明(1)基本原理與配合的感測元件，(2)概略的結構圖。當航電系統由傳統機械式轉變為全數位式系統時，請問(3)空速的轉換元件原理，(4)數據如何傳遞？

3. 航電系統的指示與顯示，主要功能為協助飛行員操作飛行，請問至少要包含哪幾個數據與功能，才能保障飛行員操作飛行。

4. 全數位航電系統的儀表板以主飛行顯示器(Primary Flight Display, PFD)與導航顯示器(Navigation Display, ND)為主，如圖所示為 A340 飛機的儀表板，但是很明顯的，在這個駕駛艙中仍有傳統的機械式儀表，(1)請指出它們是哪幾項、安置在哪裡？(2)以及這些建置傳統儀表的理由？

5. 飛機上的慣性參考系統(Inertia Reference System, IRS)建置目的為導航用途，請問：(1)慣性參考系統中的組成有哪些感測元件、各有多少個、如何配置，(2)此系統採用那兩種機構來建置，各有何優缺點？

6. 航情警示及防撞系統(Traffic Alert and Collision Avoidance System, TCAS)主要用於早期預警空中相撞的危機，請問：(1)何謂 Bubble，其定義與功用為何？(2) 何謂 PA(Proximate Advisory)、TA(Traffic Advisory)、RA(Resolution Advisory)，各定義為何？(3) ICAO 規定何種飛機必須裝設TCAS？(4) TCAS與地面接近警示系統(Ground Proximity Warning System, GPWS)有何基本上的差異？

7. 全球導航衛星系統(Global Navigation Satellite System, GNSS)中：(1)採用何種技術來作為定位的訊號？(2)目前全世界有那些技術可以使用？(3)美國的全球衛星定位系統(Global Positioning System, GPS)具備那些裝備規格可以使用？(4) GPS 的使用有哪些缺點。

8. 觀念性問題，請簡答：

　(1)　何謂依賴性導航(Dependent Navigation)與自主性導航(Independent Navigation)？

　(2)　通訊頻率 UHF、VHF 及 HF 哪種通訊距離遠、哪種通訊品質佳？請簡述原因或原理。

　(3)　空用雷達(Airborne Radar)與地面雷達(Ground Radar)有何基本上的差異？

　(4)　飛機的設計基本上是一個穩定系統，請問線傳飛控(Fly-by-wire)航電系統主要解決那些問題？

　(5)　航電系統的設計與建置採用非相似性原理(Dissimilar Principle)，請說明其原因及特殊目的。

　(6)　航電的輔助電力單元(Auxiliary Power Unit, APU)建置的目的及功能為何？

　(7)　何謂全球導航衛星系統(Global Navigation Satellite System, GNSS)，涵蓋那些技術，用途如何？

2003 高考　飛航管制程序

1. 松山機場 10 跑道進場，從後龍(HLG)以北至交管(Hand-off)給松山塔台，近場台管制員與飛行員間會有哪些互動的飛航管制通訊或指示？飛行員必須做哪些飛航管制報告？請詳細說明。

2. 某航空公司飛行員自中正機場起飛後，即轉向090航向穿越松山機場上空，轉至B591往澳洲飛行，管制員以中文呼叫，該機上兩名外籍飛行員未予回應，致使松山機場發生問題。請就飛行員與飛航管制員的共通觀點，詳細討論此一事件在航管上所造成的問題，以及飛行員、管制員應負擔的責任。

3. 飛航管制依管制高度、管制範圍等基本條件，分為航路、終端、塔台等 3 個層次，分別設置在哪些地點？各司何種職責？管制範圍？

4. 何謂目視飛航及儀器飛航，兩者的基本差異與考核水準，各適用何種飛航條件，請詳加說明。

5. 從北邊進入台南機場，塔台給你 3 邊進場的飛航指示程序，應做哪些處置？將如何落到台南機場的哪一條跑道？請詳細說明。

6. 飛航管制的系統規劃下，起飛的空域應該有哪些半徑、高度、範圍等條件？

7. 解釋名詞：

   (1) QNH

   (2) DME

   (3) Waypoint

   (4) Cloud Ceiling

   (5) Flight Strip

   (6) Outer Marker

   (7) Minimum Obstruction Clearance Altitude (MOCA)

   (8) Localizer

2003 高考航電系統

1. 民航機航電系統數位匯流排制中，以 ARINC-429、ARINC-629 兩種規範為主，請說明這種匯流排的幾項特性：

   (1) 邏輯 "1" 或 "0" 的訊號波形如何，用何種稱呼(命名)，與傳統的邏輯訊號有何不同？

   (2) 為何如此設計？

   (3) ARINC-629 匯流排數據格式如何建置？

   (4) ARINC-629 遙控端(Remote Terminal)如何接收訊號，電路的架構如何？

2. 請敘述目前民航飛機機載航電系統有幾種導航裝置，請畫個簡圖說明其原理及功能。

3. 圖 1 為航電系統處理 Cat III 降落的程序側面圖示，請說明圖 2 航電儀表主飛行顯示器(Primary Flight Display, PFD)如何指引飛行員做進場、落地的飛行。

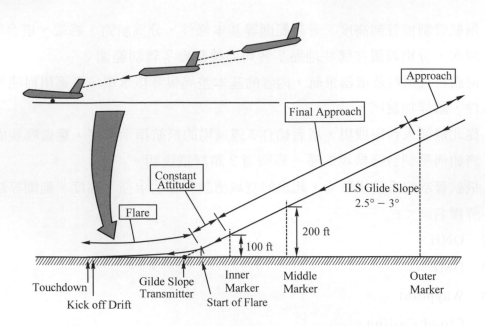

圖 1　Cat III 儀器進場導引側面示意圖

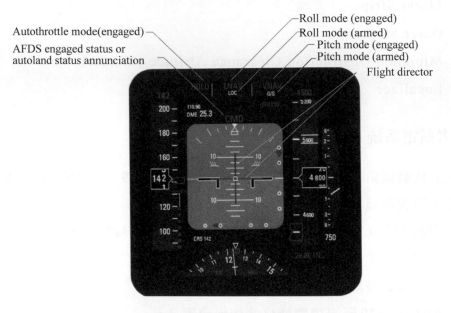

圖 2　PFD 儀表顯示畫面

4. 圖 3 是民航機上的飛航管理電腦系統(Flight Management Computer, FMC) 架構圖，在自動駕駛(Auto Pilot, AP)的功能上，請說明下列問題：

(1) 圖 3 中 Pitch Channel 及 Roll Channel 各司何職？

(2) Auto Throttle 的功能角色又如何？

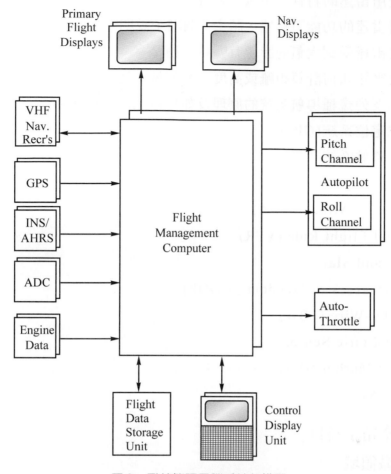

圖3　飛航管理電腦系統架構圖

(3)　對航路的規劃，哪一個訊號提供飛航路徑的指引訊息，做何種控制操作？

(4)　控制顯示單元(Control Display Unit, CDU)的功能是什麼，如何支援飛行軌跡的操控？

5.　機載航電協助飛行員判斷航情的地面接近警告系統(Ground Proximity Warning System, GPWS)是利用何種原理擷取地面訊息？圖 4 所示是其中的一個模式，請說明機載航電的響應處理方式。

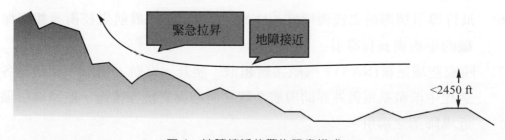

圖4　地障接近的警告訊息模式

6.　有關空用雷達的特性，請做下列說明。

　　(1)　空用雷達的功能有哪些，請舉 3 個例子說明。

　　(2)　空用雷達受到大氣的影響有哪些效應？

　　(3)　空用雷達如何計算距離或高度，有何種效應必須考慮？

7.　請說明下列幾種導航系統的原理及如何修正誤差的來源。

　　(1)　全球定位系統(GPS)

　　(2)　慣性導航系統(INS)

8.　解釋名詞

　　(1)　Angle of Attack (AOA)

　　(2)　Visual Flight Rule (VFR)

　　(3)　Flap and Slat

　　(4)　Six Degrees of Freedom (6-DOF)

　　(5)　Fly-by-Wire (FBW)

　　(6)　Pitot-Static Sensor

　　(7)　Outer Marker (OM)

　　(8)　CNS/ATM

高等考試航空電子科目

相關範圍知識領域

1.　航電系統的感測與數據擷取系統，例如大氣數據、飛行控制數據、導航數據等。

2.　航電數據之交換與運算，數據匯流排之建置規範及功能。

3.　飛行座艙航電顯示系統之組織、訊號傳遞、操作與警示等。

4.　飛行控制之航電系統，包括控制方法、控制率、迴授系統、致動器、操作選擇等。

5.　航電系統的可靠度、多重裕度系統、備載系統等的規劃、設計與運作。

6.　飛行導引與導航之技術領域，INS、GPS、NAS導航之技術，如何保持飛機的平衡與長程導引

7.　國家空域系統(NAS)下飛航系統起飛、爬升、巡航、下降、降路等各飛航過程中機載航電與外界助導航系統之溝通與交換等技術。航路導引顯示與近場降落之導引。

8.　HF、VHF、UHF、SATCOM等語音及數據通訊技術之航電次系統。

9. 雷達導引與回報監視技術、防撞系統技術(TCAS)。

10. CNS/ATM 技術領域下的航空電子技術。

參考書目

1. R. P. G. Collinson, Introduction to Avionics, Chapman & Hall Publishing, London, 1996, ISBN 0-412-48250-9.

2. D. H. Middleton, Avionics Systems, Longman Scientific & Technical, Singapore, 1898, ISBN 0-582-01881-1.

3. A. Helfrick, Practical Aircraft Electronics Systems, Prentice Hall, Inc., Englewood Cliffs, NJ, USA, 1995, ISBN 0-13-118803-8.

4. M. S. Nolan, Fundamentals of Air Traffic Control, Wadsworth Publishing, Belmont, California, USA, 1999, 3rd Edition, ISBN 0-534-56795-9.

5. 林清一，航電系統電子書，http://avionics.iaa.ncku.edu.tw.

6. 林清一，先進飛航管理系統電子書，http://avionics.iaa.ncku.edu.tw.

航電縮寫及字彙
Avionics Abbreviation and Vocabulary

3D, 4D	Three or four dimension 三度或四度空間
A	(1) Autotuned NAVAID 自動導引
	(2) Amperes 安培，為電流的單位
AAC	Aeronautical Administrative Communication 航空管理通訊
AAL	Above Aerodrome Level 機場平面以上
AAMP	Advanced Architecture Micro-Processor 高階微處理器架構
AATT	Advanced Aviation Transportation Technology 先進航空運輸技術
A/B	Autobrake 自動煞車系統
A-BPSK	Aeronautical Binary Phase Shift Keying 為一種上傳的數位調變方式
ABRV	Abbreviation 縮寫的代稱
ABS	Absolute 絕對性的
Absolute	The altitude of the aircraft above the terrain
Altitude	Also known as AGL(above ground level)
	在地面以上相對於地面以上的飛機飛行高度，而非相對於海平面以上，或稱為 AGL
AC	(1) Advisory Circular 資訊公告
	(2) Alternating current 代理
A/C	Aircraft 航空器
ACAC	Air-Cooled Air Cooler 氣冷式
ACAS	Airborne Collision Avoidance System 航空防撞系統
ACARS	Airborne Communications Addressing and Reporting System 航空通訊位址與回報系統
ACC	(1) Active Clearance Control 主動淨空管制
	(2) Area Control Center 區域或終端管制中心
Acclrm	Accelerometer 加速計
ACE	(1) The control character meaning technical acknowledge 控制品質在於技術的先行通報
	(2) Actuator Control Electronics 電子控制式致動器
	(3) Advanced Certification Equipment 先進認證設備

ACF	Area Control Facility 區域管制設備
ACIPS	Airfoil and Cowl Ice Protection System 在飛機翼面上的除冰裝置，於結冰時可以啓動打破在機翼表面的結冰
ACK	The control character meaning technical acknowledgement of an uplink, used in an ACARS system 在航空通訊回報系統中，控制的品質在於技術的預知與通報
ACM	Air Cycle Machine 航空機械循環一個週期
ACMF	Airplane Condition Monitoring Function 具有監控飛機狀況的功能
ACMP	Alternating Current Motor Pump 交流馬達帶動的泵
ACMS	Aircraft Condition Monitoring System 具有監控飛機狀況的系統
ACNSS	Advanced Communication/Navigation/ Surveillance System 先進飛航管理系統中包括的三大功能，通訊、導航與監視
ACP	Audio Control Panel 控制聲音播放器的操作板
ACS	(1) Active Control System 主動控制系統
	(2) Audio Control System 控制聲音播放器的系統
ACT	Active 主動，具先行控制權
ACU	(1) Apron Control Unit 工作控制單元
	(2) Autopilot Control Unit 自動控制單元
	(3) Antenna Control Unit 天線控制單元
A/D	Analog-To-Digital 類比訊號轉為數位訊號
ADA	Computer Programming Language 電腦程式語言
ADC	Air Data Computer 飛機傳輸數據的電腦
ADF	Automatic Direction Finder 自動定向儀
ADI	Attitude Direction Indicator 姿態及方位計
ADIRS	Air Data Inertial Reference System 慣性航空數據導引系統
ADIRU	Air Data Inertial Reference Unit 慣性及大氣數據參考單元
ADLP	(1) Aircraft Data Link Processor 航空器中的微處理器負責數據傳輸
	(2) Airborne Data Link Protocol 航空器中的數據傳輸協定
ADM	Air Data Module 航空數據模組
ADMS	Airline Data Management System 飛機的數據管理系統
ADP	Air Driven Pump 航空器的驅動泵
ADRAS	Airplane Data Recovery and Analysis System 飛機上的擷取回復與分析數據的系統

ADS	(1) Automatic Dependent Surveillance 自動回報監視
	(2) Air Data System 數據鏈路系統
ADSB	Automatic Dependent Surveillance-Broadcast 廣播式自動回報監視
ADSEL	Address Selective. A SSR system electronically arranged to address each transponder selectively. Only a particular transponder will respond, thus avoiding garbling. ADSEL uses a monopulse technique to provide more accurate bearing measurement. ADSEL is compatible with DABS. (Refer to Mode S transponders) 經由二次雷達系統的電子式選擇通訊位址，經由脈波調變方式，只有某特定波段位址的接收機才可以接收得到，並且本身相容性大
ADSP	Automatic Dependent Surveillance Panel 自動監視儀表
ADSU	(1) Automatic Dependent Surveillance Unit 自動回報監視單元
	(2) Automatic Dependent Surveillance System 自動回報監視系統
AECU	Audio Electronic Control Unit 利用語音的電子式控制單元
AED	Algol Extended for Design，Algol 是一種高階程式語言，適合處理數學及科學計算
AEEC	Airlines Electronic Engineering Committee 航空公司電子工程委員會
AEP	Audio Entertainment Player 音響娛樂播放器
AERA	Automated En Route traffic control 自動航路飛航管制
AES	Aircraft Earth Station 飛機資料傳送的地面站
AFC	(1) Automatic Frequency Compensation 自動頻率補償
	(2) Automatic Frequency Control 自動頻率控制
AFCAS	Automatic Flight Control Augmentation System 自動飛航增強系統
AFCS	Automatic Flight Control System 自動飛行控制系統
AFD	(1) Adaptive Flight Display 適應性飛行顯示器
	(2) Autopilot Flight Director 自動駕駛指示儀
AFDC	Autopilot Flight Director Computer 自動駕駛導引電腦
AFDS	Autopilot Flight Director System 自動駕駛導引系統
AFEPS	ACARS Front End Processing System 航空航情顯示及防撞系統的前端處理系統
AFIS	(1) Automatic Flight Information Service 自動飛行訊息服務
	(2) Airborne Flight Information System 空中機載飛行資訊服務 AFS
	(1) Aeronautical Fixed Service 飛機所提供的特定服務

	(2) Automatic Flight System 自動飛行系統
AFSK	Audio Frequency Shift Keying 一種語音的調變方式
AGACS	Automatic Ground-Air Communication System, also known as ATCSS, or DATA LINK 地面與空中的自動通訊系統，或稱航空數據鏈
AGC	Automatic Gain Control. AGC is used to maintain the output level of the receiver 在類比轉數位的調變中，作為自動增益調整控制
AGL	Above Ground Level 實際離地高度
AGS	Air/Ground System 空對地訊號連結系統
AHC	Attitude Heading Computer 姿態及方位指引計算機
AOHE	Air/Oil Heat Exchanger 空氣燃油的熱交換器
AHRS	Attitude Heading Reference System 姿態及方位參考指引系統
AI	(1) Alternative Interrogator 具有選擇性的諮詢
	(2) Artificial Intelligence 人工智慧
AIDS	Aircraft Integrated Data System 航空器中的整合系統
AIL	Aileron 飛機的副翼
AIMS	Information Management System 資訊管理系統
AIP	Aeronautical Information Publication 民航局公告的飛航情報指南，提供本區的飛航相關訊息
AIRCOM	Digital air/ground communications services provided by SITA. A system similar to ACARS. 數位航空地面通訊服務，與航情警示系統之功能相近
AIR DATA	Those parameters that can be derived from knowledge of the air mass surrounding the aircraft 藉由通訊傳播的方式，把飛機上的訊息傳播出去
Airways	The standard ICAO IFR routes 由國際民航組織所訂定的飛行航線
AIS	Aeronautical Information Services 航空資訊傳播服務
AIV	Accumulator Isolation Valve 廢氣累積隔離閥
A/L	Autoland 自動降落
ALC	Automatic Level Control. A circuit used to maintain the output of a transmitter regardless of variations in the attenuation of the system. 自動高度控制的電路，以保持固定的飛行高度
ALT	(1) Airborne Link Terminal 空中機載鏈路終端
	(2) Altitude 高度
	(3) Alternate 交換性的、交流的

ALT HOLD	Altitude Hold Mode 高度維持不變的控制模式
ALTS	Altitude Select 高度選擇器
ALU	Arithmetic and Logic Unit 邏輯計算單元
AM	Amplitude Modulation. A signal where the carrier signal is varied in amplitude to encode voice or data information. 振幅調變
AMC	Avionics Maintenance Conference 航電維修諮詢會議
AMCP	Aeronautical Mobile Communications Panel 航空行動通訊討論小組
AME	Amplitude Modulation Equivalent. An AM type signal that processes the modulated information signal and carrier frequency separately and then reconstructs the two signals to make an equivalent AM signal 振幅調變等效裝備，將 AM 的載波與訊號分開處理
AMI	Airline Modifiable Information 航空公司可修訂資訊
AMLCD	Active Matrix Liquid Crystal Display 主動性的液晶顯示器
AMP	Audio Management Panel 語音管理單元
AMPL	Amplifier 放大器
AMS	(1) Apron Management Service 停機坪管理服務
	(2) Avionics Management Service 航電管理服務
AMSS	Aeronautical Mobile Satellite Service 空中繞行通訊衛星的服務 AMTOSS Aircraft Maintenance Task Oriented Support System. An automated data retrieval system. 航空維修目標導向支援系統，自動數據擷取及更新系統
AMU	Audio Management Unit 語音管理單元
AMUX	Audio Multiplexer 語音多工器
A/N	Alphanumeric 文字與數字系統
Aneroid	An evacuated and sealed capsule or bellows which capsule expands or contracts in response to changes in pressure. 藉由壓力的變化改變儀器表面的薄膜，藉以作為壓力的感測元件
ANP	Actual Navigation Performance 實際的導航性能
ANS	(1) Area Navigation System 區域導航系統
	(2) Ambient Noise Sensor 感應量測噪音的感測器
ANSI	American National Standards Institute 美國國家標準協會
ANT	Antenna 天線
ANTC	Advanced Networking Test Center 高階網路連線測試中心

AOA	Angle Of Attack 攻角，飛行方面相對於實際風向的夾角
AOC	(1) Airport Operational Communications 機場運轉通訊
	(2) Air/Oil Cooler 空調液壓冷卻器
	(3) Aeronautical Operational Control 飛航管制
	(4) Airport Obstruction Chart 機場障礙圖
	(5) Aircraft Operational Control 飛機管制
	(6) Airline Operational Control 航空公司簽派管制
AOCC	Airline Operation Control Center 航空簽派管制中心
AODC	Age Of Data, Clock (GPS term) 全球衛星定位系統的時間
AODE	Age Of Data, Ephemeris (GPS term) 全球衛星定位系統的星曆資料表
AOG	Aircraft On Ground 在機場平面上的飛機
AOHE	Air/Oil Heat Exchanger 空氣燃油的熱交換器
AOM	Aircraft Operating Manual 飛航操作手冊
AOPA	Aircraft Owners and Pilots Association 飛機擁有者與駕駛的協會
AOPG	Aerodrome Operations Group 機場管理執行團體
AOR	Atlantic Ocean Region 大西洋一帶
A/P	Autopilot. A computer commanded system for controlling aircraft control surfaces. 自動駕駛，利用電腦操控飛機飛行的系統
APA	(1) Autopilot Amplifier 自動駕駛放大器
	(2) Allied Pilots Association 飛機駕駛協會
APB	Auxiliary Power Breaker 輔助動力煞車
APC	(1) Autopilot Computer 自動駕駛電腦
	(2) Aeronautical Passenger Communication 飛行中，提供給旅客的通訊裝置
APMS	Automated Performance Measurement System 自動性能測量系統
APP	Approach Control 近場管制
APPR	Approach 近場，泛指機場周邊之飛行活動
APR	Actual Performance Reserve 實際性能
APU	Auxiliary Power Unit 輔助電力系統
APUC	Auxiliary Power Unit Controller 動力輔助控制器
AQP	(1) Avionics Qualification Procedure 航電認證程序
	(2) Advanced Qualification Program 先進認證系統
A-QPSK	Aeronautical Quadrature Phase Shift Keying 一種通訊的調變方式

AQS　　　　Advanced Quality System 先進品質認證系統

ARF　　　　Airline Risk Factor 航線風險因子

ARINC　　　Aeronautical Radio, Incorporated 航空無線電研究發展機構

ARP　　　　Air Data Reference Panel 空中數據參考顯示器

ARPA　　　Advanced Research Projects Agency 先進研究企畫代理處

ARR　　　　Arrival 到達

ARS　　　　Automated Radar Summary chart. These are hourly generated charts showing location and intensity of radar echoes. 藉由雷達掃瞄可以掃瞄周邊的飛機流量與密度

ARSR　　　Air Route Surveillance Radar 航路監視雷達

ART　　　　Automatic Reserve Thrust 自動備用推力

ARTCC　　Air-Route Traffic Control Center Approximately 23 centers cover the air traffic routes in the United States using numerous radars and radio communication sets. 航路管制中心，全美國有 23 個中心，利用無線電與飛機取得聯繫並導引飛行

ARTS　　　Automated Terminal Radar System 終端雷達管制中心

ASA　　　　Autoland Status Announciator (AFDS) 自動降落播報

ASCPC　　Air Supply and Cabin Pressure Controllers 座艙壓力空氣控制器

ASDE　　　Airport Surface Detection Equipment 航站平面偵測裝備

ASDL　　　Aeronautical Satellite Data Link 航空衛星數據通訊

ASECNA　Agency for the Security of Aerial Navigation in Africa and Madagascar 飛機導航時的通訊保密

ASG　　　　ARINC Signal Gateway 調變中的訊號通訊閘道

ASI　　　　Avionics System Integration 航電系統整合

ASIC　　　Application Specific Integrated Circuit 應用特定整合電路

ASM　　　　(1) Airspace Management 空域管理

　　　　　　(2) Autothrottle Servo Motor 自動節流閥伺服控制

ASP　　　　(1) Altitude Set Panel 高度設定板

　　　　　　(2) Aeronautical Fixed Service (AFS) Systems Planning for data interchange 航空通訊中訊息的交換系統

ASPP　　　Aeronautical Fixed Service (AFS) Systems Planning for data interchange Panel 航空通訊中訊息的交換系統

A-SMGCS	Advanced Surface Movement Guidance and Control Systems 先進機場平面導引及控制系統
ASR	Airport Surveillance Radar 機場監視雷達
ASRS	Aviation Safety Reporting System 航空安全回報系統
ASSTC	Aerospace Simulation and Systems Test Center 航空模擬測試中心
ASSV	Alternate Source Selection Valve 交換式選擇閥
ASTA	Airport Surface Traffic Automation 自動化航站平面交通管理
AT	(1) At (an altitude) 高度
	(2) Air Transport 空中運輸
A/T	Autothrottle 自動節流閥
ATA	(1) Air Transport Association 航空運輸協會
	(2) Actual Time of Arrival 到達的實際時間
ATC	Air Traffic Control 空中交通管制、飛航管制
ATCC	Air Traffic Control Center 飛航管制中心
ATCRBS	Air Traffic Control Radar Beacon System 飛航管制雷達指引系統
ATCSS	Air Traffic Control Signaling System 航管訊號系統，使用極高頻通訊作為提供資訊訊息
ATE	Automatic Test Equipment 自動測試裝備
ATFM	Air Traffic Flow Management 空中交通流量管制
ATHR	Autothrust System 自動推力系統
ATI	Instrument Size Unit of Measure 儀器測量單元
ATIS	(1) Automatic Terminal Information System 自動終端資訊服務系統，多為提供機場附近即時資料的系統
	(2) Automatic Terminal Information Service 自動終端資訊服務
ATM	Air Traffic Management 空中交通管制、飛航管理
ATN	Aeronautical Telecommunications Network 空中通訊網路
ATP	Acceptance Test Procedure (Air Transport) 認證接受測試流程，指對一項維修、更新、換裝之完成測試
ATR	Air Transport Racking 航空運輸打包裝貨盤
ATS	(1) Autothrottle System 自動節流閥系統
	(2) Air Traffic Services 空中交通服務
	(3) Air Turbine Starter 渦輪啟動器
ATT	Attitude 飛行姿態

AUX	Auxiliary 輔助性的
AVLAN	Avionics Local Area Network 航電區域網路
AVM	Airborne Vibration Monitor 機載航電震動監視
AVOL	Aerodrome Visibility Operational Level 機場能見度可操作水準
AVPAC	Aviation Packet Communication 航空封包通訊
AWACS	Airborne Warning And Control System 地面預警控制系統
AWAS	Automated Weather Advisory Station 自動氣象回報站
AWIPS	Advanced Weather Interactive Processing System 先進氣象訊息交換中心
AWM	Audio Warning Mixer 語音警示混合器
AWO	All Weather Operations 全天候操作
AWOP	All Weather Operations Panel 全天候操作顯示介面
AWOS	Automated Weather Observation System 自動氣象觀測系統
Bandwidth	The difference between the highest and lowest frequency components of a signal 訊號的頻率範圍，頻寬
BAP	Bank Angle Protection 傾斜角保護
BARO	Barometric 氣壓計，Baro-Corrected Pressure altitude 低orrected local barometric pressure altitude 壓力式高度指示計
BCD	Binary Coded Decimal 位元轉換，此為二進位轉為十進位
BCRS	Back Course 反向路徑，指儀降系統的反向進場路徑的訊息
BCS	Block Check Sequence 錯誤檢查機制
BDI	Bearing Distance Indicator 航向與距離指示計
Bearing	The direction of a point or navigational aid measured clockwise from a reference through 360'. 指向導航訊號台之方位，計算方位的方向，由 360 度開始，順時針方向開始算
BER	Bite Error Rate 位元錯誤率
BFE	Buyer Furnished Equipment 買方自備裝備，指購買飛機時，不由飛機製造商提供之主要裝備，例如引擎等
BFO	Beat Frequency Oscillator. 產生頻率振盪，解讀編譯摩斯碼
BGI	Bus Grant Inhibit. A term used in CAPS transfer bus processing.匯流排傳送機制
Bi	Burn-in 燒入，指電子裝備完成後依規格送電測試的過程
Binary	Base-2 counting system. Numbers include 0, 1. 二進位數字，指 0 與 1

BIST　　　　　　Built-In Self Test 在嵌入式電路之自我測試

Bit　　　　　　A binary digit. Smallest data unit in a microprocessor system. 二進位位元

BIT　　　　　　Built-In-Test 燒入測試

BITE　　　　　　Built-In-Test Equipment 嵌入式電路之測試設備

BLK　　　　　　Block 電路構裝之區塊

BMV　　　　　　Brake Metering Valve 煞車計量閥

BNR　　　　　　Binary 二進位

BOC　　　　　　Bottom Of Climb 在底部

BOM　　　　　　Bill Of Material 材料的清單

BOP　　　　　　Bit Oriented Protocol 導向性協定

BP　　　　　　(1) BITE Processor 嵌入測試設備的處理器

　　　　　　　　(2) Bottom Plug 插入底部

BPCU　　　　　　Bus Power Control Unit 匯流排控制單元

bps　　　　　　bites per second 每秒所跑過的位元數

Bps　　　　　　Bytes per second 每秒所跑過的字元數

BPSK　　　　　　Binary Phase Shift Keying 一種通訊調變方式

BRG　　　　　　Bearing 方位

BRT　　　　　　Brightness 亮度

BSCU　　　　　　Brake System Control Unit 煞車控制系統單元

BSU　　　　　　(1) Bypass Switch Unit 旁路通過的開關閥

　　　　　　　　(2) Beam Steering Unit 光束操控閥

BTB　　　　　　Bus Tie Breaker 煞車器

BTMU　　　　　　Brake Temperature Monitor Unit 煞車溫度監測機制

BU　　　　　　Backup 備用

Byte　　　　　　A grouping of eight bits. 位元組或字元，八個位元構成一個字元

CAA　　　　　　Civil Aviation Authority 民用航空局

CAAC　　　　　　Civil Aviation Administration of China 中國民航局

CAB　　　　　　Civil Aeronautics Board 日本航空局

CAC　　　　　　Caution Advisory Computer 預警諮詢電腦

C/A Code　　　　(1) GPS Course Acquisition Code 全球衛星定位系統所用的編碼

　　　　　　　　(2) Course Acquisition Code 衛星編碼方式

CACP　　　　　　Cabin Area Control Panel 座艙控制儀表板

CAD	Computer Aided Design 電腦輔助設計
CAE	Component Application Engineer 電腦輔助工程設計
CAGE	Commercial Avionics GPS Engine 商用衛星定位航電啓動設備
CAH	Cabin Attendant Handsets 客艙服務員通話設備
CAI	Caution Annunciator Indicator 警告報備通知訊息
Calibrated (校準)	Corrected for instrument errors and errors due to Airspeed position or location of the pressure source. At standard sea level conditions,CAS is equal to true airspeed (TAS). 矯正儀表誤差和壓力來源之空速位置所造成的誤差。在標準的海平面上，計算空速和真實空速相等
CAM	Computer Aided Manufacturing 電腦輔助製造
CAPT	Captain 機長
Carrier	An ac signal that can be modulated by changing the amplitude,frequency, or pulse of the signal. 交流信號藉由調變的方式，如調幅、調頻，或稱為脈波調變信號
CAS	(1) Computed Airspeed 計算空速 (2) Collision Avoidance System 防撞系統
CASE	Computer Aided Software Engineering 電腦輔助軟體工程
CAT	(1) Computer Aided Testing 電腦輔助測試 (2) Clear Air Turbulence 晴空亂流 (3) Categories (I, II, III) for Visibility Requirements 能見度需求規範之種類，分 CAT I、CAT II、CAT IIIa、CAT IIIb、CAT IIIc
CAT I	Operational performance Category I. An ILS facility providing operation down to a 60-metre (200 feet) decision height and with runway visual range not less than 800 meters (2600 feet) and a high probability of approach success. 操作特性種類一。當飛行高度下降到 60 公尺(200英尺)的決定高度時，若跑到的目視距離不低於800公尺(2600英尺)，則儀表降落系統開始運作，以幫助成功地降落
CAT II	Operational performance Category 11. An ILS facility providing operation down to a 30-meter (100 feet) decision height and with runway visual range not less than 400 meters (1200 feet) and a high probability of approach success. 操作特性種類二。當飛行高度下降到 30 公尺(100英尺)的決定高度時，若跑到的目視距離不低於400公尺(1200英尺)，則儀表降落系統開始運作，以幫助成功地降落

CAT III a	Operational performance Category III a. An ILS facility providing operation with no decision height limit to and along the surface of the runway with external visual reference during final phase of landing and with a runway visual range of not less than 200 meters (700 feet).操作特性種類三 a。在降落的最後階段，用外部目視參考且跑道目視範圍不少於 200 公尺(700 英尺)時，儀表降落系統將提供一個沒有高度限制的降落程序
CAT III b	Operational performance Category III b. An ILS facility providing operation with no decision height limit to and along the surface of the runway without reliance on external visual reference; and subsequently ta3ding with external visual range of not less than 50 meters (150 feet) 操作特性種類三 b。在降落的最後階段，用外部目視參考且跑道目視範圍不少於 50 公尺(150 英尺)時，儀表降落系統將提供一個沒有高度限制的降落程序
CAT III c	Operational performance Category III c. An ILS facility providing operation with no decision height limit to and along the surface of the runway and taxiways without reliance on external visual reference.操作特性種類三 c。在降落的最後階段，外部目視無法提供參考時，儀表降落系統將提供一個沒有高度限制的降落程序
C-BAND	The frequency range between 4,000 and 8,000 MHz.頻率範圍在 4,000～8,000 MHz 者謂之通訊頻道
CBT	Computer Based Training 電腦本位訓練器
CCB	(1) Converter Circuit Breaker 轉換斷路開關 (2) Configuration Control Board 控制面板的配置
CCD	(1) Cursor Control Device 螢幕控制設備 (2) Charged Coupled Device 電荷耦合元件
CCIR	International Radio Consultative Committee 國際無線電諮詢委員會
CCITT	International Telegraph and Telephone Consultative 國際電報電話諮詢委員會
CCP	Consolidated Control Panel 統一的控制面板
CCS	Cabin Communication System 座艙通信系統
CCW	Counterclockwise 逆時針
CD	(1) Chrominance Difference 色度差

(2) Compact Disc 雷射唱片

CDG	Configuration Database Generator 結構資料庫產生器
CDI	Course Deviation Indicator 偏航指示器
CDP	Continuous Data Program 連續資料程式
CDR	Critical Design Review 臨界設計檢閱
CDs	(1) Cabin Distribution System 座艙分佈系統
	(2) Common Display System 一般顯示系統
CDTI	Cockpit Display of Traffic Information 駕駛員座艙交通資訊顯示
CDU	Control Display Unit 控制顯示器
CEPT	Conference Europ6ene des Postes et Telecommunications 歐洲郵政電信研討會
CF	Change Field 更改場地
CFDIU	Central Fault Display Interface Unit 中央錯誤顯示介面
CFDS	Centralized Fault Display System 中央錯誤顯示系統
CFIT	Controlled Flight into Terrain 控制飛向地面
CFMU	Central Flow Management Unit 中央流動管制設備
CFS	Cabin File Server 客艙檔案伺服器
CG	Center of Gravity 重心
CHG	Charge 索費
CHIS	Center Hydraulic Isolation System 中心液壓絕緣系統
CI	(1) Configuration Item 面板配置項目
	(2) Cabin Interphone 座艙機內對講機
CIDIN	Common ICAO Data Interchange Network 一般國際民航組織資料交換網路
CIDS	Cabin Interphone Distribution System 客艙對講機分配系統
CIE	Commission Internationale de I Eclairage 國際照明委員會
CLB	Climb 攀爬
CLK	Clock 時脈
Cloud	Water or ice particles having radii smaller than 0.01 cm.Droplets 水或冰的微粒具有小於 0.01 公分的半徑稱之小滴
CLR	Clear 清澈透明的
CMC	Central Maintenance Computer 中央維護電腦
CMCF	Central Maintenance Computer Function 中央維護電腦函數

CMCS	Central Maintenance Computer System 中央維護電腦系統
CMD	Command 命令
CMM	(1) Component Maintenance Manual 系統組件維護手冊
	(2) Common Mode Monitor A type of monitor common to automatic flight control systems. 自動飛行控制系統的顯示器
CMN	Control Motion Noise 控制運動干擾
CMOS	Complementary Metal Oxide Semiconductor 互補金氧半導體
CMS	Cabin Management System 客艙管理系統
CMU	Communications Management Unit 通訊管理
CNDB	Customized Navigation Database 定做導航資料庫
CNES	Center national d'etudes spatiales
C/NO	Carrier-to-Noise Density Ratio 載運者對噪音密度比例
CNP	Comm/Nav/Pulse
CNS	Communication, Navigation, Surveillance 通信/導航/監視
Coasted Track	A track that is continued based on previous track characteristics in the absence of surveillance data reports (TCAS). 航行軌跡。依照空中交通防撞系統所規劃的軌跡飛行
CODEC	Coder/Decoder 編碼/解碼
COM	Cockpit Operating Manual 駕駛艙操作手冊
COMM	Communications 通訊或交通
Compass Locator	A low-powered radio beacon, used in conjunction 羅盤。一種低功率的無線電信標 with ILS. A compass locator has a 2-letter identification and a range of at least 15 miles. 定位器。透過儀表降落系統，羅盤定位器具有至少 15 英里的識別
COMP	Compressor 壓縮機
CON	Continuous 連續的
Cone of Confusion	An inverted conical shaped area extending vertically 圓錐形 above a VOR ground facility which is void of the bearing signal. 混淆。在一個特高頻多項導航台上，方位信號是無用的
Consolan	A low-frequency, keyed, CW, short baseline system using two antennas to radiate a daisy-shaped pattern for navigational aid purposes. The frequency range is in the 300-kHz region. It is in limited use today. 康

梭導航儀。它是透過兩個天線發出一低頻的連續波，其範圍在 300-kHz 附近，用於輔助導航使用。但在現今已被限制使用

Contour	Contour or iso-contour refers to a weather radar display presentation that blanks the echo returns in the center of a storm cell. The area blanked out is called contour and corresponds to the return levels that exceed a predetermined threshold. 等壓線。天氣圖上，彎彎曲曲的線條，就是等壓線，天氣圖上繪出等壓線後就可見到鋒面的所在和高低壓等的強度和範圍，顧名思義，氣壓值相等的地方連成一條線就叫等壓線
CO ROUTE	Company Route 公司航路
Correction	A correction is applied to static source pressure(SSEC) measurements to partly or completely correct for pressure errors which are caused by airflow changes. It is computed as a function of Mach and altitude based on measured errors for a particular static system. 靜壓源誤差校正。它是藉由一個包含馬赫數和海拔高度的方程式計算其誤差
Corrective Advisory	A resolution advisory that instructs the pilot to deviate from current vertical rate (e.g. DON'T CLIMB when the aircraft is climbing). (TCAS) 空中交通防撞系統警告飛行員停止爬升動作，當飛具產生爬升現象時
COTS	Commercial Off-the-Shelf 可現成買到的商業產品
CP	Control Panel 控制面板
CPA	Closest Point of Approach 攔截下滑點
CPC	(1) Cabin Pressure Controller 客艙壓力控制器 (2) Cursor Position Control 游標位置控制
CPCI	Computer Program Configuration Item. A CPCI number identifies the configuration of a computer software program. 計算機程式結構條款。其可作為計算機軟體結構的識別
CPCS	Cabin Pressure Control System 客艙壓力控制系統
CPDLC	Controller-Pilot Data Link Communications 飛行員資料鏈結通信
CPE	Circular Position Error 圓弧位移誤差
CPI	Continuous Process Improvement 改善連續程序
CPM	Core Processor Module 核心處理模組
CPN	Collins Part Number

CPRSR	Compressor 壓縮機
CPS	Cabin Pressure Sensor 客艙壓力感應器
CPU	Central Processing Unit 中央處理器
CR	(1) Change Request 更改請求
	(2) Contrast Ratio 對照比例
CRES	Corrosion Resistant Steel 腐蝕抵抗鋼筋
CRC	(1) Cyclic Redundancy Code 循環冗贅編碼
	(2) Cyclic Redundancy Check 循環冗贅核對
CRM	(1) Cockpit Resource Management 駕駛艙資源管理
	(2) Crew Resource Management 人力資源管理
CRPA	Controlled Reception Pattern Antenna 控制接收模式天線
CRS	Course 跑道
CRT	Cathode Ray Tube 陰極射線管
CRZ	Cruise 巡航
CSC	Cargo System Controller 貨物系統控制器
CSCP	Cabin System Control Panel 客艙系統控制面板
CSDB	Commercial Standard Data Bus 商用標準的數據傳輸線
CSDS	Cargo Smoke Detector System 貨物煙熱檢測器系統
CSEU	Control Systems Electronics Unit 控制系統電子設備
CSMM	Crash Survivable Memory Modules 墜毀時可保存的記憶模組
CSMU	Cabin System Management Unit 客艙系統管理裝置
C/SOIT	Communications /Surveillance Operational Implementation Team 通信/監視操作的執行團隊
CSU	Configuration Strapping Unit
CTA	(1) Controlled-Time of Arrival 控制到達時間
	(2) Control Area (ICAO Term) 控制領域(國際民航組織)
CTAI	Cowl Thermal Anti-Icing 整流罩熱除冰系統
CTAS	Center Tracon Automation System 該系統是由 NASA7 與管制員、駕駛員七年來共同工作努力的成果。以幫助管制員做航機隔離、處理席位管制能量並安排航機前後順序; 因它能正確預測航流，並且，即使已預測到超過航管工作能量時，也能讓管制員先行處理使航流趨於平順，幫助管制員提供航機更好的服務

CTC	(1) Cabin Temperature Controller 客艙溫度控制
	(2) Centralized Train Central
CTL	Control 控制
CTMO	Centralized Air Traffic Flow Management Organization 一個管理班機流量的組織
CTOL	Conventional Take Off and Landing 依照程序起飛和降落
CTR	(1) Control zone 管制地帶
	(2) Center 中心點
CTRD	Configuration Test Requirements Document 架構測驗需要文件
CTRL	Control 控制
CTS	Clear To Send 清除發送
CU	(1) Control Unit 控制裝置
	(2) Combiner Unit (HUD) 連結裝置
CV/DFDR	Cockpit Voice and Digital Flight Data Recorder 座艙聲音和數位飛行資料記錄器
CVR	Cockpit Voice Recorder 座艙聲音紀錄器
CVRCP	Cockpit Voice Recorder Control Panel 座艙聲音紀錄控制面板
CW	(1) Continuous Wave. A continuous train of identical oscillations 連續波
	(2) Clockwise (CW) 順時針
C&W	Control and Warning 控制和警報
CWI	Continuous Wave Interference 連續波的干擾
CWP	(1) Controlled Working Position 控制工作點
	(2) Controller Working Position 控制工作點
CWS	Control Wheel Steering 控制輪子操作
DA	Descent Advisor 高精密度的四維飛行管理系統
D/A	Digital-to-Analog 數位到類比的轉換
DABS	Discrete Addressable Beacon System 個別受理信標系統
DADC	Digital Air Data Computer 數位大氣資訊電腦
DADS	Digital Air Data System 數位大氣資料系統
DARC	Direct Access Radar Channel. An independent backup to main ATC computers. 直接存取雷達頻道。一個獨立的備份資料連到飛航管制電腦

DARPA	Defense Advanced Research Projects Agency 美國國防部高等研究計劃局
DAS	Designated Alteration Station 指定轉換站
Data Link	A system that allows exchange of digital data over an rf link.ATCSS is a data link system used by the air traffic control system. ACARS is a data link system used by airline command, control, and management system, using vhf communication frequencies. 資料鏈結。一個允許數位資料透過無線電頻率交換的系統。空中交通管制專家就是一種資料鏈結的系統。可做為航線命令、控制和管理的系統。而它是透過超高頻率(VHF)做為通信的頻率
D-ATIS	Digital Automatic Terminal Information System 數位自動化終端機資訊系統
dB	Decibel 分貝
DBi	Decibels referenced to an isotopic antenna
Dbi	Decibels above isotopic circular 超出公告的分貝
dBm	Decibel(s) below 1 milliwatt 低於一毫瓦的分貝數
DBMX	Database Management System 資料庫管理系統
DBS	Direct Broadcast Satellite 衛星直播
DBw	Decibels referenced to 1 watt 分貝對一瓦特做參考
DBU	Data Base Unit 資料庫
DC	Direct Current 直流電
DCAS	Digital Control Audio System 數位控制的視覺系統
DCD	Double Channel Duplex. A communication system using two rf channels, one channel for receive and one channel for transmit operations, for simultaneous communication. 雙波道雙工。一個使用兩個無線電頻率做同步通信的通信系統。其中一個頻道作為接收用，另一個作為傳送用。
DCE	Data Communications Equipment 資料通信裝備
DCGF	Data Conversion Gateway Function 資料轉變閘道函數(功能)
DCMF	Data Communication Management Function 資料通信管理函數(功能)
DCMS	Data Communication Management System 資料通信管理系統
DCN	(1) Drawing Change Notice 描繪變化通知(警告)
	(2) Design Change Notice 設計變化通知(警告)

(3) Document Change Notice 用文件說明變化通知(警告)

DCP	Display Control Panel 顯示控制面板
DCS	Double Channel Simplex.　A communication system using two rf channels for non-simultaneous communication.　One channel is disabled while the other channel is used to transmit. 雙波道單工。一個使用兩個無線電頻率做非同步通信的通信系統。當其中一個頻道在傳輸時，另一個就不能使用
DCU	Data Concentration Unit 資料集中單元
DCV	Directional Control Valve 定向控制閥
DDA	Digital Differential Analyzer 數位鑑別分析器
DDD	Dual Disk Drive 雙磁盤傳動裝置
DDM	Difference in Depth of Modulation 調節深度的差距
DDP	Declarations of Design and Performance.　A control document required by the United Kingdom Civil Aviation Authority (CAA) for certification of avionics equipment. 設計和性能的聲明。由聯合國民用航空當局，對航空電子設備控制文件做出的要求
DDS	Direct Digital Synthesizer 直流數位合成器
DDT	Downlink Data Transfer 下傳資料的轉移(傳送)
DECCA	A navigation system widely used by shipping in Europe.　The ground facilities consist of a master station and several slave stations. 一種導航系統，在歐洲境內被廣泛地運用於船舶上。其地面設備包含，一個主要的地面站和數個控制站
Decimal	Base-10 counting system.　Numbers include 0,1,2,3,4,5,6,7,8,9. 小數。十進位系統，包含 0～9 共十個整數
ded	Dedicated 專用的
DEFDARS	Digital Expandable Flight Data Acquisition And Recording System 數位飛行資料取得和紀錄的系統
DEFL	Deflection 偏斜；偏角
DEG	Degree 度，度數
DEL	Delete 刪除
Demand Mode	An ACARS mode of operation in which communications may be initiated by the ground processor or the airborne system. 請求模式

DEP	Departure 偏移或偏差
DER	Designated Engineering Representative 指定工程代表
DES	Descent 下降
Desensitization	TCAS sensitivity level (threat volume) reduction. 去敏感作用。降低空中交通防狀系統的靈敏度
DEST	Destination 目的地
DEV	Deviation 偏航
DFA	Direction Finding Antenna 方向測量天線
DFCS	Digital Flight Control System 數位飛行控制系統
DFDAF	Digital Flight Data Acquisition Function 數位飛行資料取得函數
DFDAMU	Digital Flight Data Acquisition Management Unit 數位飛行資料取得管理設備
DFDAU	Digital Flight Data Acquisition Unit. The DFDAU samples,conditions, and digitizes the flight data. 數位飛行資料取得設備。其作用是對飛行資料取樣和數位化
DFDR	Digital Flight Data Recorder 數位飛行資料記錄器
DFDU	Digital Flight Data Unit 數位飛行資料設備
DFIDU	Dual Function Interactive Display Unit
DFIU	Digital Flight Instrument Unit 數位飛行設備
DFU	Digital Function Unit 數位函數元
DGNSS	Differential Global Navigation Satellite System 差分型全球導航衛星系統
DGPS	Differential Global Positioning System 差分全球衛星定位系統
DH	(1) Decision Height 決定高度
	(2) Dataflash Header 資料快取機器
DI	Data Interrupt 資料切斷
DIA	Distance 距離
DID	Data Item Description 資料項目敘述
DIP	(1) Dual In line Package. The most common package configuration for integrated circuits
	(2) Data Interrupt Program. 資料切斷程式
DIR	Director 指揮、控制器或引向器

Directed	A DME operating mode that allows an FMCS to Mode select one to five DME stations for interrogation.
DIR/INTC	Direct Intercept 命令(指揮)攔截
DISCH	Discharge 卸載或排出
DISCR	Discrepancy 不一致、不符或差異
DIST	Distance 距離
DITS	Data Information Transfer System 資料訊息轉換系統
DLC	Data Link Control Display Unit 資料鏈結控制顯示裝置
DLGF	Data Load Gateway Function 資料負載閘道函數
DLM	Data Link Management Unit 資料鏈結管理裝置
DUMSU	Data Loader/Mass Storage Unit 資料裝填儲存設備
DLODS	Duct Leak and Overheat Detection 輸送管(導管)裂縫和過熱的探查
DLP	Data Link Processor 資料鏈結處理器
DLS	Data Load System 資料裝載系統
DLU	Download Unit 下載裝置
DMA	Direct Memory Access 直接記憶體存取
DME	Distance Measuring Equipment. A system that provides distance information from a ground station to an aircraft. 測距儀。一個可以提供由地面站到飛具間距離的系統
DME/N	Abbreviation for a DME normal system 一般測距儀系統的縮寫
DME/P	Abbreviation for a DME precision system 精確測距儀系統的縮寫
DMM	(1) Digital Multimeter
	(2) Data Memory Module 資料記憶(存儲器)模組
DMS	Debris Monitoring Sensor 岩層監控感應器
DMU	Data Management Unit 資料管理裝置
DOC	Documentation 文件、憑證或使用說明
DOD	Department of Defense 國防部
Doppler	The change in frequency observed at the receiver when the Effect transmitter and receiver are in motion relative to each other 都卜勒效應。指聲波或光波明顯之變化，及有關聲音與觀察者相對運動之速度改變所引起之震動頻率變化。其觀察之頻率高於雷達發射之頻率者
DOS	Disk Operating System 磁碟作業系統
DOT	Department of Transportation 運輸部

Downlink　　　The radio transmission path downward from the aircraft to the earth. 數據或其他信號透過無線電傳輸，從飛機向地傳輸，下行線路

DPR　　　　　Dual Port RAM 雙埠記憶體

DPSK　　　　Differential Phase Shift Keying 差分相移鍵調變

DRER　　　　Designated Radio Engineering Representative (FAA) 指定無線電工程代表(美國聯邦航空局)

Drift Angle　　The angle between heading and track. It is due to the effect of wind currents. Sometimes called the crab angle. 傾角

DRN　　　　　Document Release Notice 文件發佈通知

DSARC　　　　Defense System Acquisition Review Cycle 防禦系統獲得回顧週期

DSB　　　　　Double Side Band. An AM signal with the carrier removed.Requires the same bandwidth as the AM signal. 雙邊帶。如：傳遞 AM 訊號載波，需要有何 AM 訊號具有相同的頻寬

DSDU　　　　Data Signal Display Unit 資料信號顯示裝置

DSF　　　　　Display System Function 顯示系統功能

DSP　　　　　(1) Display Select Panel 顯示選擇面板
　　　　　　　(2) Digital Signal Processor 數位信號處理

DSPDRV　　　Display Driver 顯示卡驅動程式

DSPY　　　　Display (annunciation on CDU) 顯示(中央顯示器上的)

DTD　　　　　(1) Data Terminal Display 資料終端顯示
　　　　　　　(2) Document Type Definition 文件類型的定義

DTE　　　　　Data Terminal Equipment 資料終端設備

DT & E　　　Development Test and Evaluation 發展測驗和評價

DTG　　　　　Distance-to-go 尚需航行距離

DTMF　　　　Dual Tone Multi-Frequency 雙音多頻(電話)

DTU　　　　　Data Transfer Unit 資料傳輸裝置

DU　　　　　　Display Unit 數位裝置

Dual Mode　　An airborne DME rt capable of processing DME/N

DME　　　　　and DME/P ground station signals. Operation is in the L-band frequency range.

Duplex　　　　A communication operation that uses the simultaneous operation of the transmit and receive equipment at two locations. 雙工(一種雙向通信方式,通信雙方可同時進行信號的收、發動作)

DVM	Digital Voltmeter 數字式電壓錶
DX	Distance 距離
Dynamic Pressure	Dynamic Pressure is the difference between pitot and static pressure. 靜壓
Dynamic RAM	RAM constructed of capacitor elements. Memory cells must be periodically refreshed to keep capacitors from discharging and losing data. (See "Static RAM.") 隨機記憶體，資料會隨著電源關掉而流失
E	East 東方
EADI	Electronic Attitude Director Indicator 電子姿態導航
EAI	Engine Anti-Ice 發動機除冰裝置
EANPG	European Air Navigation Planning Group 歐洲航空大氣訂定組織
EAP	Engine Alert Processor 引擎警報處理器
EAROM	Electrically Alterable ROM 可用電訊號重複更新的記憶體
EAS	Equivalent Airspeed 等效空速
EASIE	Enhanced ATM and Mode S Implementation in Europe 歐洲所發展的增強型飛航管理及 S 模式傳輸技術
EATMS	European Air Traffic Management Systems 歐洲航空管理系統
EC	Event Criterion 事件判定標準
ECAC	European Civil Aviation Conference 歐洲民航會議
ECAM	Electronic Caution Alert Module 電子化的警示模組
ECEF	Earth-Centered, Earth-Fixed 人造衛星定位
Echo	The portion of the radiated energy reflected back to the antenna from the target (WXR). 回波
ECL	Emitter Coupler Logic 一種雙極的數位積體電路它的運作速度比一般積體電路快四倍
ECMP	Electronic Component Management System 電子零件管理系統
ECON	Economy (minimum cost speed schedule) 最小花費清單
ECP	EICAS Control Panel 航電顯示控制板
ECS	(1) Engineering Compiler System. An automated data storage system. 資料自動化儲存 (2) Environmental Control System 環境控制系統 (3) Event Criterion Subfield

ECSL	Left Environmental Control System Card 左邊的環境控制卡
ECSMC	ECS Miscellaneous Card 資料雜項截取卡
ECSR	Right Environmental Control System Card 右邊的環境控制卡
ED	EICAS Display 發動機警示顯示器
E/D	End-of-Descent 下降盡頭
EDA	Electronic Design Automation 電子式的自動化操作
EDAC	Error Detection and Correction (used interchangeably with EDC) 錯誤更正並且修正
EDC	Error Detection and Correction 錯誤偵測並且修正
EDI	Engine Data Interface 引擎資料界面
EDIF	Engine Data Interface Function 引擎數據管理功能
EDIU	Engine Data Interface Unit 發動機介面元件
EDMS	Electronic Data Management System 數位資料管理系統
EDP	(1) Electronic Data Processing 電子或數位資料處理
	(2) Engine Driven Pump 發動機驅動唧筒(泵)
	(3) Engineering Development Pallet 工程發展平台
EDU	Electronic Display Unit 電子數位式顯示單元
EE	Electronics Equipment (eg. EE-Bay) 電子裝備
EEC	Electronic Engine Control 數位式引擎控制
EEPROM	Electrical Erasable Programmable Read Only Memory 可用電子方式重複寫入的 ROM
EEU	ELMS Electronics Unit ELMS 元件單元
EFC	Expected Further Clearance 期待進一步的許可
EFD	Electronic Flight Display 電子式儀表顯示器
EFIC	Electronic Flight Instrument Controller 數位式飛行控制設備
EFIP	Electronic Flight Instrument Processor 數位飛航處理器
EFIS	Electronic Flight Instrument System 數位式飛行控制系統
EFIS CP	EFIS Control Panel EFIS 控制面板
EGNOS	European Geostationary Overlay System 歐洲數位地圖重疊運算系統
EGT	Exhaust Gas Temperature 抽空燃油
EHSI	Electronic Horizontal Situation Indicator 電子式水平指示器
EHV	Electro-Hydraulic Valve 電子式液壓閥
EIA	Electronic Industries Association 美國電子工程協會
EICAS	Engine Indication and Crew Alert System 發動機警示系統

EICASC	Engine Indication and Crew Alert System Controls 發動機警示控制系統
EIS	(1) Engine Indication System 發動機指示系統
	(2) Electronic Instrument System 電子儀具系統
EISA	Extended Industry Standard Architecture 擴充工業標準結構
EIU	EFIS/EICAS Interface Unit EFIS/EICAS 介面元件
ELC	Emitter Coupled Logic 多功發射器
ELEC	Electrical 電氣
ELM	Extended Length Message 錯誤日誌管理程式
ELMS	Electrical Load Management System 電子式載重管理系統
ELS	Electronic Library System 電子化的資料庫
ELT	Emergency Locator Transmitter 元件的一部分
EMC	Entertainment Multiplexer Controller 多功控制器
EMER	Emergency 緊急事件
EMI	Electro-Magnetic Interference 電磁脈衝干擾
EMS	(1) Engine Management System 發動機管理系統
	(2) Emergency Medical Services 緊急醫療設備
ENG	Engine 發動機
ENQ	Enquire 查詢
E/O	Engine-Out 發動機推力不足
EOT	End-Of-Text 背書
EP	(1) External Power 額外的動力
	(2) Engineering Project 工程上的專案
EPC	External Power Contactor
EPCS	Engine Propulsion Control System 發動機推力控制系統
E-Plane	The E-Plane is the plane of an antenna that contains the electric field. The principal E-Plane also contains the direction of maximum radiation.
EPLD	Electrically Programmable Logic Device 可邏輯化的裝置 可程式化的電子裝備
EPR	Engine Pressure Ratio 引擎壓縮比
EPROM	Erasable Programmable ROM 可覆寫記憶體
EPS	Electrical Power System 電源供應系統
EQUIP	Equipment 裝備

Equivalent Airspeed (EAS)	Equivalent Airspeed is a direct measure of the incompressible free stream of dynamic pressure. It is CAS corrected for compressibility effects.
ERP	Eye Reference Point 眼睛參考點
ERU	Engine Relay Unit 發動機傳動元件
ESA	European Space Agency 歐盟航空管處
ESAS	(1) Enhanced Situational Awareness System 增強網路系統 (2) Electronic Situation Awareness System
E-Scan	Electronic Scanning 電腦檢查
ESD	Electrostatic Discharge 放電
ESDS	Electrostatic Sensitive Devices. Also, known as ESSD. 對靜電很敏感的裝備
ESID	Engine and System Indication Display 發動機和整體系統狀態指示
ESIS	Engine and System Indication System 發動機和系統指示系統
ESR	Energy Storage/Control 能量儲存控制
ESS	(1) Electronic Switching System 電子式轉換系統 (2) Environmental Stress Screening 環境控壓系統
ESSD	ElectroStatic Sensitive Devices. See ESDS. 對靜電敏感的裝置
EST	Estimated 估計
ETA	Estimated Time of Arrival 到達估計時間
ETD	Estimated Time of Departure 估計起飛時間
ETI	Elapsed Time Indicator 消逝時間估計
ETM	Elapsed Time Measurement 飛行時間管理
ETOP	Extended Twin Engine Operations 延伸雙引擎運作
ETRC	Expected Taxi Ramp Clearances 清空滑行跑道
ETX	End-of-transmission 終止指令
EUR	European 歐洲
Eurocae	European Organization for Civil Aviation Electronics. A regulatory agency for avionics certification in Europe.
EUROCONTROL	European Organization for the Safety of Air Navigation Operations 歐盟安全飛行協會
EVS	Enhanced Vision System 視力增強系統
EXEC	Executive 執行者

F	Fahrenheit 華氏溫度
FA	Final Approach 即將到達
FAA	(1) Federal Aviation Administration (US) 美國飛行監督協會
	(2) Federal Aviation Authority 美國行空職權
FAC	Flight Augmentation Computer 擴充飛行電腦
FADEC	Full Authority Digital Electronic Control 電腦完全接控
FAF	Final Approach Fix 最終連接點
FAI	First Article Inspection 出口商品檢驗標準
Fan Marker	A marker beacon used to provide identification of positions along airways. Standard fan marker produces an elliptical-shaped pattern. A second type produces a dumbbell-shaped pattern. 發動機葉片的製造商
FANS	Future Air Navigation System 未來空用導行系統
FAR	(1) Federal Aviation Regulation 美國航空條例
	(2) Federal Acquisition Regulation 美國收購條例
FBL	Fly By Light 光纖飛控系統
FBO	Fixed Based Operator 航空貨運
FBW	Fly By Wire 線控飛傳系統
FC	Foot Candles 合計作廢
FCAF	Flight Data Acquisition 飛行資料取得
FCC	(1) Federal Communications Commission 美國通訊協會
	(2) Flight Control Computer 飛控電腦
FCDC	Flight Critical dc 飛行包落線的取得
FCP	(1) Flight Control Panel 飛空面板
	(2) Flight Control Processor 飛行控制處理器
FD	(1) Flight Director 飛行管理局
	(2) Final Data 最終資料
	(3) Flight Dynamics 飛行動態
FDAF	Flight Data Acquisition Function 飛行資料交流方法
FDAU	Flight Data Acquisition Unit 飛行數據取得元件
FDB	Flight Plan Data Bank 飛行計劃資料連接
FDDI	Fiber Distributed Data Interface 光纖分散式介面
FDEP	Flight Data Entry Panel 飛行資料登入面板
FDH	Flight Deck Handset 飛機上的電話

FDM　　　　Frequency Division Multiplex is a system where the messages are transmitted over a common path by employing a different frequency band for each signal. 多頻分工

FDR　　　　Flight Data Recorder 飛行資料記錄

FDRS　　　Flight Data Recorder System 飛行資料記錄系統

FEATS　　　Future European Air Traffic Management System 未來的歐洲航空管理系統

FF　　　　　Fuel Flow 油料流量

FGC　　　　Flight Guidance Computer 飛行引導電腦

FHW　　　　Fault History Word 故障記錄

FIFO　　　　First In, First Out 先進先出

FIR　　　　　Flight Information Region 飛行區資料

FIS　　　　　Flight Information Service 飛行資料服務

FIX　　　　　Position in space usually on aircraft's flight plan 航空用飛行定位

FL　　　　　(1) Foot Lambert

　　　　　　(2) Flight Level (as in FL410). This terminology is used to describe aircraft attitude when the altimeter is set at QNE.

FLCH　　　　Flight Level Change 水平飛行高度改變

FLIR　　　　Forward Looking Infra-red Radiometer 前向雷達

FLPRN　　　Flaperon 拍動

FLRE　　　　Flare 訊號彈

F LT　　　　Flight 飛行

FIT CRRL　　Flight Control 飛行控制

FIT INST　　Flight Instrument 飛具

FLW　　　　Forward Looking Windshear Radar 機鼻雷達

FM　　　　　Frequency Modulation 調頻

FMA　　　　Flight Mode Annunciator 飛行模式告知

FMC　　　　(1) Flight Management Computer (FMCS) 飛行管理電腦

　　　　　　(2) Flight Director Control (FD) 飛行導航控制

FMCF　　　Flight Management Computer Function 飛行電腦管理功能

FMCS　　　Flight Management Computer System 飛管電腦

FMCW　　　Frequency-Modulated Continuous Wave 頻率調變

FMEA　　　Failure Mode and Effects Analysis 錯誤分析

FMF	Flight Management Function 飛行管理功能
FMP	Flight Mode Panel 飛行模式面板
FMS	Flight Management System 飛行管理系統
FMU	Fuel Metering Unit 燃油儀表
F/O	(1) First Officer 副駕駛
	(2) Fuel/Oil Cooler 油冷器
FOC	(1) Full Operational Capability 燃油存取
	(2) Fuel/Oil Cooler 油冷器
FOG	Fiber Optic Gyro 光纖陀螺儀
FPA	(1) Flight Path Angle 飛行角
	(2) Focal Plane Array
FPAC	Flight Path Acceleration 飛行向量
FPC	Flight Profile Comparator 浮點運算
FPGA	Field Programmable Gate Array 可程式化的晶片
FPM	Feet Per Minute 英尺/分
FPV	Flight Path Vector 飛行路徑向量
FQIS	Fuel Quantity Indicating System 油量指示系統
FQPU	Fuel Quantity Processor Unit 燃油控制元件
FR	From 從….起始於
FRA	Flap Retraction Altitude
Framing Pulse	A pulse that is used to mark the beginning or end of the coded reply pulses. 機體結構振動
Free Scan Mode	A DME operating mode that will provide distance data to all DME ground stations within the DME range (LOS).
FREQ	Frequency 頻率
Frequency	(1) Function in 860E-5 (-005/-006) to allow tuning Agile 2-by-5 inputs from on-board FMCS/PNCS systems. Channeling may be as often as every 5 seconds. The 6-wire output data is modified for input to an FMCS or PNCS.
	(2) The ability of a receiver-transmitter to rapidly and continually shift operating frequency.
FRPA	Fixed Reception Pattern Antenna 固定接收分析儀器
FSE	Field Service Engineer 駐廠工程師

FSEU	Flap Slat Electronics Unit 襟翼和前緣小翼電子原件
FSF	Flight Safety Foundation 飛行安全手則
FT	Functional Test 機能測試
FTE	Flight Technical Error 飛行誤差
FTPP	Fault Tolerant Power Panel 容錯能力
FW	Failure Warning 失效警告
FWC	Flight Warning Computer 飛行警告電腦
FWD	Forward 向前
FWS	Flight Warning System 飛行警告
GA	(1) Go-Around 再飛一次重降
	(2) General Aviation 一般正常降落
GAAS	Galium Arsenide 加侖
GBST	Ground Based Software Tool 地面分析軟體工具
Gbyte	Giga-byte (billon bytes) 十億位元
GCA	Ground-Controlled Approach. A system that uses a ground-based controller to control the approach of an aircraft by transmitting instructions to the pilot. 十位元組成編碼
GCAS	Ground Collision Avoidance System 防止碰撞地面系統
GCB	Generator Circuit Breaker 發電機遮斷器
GCS	Ground Clutter Suppression 地面雜訊壓制
GCU	Generator Control Unit 發電機控制元件
GDLP	Ground Data Link Processor 地面資料連結處理
GDOP	Geometric Dilution Of Precision. A term referring to error introduced in a GPS calculation due to the positioning of the satellites, and the receiver
GEN	Generator 發電機
GEO	Geostationary Earth Orbit 地球同步衛星
GES	Ground Earth Station 地面通訊站
GG	Graphics Generator 圖形產生器
GH	Ground Handling 地面管理
GHz	Gigahertz HZ
GIC	GNSS Integrity Channel
GICB	Ground-Initiated Comm-B
GIGO	Garbage-In Garbage-Out 無用的資料輸入無用的資料輸出

Glidepath	The approach path used by an aircraft during an instrument landing or the portion of the glideslope that intersects the localizer. The glidepath does not provide guidance completely to a touchdown point on the runway. 滑行路徑
Glideslope	The vertical guidance portion of an ILS system. 垂直儀器降落系統
GLNS	GPS Landing and Navigation System GPS 儀降系統
GLNU	GPS Landing and Navigation Unit 全球定位導航元件
GLONASS	Global Navigation Satellite System (Russian) 全球導航衛星系統
GLS	GPS Landing System GPS 降落系統
GLU	GPS Landing Unit GPS 儀降元件
GM	Guidance Material 導引器材
GMC	Ground Movement Control 地面活動管理
GMT	Greenwich Mean Time. GMT is a universal time scale based upon the mean angle of rotation of the earth about its axis in relation to the sun. It is referenced to the prime meridian that passes through Greenwich, England. 格林威治標準時間
GND	Ground 地面
GNR	Global Navigation Receiver GPS 的接收器
GNSS	Global Navigation Satellite System 地球導航衛星系統
Goniometer	A device that combines the two signals from two loop antennas.The goniometer (or resolver) contains two fixed coils and one rotating coil. The rotating coil is connected to the ADF bearing indicator needle to indicate the relative bearing from the aircraft to the NDB station. The mechanical position of the rotor represents the bearing of the station, and the position is electrically transmitted to the RMI. 天線方向調整器
GOS	Grade of Service 服務等級分類
GPADIRS	Global Positioning, Air Data, Inertial Reference System 空中定為參考系統
GPIB	General Purpose Instrument Bus 通用分介面匯流排
GPP	General Purpose Processor 一般處理器
GPS	(1) Global Positioning System (See NAVSTAR)

	(2) Global Positioning Satellite 全球定位系統
GPSSU	Global Positioning System Sensor Unit 全球定位系統接收元件
GPU	Ground Power Unit 地面電源供應單元
GPWC	Ground Proximity Warning Computer 近地警告電腦
GPWS	Ground Proximity Warning System 近地警告系統
Gradient	The rate at which a variable quantity increases or decreases. 傾斜度
Gray Code	Special binary code used to transmit altitude data between framing pulses of a transponder reply. A cyclic code having only one digit change at a time. Used in Mode C to transmit aircraft barometric altitude. Also known as Gilham code. 格雷碼
Ground Wave	A radio wave that travels along the earth's surface. 無線電訊號沿著地表面傳播
GRP	Geographic Reference Point 地圖參考點
GS	(1) Glideslope 滑行
	(2) Ground Speed 對地速度
G/S	Glideslope 滑行
GSE	Ground Support Equipment 地面支援裝備
GSP	Glare Shield Panel 屏蔽面板
GSV	Gray Scale Voltage(s) 電壓處於過低狀態
GT	Greater Than 郊區
GTA	General Terms Agreement 一般契約書
GTC	Data Link Ground Terminal Computer 資料連接地面終端機
GTR	General Technical Requirements 一般通用技術
GUI	Graphic/User Interface 圖形介面
GVE	Graphics Vector Engine 向量發動機
GWS	Graphical Weather Services 氣象圖服務
Gyroscope	A rotating device that will maintain its original plane of rotation,no matter which direction the gyroscope mount is turned. 迴轉儀
HCP	Heads-Up Control Panel 主命令處理機
HDBK	Handbook 手冊
HDG	Heading 標題
HDG	SEL Heading Select 選擇標題

HDLC	High Level Data Link Control 高海拔資料連接控制
HDOP	Horizontal Dilution of Precision 水平精確判定
HDOT	Inertial Vertical Speed 慣性垂直速度
HDP	Hardware Development Plan 工具發展記劃
HE	Altitude Error 高度誤差
Heading	The direction of an aircraft path with respect to magnetic or true north.
HF	High Frequency.　The portion of the radio spectrum from 3 to 30MHz. HF communication systems operate in the 2 to 30 MHz portion of the spectrum. 一般的收音機的頻域從3～30MHz HF 是從 2～30MHz
HFDL	High-Frequency Data Link 高頻資料連結
HFS	High-Frequency System 高頻系統
HGA	High Gain Antenna 強力天線
HGC	Heads-Up Guidance Computer 機警的製導電腦
HGS	Heads-Up Guidance System 機警的製導系統
HHLD	Heading Hold 航向保持
Hi	High 高
HIC	Head Impact Criteria 頭部受損標準值
HIL	Horizontal Integrity Limit 水平完整性限制
HIRF	(1) High Intensity Radiated Field 高強度之輻射場
	(2) High Intensity Radio Frequency 高強度之無線電頻率
HLCS	High Lift Control System 高升力控制系統
HLE	Higher Layer Entity 更高階層的實體
HLL	High Level Language 高階程式語言
HMI	Human Machine Interface 人機介面
HMOS	High Density Metal Oxide Semiconductor 高性能金屬氧化物半導體
HOW	Hand-Over Word 交遞命令
HP	(1) High Pressure 高壓
	(2) Holding Pattern 等待航線
HPA	High Power Amplifier 大功率放大器
hPa	hecto Pascal 百帕
HPC	High Pressure Compressor 高壓壓縮器
H-Plane	The H-Plane is the plane in which the magnetic field of the antenna lies.　The H-Plane is perpendicular to the E-Plane. 磁場面

HPR	High Power Relay 大功率的繼電器
HPRES	Pressure Altitude 壓力高度
HPSOV	High Pressure Shutoff Valve 高壓停止閥
HPT	High Pressure Turbine 高壓渦輪
HSI	Horizontal Situation Indicator. An indicator that displays bearing, glideslope, distance, radio source, course, and heading information. 水平姿態儀
HSL	Heading Select 航向選擇
HSR	High Stability Reference 高穩定性的參考文獻
HUD	Heads-Up Display 抬頭顯示器
HVPS	High Voltage Power Supply 高壓電源供應器
HW	Hardware 硬體
HX	Heat Exchanger 熱交換器
HYD	Hydraulic 液壓
HYDIM	Hydraulic Interface Module 液壓介面分組件
Hz	Hertz (cycles per second) 赫茲
IACSP	International Aeronautical Communications Service Provider 國際飛行通信服務供應商
IAOA	Indicated Angle-of-Attack 攻角指示
IAPS	Integrated Avionics Processing System 整合航電處理系統
IAS	Indicated Airspeed is the speed indicated by a differential pressure airspeed indicator which measures the actual pressure differential in the pitot-static head. It is the actual instrument indication for a given flight condition. 指示空速
IATA	International Air Transport Association 國際空運協會
IC	(1) Intercabinet
	(2) Integrated Circuit 整合電路
ICAO	International Civil Aviation Organization (Montreal) 國際民航組織
ICC	IAPS Card Cage IASP 卡籠＜卡籠：持有中央處理機、記憶卡片及介面的框架或架子。＞
ICD	(1) Installation Control Drawing 裝備控制圖
	(2) Interface Control Drawing 介面控制圖
	(3) Interactive Design Center 交談式設計核心

ICNIA　　　　Integrated Communications, Navigation, and Identification Avionics 整合通信導航識別空用電子

ICU　　　　　Instrument Comparator Unit 儀器比較單位

ID　　　　　　Identifier 識別字

IDC　　　　　Indicator Display/Control 指示器顯示/控制

Ident　　　　The action of the transponder transmitting an extra pulse along with its identification code (at the request of a controller). 我們常聽到航管要航機 Ident，Ident 不是要航機確認啥事的意思，而是要航機按下 Ident 的鈕使得在雷達上可以辨識航機

IDG　　　　　Integrated Drive Generator 整合驅動發電機

IDS　　　　　(1) Ice Detection System 探冰系統
　　　　　　　(2) Integrated Display System 整合顯示系統

IEC　　　　　IAPS Environmental Control Module
　　　　　　　IAPS 的環境控制單元

IED　　　　　Insertion Extraction Device 嵌入抽取裝置

IEEE　　　　　Institute of Electrical and Electronic Engineers 電機電子工程師學會

IEPR　　　　　Integrated Engine Pressure Ratio 整合引擎壓力比

IF (if)　　　　Intermediate Frequency. A frequency to which a signal is shifted as an in-between step in the reception or transmission of a signal. 中頻

IFALPA　　　International Federation of Airline Pilots Association 航空公司駕駛員協會國際聯盟

IFATCA　　　International Federation of Air Traffic Controllers' Associations 航管人員協會國際聯盟

IFE　　　　　In-Flight Entertainment 飛行表演

IFPS　　　　　Integrated Initial Flight Plan Processing System 整合初始飛行計劃處理系統

IFR　　　　　Instrument Flight Rules 儀器飛航規則

IFRB　　　　　International Frequency Registration Board 國際頻率註冊局

IGES　　　　　Standardized Graphics Exchange File 標準圖形轉換檔案

IGV　　　　　Inlet Guide Vane 進氣口導片

ILM　　　　　Independent Landing Monitor 獨立降落監視器

ILS　　　　　Instrument Landing System. The system provides lateral,along-course, and vertical guidance to aircraft attempting a landing. 儀器降落系統

IMA	Integrated Modular Avionics 航空電子整合模組
IMC	Instrument Meteorological Conditions 儀器飛行氣象條件
IMPATR	Impact Avalanche and Transmit Time. This type of Diode diode, when mounted in an appropriate cavity, produces microwave oscillations and amplification. 崩越二極體
In	Inch 英吋
INBD	Inbound 入境
IND	Indicator 指示器
Indicated	The altitude above mean sea level (uncorrected Altitude for temperature). 指示高度
in.hg.	Inches of Mercury 英吋水銀柱
INIT	Initialization 初始化
INJ	Injection 噴射
INMARSAT	International Maritime Satellite Organization 國際游離層衛星組織
INPH	Interphone 對講機
INS	Inertial Navigation System. A self-contained, deadreckoning system that senses the acceleration along the three axes of the aircraft and calculates the distance traveled from a reference point. Accuracy of the system decreases with respect to time. 慣性導航系統
INST	Instrument 儀器
INTC	Intercept 攔截
Intruder	An altitude reporting aircraft that is being considered as a potential threat and that is being processed by the threat detection logic (TCAS). 侵入者
I/O	Input/Output. Refers to bi-directional data ports. 輸出入
IOC	(1) Initial Operational Capability 初始作戰能力 (2) Input/Output Concentrator/Controller 輸出入控制
IOR	Indian Ocean Region 印度洋地區
IOT & E	Initial Operational Test and Evaluation 初期作戰測試及評估
IP	(1) Intermediate Pressure 中級壓力 (2) Internet Protocol 網際網路通訊協定
IPB	Illustrated Parts Breakdown 零件分解圖

IPC	(1) Intermediate Pressure Compressor 中級壓力壓縮機
	(2) Illustrated Parts Catalog 零件圖示手冊
IPD	Industrial Products Division 工業產品分配
IPL	Illustrated Parts List 零件圖示表
IPT	Intermediate Pressure Turbine 中壓力渦輪機
IRP	Integrated Refuel Panel 整合加油口蓋
IRS	Inertial Reference System 慣性參考系統
IRU	Inertial Reference Unit 慣性參考單位
ISA	(1) Industry Standard Architecture 工業標準構造
	(2) International Standard Atmosphere 國際標準大氣
ISC	Integrated Systems Controller 整合控制系統
ISDOS	Information System Design and Optimization System 資訊系統設計和最佳化設計
ISLN	Isolation 鑑別
ISO	(1) International Organization for Standardization 國際標準組織
	(2) International Standards Organization 國際標準組織
	(3) Isolation 鑑別
lso-Contour	Refer to contour 參照輪廓
ISP	Integrated Switching Panel 整合交換儀表板
ISU	Initial Signal Unit 初始訊號單位
ITM	Information Technology Management is the ground based portion of an ADMS (See also EDMS). 訊息管理技術
ITO	Indium-Tin Oxide 銦-錫氧化物
ITS	Integrated Test System 整合測試系統
ITT	(1) Interstage Turbine Temperature 渦輪中的溫度
	(2) Inter-Turbine Temperature 渦輪中的溫度
ITU	International Telecommunications Union 國際電信聯盟協會
IV	Isolation Valve 隔離活門
JAA	Joint Aviation Authority 聯合航空主管當局
JAR	Joint Airworthiness Requirement 共同適航性要求
JAR-AWO	Joint Airworthiness Requirements - All Weather Operations 全天候飛行工作組的共同適航性要求
JATO	Jet Assisted Takeoff 噴射輔助起飛
JFET	Junction Field Effect Transistor 接面型場效電晶體

J/S	Jammer to Signal Ratio 擾訊比
JTAG	Joint Test Action Group 測試行動聯合組織
JTIDS	Joint Tactical Information Distribution System 聯合戰術情報分配系統
KB	Kilo-Bytes (thousand bytes) 千位元組
kb/s	Kilobits Per Second 每秒多少千位元組
KBU	Keyboard Unit 鍵盤單元
Key	A hand-operated switching device or the act of operating such a device. 鍵
KG	Kilogram 公斤
kHz	Kilohertz (1000 cycles per second) 千赫
km	Kilometer 公里
KPS	Kilobytes Per Second 每秒多少千位元組
kts	Knots 節
kVA	Kilovolt-ampere 千伏安
kW	Kilowatt 千瓦—電力單位
L	Left 左
L1	L-Band carrier (1575.42 MHz). L1 訊號
L2	L-Band carrier (12276 MHz). L2 訊號
L5	Civil Satellite Frequency 民用衛星頻道
LAAS	Local Area Augmentation System 區域擴增系統
LAC	Lineas Aereas Del Caribe (an airline) 加勒比航空公司
LADGPS	Local Area Differential GPS 區域差分型全球定位系統
LAN	Local Area Network 區域網路
LAT	Latitude 緯度
L-Band	A radio frequency band from 390 to 1,550 MHz. 頻率比範圍在 390～1550 赫茲
LCC	Leadless Chip Carrier 無引線蕊心載體
LCD	Liquid Crystal Display 液晶顯示器
LCN	Local Communications Network 區域通信網
LCP	Lighting Control Panel 燈號控制面板
LCSTB	Low Cost Simulation Testbed 廉價模擬試驗臺
LD	Lower Data 下層資料
LDCC	Leaded Chip Carrier. 無引線晶片載具

LDGPS	Local Area Differential Global Positioning Satellite 區域差分型全球定位衛星
LDU	Lamp Driver Unit 燈號驅動器單元
LED	Light Emitting Diode 發光二極體
Leg	The section of the flight between two waypoints. 飛行的航線段
LF	Low Frequency. The frequency range from 30 to 300 kHz. 低頻
LFR	Low Frequency Radio Range 低頻無線電範圍
LGA	Low Gain Antenna 低功率天線
LHP	Lightning HIRF Protection 電性高強度輻射場之保護
LIB	Left Inboard 左邊內側
LIM	Limit 界線
LISN	Line Impedance Stabilization Network 線阻抗穩定電路
LLP	Left Lower Plug. Identifies the plug on the rear connector of an avionics unit. 左邊下側塞子,大約位於航空電子設備的後面
L/M	List of Materials 器材的清單
LMM	Locator Middle Marker. An NDB that is co-located at the same site as the 75 MHz middle marker beacon. 中央導航台
LMP	Left Middle Plug. Identifies the plug on the rear connector of an avionics unit. 左側中央的塞子
LMT	Local Mean Time 本地時間
LNA	Low Noise Amplifier 低噪音放大器
L NAV	Lateral Navigation 側向導航
LO	LOW 低
LOB	Left Outboard 左邊外側的
LOC	Localizer. The lateral guidance portion of an ILS system. 定位器
Lock-On	The condition that exists when the DME receives reply pulses to at least 50 percent of the interrogations. Valid distance information is then available. 自動追蹤
LOM	Locator Outer Marker. An NDB that is co-located at the same site as the 75 MHz outer marker beacon. 著陸航向外信標台
LON	Longitude 經度
LORAN	Long Range Navigation. A system using a ground facility composed of a master station and a slave station. The airborne receiver computes the position of the aircraft by using two or more received master-slave

pairs of signals.　LORAN-A operates at 1850,1900, and 1950 kHz. LORAN-C operates at 100 kHz.　LORAN A was replaced by LORAN C in 1980. 遠程導航技術

LORAN C	Long Range Navigation System 遠程導航系統
LOS	(1) Line Of Sight 視覺直線
	(2) Line-Oriented Simulation 線上導向模擬
LPC	Low Pressure Compressor 低壓壓縮機
LPT	Low Pressure Turbine 低壓渦輪機
LRA or LRRA	Low-Range Radio Altimeter 近程無線電高度表
LRC	Long Range Cruise 遠程巡航
LRM	Line Replaceable Module 線上可修換組件
LRU	Line Replaceable Unit 線上可修換單元
LSB	(1) Lower Sideband.　The lower sideband is the difference in frequency between the AM carrier signal and the modulation signal. 下邊帶
	(2) Least Significant Bit. 最小有效位元
LSD	Least Significant Digit 最小有效位元
LSI	Large Scale Integration 大型積體電路
LSK	Line Select Key 線性選擇鍵
LTP	Left Top Plug.　Identifies the plug on the rear connector of an avionics unit. 左側上層的塞子
Lubber Line	A fixed line placed on an indicator to indicate the front-to-rear axis of the aircraft. 航向標線
LV	Lower Sideband Voice 低階頻率聲音
LVDT	Linear Voltage Differential Transducer (used with aircraft control surface servos). 線性壓差換能器
LVLCHG	Level Change 階段改變
LVPS	Low Voltage Power Supply 低壓電源供應器
m	Mach Number 馬赫數
m	Meter 公尺
MAA	Maximum Authorized IFR Altitude 最大核准 IFR 高度
MAC	Medium Access Controller 媒體存取控制
Mach	Mach number is the ratio of the true airspeed to the Number speed of sound at a particular flight condition.　It is the chief criterion of airflow

pattern and is usually represented by the free-stream steady-state value. 馬赫數

Mag	Magnetic 磁的
Magnetic Bearing	The bearing with respect to magnetic north. 磁方位角
Magnetic North	The direction north as determined by the earths magnetic field. The reference direction for measurement of magnetic directions. 磁北
MAINT	Maintenance 維持
MAP	Missed Approach 誤失進場
Marker Beacon	A transmitter operating at 75 MHz that provides identification of a particular position along an airway or on the approach to an instrument runway. The marker beacon is continuously tone-modulated by a 400-Hz, a 1,300-Hz or a 3,000-Hz tone. Marker beacons along an instrument runway provide along course (range) guidance and designate when an aircraft should be at a certain altitude if the aircraft is following the glidepath. 地誌信標
M/ASI	Mach/Airspeed Indicator 數度指示器
MASPS	Minimum Aviation System Performance Standards 飛機系統性能最低規範
MAT	Maintenance Access Terminal 維修存取終端機
MAWP	Missed Approached Waypoint 進場失誤的航點
MAX	Maximum 最大
MAX CLB	Maximum engine thrust for two-engine climb 雙引擎在爬升時所能提供最大引擎推力
MAX CRZ	Maximum engine thrust for two-engine cruise 雙引擎在巡航時所能提供最大引擎推力
MB	Marker Beacon 地誌信標
MBE	Multiple Bit Error 多重位元錯誤
Mc	Master Change 主要交換
MCA	Minimum Crossing Altitude 最低通過高度
MCB	Microwave Circuit Board 微波電路板
MCBF	Mean Cycles Between Failures 平均故障間隔循環次數

MCC	Maintenance Control Computer 維修管制電腦
MCDP	Maintenance Control Display Panel 維護管制顯示面板
MCDU	Multifunctional Control Display Unit 維護管制顯示面板單元
MCN	Manufacturing Control Number 製造控制數
MCP	(1) Maintenance Control Panel 維修方式控制面板
	(2) Mode Control Panel 工作狀況控制面板
MCT	Max Continuous Thrust 最大持續推力
MCU	(1) Modular Concept Unit (approximately 1/8-ATR, Airline Transport Rack) 模組化的概念單元
	(2) Multifunction Concept Unit 多功能的概念單元
MDA	Minimum Descent Altitude 最低下降高度
MDC	Maintenance Diagnostic Computer 維護診斷電腦
MDL	Multipurpose Data Link 多用途數據連接
MDS	Minimum Discernible Signal. The MDS is the lowest rf signal level that can be detected as a valid signal. 最小可探側信號
MDT	Maintenance Display Terminal 維修顯示終端機
MEA	Minimum En route Altitude 最低儀器飛航高度
MEC	Main Equipment Center 主要設備中心
MEL	Minimum Equipment List. The list of equipment that the FCC requires be aboard an aircraft before flying. 最少設備清單
MES	Main Engine Start 主發動機啟動
MF	Medium Frequency The portion of the radio spectrum from 300kHz to 3 MHz. 中頻
MFCP	Multifunction Control Display Panel 多功能控制顯示板
MFD	Multifunction Display 多功能顯示
MFDS	Multifunction Display System 多功能系統
MFDU	Multifunction Display Unit 多功能單位
MFM	Maintenance Fault Memory 維護缺失儲存
MGSCU	Main Gear Steering Control Unit 主起落架控制單元
MHD	Magnetic Hard Drive 磁性硬式磁碟機
MHz	Megahertz (1,000,000 cycles per second) 兆赫
MIC	Microphone. Also refers to the output signal of the microphone. 麥克風

MIDU	Multi-purpose Interactive Display Unit 多用途交談式的顯示單元
MIL	Military 軍事
MILSPEC	Military Specifications 軍事規範
Min	(1) Minutes 分鐘
	(2) Minimum 最小
MIPS	Million Instructions Per Second 每秒百萬指令
MKR	Marker 標誌
MLA	Maneuver Limited Altitude 機動極限高度
MLS	Microwave Landing System 微波降落系統
MLW	Maximum Landing Weight 最大著陸重量
mm	Mass Memory 質量儲存器
MMI	Man-Machine Interface 主機具的交界面
MMIC	Monolithic Microwave Integrated Circuit 單片微波集成電路
Mmo	The maximum Mach number at which an aircraft has been certified to operate. 最大馬赫數操作
MMR	Multi-Mode Receiver 複式接收器
MMS	Maintenance Management System 維護管理系統
MN	Magnetic North 磁北
MNPS	Minimum Navigation Performance Specification 最低導航性能規格
MO	Magneto-Optical 磁光碟片
MOA	(1) Military Operation Area (軍事作業區)
	(2) Memorandum of Agreement (協議備忘錄)
MOCA	Minimum Obstruction Clearance Altitude (最低障礙隔離高度)
MOD	(1) Modulator (調變器)
	(2) Modification (修改，改變)
	(3) Magneto-Optical Drive (磁光盤驅動機，俗稱 MO 機)
	(4) Ministry of Defence (國防部)
Mode A	The pulse format for an identification code interrogation of an ATCRBS transponder. (A 模式雷達電碼)
Mode B	An optional mode for transponder interrogation. (B 模式雷達電碼)
Mode C	The pulse format for an altitude information interrogation of an ATCRBS transponder. (C 模式雷達電碼)
Mode D	An unassigned, optional transponder mode. (D 模式雷達電碼)

Mode S	(1) Mode Select (A transponder format to allow discrete interrogation and data link capability). (選擇模式雷達電碼)
	(2) Selective interrogation mode of SSR (S 模式雷達電碼)
MODEM	Modulator/Demodulator (數據機)
MOPR	Minimum Operational Performance Requirements (最低操作性能要求)
MOPS	Minimum Operational Performance Standards (最低操作性能標準)
MORA	Minimum Off-Route Altitude (最低偏航高度)
MOS	Metal Oxide Semiconductor (金屬氧化半導體)
MOSFET	Metal Oxide Semiconductor Field Effect Transmitter (金屬-氧化物-半導體場效電晶體)
MOU	Memorandum Of Understanding (合作瞭解備忘錄)
MP	(1) Middle Plug(中間栓塞). Identifies the plug position on the rear connector of an avionics unit.
	(2) Main Processor (主處理機)
MPEL	Maximum Permissable Exposure Level (最高允許曝光等級)
MRA	Minimum Reception Altitude (最低接收高度)
MROSE	Multiple-tasking Real-time Operating System Executive (多工即時作業系統執行器)
MRR	Manufacturing Revision Request (製造的修定要求)
Ms	Millisecond (毫秒)
m/s	Meter per Second (公尺/秒，速度單位)
MSAS	Ministry of Transportation Satellite Augmentation System (交通部衛星擴大系統)
MSB	Most Significant Bit (最重要的位元)
MSCP	Mobile Satellite Service Provider (行動衛星服務業者)
MSD	(1) Most Significant Digit (最重要的數字)
	(2) Mass Storage Device (大量儲存裝置)
MSG	Message (訊息)
MSI	Medium Scale Integration (中型積體電路)
MSL	Mean Sea Level (平均海平面高度)
MSP	Mode S Specific Protocol (S 模式特殊協定)
MSSS	Mode S Specific Services (S 模式特殊服務)
MSU	Mode Select Unit (模式選擇元件)

MT　　　　　Minimum Time (最少時間)

MTBF　　　　Mean Time Between Failures: A performance figure calculated by dividing the total unit flying hours (airborne) accrued in a period of time by the number of unit failures that occurred during the same time. Where total unit hours are available, this may be used in lieu of total unit flying hours. (平均故障間隔時間)──在一段時間內所有累積的單位飛行時數，除以這段時間內所發生的單位故障量

MTBR　　　　(1) Mean Time Between Removal (平均移動間隔時間)

(2) Mean Time Between Repairs. (平均修復間隔時間)

A performance figure calculated by dividing the total unit flying hours accrued in a period by the number of unit removals (scheduled plus unscheduled) that occurred during the same period. (在一段時間內所有累積的單位飛行時數，除以這段時間內的單位移動量，包含定期與不定期的飛行。)

MTBUR　　　(1) Mean Time Between Unscheduled Removal. (平均不定期的飛行移動間隔時間)

(2) Mean Time Between Unit Replacements. (平均元件更換間隔時間)

A performance figure calculated by dividing the total unit flying hours (airborne) accrued in a period by the number of unscheduled unit removals that occurred during the same period. (在一段時間內所有累積的單位飛行小時，除以這段時間內不定期飛行的單位移動量。)

MTC　　　　Maintenance Terminal Cabinet (維持終端機)

MTD　　　　Maintenance Terminal Display (維持終端顯示)

MTF　　　　Maintenance Terminal Function (維持終端功能)

MTI　　　　Moving Target Indicator. This type of radar display will show only moving targets. (活動目標指示器)

MTM　　　　Module Test and Maintenance (模組測試與維護)

MTMIU　　　Module Test and Maintenance Bus Interface Unit (模組測試與維護匯流排介面裝置)

MTRDA　　　Mean Time To Dispatch Alert (平均發送警報時間)

MTTF　　　　Mean Time To Failure: A performance figure calculated by dividing the summation of times to failure for a sample of failed items by the number of failed items in the sample. The same item failing N times constitutes N failed items in the sample. This is different from mean time between failures since no allowance is given to items that have not failed. (平均故障發生時間：在故障物的一種樣品中，此樣品的故障時間總和，除以此樣品的故障數。同樣的零件故障N次，組成N個故障數。這與平均故障間隔時間不同，因為對於未故障的相同樣品並未被包含在計算內。)

MTTM	Mean Time To Maintenance. (平均維持行動的間隔時間) The arithmetic mean of the time intervals between maintenance actions.
MTTMA	Mean Time to Maintenance Alert (平均維持警戒的間隔時間)
MTTR	Mean Time To Repair. (平均修復時間) A performance figure calculated by dividing the sum of the active repair elapsed times accrued in a period on a number of designated items by the number of these items repaired in the same period.
MTRUR	Mean Time To Unscheduled Removal. (平均不定期移動的時間) A performance figure calculated by dividing the summation of times to unscheduled removal for a sample of removed items by the number of removed items in the sample. This is different from MTBUR since no allowance is given to items that have not been removed.
MU	ACARS Management Unit (機載通訊定址與回報系統管理裝置)
MULT	Multiplier (乘算器)
MUS	Minimum Use Specification. A generic description by parameter and characteristics of the test equipment and resources required for testing a unit or system. (最低使用規格)
MUX	Multiplexer (多工器)
N	North (北方)
N1	Fan speed (風扇速度)
N2	Intermediate compressor speed (中級壓縮器速度)
N3	High speed compressor (高速度壓縮器)
N/A	Not Applicable (無)
NACA	National Advisory Committee for Aeronautics (NACA 為美國太空總署 NASA 早期的名稱)
NAS	(1) National Airspace System (美國國家飛航系統)

(2) National Aircraft Standard (美國國家航空器標準)

NASA	National Aeronautics and Space Administration (美國太空總署)
NASPALS	NAS Precision Approach and Landing System (NAS 精確進場與降落系統)
NAT	North Atlantic Tracks (北大西洋追蹤)
NATCA	National Air Traffic Controllers Association (美國國家航空交通管制員協會)
NAT	SPG North Atlantic Systems Planning Group (北大西洋追蹤回報系統計劃小組)
NAV	Navigation (航空；航運)
NAVAID	Navigational Aid (導航設備)
Navigation Datacard	A medium holding the customized navigation database. (航空資料卡)
NAVSTAR	The NAVSTAR global positioning system (GPS) is a system using 24 satellites, all reporting precise time signals, along with location keys. Eight satellites are in each of three 63-degree inclined plane circular orbits at 11,000 runi in altitude. The system is used for navigation and determining exact position. (衛星導航系統：1970 年代美國國防部為協助導引軍隊在戰地的方位與時間而開發的。全名為 Navigation Satellite Time and Ranging)
Nautical Mile	Equivalent to 6,076.1 feet, or approximately 1.15(nmi) statute miles. (海浬)
NBAA	National Business Aircraft Association (美國國家商務飛機協會)
NC	Numerical Control (數值控制)
N/C	New installation Concept (新設備內容)
NCD	No Computed Data (無計算資料)
NCR	National Cash Register (國有收銀機)
NCS	Network Coordination Station (網路協調站)
ND	Navigation Display. (飛航顯示) An EFIS presentation substituting for the horizontal situation indicator (HSI).
NDB	(1) Non-Directional Radio Beacon. A ground station designed specifically for ADF use that operates in the 190-to-550-kHz range. Transmits

	a continuous carrier with either 400-or-1020 Hz modulation (keyed) to provide identification. (歸航台)
	(2) Navigation Data Base (as stored in FMC memory) (航空數據資料庫)
NEG	Negative (負面的，否定的，負值的)
NESDIS	National Environmental Satellite, Data and Information Service (國家環境衛星資料與資訊服務部門)
NGATM	New Generation Air Traffic Manager (新一代的飛航交通管理員)
NH	High Pressure Gas Generator RPM (高壓氣體產生器 RPM)
NHE	Notes and Helps Editor (註解與幫助編輯器)
NIS	Not-In-Service (非服務內)
NIST	National Institute of Standards and Technology (國家技術與規範學會)
N-Layer	N is set for any layer name (such as link, network, etc.) or for the initial (e.g. N-SDU means LSDU at the link layer). OSI model definition. (N 層)
NL	Low Pressure Gas Generator RPM (低壓氣體產生器 RPM)
NLM	Network Loadable Module (Network 外掛模組)
NLR	Netherlands National Aerospace Laboratory (荷蘭國家航太實驗室)
NLT	Not Less Than (不少於)
NM or NMI	Nautical Mile (海浬)
NMC	National Meteorological Center (國家氣象中心)
NMOS	N-type Metal Oxide Semiconductor (N 型金屬氧化半導體)
NMT	Not More Than (不多於)
NOAA	National Oceanic and Atmospheric Administration (美國國家海洋與大氣研究機構)
NOC	Notice Of Change (更改公告)
NO COM	No Communication. A NO COM annunciation indicates that a downlink message has not been acknowledged in an ACARS system. (無連接通訊)
Noise	Undesired random electromagnetic disturbances or spurious signals which are not part of the transmitted or received signal. (雜訊)
N PA	Non-Precision Approach (非精確進場)
NPDU	Network Protocol Data Unit (網路協定數據單元)
NRP	National Route Program (全國航路系統)
NRZ	Non-Return to Zero (非歸零)

NSEU Neutron Single Event Upset (單一偶發事件)

NSSL National Severe Storms Laboratory (美國劇烈風暴實驗室)

NTF No Trouble Found. (Referring to testing or checkout of unit/module) (無毛病缺點被發現)

NTSB National Transportation Safety Board (美國國家運輸安全委員會)

NVM Non-Volatile Memory (非易失性記憶體)

NWS National Weather Service. The NWS provides a ground-based weather radar network throughout the United States. The radar network operates continuously and transmits the data to the National Meteorological Center, where it correlates with other weather observations. (國家天氣服務)

OAC Oceanic Area Control Center (越洋區域管制中心)

OAG Official Airline Guide (飛機航班表)

OAT (1) Optional Auxfliary Terminal. The OAT may be in the form of a CRT/Keyboard device capable of interfacing with other sources of data on the aircraft and supplying data to a hard copy printer. (Used in an ACARS system)

(2) Outside Air Temperature. (外部的大氣溫度)
The uncorrected reading of the outside temperature gauge. Different types of gauges require different correction factors to obtain static air temperature.

OATS Orbit and Attitude Tracking (軌道與姿態追蹤)

OBS (1) Omnibearing Selector. (全方位選擇器)
A panel instrument which contains the controls and circuits to select an omnibearing and determine the TO-FROM indication.

(2) Optical Bypass Switch (光學跳接交換電路)

Octal Base-8 counting system. Numbers include 0, 1, 2, 3, 4, 5,6,7,8. (8 進位)

ODAPS Oceanic Display And Planning System. Will present oceanic flight data to controllers in a display that will enable better route and altitude assignments. (越洋飛航顯示與規劃系統)

ODID Operational Display and Input Development (操作顯示與輸入發展)

ODL Optical Data Link (光學資料鏈結)

OEM Original Equipment Manufacturer (原始設備製造廠)

OEU	Overhead Electronics Units (經常使用的電子元件)
Off-Block Time	The time that the aircraft leaves the gate. (飛機離開登機門的時間)
OFP	Operational Flight Program (操作飛航程式)
OGE	Operational Ground Equipment (操作地面裝備)
OHU	Overhead Unit (HUD) (架空元件)
OID	Outline Installation Drawing (外型輪廓裝置製圖)
OIU	Orientation/Introduction Unit (確定方向/介紹單元)
OLAN	Onboard Local Area Network (內建區域網路架構)
OM	Outer Marker (外信標臺)
OMEGA	A navigation system (一種導航系統) that uses two high-powered transmitter ground stations to broadcast a continuous wave signal. The receiver measures the range difference between the two stations to determine position.
Omnibearing	(全方位) The bearing indicated by a navigational receiver on transmissions from a omnidirectional radio range (VOR).
OMS	(1) Onboard Maintenance System (內建維護系統) (2) Order Management System (指示管理系統)
OOOI	OUT-OFF-ON-IN. (離開-起飛-降落-進入) An OOOI event is recorded as part of the ACARS operation. The OUT event is recorded when the aircraft is clear of the gate and ready to taxi. The OFF event occurs when the aircraft has lifted off the runway. The ON event occurs when the aircraft has landed. The IN event occurs when the aircraft has taxied to the ramp area.
On-Block Time	The time that the aircraft arrives at the gate. (飛機到達登機門的時間)
OP	Operational (操作上的)
OPT	Optimum (最佳的)
OPAS	Overhead Panel ARINC 629 System (架空儀表板 ARINC 629 系統)
OPBC	Overhead Panel Bus Controller (架空儀表板匯流排控制器)
OPR	Once Per Revolution (一轉一次)
OPS	Operations Per Second (每秒運算次數)
OPU	Over speed Protection Unit (超速警戒裝置)
O-QAR	Optical Quick Access Recorder (光學快速讀取機)
OR	Operational Requirements (操作需求)

OSC	Order Status Report (訂單狀況報表)
	(1) Open Systems Interconnection (開放系統互連)
	(2) Open System Interface (開放系統介面)
OTFP	Operational Traffic Flow Planning (操作交通流量計劃)
OTH	Over The Horizon (超地平線)
OVRD	Override (覆載)
OVS	Overhead Video System (架高視訊系統)
oxy	Oxygen (氧氣)
PA	(1) Passenger Address (機內放送)
	(2) Power Amplifier (功率放大器)
PAC	Path Attenuation Compensation (路徑衰減補償)
PA/CI	Passenger Address/Cabin Interphone (機內放送/駕駛艙對講機)
PACIS	Passenger Address and Communication Interphone System (機內放送與通訊對講機系統)
Paired Channels	(成對的) DME channels are paired with a VORTAC or ILS (頻道) frequency and are automatically selected when the VORTAC or ILS frequency is selected. Most navigation controls have this feature.
PAL	Programmable Array Logic (可程式陣列邏輯)
PAM	Pulse Amplitude Modulation (脈衝放大調整)
PAR	Precision Approach Radar. (精確進場雷達) An X-band radar which scans a limited area and is part of the ground-controlled approach system.
PAS	Passenger Address System (機內放送系統)
PAU	Passenger Address Unit (機內放送裝置)
PAWES	Performance Assessment and Workload Evaluation (性能與工作量評估)
PAX	Passenger (旅客)
PBD	Place Bearing/Distance (way point) (放置方向/距離)
PBID	Post Bum-In Data
PBX	Private Branch Exchange (私用交換機)
PC	(1) Personal Computer (個人電腦)
	(2) Printed Circuit. (印刷電路)
P-Code	The GPS precision code (GPS 精確碼)
PCB	Printed Circuit Board (印刷電路板)

PCC   Pilot Controller Communication (飛行員與管制員間的通訊)

PCI   Protocol Control Information. (協定控制資料訊息)

The N-PCI is exchanged between peer network members (OSI Model) to coordinate joint information.

PCIP   Precipitation (降下)

PCM   Pulse Code Modulation (脈衝碼調整)

PCMCIA   Personal Computer Memory Card Interface Association (個人電腦記憶卡介面組織)

PCU   (1) Passenger Control Unit (旅客管制裝置)

(2) Power Control Unit (電源管制裝置)

PD   Profile Descent (下降剖面)

PDB   Performance Data Base (性能資料庫)

PDC   Pre-Departure Clearance (離場前許可)

PDCU   Panel Data Concentrator Unit (儀表板資料集中裝置)

PDDI   Product Definition Data Interface. (產物定義資料介面)

Standardizes digital descriptions of part configurations and properties needed for manufacturing.

PDF   Primary Display Function (主要顯示功能)

P-DME   Precision Distance Measuring Equipment (精確距離量測裝置)

PDOP   Position Dilution Of Precision. (位置精準的降低) A GPS term for error introduced into the GPS calculations.

PDOS   Powered Door Opening System (電動門開啓系統)

PDR   Preliminary Design Review (先期設計檢閱)

PDS   Primary Display System (主要顯示系統)

PDU   (1) Protocol Data Unit. (協定數據單元) The N-PDU is a combination of the N-PCI and the N-UD or N-SDU The N-PDU is the total information that is transferred between peer network members (OSI Model) as a unit.

(2) Power Drive Unit (電力裝置單元)

PERF   Performance (效能)

Performance   (性能指標)

Index   A relative number used to compare the performance Index of different radar systems. It is calculated from transmitter peak power, antenna gain, pulse width, prf, antenna beam width, and the receiver noise figure.

PES	Passenger Entertainment System (娛樂裝置)
PET	Pacific Engineering Trials (太平洋工程試驗)
PF	(1) Power Factor (功率因素)
	(2) Pilot Flying (主飛的飛行員)
PFC	Primary Flight Computer (主要飛行操控電腦)
PFCS	Primary Flight Control System (主要飛行控制系統)
PFD	(1) Primary Flight Display. An EFIS presentation substituting for the ADI. (主飛行資訊顯示器)
	(2) Primary Flight Director. (主飛行指引儀)
PFIS	Passenger Flight Information System (旅客航班資料系統)
PFR	Pulse Repetition Frequency. (脈衝反覆頻率) The rate at which pulses are transmitted.
PGA	Pin Grid Array (針型柵格陣列)
PHARE	Program for Harmonized ATC Research in Europe (協調歐洲航空交通管制研究計劃)
PHIBUF	Performance Buffet Limit (性能緩衝限制)
PHINOM	Nominal Bank Angle (些微的傾斜角)
PHY	Physical Interface Device (物理介面裝置)
Phase Modulation	A signal in which the phase varies (with respect to the original signal) with the amplitude of the modulatory signal, while the amplitude of the carrier wave remains constant. Similar to a modified frequency modulated signal. (相位角改變)
PIO	Processor Input/Output (處理器輸入/輸出)
PIREPS	Pilot Reports (飛行員報告)
Pitot Pressure	The sum of the static and dynamic pressures and is the total force per unit area exerted by the air on the surface of a body in motion. (皮托管壓力)
Pitot Tube	A forward facing probe attached to the outside of the aircraft to sense the relative pressure of the aircraft moving through the atmosphere. Named for Henri Pitot who first used this method of measuring fluid flow pressure. (皮托管)
PLA	Power Level Angle (功率水平角度)
PLL	Phase Locked Loop (相位止動迴路)

PM	Phase Modulation (相位角改變)
PMA	(1) Permanent Magnet Alternator (永磁交流發電機)
	(2) Parts Manufacturing Approval (零件製造許可)
PMAT	Portable Maintenance Access Terminal (手提式維持存取終端機)
PMC	Provisional Memory Cover (暫時記憶體遮蓋)
PMG	Permanent Magnet Generator (永磁發電機)
PMOS	P-Type Metal Oxide Semiconductor (P 型金屬氧化半導體)
PMS	Performance Management System (效能管理系統)
PN	Pseudo Noise (虛擬噪音)
PNCS	Performance Navigation Computer System (性能導航電腦系統)
PND	Primary Navigation Display (主導航資訊顯示器)
PNEU	Pneumatic (空氣的，氣動的)
PNF	Pilot Not Flying (不是主飛的駕駛員)
POC	Proof Of Concept (觀念證明)
Polled Mode	An ACARS mode of operation in which the airborne system transmits only in response to received uplink messages (polls). (Polled 模式)
POR	Pacific Ocean Region (太平洋地區)
POS	Position (位置)
POS INIT	Position Initialization (位置初始化)
POS REF	Position Reference (參考位置)
POT	Potentiometer (電位計，分壓計)
PPI	Planned Position Indicator. A type of radar display which shows aircraft positions and airways chart on the same display. (平面位置指示器)
PPM	(1) Pulse Position Modulation (脈衝位置調整)
	(2) Parts Per Million (百萬分之一部分)
PPOS	Present Position (現在位置)
PPS	Precise Positioning Service (精確定位系統)
PRAIM	Predictive Receiver Autonomous Integrity Monitoring (xxxxx)
PRAM	Prerecorded Announcement Machine (事先通告機器)
PRELIM	Preliminary Data (初步的數據)
Pressure	(壓力高度)
Altitude	The altitude measured above standard pressure level.Based on the relationship of pressure and altitude with respect to a standard atmosphere.

PREV	Previous (先前的)
Preventive Advisory	(預防諮詢) A resolution advisory that instructs the pilot to avoid certain deviations from current vertical rate. (TCAS)
PRF	Pulse Repetition Frequency 脈波重複頻率
PRI	Primary 脈波重複間隔
PRM	Precision Runway Monitoring 精密性跑道監視器
PRN	Pseudo Random Noise 假性噪音
PROC	Procedure 程序
PROF	Profile 剖面
PROG	Progress Page on MCDU
PROM	Programmable ROM 程控記憶體
Protocol	A set of rules for the format and content of messages between communicating processes. 協定
PROV	Provisional 臨時性
PROX	Proximity 鄰近性
PRSOV	Pressure Regulating and Shutoff Valve 氣壓控制閥門
P/RST	Press To Reset 重新啓動鍵
PRTR	Printer 列印機
PS	Power Supply 電源供應器
PSA	Power Supply Assembly 電源供應器配件
PSAS	Primary Stability Augmentation System 主要穩定增強系統
PSEU	Proximity Sensor Electronic Unit 鄰近感應電子單位
PSUPSA	Problem Statement Language/Problem Statement Analyzer 問題説明語言/問題説明分析器
PSM	Power Supply Modules 電源供應模組
PSPL	Preferred Standard Parts List 優先標準局部列表
PSR	Primary Surveillance Radar. The part of the ATC system that determines the range and azimuth of an aircraft in a controlled air space. 主要監視雷達
PSS	Proximity Sensor System 次要感應系統
PSU	Passenger Service Unit 乘客服務裝置
PT	Total Pressure 總壓

PTH	Path 軌道
PTR	Production Test Requirements 產品測試需求
PTSD	Production Test Specification Document 產品測試詳細文件
PTT	(1) Post, Telephone and Telegraph
	(2) Pus h To Talk. Also refers to the switching signal that enables the transmitter. 在美國地區以外提供電話服務提供者
PTU	Power Transfer Unit 電源轉換裝置
PVD	Plan View Display 計畫觀點展示
PVT	Position, Velocity, Time 位置速度時間
PWM	Pulse-Width Modulation 脈寬調變
PWR	Power 電源
QAR	Quick Access Recorder 快速儲存記錄器
QC	Quality Control 品質管制
QEC	Quadrantral Error Corrector 象限儀錯誤修正
QFE	A method of setting the altimeter to compensate for changes in barometric pressure and runway elevation. Pilot receives information from airfield and adjusts his altimeter accordingly and it will read zero altitude at touchdown on the runway.
QNE	The method of setting the altimeter to the standard atmosphere datum -29.92 inches of mercury (1,013.25 mb). This setting is used in the United States airspace by all aircraft above FL180.QNHThe more common method of setting the altimeter to compensate for changes in barometric pressure. Pilot receives information from airfield, adjusts his altimeter accordingly and the altimeter will read airfield elevation at touchdown.
QOP	Quality Operating Procedures 定性操作程序
QRH	Quick Reference Handbook 快速參考手冊
QTY	Quantity 數量
QUAD	Quadrant 象限儀
Quadrantral Error	Error in the relative bearing caused by the distortion of the received radio signal (rf fields) by the structure of the aircraft. 象限誤差
R	(1) Right
	(2) Route Tuned NAVAID 航線修正助航器

RA	(1) Resolution Advisory (generated by TCAS) (2) Radio Altimeter 無線電高度表
Rabbit Tracks	Rabbit Tracks, or running rabbits, refer to the distinctive display produced by another (alien radar) radar system transmission.
RAD	(1) Radial (2) Radio 無線電
Radar	Radio Detecting And Ranging. A system that measures distance and bearing to an object. 無線電測距和偵察
Radar Mile	The time interval (approximately 12.359 microseconds) required for radio waves to travel one nautical mile and return (total of 2 nmi). 無線電距離
Radial	A line of direction going out from a VOR station measured as a bearing with respect to magnetic north. 徑向線
Radome	The radome is the protective cover on the aircraft nose that fits over the weather radar system antenna. The radome is transparent at radar frequencies. 雷達罩
RAI	Radio Altimeter Indicator 無線電高度指示計
RAIM	Receiver Autonomous Integrity Monitoring 完全自動接受監測器
RALT	Radio Altimeter (also RA, RADALT LRA, LRRA) 無線電高度表
RAM	Random Access Memory Generally used to describe read/write integrated circuit memory 無目標儲存記憶體
RAPPS	Remote Area Precision Positioning System 精確方位遙控系統
RAS	Row Address Strobe
RAT	RAM Air Temperature is the temperature of the air entering an air scoop inlet. It is a factor in engine performance.
R/C	Rate of Climb 爬升率
R-C	Resistor-Capacitor network 電阻電容網路
RCC	Remote Charge Converter 遙控充電整流器
RCP	Radio Control Panel 無線電操縱板
RCVR	Receiver 接受機
Rd	R-Channel used for data R & D Research and Development 研究和發展
RDMI	Radio Distance Magnetic Indicator 無線電距離磁力數位指示器
RDP	Radar Data Processing (system) 雷達數據處理系統

RDR	Radar 雷達
RDSS	Radio Determination Satellite Service 衛星無線測定服務
RECAP	Reliability Evaluation and Corrective Action Program 計算可靠度和功能修正程式
REF	Reference 參考資料
REFL	Reflection 反射
Reflectivity Factor (Z)	This is a measurement of the ability of a target to reflect the energy from a radar beam. 反射因子
Relative	The bearing of a ground station relative to the Bearing direction the aircraft nose points, or the direction of an aircraft to or from an NDB. 相關方位
REL	Relative 相關
REQ	(1) Request (2) Required/Requirement 必需品
Resolution Advisory	A display indication given to the pilot recommending a maneuver to increase vertical separation relative to an intruding aircraft. A resolution advisory is also classified as corrective or preventive. 決策諮詢
RESTR	Restriction 限制
RESYNCING	Resynchronizing
RET	(1) Rapid Exit Taxiway (2) Reliability Evaluation Test 可靠度估算測試
REU	Remote Electronics Unit 遙控電子裝置
RF	Radio frequencies above 150 kHz, to the infra-red region (1012Hertz). 無線電頻率
RFI	(1) Radio Frequency Interference 無線電頻率干擾 (2) Request For Information 情報需求
RFP	Request For Proposal 建議書需求
RFTP	Request For Technical Proposal 技術建議需求
RFU	Radio Frequency Unit 無線電頻率裝置
RGB	Red/Green/Blue 紅綠藍
RGCSP	Review of the General Concept of Separation Panel
RIB	Right Inboard 右內側(飛機)

RJ	Regional Jet 區間級噴射客機
RLP	Ring Laser Gyro 環狀雷射迴轉儀
RLS	(1) Remote Light Sensor 遙控燈光感測器
	(2) Reliable Link Source
RLY	Relay 繼電器
R & M	Reliability and Maintainability 可靠性及維護性
RMI	Radio Magnetic Indicator 快速磁力指示器
RMP	(1) Remote Maintenance Panel 遙控維持控制板
	(2) Radio Management Panel 無線電管理控制板
R-NAV	Area Navigation 無線電導航
RNG	Range 航程
RNGA	Range Arc 攻角範圍
RNP	Required Navigation Performance 飛航性能需求
RNTP	Radio Nav Tuning Panel 無線電導航調諧控制板
RO	Roll Out 出廠
ROB	Right Outboard 右外側
ROC	Rate Of Climb 爬升率
ROD	Rate Of Descent 下降率
ROM	Read Only Memory 唯讀記憶體
ROTHR	Relocatable Over-The-Horizon Radar 超越地平線重新安置雷達
RPM	Revolutions Per Minute 每分鐘轉速
RSP	Reversion Select Panel 選擇回復控制板
RT	Receiver-Transmitter (rt). Also referred to as a transceiver. (See T/R) 接受機/發射機
RTA	(1) Receiver Transmitter Antenna, or 接收傳送天線
	(2) Required Time of Arrival 航時
RTCA	Radio Technical Commission for Aeronautics 航空無線電技術委員會
RTE	Route 航線
RTF	Radiotelephony 無線電話
RTI	Real-Time Interrogate 即時質問
RTP	Reliability Test Plan 可靠測試計畫
RTO	Rejected Takeoff 拒絕起飛
RTP	Radio Tuning Panel 無線電調諧控制板

RTS	Request To Send 請求發射
RTU	Radio Tuning Unit 無線電調諧裝置
Runway Incursion	The act of inadvertently crossing the runway holding point without ATC clearance. 跑道侵入
RVDT	Rotary Voltage Differential Transducer 旋轉差壓變壓器
RVR	Runway Visual Range 跑道目視距離
RVSM	Reduced Vertical Separation Minimun 縮減垂直隔離
RW	Runway 跑道
RWM	Read-Write Memory. A memory in which each cell is selected by applying appropriate electrical input signals, and the stored data may be either sensed at the appropriate output terminal or changes in response to other electrical input signals. 覆寫記憶體
RZ	Return to Zero 歸零
S	South 南
SA	Situation Awareness 地點確認
SAA	Service Access Area
SAARU	Secondary Attitude Air Data Reference Unit 次要大氣數據參考裝置
SAE	Society of Automotive Engineers 自動化工程師協會
SAR	Search and Rescue 搜尋和搜救
SARPS	Standards And Recommended Practices 標準和被推薦常規
SAS	Stability Augmentation System 安定性增大系統
SAT	Static Air Temperature is the total air temperature corrected for the Mach effect. Increases in airspeed cause probe temperature to rise presenting erroneous information. SAT is the outside air temperature if the aircraft could be brought to a stop before measuring temperatures. 靜態空氣溫度
SATCOM	Satellite Communication System 通訊衛星系統
SB	Service Bulletin 服務通報
SBE	Single Bit Error 單一錯誤
S/C	Step Climb 逐漸升高
SCAT	Special Category 特殊種類
SCD	Specification Control Drawing 藍圖上規範管制
SCDU	Satellite Control Data Unit 衛星控制數據裝置

SCID	Software Configuration Index Drawing 軟體結構指數製圖
SCIU	Radio Altimeter Indicator 無線高度指示計
SCPC	Single Carrier Per Channel
SCS	Single Channel Simplex. A communication system that uses simplex. 單一頻道
SCSI	Small Computer System Interface 微電腦系統界面
SCU	Signal Conditioning Unit 訊號反射裝置
SD	(1) Side Display
	(2) Storm Detection. It is the designation for the hourly transmitted radar observations from the NWS and ARTCC radars. Individual SD's are combined and transmitted once an hour as collectives (SDU's) over the aviation teletype circuits. 暴風偵測
SDD	Standard Disk Drive 標準磁碟機
SDI	Source Destination Identifier
SDM	Speaker Drive Module 揚聲器裝置模組
SDRL	Supplier Data Requirements List 需求數據列表供應器
SDU	Satellite Data Unit 衛星數據裝置
Search	In this mode, the DME scans from 0 mile to the outer range for a reply pulse pair after transmitting an interrogation pulse pair. 探測
SEC	Secondary 次要
SED	Secondary EICAS Display
SEI	Standby Engineer Indicator 標準工程指示計
SEL	Select 選擇
SELCAL	Selective Calling System. A system used in conjunction with HF and VHF communication systems that allows a ground-based radio operator to call a single aircraft or group of aircraft without the aircraft personnel monitoring the ground station radio frequency 選擇性呼叫系統
Sensitivity Level	An instruction given to the TCAS equipment for control of its threat volume. 敏感級
SEPC	Secondary Electrical Power Contactor 次要電源接觸器
SEPP	Stress Evaluation Prediction Program 應力估算預報程式
SERNO	Serial Number 序號
SEU	(1) Single Event Upset

	(2) Seat Electronics Unit 座椅電子設備組
SFE	Supplier Furnished Equipment 裝備供應者
SG	Signal Generator 訊號產生器
SI	(1) Standby Instruments 備用儀器
	(2) Supporting Interrogator 支持詢問者
SICAS	Secondary Surveillance Radar Improvements and Collision Avoidance System 第二監視雷達增進與迴避系統
SICASP	Secondary Surveillance Radar Improvements And Collision Avoidance System Panel 第二監視雷達增進與迴避系統
SID	Standard Instrument Departure 標準儀器離場
Sidetone	The reproduction of sounds in a headset (or speaker) from the transmitter of the same communication set. This allows a person to hear his/her own voice when transmitting.
SIF	Standard Interchange Format 標準互換型式
SIGMETS	Significant Meteorological Observations 有效氣象觀測
SIL	(1) Systems Integration Lab 系統整合實驗室
	(2) Service Information Letter 情報服務信
Simplex	A communication operation that uses only a single channel for transmit and receive operations. Communications can take place in only one direction at a time. 單一通話
SIP	Single In-line Package 單一同軸封包
SITA	Societe Internationale de Telecommunications Aeronautiques
SIU	Satellite Interface Unit 衛星界面裝置
Skywave	A radio wave that is reflected by the ionosphere. Depending upon the state of the ionosphere, the reflected radio wave may propagate along the layer of the ionosphere or be reflected at some angle. It is also known as ionospheric or indirect wave. 朝天空
SL	Sensitivity Level 敏感級
S/L	Sub-Level 次級
Slant Range	The line-of-sight distance from the aircraft to a DME ground station.
SLM	Standard Length Message 標準長度訊息
SLS	Side-Lobe Suppression. A system that prevents a transponder from replying to the side-lobe interrogations of the SSR. Replying to side-lobe interrogations would supply false replies to the ATC ground station

and obscure the aircraft location.

SLV	Sync Lock Valve 同步上鎖活門
SMC	System Management and Communication 系統管理和通訊
SMD	Surface Mount Device 操縱面安裝裝置
SMGCS	Surface Movement Guidance and Control Systems 表面姿態導引和控制系統
SMI	Standard Message Identifiers 標準訊息鑑定人
SMT	(1) Aileron/Rudder Servo Mount 副翼/舵操縱面安裝裝置
	(2) Elevator Servo Mount 升降機操縱面安裝裝置
	(3) Servo Mount 操縱面安裝裝置
	(4) Stabilizer Trim Servo Mount 安定翼平穩操縱面安裝裝置
	(5) Station Management 站務經營
SNR	Signal-to-Noise Ratio 信號噪音比
SOIT	Satellite Operational Implementation Team 衛星操作完成團隊
SOP	Standard Operating Procedure 標準作業程序
SOPA	Standard Operating Procedure Amplified 標準作業程序增強
SOS	Silicon On Sapphire
SP	Space 太空
SPATE	Special Purpose Automatic Test Equipment 特殊目的自動測式裝置
SPC	Statistical Process Control 統計程序控制
SPD	Speed 速度
SPE	Seller Purchased Equipment 賣方購買裝備
Speed of Light	Represented by the symbol c and has a value of 2.9979250 x 101 meters/second or 983,571,194 feet/second. 光速
SPI	Special Position Identification 特殊位置確認
SPIP	Designation for a transponder identical pulse.
SPKR	Speaker 擴音機
SPM	(1) Surface Position Monitor 表面位置監視
	(2) Stabilizer Position Modules 安定翼位置模組
Spoking	Spoking refers to a display presentation which radiates outward from the display origin like the spokes on a wagon wheel.
SPR	Sync Phase Reversal. (Term is used in Mode S transponders)
SPS	(1) Standard Positioning Service 標準位置服務

(2) Sensor Processing Sub system

SQ or Sql	Squelch 壓扁
SQL	Structured Query Language 資料查詢語言
Squall Line	A squall line is a line of thunderstorms and developing thunderstorms.
Squawk	Reply to interrogation signal (XPD). 嘎嘎聲
Squelch	A control and/or circuit which reduces the gain in response of a receiver. The squelch is used to eliminate the output noise of the receiver when a signal is not being received. 壓扁
Squitter	(1) The random pulse pairs 2enerated by the ground station as a filler signal. (2) The transmission of a specified reply format at a minimum rate without the need to be interrogated. (Filler pulses transmitted between interrogations) [XPD]. (3) Spontaneous Transmission generated once per second by transponders.
SRADD	Software Requirements And Design Description 軟體需求分析資料
SRAM	Static Random Access Memory 靜態隨機儲存記憶器
SRD	Systems Requirements Document 系統需求文件
SR	Service Request 服務要求
SRP	Selected Reference Point 被選參考點
SRU	Shop Replaceable Unit 採買可換裝置
SSB	Single Sideband. An AM signal that has a reduced carrier, with the power applied to a single sideband. Since the bandwidth of the information-carrying signal is reduced, a better signal-to-noise ratio is obtained at the receiver. 單一邊波帶
SSCV/DR	Solid State Cockpit Voice/Data Recorder 座艙語音數據記錄器
SSCVR	Solid State Cockpit Voice Recorder 座艙語音記錄器
SSEC	Static Source Error Correction 固定來源錯誤修正
SSFDR	Solid State Flight Data Recorder 飛行數據記錄器
SSM	Sign Status Matrix
SSR	Secondary Surveillance Radar. A radar-type system that requires a transponder to transmit a reply signal. 第二監視雷達
SSSC	Single Sideband Suppressed Carrier. A SSSC signal is a band of audio intelligence frequencies which have been translated to a band of radio frequencies without distortion of the intelligence signal. 單一邊波帶抑

制運送

SSU	Subsequent Signal Unit 隨後訊號裝置
sta	Station 電台
STAB	Stabilizer 安定翼
Standard Atmosphere	Represents the mean or average properties of the atmosphere. At sea level static pressure is 29.92 mHg and temperature is ＋15℃. 標準大氣
Standby Mode	A DME mode that applies power to the DME RT but the unit does not transmit. 備案
STAR	Standard Terminal Arrival Routes 標準終點到達路線
Static Ports	Flush-mounted openings in the skin of the aircraft fuselage used to sense static pressure.
Static	Ambient atmospheric pressure or static pressure is Pressure the force per unit area exerted by the air on the surface of a body at rest relative to the air. 靜壓
Static Ram	RAM constructed of bistable transistor elements. Memory cells do not require refreshing. (See "Dynamic RAM"). 靜態記憶體
Static Source	A correction applied to static source pressure Error (SSEC)measurements to partly or completely correct for pressure errors which are caused by airflow changes. It is computed as a function of Mach and altitude based on measured errors for a particular static system. 靜壓來源誤差校正
STBY	Standby Instruments 備用系統
STC	(1) Sensitivity Time Control.敏感時間控制 A control circuit used in radar applications to control receiver gain with respect to time. (2) Supplemental Type Certificate 補充型別檢定證
STCM	Stabilizer Trim Control Module 安定面配平控制模組
STD	Standard 標準
STDBY	Standby Instruments 備用系統
STEPCLB	Step Climb 步階爬升
STOL	Short Takeoff and Landing 短場起降
STP	Standard Temperature and Pressure 標準溫度與壓力
STS	Stable Time Subfield 穩定時間分欄

SUA	Special Use Airspace 特殊用途空域
SUL	Yaw Damper Actuator 偏航阻尼器
SUO	(1) Aileron/Elevator/Rudder Servo 副翼/升降舵/方向舵伺服
	(2) Servo Actuator 伺服致動裝置
Super-heterodyne Receiver	A receiver in which the incoming RF signal is mixed to produce a lower intermediate frequency 超外插接收器
Suppressor	A pulse used to disable L-band avionics during the Pulse transmitting period of another piece of L-band airborne equipment. It prevents the other avionics aboard the aircraft from being damaged or interfered with by the transmission and any noise associated with that transmission. 抑制脈衝
SUT	(1) Autothrottle Servo 自動油門伺服器
	(2) Stabilizer Trim Servo 安定面配平伺服器
SV	Space Vehicle 太空飛行器
SVC	Service 勤務，保養，服務，飛航，營運
SVO	Servo 伺服
SVT	Servo Throttle 油門伺服
SVU	Satellite Voice Unit 衛星通話單元
S/W	Software 軟體
SWAP	Severe Weather Avoidance Program 劇烈天氣迴避程式
sys	System 系統
TA	Traffic Advisory (TCAS) 空中交通諮詢
TAC	(1) Test Access Control 測試使用控制
	(2) Thrust Asymmetry Compensation 推力非對稱補償
TACAN	The Tactical Air Navigation System that provides azimuth and distance information to an aircraft from a fixed ground station (as opposed to DME providing only distance information). 太康導航台
Tach	Tachometer 轉速計
TACIU	Test Access Control Interface Unit 測試使用控制介面單元
TAI	Thermal Anti-Icing 加溫防冰
TAP	Terminal Area Productivity 終端區域生產力
Target	An aircraft within the surveillance range of TCAS. 目標

TAS	True Airspeed 真實空速
TAT	(1) Total Air Temperature. 大氣總溫
	The air temperature including heat rise due to compressibility.
	(2) True Air Temperature 真實空氣溫度
TATCA	Terminal Air Traffic Control Automation 終端航空交通管制自動化
TAU	TAU is the minimum time a flight crew needs to discern a collision threat and take evasive action. It represents the performance envelope (speed and path of aircraft) divided by the closure rate of any intruder aircraft (TCAS) 飛行員所需用來辨認威脅機，並採取迴避行動的最少時間
TBB	Transfer Bus Breaker 傳輸匯流排斷路
TBD	To Be Determined 等待決定
TBO	Time Between Overhauls 翻修期間
TBS	(1) To Be Supplied 提供
	(2) To Be Specified 詳細指明
TC	Type Certificate 型別檢定證
T/C	Top-of-Climb 爬升頂端
TCA	Terminal Control Area 終端管制區域
TCAS	Traffic Alert Collision Avoidance System 航情警告避撞系統
TCAS I	A baseline system that provides a warning (TA) to the flight crew of the presence of another aircraft (potential collision threat) within the surveillance area. No avoidance maneuver is suggested. 航情警告避撞系統 I
TCAS II	A collision avoidance system providing traffic information (within approximately 30 nmi of the aircraft) to the flight crew, in addition to the resolution advisories (RA) (for vertical maneuvers only). A TCAS 11-equipped aircraft will coordinate with TCAS II-equipped intruder aircraft to provide complementary maneuvers. 航情警告避撞系統 II
TCC	Turbine Case Cooling 渦輪箱冷卻
TCM	Technical Coordination Meeting 科技協調會議
TCPIP	Transport Control Protocol/Internet Protocol 傳輸控制通訊協定/Internet 通訊協定
TCS	Touch Control Steering 觸地操縱控制

TCXO	Temperature Controlled Crystal Oscillator 溫度控制晶體振盪器
T/D	Top-of-Descent 下降起點
TDM	In the Time Division Multiplex Systems a common carrier is shared to transmit multiple messages (to multiple receivers) by time sharing the carrier between the message sources. 分時多工
TDMA	Time Division Multiplex Access. 分時多工擷取
	When multiple transmitters are using a single carrier to transmit to a single receiver, the carrier is time shared between each of the transmitters, so the multiple messages are not garbled at the receiver.
TDOP	Time Dilution Of Precision. 時間精度因子
	A term used to describe the error introduced by variances in the calculated time.
TDR	Transponder 詢答機，轉頻器
TEC	Thermo-Electric Cooler 熱電冷卻器
TEI	Text Element Identifier 文字成分鑑別
TEMP	Temperature 溫度
Temperature Probe	A sensor protruding into the air stream to sense air temperature. Requires correction to get static air temperature. 溫度探測器
TFM	Traffic Flow Management 航空流量管理
TFT	Thin Film Transistor 薄膜電晶體
TFTS	Terrestrial Flight Telephone System 地球飛行通話系統
TG	Transmission Gate 傳送閘
TGC	Turbulence Gain Control 擾流增益控制
TGT	Target 目標
THDG	True Heading 真航向
THR	Thrust 推力
THR HOLD	Throttle Hold 油門鎖定
Threat	A target that has satisfied the threat detection logic and thus requires a traffic or resolution advisory (TCAS). 威脅
TIAS	True Indicated Airspeed 真實指示空速
TIS	Traffic Information Service 交通資訊服務
TK	Track Angle 航跡角

TKE	Track Angle Error 航跡角誤差
T/L	Top-Level
TLA	Thrust Lever Angle 推力操縱桿角度
TLM	Telemetry Word 遙測指示
TLS	Target Level of Safety 最大風險安全等級
TMA	Terminal Control Area 終端管制區域
TMC	Thrust Management Computer 推力管理電腦
TMCF	Thrust Management Computer Function 推力管理電腦功能
TMCS	Thrust Management Computer System 推力管理電腦系統
TMF	Thrust Management Function 推力管理功能
TMS	Thrust Management System 推力管理系統
TMU	Traffic Management Unit 交通管理單元
TN	True North 真北
TO	Take Off 起飛
TOC	Top of Climb 爬升頂端
TOD	Top of Descent 下降頂端
TO EPR	Takeoff Engine Pressure Ratio 起飛引擎壓力比
TO/FROM	indicates whether the omnibearing selected is the course to or from the VOR ground station. 向離指示器
Indicator	
TOGA	Take-Off, Go-Around. 起飛重飛 Also seen as TO/GA.
TO N1	Take-Off Engine Fan Speed 起飛引擎轉速
Touch down	The point at which the predetermined glidepath intercepts the runway. 著陸點
TOW	Time Of Week
TPMU	Tire Pressure Monitor Unit 胎壓監視單元
TPR	Transponder 詢答機，轉頻器
TR	Temporary Revision. 臨時的修訂 A document, printed on yellow paper which temporarily amends a page or pages of a component maintenance manual.
T/R	(1) Thrust Reverser 推力反向器 (2) Transceiver (see RT) 收發報機

	(3) Receiver-Transmitter 發射接收機
TRA	(1) Temporary Reserved Airspace 暫時預留空域
	(2) Thrust Reduction Altitude 推力減少高度
TRAC	Terminal Radar Approach Control 終端雷達近場管制 ag=F-2Track 航跡
	(1) The actual path, over the ground, traveled by an aircraft(navigation).
	(2) In this mode the DME transmits a reduced pulse pair rate after acquiring lock-on (DME).
	(3) Estimated position and velocity of a single aircraft based on correlated surveillance data reports (TCAS).
TRACON	Terminal Radar Approach Control 終端雷達近場管制
TRACS	Test and Repair Control System. 測試及修理控制系統
	An automated data retrieval system. TRACS functions include: 1) provide the location of any given unit at any time; 2) provide an efficient flow of work to and from test stations; 3) provide quick access to quality information generated by the actual testing process (performed by the technician); 4) provide statistical and historical data regarding throughput time for products, failure, yield rates, WIP, etc.
Traffic Advisory	Information given to the pilot pertaining to the position of another aircraft in the immediate vicinity. The information contains no suggested maneuvers. (Traffic advisory airspace is 1200 feet above and below the aircraft and approximately 45 seconds distant with respect to closure speed of the aircraft.) [TCAS]. 空中交通諮詢
Traffic	The number of transponder-equipped aircraft within Density R nautical miles (nmi) of own aircraft, divided by n x (R nmi)'. Transponder-equipped aircraft include Mode S and ATCRBS Mode A and Mode C, and excludes own aircraft. (TCAS) 空中交通密度
TRANS	Transition 換裝，過渡
Transceiver	A receiver and transmitter combined in a single unit. Same as RT 收發報機
Transponder	Avionics equipment that returns an identifying coded signal. 詢答機，轉頻器
TRK	Track 航跡，軌道
TRP	Mode S Transponder S 模式詢答機

TRR	Test Rejection and Repair 測試退回及修理
TRSB	Time Reference Scanning Beam. The international standard for MLS installations. 時間基準掃描波束
TRU	(1) Transformer Rectifier Unit 變壓整流單元 (2) True 真實的
True Airspeed	The true velocity of the aircraft through the surrounding air mass. 真實空速
True Altitude	The exact distance above mean sea level (corrected for temperature). 真高度
True Bearing	The bearing of a ground station with respect to true north. 真方位
True North	The direction of the north pole from the observer. 真北
TSA	Tail Strike Assembly 尾翼集中攻擊
TSE	Total System Error 總系統誤差
TSM	Auto throttle Servo Mount 自動油門伺服(without Clutch)
TSO	Technical Standard Order. 技術標準規定 Every unit built with a TSO nameplate must meet TSO requirements. TSO operating temperature extremes are not the same as the manufacturing burn-in limits.
TT	Total Temperature 大氣全溫
TTFF	Time To First Fix 定位時間
TTL	Transistor-Transistor Logic 電晶體電晶體邏輯
TTR	TCAS II Receiver/Transmitter 航情警告避撞系統接收及傳送器
TTS	Time To Station, an indication that displays the amount of time for an aircraft to reach a selected DME ground station while traveling at a constant speed. 定速下到達地面站的時間
TTY	Teletypewriter 電傳打字機
TURB	Turbulence. 擾流，亂流 The US National Weather Service defines light turbulence as areas where wind velocity shifts are 0 to 19 feet per second (O to 5.79 meters per second) and moderate turbulence as wind velocity shifts of 19 to 35 feet per second (5.79 to 10.67 meters per second).
TVBC	Turbine Vane and Blade Cooling 發動機葉片冷卻
TVC	Turbine Vane Cooling 發動機葉片冷卻
TWDL	Two Way Data Link 雙向資料傳輸

TWDR	Terminal Doppler Weather Radar 航站都卜勒氣象雷達
TWP	Technical Work Program 專用程式
TWT	Traveling Wave Tube 行波管
TX	Transmitter 發射機(see XMIT)
UART	Universal Asynchronous Receiver/Transmitter 通用非同步接收及傳送器
UB	Utility Bus 公用匯流排
UBI	Uplink Block Identifier 上鏈阻塞標識
UCS	Uniform Chromaticity Scale 單一色差等級
UD	User Data. 使用者資訊
	The N-User data may also be transferred between peer network members (OSI Model) as required.
UFDR	Universal Flight Data Recorder 通用飛航資料記錄器(黑盒子)
UHF	Ultra-High Frequency The portion of the radio spectrum from 300MHz to 3 GHz.超高頻
ULB	Underwater Locator Beacon 水底定位器信標
ULD	Unit Load Device 單位荷載裝置
UMT	Universal Mount 通用底座
Unpaired	A DME channel without a corresponding VOR or Channel ILS frequency 非對稱頻道
Uplink	The radio transmission path upward from the earth to the aircraft.向上傳遞，上鏈
USAF	United States Air Force 美國空軍
USB	Upper Sideband is the information-carrying band and is the frequency produced by adding the carrier frequency and the modulating frequency 高空旁波
USTB	Unstabilized 不穩定
UTC	Universal Coordinated Time 國際標準時間，格林威治標準時間
UUT	Unit Under Test 測試中單元
UV	Upper Sideband Voice 高空旁波語音
UW	Unique Word 專用字彙
V	(1) Velocity 速度
	(2) Volt 伏特

V1	Critical engine failure velocity 引擎損壞臨界速度
V2	Takeoff climb velocity 起飛爬升速度
VA	Volt-Amperes 輸入電壓
VAC	Volts AC 交流電壓
VAP	Visual Aids Panel 視覺輔助控制板
VAPS	(1) Virtual Avionics Prototyping System 虛擬航電樣品系統
	(2) Virtual Applications Prototyping System 虛擬應用樣品系統
VAR	(1) Variation 變化
	(2) Volt-Amps Reactive 無功功率，電抗功率
	(3) Visual-Aural Radio Range 視聽兩用導航台
VASI	Visual Approach Slope Indicator 目視進場滑降指示器
VAU	Voltage Averaging Unit 平均電壓單元
VBV	Variable Bypass Valve 可變式旁通閥
VC	Design Cruising Speed 設計巡航速度
VCD	(1) Voltage Controlled Device 電壓控制裝置
	(2) Variable Capacitance Diode. 可變電容二極體
VCMAX	Active Maximum Control Speed 最大可控速度
VCMIN	Active Minimum Control Speed 最小可控速度
VCO	Voltage Controlled Oscillator 電壓控制振盪器
VD	(1) Design Diving Speed 設計下潛速度
	(2) Heading to a DME Distance 航向測距台
VDC	Volts Direct Current 直流電壓
Vertical Speed	The rate of change of pressure altitude, usually calibrated in hundreds of feet per minute.垂直速率
VF	Design Flap Speed 設計襟翼速度
VFE	Flaps Extended Placard Speed 公告放下襟翼速度
VFO	Variable Frequency Oscillator 可變頻率振盪器
VFOP	Visual Flight Rules Operations Panel 目視飛航規則操作儀錶
VFR	Visual Flight Rules 目視飛航規則
VFXR(R)	Flap Retraction Speed 襟翼收起速度
VFXR(X)	Flap Extension Speed 放下襟翼速度
VG/DG	Vertical Gyro/Directional Gyro 垂直陀螺儀/航向陀螺儀
VG or VGND	Ground Velocity 地面速度

VH	Maximum Level-flight Speed with Continuous Power 最大的水平飛行速度
VHF	Very High Frequency The portion of the radio spectrum from 30 to300 MHz.特高頻
VHS	Very High Speed 特高速
VHSIC-2	Very High Speed Integrated Circuits-phase 2. 特高速積體電路-2
VI	Heading to a course intercept 攔截下滑道程序速度
Vls	Lowest Selectable Airspeed 最低選擇空速
VIGV	Variable Inlet Guide Vane 可調進口導向葉片
VISTA	Virtual Integrated Software Testbed for Avionics 航電虛擬電路軟體測試
VIU	Video Interface Unit 視訊轉換單元
V/L	VOR/Localizer 特高頻多向導航台與左右定位台
VLE	Landing Gear Extended Placard Airspeed 起降架全放的公告空速
VLF	Very Low Frequency 特低頻
VLO	Maximum Landing Gear of Operating Speed 最大的許可速度令起降架可以全收或全放
VLOF	Lift-off Speed 離地速度
VLSI	Very Large Scale Integration 超大規模積體電路
VLV	Valve 閥
VM	Heading to a manual termination 航向手動終端
V/M	Voltmeter 電壓計
VMAX	Basic Clean Aircraft Maximum CAS 空機的最大速度
VMC	(1) Visual Meteorological Conditions 目視氣象條件 (2)Minimum Control Speed with Critical Engine Out 一具引擎全開時，所能控制的最小速度
VMIN	Basic Clean Aircraft Minimum CAS 空機的最小速度
VM(LO)	Minimum Maneuver Speed 最小動作速度
Vmo	The maximum airspeed at which an aircraft is certified to operate.最大操作速度 This can be a fixed number or a function of configuration (gear, flaps, etc.), or altitude, or both.
V/NAV	Vertical Navigation 垂直導航

VNE	Never-Exceed Speed 飛機的速度上限
VNO	Maximum Structural Cruising Speed 最大巡航速度
VNR	VHF Navigation Receiver 特高頻導航接收器
Voispond	A calsel function that would automatically identify an aircraft by a voice recording. Voispond is not yet implemented.
VOM	Volt-Ohm-Milliammeter 三用電表
VORVHF	Omnidirectional Radio Range. A system that provides bearing information to an aircraft. 特高頻多向導航台
VOR/DME	A system in which a VOR and DME station are co-located. 特高頻多向導航台與測距儀
VOR/MB	VOR/marker beacon 特高頻多向導航台與信標台
VORTAC	A system in which a VOR and a TACAN station are co-located.特高頻多向導航台與太康台
VOS	Velocity Of Sound 聲速
VOx	Voice Transmission 語音傳遞
VPATH	Vertical Path 垂直路徑
VPN	Vendor Part Number
VR	(1) Takeoff Rotation Velocity 拉起機鼻，脫離跑道時的速度 (2) Heading to a radial 徑向航向
VRAM	Video Random Access Memory 影像隨機存取記憶體
VREF	Reference velocity 參考速度
V/S	Vertical Speed 垂直速率
VSAT	Very Small Aperture Terminal 小型衛星地面站
VSCF	Variable Speed Constant Frequency 變速定頻
VSCS	Voice Switching and Control System 語音交換控制系統
VSI	(1) Vertical Speed Indicator 垂直速度表 (2) Stalling Speed in a Specified Flight Configuration 將近降落時，最小的穩定飛行速度
VSL Advisory	Vertical Speed Limit advisory may be preventive or corrective(TCAS). 限制垂直速率避撞諮詢
VSM	Vertical Separation Minimum 最低高度隔離
VSO	Stalling Speed in the Landing Configuration 將近降落時，最小的穩定飛行速度

VSTOL	Vertical or Short Takeoff and Landing 垂直短場起降
VSV	Variable Station Vane 可調靜子葉片
VSWR	Voltage-Standing Wave Ratio. The ratio of the amplitude of the voltage (or electric field) at a voltage maximum to that of an adjacent voltage minimum. VSWR is a measurement of the mismatch between the load and the transmission line. 電壓駐波比
VTK	Vertical Track Distance 垂直航跡距離
VTO	Volumetric Top-Off 滿載
VTOL	Vertical Takeoff and Landing 垂直起降
VTR	Variable Takeoff Rating 可變起飛分級
V/TRK	Vertical Track 垂直航跡
VU	Utility Speed 通用速度
VX	Speed for Best Angle of Climb 飛機在最短距離中所能爬升得最高的速度
VY	Speed for Best Rate of Climb 最佳攀爬速度
W	(1) Watt 瓦特 (2) West 正西方
WAAS	Wide Area Augmentation System (Method of Differential GPS) 廣域增大系統
WADGNSS	Wide Area Differential Global Navigation Satellite System 廣域全球航空衛星差分系統
WAFS	World Area Forecast System 世界預報系統
WAI	Wing Anti-Ice
WARC-92	World Administrative Radio Conference (1992) 1992 年世界無線電管理會議
WARC-MOB	World Administrative Radio Conference for the Mobile Service 世界行動無線電管理會議
Waypoint	A position along a route of flight. 沿著飛行路徑的位置
WBC	Weight and Balance Computer 載重與平衡計算機
WCP	WXR Control Panels 氣象雷達控制板
WD	Wind Direction 風向
WES	Warning Electronic System 電子警告系統
WEU	Warning Electronic Unit 電子警告單位
WFA	WXR Flat Plate Antenna 氣象雷達平板天線

WGS	World Geodetic System 世界大地量測系統
WGS-72	World Geodetic Survey of 1972 1972 年世界大地量測調查
WGS-84	World Geodetic System 1984 1984 年世界大地量測調查
Whisper-Shout	A sequence of ATCRBS interrogations and suppressions of varying power levels transmitted by TCAS equipment to reduce severity of synchronous interference and multipath problems.
WINDMG	Wind Magnitude 陣風強度
WINDR	Wind Direction 風向
WIP	Work In Progress 施工中
WMA	WXR Antenna Pedestal and WXR Waveguide Adapter 氣象雷達天線台和氣象雷達波導轉接器
WMI	WXR Indicator Mount 氣象雷達指示器
W/MOD	With Modification of Vertical Profile
WMS	Wide-area Master Station 廣域主站
WMSC	Weather Message Switching Center 氣候訊息變動中心
WMSCR	Weather Message Switching Center Replacement 替代氣候訊息變動中心
WMT	WXR Mount 氣象雷達
WN	Week Number 週數
WORD	Grouping of bits. Size of group varies from microprocessor to microprocessor 位元群組。群組大小的變化從微處理器到微處理器
WOW	Weight On Wheels 著陸重量
WP	Working Paper 工作報告
WPT	Waypoint 航線參考點，路標點
WRS	Wide-area Reference Station 廣域參考站
WRT	WXR Receiver/Transmitter 氣象雷達接收器/傳送器
W/STEP	With Step Change in Altitude 高度隨著距離改變
WT	Weight 重量
WX	Weather 天氣，氣候
WXI	WXR Indicator 氣象雷達指示器
WXP	Weather Radar Panel 氣象雷達控制板
WXR	Weather Radar System 氣象雷達系統
WYPT	Waypoint Altitude 沿著飛行路徑的高度
X-BAND	The frequency range between 8000 and 12500 MHz 頻率範圍在 8000

到 12500MHz 之間

X-Channel	A DME channel. There are 126 X-Channels for DME operation.For the first 63 channels, the ground-to-air frequency is 63 MHz below the air-to-ground frequency For the second 63 X, channels the ground-to-air frequency is 63 MHz above the air-to-ground frequency
XCVR	Transceiver 無線電收發機
XFR	Transfer 轉換器
XLTR	Translator 翻譯機
XM	External Master
XMIT	Transmit 發射
XMTR	Transmitter 發射機
XPD	ATC Transponder (also XPDR, XPNDR, TPR) 航空交通管制詢答機
XPDR	Transponder 詢答機
XTK	Crosstrack (crosstrack error)
Yagi Antenna	An antenna with its maximum radiation parallel to the long axis of its array, consisting of a driven dipole, a parasitic dipole reflector, and one parasitic dipole director or more.
YSAS	Yaw Stability Augmentation System 偏航穩定增益系統
YD	Yaw Damper 偏航緩衝器
Z	(1) Refer to reflectivity factor (2) Zulu (GM Time)
ZFW	Zero Fuel Weight 零燃油重量
Z-Marker	A marker beacon, sometimes referred to as a station locator, that provides positive identification to the pilot when the aircraft is passing directly over a low frequency navigation aid.

航電重要字彙
Important Avionics Vocabulary

Aerodynamic centre　The point about which the pitching moment does not change with the angle of incidence (providing the velocity is constant).

俯仰力矩不隨入射角的角度變化之點(假設速度為常數)

Aerodynamic derivative　The partial derivative of the aerodynamic force or moment with respect to a particular variable. For small changes in that variable, the resulting incremental force or moment is equal to-. (Derivative) x (Incremental change in the variable).

將氣動力之力或力矩，對一特定的變數作偏微分。對於變數的微小變化，增加的力或力矩所造成的結果等於 x(變數的改變量)的微分

Adiabatic process　A process where no heat enters or leaves the system.

系統不喪失或增加熱量之一種過程

Aliasing　　The effects from sampling data at a sampling frequency below the frequency of the noise components present in the signal so that spurious low frequency signals are introduced from the sampled noise.

由於取樣資料的頻率低於雜訊訊號，使的假的低頻訊號被混入取樣雜訊的結果

Air density　The mass per unit volume of air. 空氣單位體積的質量

Air density ratio　The ratio of the air density to the value of the air density at standard sea level conditions. See -Standard sea level conditions'.

在標準海平面大氣狀況下，空氣密度對空氣密度體積的比值

Altitude　　The height of the aircraft above the ground.

飛機相對地面的高度

Attitude　　The angular orientation of the aircraft with respect to a set of earth referenced axes. This is defined by the three Enter anglesyaw (or heading) angle, pitch angle, bank angle. See'Enter angles'.

相對於地球的參考座標軸，使用一組角度量測來訂飛機的方位。這三個角度定義為方位角，俯仰角，和側傾角

Bank angle　The angle through which the aircraft must be rotated about the roll axis to bring it to its present orientation from the wings level position, following the pitch and yaw rotations. See 'Euler Angles'.

飛機必須繞旋轉軸迴轉的角度，使得改變飛機的方位，藉由機翼的水平位置，而產生俯仰和偏航迴轉

Bus controller　The unit which controls the transmission of data between the units connected to a MIL STD 1553B multiplexed data bus system.

控制資料傳輸的單元

Calibrated airspeed　The speed which under standard sea level conditions would give the same impact pressure as that measured on the aircraft.　See 'Standard sea level conditions',

在標準大氣狀況下，給予飛機相同的撞擊壓力所量測出來的速度

Categorv 1, 11, III landing conditions　These three categories define the landing visibility conditions in terms of the vertical visibility ceiling and the runway visual ranges, the visibility decreasing with increasing category number.

這三種種類定義了著陸能見度的條件，包含垂直能見最大距離，滑道能見範圍，和能見度隨種類的增加而降低

Chemosphere　The region above the stratopause altitude of 20,000m (65,617ft) up to 32,004m (105,000 ft) where the temperature is assumed to rise linearly with increasing height at .OX 10 3 C/M.

在大氣高度 20,000m (65,617 ft)到 32,004m (105,000 ft)的範圍，在此區間內氣溫是被假設為線性上升 OX 10 3 C/M

Collimation　An optically collimated display is one where the rays of light from any particular point on the display are all parallel after exiting the collimating system.為一個光學瞄準顯示器。從一特別的點發出的所有光線到顯示器都是平行的

Combiner　The optical element of the head up display through which the pilot views the outside world and which combines the collimated display image with the outside world scene.

為抬頭顯示器視覺原理，飛行員可注視著外界並且結合瞄準顯示器的影像和外界的景象

Complementary filtering　The combination of data from different sources through appropriate filters which select the best features of each source so that their dissimilar characteristics can be combined to complement each other.

將兩個不同來源的資料經過過濾器而結合。此過濾器可選出每一個來源最好的特色，使得他們不同的特徵可以被結合來補足彼此的缺失

Coning　The motion resulting from a body experiencing two angular vibrations of the same frequency and 90' out of phase about two orthogonal axes of the body,

Consolidation　The process of deriving a single value for a quantity from the values obtained for that quantity from several independent sources, for example selecting the median value.

Coriolis acceleration　The acceleration introduced when the motion of a vehicle is measured with respect to a rotating frame of reference axes.當飛具運動量測是相對於一旋轉的參考座標軸時，所量測到的加速度

Decision height　This is the minimum vertical visibility ceiling for a landing to be safely carried out.
指在降落時的垂直最低能見度

Derivative　See 'Aerodynamic derivative'.
參考'氣動力微分'

Drag coefficient　A non-dimensional coefficient which is a function of the angle of incidence and which is used to express the drag generation characteristics of an aerofoil.
一個無因次的常數，是隨降落的角度而改變的方程式，並且常被用在翼剖面阻力產生的特性

Drift angle　The angle between the horizontal projection of the aircraft's forward axis and the horizontal component of the aircraft's velocity vector.
飛機前進軸的水平投影和飛機速度的水平分量的夾角

Dynamic pressure　The pressure exerted to bring a moving stream of air to rest assuming the air is incompressible.
假設空氣為不可壓縮之下，使的氣流變靜止的壓力

Ephemeris parameters　These comprise 16 parameters which define the GPS satellite orbital position data with respect to earth reference axes.
此乃由16個參數所組成，用來定義GPS衛星軌道的位置資料相對於地球參考軸

Euler angles　The aircraft attitude is defined by a set of three ordered rotations, known as the Enter angles, from a fixed reference axis frame, the aircraft is assumed to be initially aligned with the reference axes:
(1) A clockwise rotation in the horizontal plane through the yaw angle about the yaw (or vertical) axis.

(2) A clockwise rotation through the pitch angle about the pitch(or side-slip) axis.

(3) A clockwise rotation through the bank angle about the roll(or forward) axis.

飛機的姿態是由一組既定的迴轉所定義的，根據一固定的參考軸，並且飛機是被假設在初始調整的參考軸：

(1) 在水平平面上繞著方位軸順時針旋轉稱為方位角

(2) 繞著俯仰軸順時針旋轉稱為俯仰角

(3) 繞著前進路線順時針旋轉稱為側傾角

Euler symmetrical parameters　These four parameters are used to derive the vehicle attitude in a strap-down system and are functions of the three direction cosines of the axis about which a single rotation will bring the vehicle from initial alignment with a reference axis frame to its present orientation, and the single rotation angle. The four parameters are equal to: cosine (half rotation angle)(direction cosine 1) x sine (half rotation angle) (direction cosine 2) x sine (half rotation angle) (direction cosine 3) x sine (half rotation angle).

Exit pupil diameter　The diameter of the circle within which the observer's eyes are able to see the whole of the display; the centre of the exit pupil is located at the design eye position.

觀測者的眼睛可以看到整個顯示器的圓之直徑；圓的中心是被設計在眼睛的位置上

Fly-by-wire control system　A flight control system where all the command and control signals are transmitted electrically and the aerodynamic control surfaces are operated through computers which are supplied with the pilot's command signals and the aircraft state from appropriate motion sensors.

為一飛行控制系統，其指令與控制訊號適用電子訊號來傳送，而且氣動力控制面是由電腦來操控，電腦會由駕駛員的指令和飛機的狀態來做出供應藉由適當運動感應器

Fluxgate　A magnetic field sensor which provides an electrical output signal proportional to the magnetic field.

一磁場感測器可提供電子輸出訊號和磁場的比例

Free azimuth axes A local level set of axes where the horizontal axes are not rotated in space about the local vertical axis.

一局部水平的座標軸，其水平軸在空間中不隨局部垂直軸旋轉

Gain margin　The amount the loop gain can be increased in a closed loop system before instability results because the open loop gain at the frequency where there is 180' phase lag has reached 0dB (unity)

迴圈增益的數量可以被增加在閉迴路系統不穩定的結果之前，因為開路增益在頻率為 180'相位落後已經達到 0dB

Gearing　A term used in flight control systems to specify, a feedback gain in terms of the control surface angular movement per unit angular change, or, unit angular velocity change in the controlled quantity, eg 1°tailplane angle/1° per second pitch rate.

一專門使用在飛行控制系統並指出，控制面的每一角度的變化而造成的運動的回授增益，或單位角速度的變化在控制下

Great circle　A circle on the surface of a sphere whose plane goes through the centre of the sphere.

一個在球體表面的圓，且此平面通過球體的中心

Gyro compassing　A method for determining the direction of true north by using inertial quality gyros to measure the components of the earth's angular velocity.

藉由慣性軸迴轉儀羅盤量測地球的角速度以得到正北方的方向的方法

Heading angle　The angle between the horizontal projection of the aircraft's forward axis and the direction of true north.飛機前進方向軸的水平分量與正北方的夾角

Impact pressure　The pressure exerted to bring the moving airstream to rest at that point.

使運動的氣流靜止在哪一點的壓力

Incidence angle　The angle between the direction of the relative wind vector to the aerofoil chord line (a datum line through the aerofoil section).　Also known as the 'Angle of attack' in the USA.

相對風向量與翼剖面上翼弦線的夾角

Indicated airspeed　The speed under standard sea level conditions which would give the same impact pressure as that measured by the air speed indicator (ASI). It is basically the same quantity as the calibrated airspeed, but includes instrument errors and static source pressure errors.

標準大氣狀況下的速度，可以給相同的衝擊壓力藉由空速指示器

Indicated air temperature　See "Measured air temperature".

參考"空氣溫度量測"

Instantaneous field of view　The angular coverage of the imagery which can be seen by the observer at any specific instant.

觀測者可以看到在任何特定瞬間的角度範圍

Kalman filter　A recursive data processing algorithm which processes sensor measurements to derive an optimal estimate of the quantities of interest (states) of the system using a knowledge of the system and measurement device dynamics, uncertainties, noises, measurement errors and initial condition information.

Knot　A measure of vehicle speed, one knot being equal lo one nautical mile per hour.

飛行器速度的量測單位，一節等於每小時一海浬

Lapse rate　The rate at which the temperature is assumed to decrease with increasing altitude.

溫度被假設隨高度的增加而降低的比率

Latency　The time delay between sampling a signal and processing it so that the processed signal output lags the real signal in time. The resulting phase lag can exert a destabilising effect in a closed loop control system.

取樣訊號與處理間的時間延遲，以致於處理訊號輸出在時間落後於真實訊號。造成的相位落後可以有效果在閉迴路控制系統

Latitude　The angle subtended at the earth's centre by the arc along the meridian passing through the point and measured from the equator to the point.

是指緯度的意思。其測量方法是由赤道到期點的弧線與地球中心所夾之角度

Lift coefficient　A non-dimensional coefficient which is a function of the angle of incidence and which is used to express the effectiveness of an aerofoil in generating lift.

為一個無因次的係數，是一個誘導阻力角度的函數，並且用來表示機翼所產生的有效升力

Longitude　The angle subtended at the earth's centre by the arc along the equator measured east or west of the prime meridian to the meridian passing through the point.

是指經度的意思。其測量方法是由最主要的子午線，往東或往西所經

過的弧角

Mach number　The ratio of the true airspeed of the aircraft to the local speed of sound.
飛機的真實空速與當地聲速的比值

Magnetic deviation　The error introduced by the distortion of the earth's magnetic field in the vicinity of the magnetic sensor by the presence of magnetic materials.
指在導磁材料的磁場感測器附近，地球磁場與真實的誤差

Magnetic dip angle　The angle between the earth's magnetic field vector and the horizontal.
地球磁場向量與水平面的夾角

Magnetic variation　The angular difference between the direction of true north and magnetic north.
正北的方向與磁場的北方的角度差異

Mean aerodynamic chord　This is equal to the wing area divided by the wing span.
等於翼面積除以翼展

Measured air temperature　The temperature measured by a sensing probe where the air may not be brought wholly to rest.
用檢測探針作溫度量測在空氣未完全靜止

Meridian　A circle round the earth passing through the North and South poles.
經過地球北極與南極的圓

Multi-mode fibre　An optical fibre whose dimensions are such that there are a large number of ways or modes by which light can be guided along the fibre depending on the incidence angle.

Nautical mile　One nautical mile is equal to the length of the arc on the earth's surface subtended by an angle of one minute of arc measured at the earth's centre.
以地心為中心，地球半徑為半徑，一海浬等於一分的弧長在地球表面的長度

Newton　The force required to accelerate a mass of one kilogram at one meter per second per second.
使質量為一公斤的物體產生每秒一公尺(kg-m/s^2)加速度的力量

Neutral point　The position of the aircraft's CG where the rate of change of pitching moment coefficient with incidence is zero.
使得俯仰力矩常數隨下降的改變率為零的飛機的 CG 的位置

Notch filter　A filter designed to provide a very high attenuation over a narrow band of frequencies centred at a specific frequency.
一個被設計可提供非常細小經過一狹小的頻寬在指定頻率的濾波器

Numerical aperture　This defines the semi-angle of the cone within which an optical fibre will accept light and is a measure of the light gathering power of the fibre.

Pascal　The pressure exerted by a force of one Newton acting on an area of one square metre.

一牛頓的力施加在一平方公尺的壓力

Phase margin　The additional phase lag within a closed loop system that will cause instability by producing 180' phase lag at the frequency where the open loop gain is 0dB (unity gain).

在閉迴路控制系統中外加的相位落後會造成不穩定，並且會在頻域有180'的相位落後，且開路增益為 0dB

Phugoid　A very lightly damped long period oscillation in height and airspeed in the longitudinal plane; the angle of incidence remaining virtually unchanged.

在縱平面上非常輕的長週期阻尼震盪在高度和空速上，而誘導阻力的角度是沒什麼改變的

Pitch angle　The angle between the aircraft's forward axis and the horizontal, being the angle the aircraft must be rotated about the pitch axis following the rotation in yaw to arrive at its present orientation with respect to a fixed reference frame.　See 'Euler angles'.

飛機前進軸與水平面的夾角，要達到這個角度，飛機必須沿著俯仰軸旋轉以達到它目前關於固定座標軸的方位

Pitching moment coefficient　A non dimensional coefficient which is equal to the pitching moment about the aircraft's CG divided by the product of the dynamic pressure, wing surface area and the mean aerodynamic chord.

一個無因次的係數，其值等於飛機重心的俯仰力矩除以，動壓力、翼面積、和平均氣動力翼弦的乘積

Pressure　The force per unit area.

單位面積所受之力

Pressure altitude　The height above sea level calculated from the measured static pressure assuming a standard atmosphere.

假設標準大氣下，藉由測量靜壓力的大小來計算海平面上的高度

Precession　The behaviour of the gimbal suspended spinning rotor of a gyroscope which causes it to turn about an axis which is mutually perpendicular to the axis of the applied torque and the spin axis, the angular rate of precession being proportional to the applied torque.

Prime meridian　The meridian passing through Greenwich, England.

通過英國格林威治的子午線

Recovery ratio　A correction factor to allow for the air not being brought wholly to rest at the temperature probe.

在溫度探針下允許空氣不被完全靜止的修正因子

Relative wind　Velocity of the airstream relative to the aircraft (equal and opposite to the true airspeed vector).

氣流相對於飛機的速度

Remote terminal　The interface unit which enables a subsystem to communicate with other systems by means of a time division multiplexed data bus system, in particular the MIL STD 1553B data bus system.

Quaternion　A quantity comprising a scalar component and a vector with orthogonal components. The Euler symmetrical parameters are quaternions.

一個包含純數和正交向量的東西

Sagnac effect　Two counter propagating coherent light waves experience a relative phase difference on a complete trip around a rotating closed path this phase difference is proportional to the input rotation rate. The effect is known as the Sagnac effect and the phase difference the Sagnac phase shift.

Schuler period　The period of oscillation of a Schuler tuned IN system which is equal to that of a simple pendulum with a length equal to the radius of the earth, that is 84.4 minutes approximately.

Schuler tuning　The feed back of the inertially derived vehicle rates of rotation about the local level axes of an IN system so that the system tracks the local vertical as the vehicle movies over the spherical surface of the earth.

Single mode fibre　An optical fibre which is specifically designed so that only one guided mode is possible for transmitting light along the fibre. This is achieved by suitable choice of the core radius (of the same order as the transmitted wavelength) and the refractive index difference between the core and cladding.Spiral divergence A slow build up of yaw and roll motion resulting in a spiral dive which is due to the rolling moment created by the rate of yaw.

在螺旋俯衝中，偏航和滾轉運動緩慢的增加，是因為偏航率產生了滾轉力矩

Standard sea level conditions　These are assumed in the 'standard atmosphere' to be a sea level pressure of 101.325kPa (1013.25mb) and a temperature of 288.15-K (15-C).

假設在標準大氣狀況下，海平面的壓力為 101.325kPa(1013.25mb)，溫度為 288.15-K (15-C)

Static air temperature　The temperature which would be measured moving freely in the air stream.

在氣流中可自由移動量測的溫度

Static margin　The distance of the centre of gravity of the aircraft from the neutral point divided by the mean aerodynamic chord.

飛機重心距離不穩定點的距離除以平均氣動翼弦

Static pressure　The pressure of the free airstream due to the random motion of the air molecules.

因空氣分子的隨意運動所致的自由系統壓力

Static source error　The error in the measured static pressure due to the effects of Mach number and incidence on the static source.

測量靜壓力時所產生的誤差，來自於誘導阻力的影響，而誘導阻力的大小又來自於馬赫數的影響

Stratopause altitude　The altitude in the "standard atmosphere" where the temperature is assumed to start rising linearly with increasing altitude and the region of the chemosphere begins. It is equal to 20,000 m (65,617 ft.).

在標準大氣下的高度。在此高度下溫度是被假設為，隨著高度的增加，而開始呈線性上升，並且光化層由此開始此高度是在 20,000 m (65,617 ft.)處

Stratosphere　The region between the tropopause altitude of 11,000 m(36,089.24 ft) and the stratopause altitude of 20,000 m (65,6127 ft) where the temperature is assumed in the "standard atmosphere" to be constant at 216.65°K (-56.5℃).

在高度為 11,000 m (36,089.24 ft)的對流層頂與高度為 20,000 m (65,6127 ft)的平流層頂的區域。在此區域內，溫度是被視為常數，其值為 216.65°K (−56.5℃)

Tilt errors　The gravitational acceleration component errors introduced by the tilt angles from the horizontal of the input axes of the nominally horizontal accelerometers of an IN system (or derived horizontal acceleration components in the case of a strap-down system).

Total air temperature　The temperature that would exist if the moving airstream where brought wholly to rest at that point.　It is thus the free airstream temperature plus the temperature rise due to the kinetic heating of the air because of the air being brought to rest.

如果移動中的氣流完全靜止在某一點，則此溫度將會存在。自由氣流的溫度加上溫度上升，是因為空氣的動能轉換而來。而動能的變化是因為空氣變為靜止的緣故

Total field of view　The total angular coverage of the display imagery which can be seen by moving the observer's eye position around.

Total pressure　The pressure that would exist if the moving airstream were brought to rest at that point.　It is equal to the impact pressure plus the static pressure.

移動中的氣流變為靜止哪一點的壓力。此壓力等於衝擊壓力加上靜壓力

Track angle　The direction of the ground speed vector relative to true North.

地面速度的向量相對於正北方的方向

Tropopause altitude　The altitude where the region of constant temperature known as the stratosphere is assumed to start in the 'standard atmosphere'.　It is equal to 11,000m (361,089 24 ft).

在標準大氣下，假設平流層開始的高度，而此高度的對流層的溫度為常數。此高度等於 11,000m (361,089 24 ft)

Troposphere　The region from sea level up to the tropopause altitude of I1.000m (36,089.24 ft) where the temperature is assumed to decrease linearly with increasing altitude.

自海平面到對流層頂的區域。在此區域內，溫度是被假設為隨著高度的增加而呈線性下降的

Yaw angle　The angle measured in the horizontal plane between a fixed reference axis and the horizontal projection of the aircraft's forward axis.　It is the angle through which the aircraft must first be rotated followed by the pitch and roll rotations to bring it to its present orientation.　See Euler angles.

此角度是在水平面上，在固定參考軸，與飛機前進方向軸在水平面上的投影的夾角。飛機必須先做俯仰和滾動旋轉才能達到此一方位角

國家圖書館出版品預行編目資料

數位航空電子系統 / 林清一編著. --五版. --新
　北市　：全華圖書.2017.07
　　面　；　公分
　ISBN 978-986-463-549-8(平裝)

1.航空工程　2.電子工程　3.資訊檢索系統
447.85029　　　　　　　　　　106007577

數位航空電子系統

作者 / 林清一

發行人 / 陳本源

執行編輯 / 張曉紜

出版者 / 全華圖書股份有限公司

郵政帳號 / 0100836-1 號

印刷者 / 宏懋打字印刷股份有限公司

圖書編號 / 0555704

五版三刷 / 2021 年 10 月

定價 / 新台幣 520 元

ISBN / 978-986-463-549-8(平裝)

全華圖書 / www.chwa.com.tw

全華網路書店 Open Tech / www.opentech.com.tw

若您對本書有任何問題，歡迎來信指導 book@chwa.com.tw

臺北總公司(北區營業處)
地址：23671 新北市土城區忠義路 21 號
電話：(02) 2262-5666
傳真：(02) 6637-3695、6637-3696

南區營業處
地址：80769 高雄市三民區應安街 12 號
電話：(07) 381-1377
傳真：(07) 862-5562

中區營業處
地址：40256 臺中市南區樹義一巷 26 號
電話：(04) 2261-8485
傳真：(04) 3600-9806(高中職)
　　　(04) 3601-8600(大專)

歡迎加入 全華會員

● 會員享購書折扣、紅利積點、生日禮金、不定期優惠活動⋯⋯等。

● 如何加入會員

填妥讀者回函卡直接傳真 (02) 2262-0900 或寄回，將由專人協助登入會員資料，待收到 E-MAIL 通知後即可成為會員。

如何購買 全華書籍

1. 網路購書

全華網路書店「http://www.opentech.com.tw」，加入會員購書更便利，並享有紅利積點回饋等各式優惠。

2. 全華門市、全省書局

歡迎至全華門市（新北市土城區忠義路21號）或全省各大書局、連鎖書店選購。

3. 來電訂購

(1) 訂購專線：(02) 2262-5666 轉 321-324
(2) 傳真專線：(02) 6637-3695
(3) 郵局劃撥（帳號：0100836-1　戶名：全華圖書股份有限公司）

※ 購書未滿一千元者，酌收運費 70 元。

OpenTech.com.tw 全華網路書店

全華網路書店 www.opentech.com.tw
E-mail：service@chwa.com.tw

※ 本會員制如有變更則以最新修訂制度為準，造成不便請見諒。

讀者回函卡

掃 QRcode 線上填寫 ▶▶

姓名：_____ 生日：西元_____年_____月_____日 性別：□男 □女

電話：(___) 手機：_____

通訊處：□□□□□

e-mail： (必填)

註：數字零，請用 Φ 表示，數字 1 與英文 L 請另註明並書寫端正，謝謝。

學歷：□高中・職 □專科 □大學 □碩士 □博士

職業：□工程師 □教師 □學生 □軍・公 □其他

學校／公司：_____ 科系／部門：_____

· 需求書類：
□ A. 電子 □ B. 電機 □ C. 資訊 □ D. 機械 □ E. 汽車 □ F. 工管 □ G. 土木 □ H. 化工 □ I. 設計
□ J. 商管 □ K. 日文 □ L. 美容 □ M. 休閒 □ N. 餐飲 □ O. 其他

· 本次購買圖書為：_____ 書號：_____

· 您對本書的評價：
封面設計：□非常滿意 □滿意 □尚可 □需改善，請說明_____
內容表達：□非常滿意 □滿意 □尚可 □需改善，請說明_____
版面編排：□非常滿意 □滿意 □尚可 □需改善，請說明_____
印刷品質：□非常滿意 □滿意 □尚可 □需改善，請說明_____
書籍定價：□非常滿意 □滿意 □尚可 □需改善，請說明_____
整體評價：請說明_____

· 您在何處購買本書？
□書局 □網路書店 □書展 □團購 □其他

· 您購買本書的原因？（可複選）
□個人需要 □公司採購 □親友推薦 □老師指定用書 □其他

· 您希望全華以何種方式提供出版訊息及特惠活動？
□電子報 □DM □廣告（媒體名稱_____）

· 您是否上過全華網路書店？（www.opentech.com.tw）
□是 □否 您的建議_____

· 您希望全華出版哪方面書籍？_____

· 您希望全華加強哪些服務？_____

感謝您提供寶貴意見，全華將秉持服務的熱忱，出版更多好書，以饗讀者。

填寫日期：_____/_____/_____

2020.09 修訂

勘 誤 表

書　號			
頁　數	行　數	書　名	作　者
		錯誤或不當之詞句	建議修改之詞句

我有話要說：（其它之批評與建議，如封面、編排、內容、印刷品質等⋯）